Glasfasern

Fedor Mitschke

Glasfasern

Physik und Technologie

Zuschriften und Kritik an:
Elsevier GmbH, Spektrum Akademischer Verlag, Dr. Andreas Rüdinger, Slevogtstraße 3–5, 69126 Heidelberg

Autor
Prof. Dr. Fedor Mitschke
Universität Rostock
Institut für Physik
18051 Rostock
E-Mail: fedor.mitschke@physik.uni-rostock.de

Bibliografische Information Der Deutschen Bibliothek
Die Deutsche Bibliothek verzeichnet diese Publikation in der Deutschen Nationalbibliografie; detaillierte bibliografische Daten sind im Internet über http://dnb.ddb.de abrufbar.

Planung und Lektorat: Dr. Andreas Rüdinger, Barbara Lühker
Herstellung: Elke Littmann-Bähr
Umschlaggestaltung: SpieszDesign, Neu-Ulm
Layout/Gestaltung: EDV-Beratung Frank Herweg, Leutershausen
Satz: Mitterweger & Partner, Plankstadt
Druck und Bindung: LegoPrint S.p.A., I-Lavis

Printed in Italy

ISBN 3-8274-1629-9

Aktuelle Informationen finden Sie im Internet unter www.elsevier.de

Von *Fasse Dich Kurz!* bis *Ruf doch mal an!*

Die heutige Studentengeneration kennt die Aufkleber nicht mehr, aber ihre Eltern erinnern sich gut, denn in den Fünfziger- und Sechzigerjahren des zwanzigsten Jahrhunderts mahnten sie in jeder Telefonzelle: *Fasse Dich kurz!* Bei Nichtbeachtung schaltete sich auch schon mal ein Fräulein vom Amt in die Leitung, tadelte die Gesprächsteilnehmer und trennte das Gespräch.

Die Situation hat sich extrem verändert. Dass heute politische und wirtschaftliche Verflechtungen die ganze Erde umspannen, ist nur möglich, weil Technologien zur Verfügung stehen, die eine nahezu instantane weltweite Kommunikation zu bezahlbaren Preisen erlauben. In früheren Jahrhunderten vergingen oft Wochen, bis wichtige Nachrichten (zum Beispiel über den Ausgang einer Schlacht) eintrafen. Heute erscheint es uns ganz normal, dass wir Vorgänge am anderen Ende der Welt in Echtzeit – live und in Farbe – auf dem Bildschirm verfolgen können.

Die größte Maschine der Welt ist das internationale Telefonnetz. Es erlaubt Ihnen, jetzt gleich je nach Lust und Laune Ihren Nachbarn, Ihren Freund in Neuseeland oder die Kinoauskunft in Tokyo anzurufen. Hinter dieser lieb gewordenen Selbstverständlichkeit steht ein erheblicher technischer Aufwand, und permanente Anstrengungen sind erforderlich, um angesichts ständig wachsender Anforderungen die Leistungsfähigkeit immer weiter auszubauen. Die wachsende Zahl interkontinentaler Verbindungen ist ein gutes Beispiel für den ständig wachsenden Bedarf: Eine Zeit lang setzte man auf Nachrichtensatelliten, um der wachsenden Nachfrage nach Leitungskapazität Herr zu werden. Inzwischen hat eine neue Technologie bei erdgebundenen Kabeln, nämlich die Lichtwellenleitertechnik, Einzug gehalten. Sie hat längst alle anderen Verfahren übertroffen; der heutige Internet-Datenverkehr wäre ohne die Glasfaser ebenso wenig denkbar wie die heutigen geringen Telefontarife.

Lichtleitfasern, ob aus Glas oder anderen Materialien, sind der Gegenstand dieses Buches. Ihre Entwicklung zur heutigen Reife war maßgeblich durch die Anforderungen im Bereich der Telekommunikation getrieben. Auf dem Weg zur praktischen Anwendbarkeit stellte sich aber zunächst eine große Vielzahl von physikalischen Fragen, die von zahlreichen Forschern weltweit bearbeitet wurden. Herausgekommen ist mehr, als für den Hauptzweck beabsichtigt war. Lichtleitfasern haben als Medium der Signalübertragung zugleich eine große Bedeutung im Bereich der Messtechnik erlangt. Daher müssen sich Ingenieure und Techniker in den Bereichen der Nachrichten- und Messtechnik heute nicht nur mit Elektronik, sondern auch mit Optik beschäftigen.

Zugleich ist erkennbar, dass mehr als bisher nichtlineare physikalische Prozesse in Glasfasern zu weiteren interessanten Entwicklungen führen werden.

Dieses Buch entstand aus Vorlesungen für Studenten der Physik und der Ingenieurwissenschaft, die ich seit etwa 1990 an den Universitäten Hannover, Münster, Rostock und Luleå (Schweden) gehalten habe. Es bietet eine ausführliche Darstellung der Grundlagen, wobei zur Begrenzung des mathematischen Aufwandes auf eine voll vektorielle Herleitung der Moden ebenso verzichtet wurde wie auf eine Herleitung der Nichtlinearen Schrödingergleichung aus ersten Prinzipien. Dafür wird eine faire Gewichtung der nichtlinearen Prozesse angestrebt, deren Bedeutung in der Zukunft nur noch zunehmen kann. Außerdem werden – und das ist für ein Lehrbuch wohl neu – die fundamentalen Grenzen der Nachrichtenübertragung mit Glasfaser dargestellt, wie sie sich mittlerweile abzeichnen und in einigen Jahren erreicht sein werden: also zu einer Zeit, zu der die heutigen Studenten sich in ihrem Beruf als Forscher oder Ingenieure damit befassen müssen.

Ich hoffe, dass das Buch für angehende Naturwissenschaftler ebenso nützlich sein wird wie für angehende Ingenieure. Während Physiker vielleicht einige Abschnitte „sehr technisch" finden werden, stehen Ingenieure wahrscheinlich den Abschnitten über Nichtlineare Optik anfangs skeptisch gegenüber. Ich meine aber, dass erst beide Seiten zusammen das ganze Bild ergeben, und dass die Kenntnis beider Seiten auch erforderlich ist, um die Sache richtig zu verstehen – wie überhaupt durch unser heutiges Ausbildungssystem die Unterschiede zwischen Naturwissenschaften und Ingenieurskunst oft stärker gezeichnet werden, als sie von der Sache her sein sollten. Mehr als für einen „Elektroniker" ist es jedenfalls für das zukünftige Berufsbild eines „Photonikers" anzustreben, dass er für die technischen Aspekte großes Geschick und für die physikalischen Grundlagen tiefes Verständnis mitbringt.

Es ist leider unvermeidlich, dass sich in einen größeren Text auch ein paar Fehler einschleichen. Für Hinweise ist der Autor seinen Lesern jederzeit dankbar.

Rostock, im Juni 2005

Fedor Mitschke

Inhaltsverzeichnis

I Einleitung

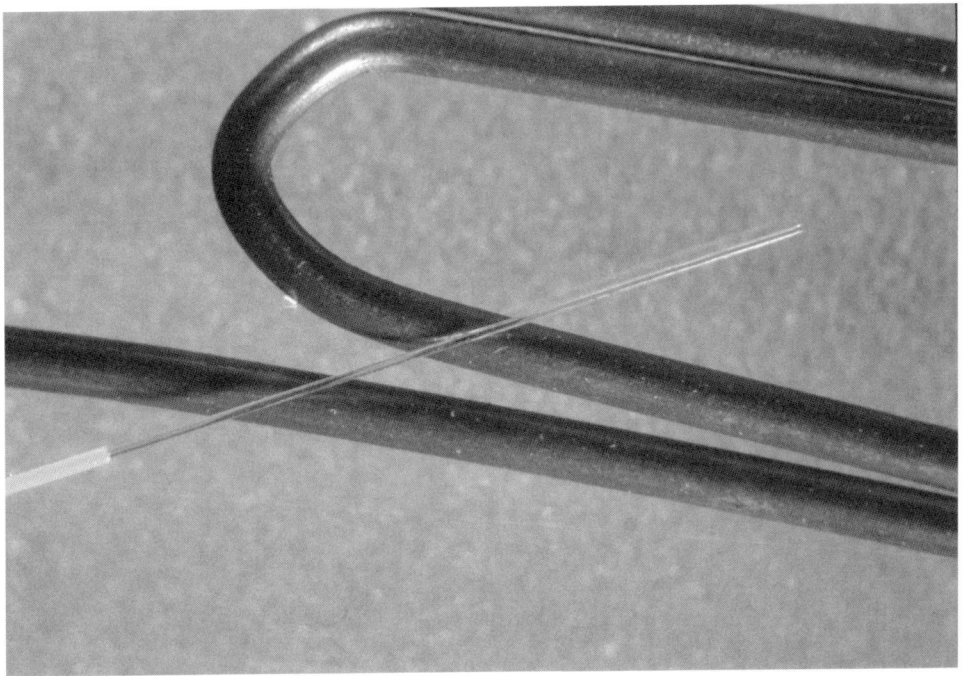

Eine Glasfaser im Größenvergleich mit einer Büroklammer. Am linken Bildrand ist noch etwas von der Kunststoffummantelung der Faser zu sehen; im größten Teil des Bildes ist die Faser „nackt". Von ihrem Durchmesser von $125\,\mu$m dient aber nur ein kleiner Bruchteil im Zentrum zur eigentlichen Lichtleitung.

1 Ein erster Überblick

Visuelle, also optische Kommunikation ist älter als Sprache. Handzeichen, Winken, Feuer- und Rauchzeichen sind elementare Verständigungsmittel, die – außer bei bestimmten Wetterlagen wie z.B. Nebel – über größere Entfernung wirken als Zurufe und zudem durch Nebengeräusche wie etwa Meeresbrandung nicht beeinträchtigt werden. Da wir uns normalerweise verbal verständigen, bedarf es bei der Benutzung solcher optischen Hilfsmittel also eines Codes, mit dem die übermittelten Zeichen in eine Botschaft übersetzt werden.

Einige Zeichen mit recht komplexem Inhalt werden universell, sogar sprachenunabhängig verstanden – zum Beispiel das Handzeichen für 'komm her' (Heranwinken). Andererseits ist das Vokabular derartiger Zeichen aber zu begrenzt, um komplexere Botschaften zu übermitteln. Universeller sind Codes, die kleinere Spracheinheiten, beispielsweise einzelne Buchstaben darstellen (das bekannteste Beispiel hierfür ist wahrscheinlich das Morsealphabet). Hier ist es allerdings erforderlich, dass beide Seiten den Code genau verabredet haben. Im Zeitalter der Computer und der Glasfasertechnik kommt den Codes eine besondere Bedeutung zu.

Die Reichweite optischer Nachrichtenübermittlung lässt sich durch Verkettung mehrerer Teilstrecken erhöhen. Aischylos beschreibt in seiner Tragödie *Agamemnon*, wie er die Nachricht vom Fall Trojas mittels Feuerzeichen über 500 km seiner Frau Klytemnestra übermittelte [11]. In der Neuzeit fanden die ersten systematischen Versuche dieser Art in Frankreich statt, wo 1791 Claude Chappe den ersten optischen Telegrafen erstellte [56]. Es ist wenig bekannt, dass Chappe zunächst mit elektrischen Übertragungssystemen arbeitete, schließlich aber optischen den Vorzug gab. Nach anfänglichem Desinteresse der Nationalversammlung wurde schließlich 1794 die erste staatlich betriebene Telegraphenleitung zwischen Lille und Paris in Betrieb genommen. In Abständen von wenigen Kilometern befanden sich Relaisstationen mit mechanisch bewegten Zeigern („Semaphoren"); von den Nachbarstationen aus wurden diese mit Fernrohren beobachtet. Mit diesem System konnten Nachrichten zum Beispiel von Paris nach Lille in sechs Minuten geschickt werden – das entspricht immerhin der doppelten Schallgeschwindigkeit. Später wurde ein ganz Frankreich umspannendes Netz aufgebaut, welches schließlich eine Gesamtlänge von 4800 km erreichte. Wie bei vielen technischen Neuerungen war auch hier die erste Anwendung eine militärische. Napoleon I. benutzte diese Technik bei militärischen Blitzaktionen mit Erfolg und ließ für den Russlandfeldzug 1812 ein portables System bauen. Auch in Schweden wurde ein vergleichbares Netz installiert und andere Länder folgten. Um 1840 war diese Technik sehr weit verbreitet.

Abb. 1.1 Ein Semaphor auf dem Dach des Louvre. Entnommen aus [4].

Doch dann begann das Aufkommen der elektrischen Telegrafie; es führte nach über einem halben Jahrhundert zu einem Ende des Einsatzes der optischen Telegraphennetze. Letztlich waren elektrische Verbindungen im Hinblick auf wechselnde Witterungsverhältnisse weit weniger störanfällig. Ab 1858 kam durch Neuerungen bei den elektrischen Telegraphen auch ein Geschwindigkeitsvorteil zu deren Gunsten hinzu.

Man muss sehen, dass der Siegeszug des elektrischen Telegrafenkabels in die Zeit des Kolonialismus fiel. Das ist insofern von Bedeutung, als sich hieraus das Wechselspiel von technischer und politischer Entwicklung ablesen lässt. Die Kolonialstaaten förderten die Entwicklung der neuen Technik, da sie dadurch eine bessere Kontrolle über ihre Kolonien erhielten. Die Bedeutung dieser schnellen Nachrichtenübertragungen für die politische Entwicklung der Kolonien kann wohl kaum überschätzt werden. Zugleich entwickelte sich die Kabeltechnik zu großer Leistungsfähigkeit, und die elektrische Übertragung von Nachrichten ist auch aus unserer heutigen Zeit nicht wegzudenken. Für geraume Zeit traten optische Übertragungsverfahren in den Hintergrund.

Es ist interessant, dass der Erfinder des Telefons, Alexander Graham Bell[1], selbst großes Interesse auch an der optischen Übertragung von Nachrichten hatte. Im Jahre 1880 stellte er das so genannte Photophon vor, eine Einrichtung, bei der der durch

---

[1] Als Erster hat der deutsche Lehrer Philip Reis das Telefon erfunden – 15 Jahre vor Bell. Leider blieb seine Erfindung folgenlos; erst Bell verstand es, aus dem physikalischen Prinzip ein marktfähiges Produkt zu machen

einen Sprecher erzeugte Schalldruck eine verspiegelte Membran so auslenkte, dass ein darauf fallender Lichtstrahl in seiner Intensität moduliert wurde. Am empfänger-seitigen Ende arbeitete ein Selen-Fotoelement als optisch-elektrischer Wandler; das entstehende elektrische Signal wurde dann in einem gewöhnlichen Kopfhörer hörbar gemacht. Hier waren also Sender und Strecke rein optisch realisiert; lediglich im Empfänger wurde auf elektrische Technologie zurückgegriffen.

Abb. 1.2 Alexander Graham Bells Photophon: Sonnenlicht wird auf eine Membran gelenkt, die durch den Schall des Sprechers vibriert. Der modulierte Lichtstrahl wird übertragen und schließlich mit einer Selenzelle demoduliert. Die Wiedergabe erfolgt mit Genehmigung von Lucent Technologies Inc./Bell Labs [3].

Die wesentlichen Nachteile bestanden im Fehlen einer geeigneten Lichtquelle – Son-nenlicht steht ja keineswegs immer zur Verfügung – und in der Witterungsempfindlich-keit auf der Übertragungsstrecke. Keinesfalls konnte Bell vorhersehen, dass 100 Jahre später durch Einführung gebrauchstüchtiger Laser und Lichtleitfasern beide Probleme gelöst wurden. Erst mit dem gleichzeitigen Einsatz dieser beiden Neuerungen hatten optische Übertragungsverfahren eine Chance, sich durchzusetzen.

In den Sechzigerjahren des zwanzigsten Jahrhunderts, als der Laser bereits erfun-den und sein Einsatz absehbar wurde, wurde die Ausbreitung von Laserstrahlen in der freien Atmosphäre bei verschiedenen Witterungsbedingungen (Regen, Nebel, . . .) und bei verschiedenen Wellenlängen ausführlich untersucht [22]. Parallel gab es einige Anläufe, Licht in Kabelschächten zu führen. Dazu war es erforderlich, das Licht ständig zu refokussieren. Dies geschah zum Beispiel mit einer großen Anzahl von Linsen, die in kurzen Abständen in den Strahlengang eingefügt wurden. In einem anderen Ansatz versuchte man es mit einer verteilten effektiven Linse, die durch eine

Gasfüllung in dem das Licht leitenden Rohr zustande kam: man versuchte, eine Temperaturverteilung des Gases aufrecht zu erhalten, bei der das Gas in der Rohrachse kälter war als am Rand; aufgrund der thermischen Ausdehnung kam es zu einem Linseneffekt. Die gleiche Grundidee, aber „in fester Form", wird in heutigen so genannten Gradientenindexfasern eingesetzt (siehe unten). Der damalige Stand der Überlegungen wird sehr lesenswert in [68] dargestellt.

Zwei Nachteile behinderten dieses Prinzip: Erstens konnte man derartige Lichtleiter nicht gut in Kurven verlegen (es waren mehrere hundert Meter Radius erforderlich) und zweitens waren Installation und Betrieb zu teuer. Wenige Jahre später gab es dann bereits Glasfasern, die man um den Finger wickeln kann, die bei den Installationskosten mit elektrischen Kabeln vergleichbar sind, und die keinen Betriebsaufwand erfordern, da das Brechzahlprofil fest im Material eingebaut ist.

Die Herstellung von Wellenleitern für Mikrowellen war zu diesem Zeitpunkt gut bekannt und ebenso die Tatsache, dass Glas, zu dünnen Fasern ausgezogen, flexibel ist und Licht auch um Biegungen weiterleiten kann. Eine Übertragung von Signalen mittels Lichtwellen durch solche Glasfasern scheiterte aber an den hohen Verlusten der damals bekannten transparenten Materialien. Man hatte verschiedene Materialien untersucht. Zu den am besten geeigneten Glassorten gehörte Glas aus SiO_2, welches auch als *Quarzglas* (engl. *fused silica*) bezeichnet wird. Aber auch bei diesen wurde das Licht beim Durchlaufen einer Strecke von einem Meter bereits um mindestens ein Drittel abgeschwächt. Große Entfernungen waren auf diese Weise nicht zu überbrücken.

Im Jahre 1966 veröffentlichten K. C. Kao und G. A. Hockham von den Standard Telecommunications Laboratories in London, die eigentlich keine Materialexperten waren, einen Zeitschriftenartikel mit einer bemerkenswerten Vorhersage [64]. Sie argumentierten, dass die starke Dämpfung eigentlich gar keine intrinsische Eigenschaft der Gläser ist, sondern lediglich durch chemische Verunreinigungen des Materials hervorgerufen wird. Sie prophezeiten, dass es möglich sein müsste, durch geeignete Herstellungsverfahren die Dämpfung von über 1000 dB/km auf 20 dB/km zu senken, womit ein für Übertragungszwecke brauchbarer Wert erreicht wäre.

Hier, wie auch im Weiteren, wird von der Einheit Dezibel (dB) Gebrauch gemacht. Sie spielt besonders im Bereich der Nachrichtentechnik eine außerordentlich wichtige Rolle. Daher sollte der Leser damit unbedingt vertraut sein. Eine ausführliche Erläuterung findet sich in Anhang A.

Offenbar war nun die Zeit reif. Sehr schnell kam es in Japan, England und den USA zu großen Fortschritten in dieser Richtung. In einer Kooperation der Nippon Sheet Glas Co. und der Nippon Electric Co. entstand bis 1969 unter der sinnigen Bezeichnung SELFOC (wie *self focusing*) die erste Gradientenindexfaser, die sich für Kommunikationszwecke eignete; sie wies eine Dämpfung von unter 100 dB/km auf. In England kam unter der Koordination des British Post Office eine Zusammenarbeit zwischen Universitäten und Industriefirmen in Gang und in den USA wirkten Corning Glass Works und die Bell Laboratories zusammen. Diese letztere Kooperation erzielte als Erste den von Kao und Hockham vorhergesagten Dämpfungswert: 1970 stellten Kapron und Mitarbeiter von Corning eine mehrere hundert Meter lange Einmodenfaser mit einer Dämpfung von unter 20 dB/km vor. Es wurde hergestellt, indem dünne Lagen Quarzglas auf der Innenseite eines Glasrohres aus der Dampfphase abgeschieden wurden. Mit diesem Verfahren kann man chemisch hochreines Quarzglas erhalten. Diesem wurde in genau kontrollierter Weise Germaniumoxid zugesetzt, wodurch man den für die Wellenleitung wichtigen radialen Verlauf des Brechungsindex erzielte.

Von diesem Hersteller wie auch anderswo wurde diese Dämpfung später durch weitere Verbesserungen beim Herstellungsverfahren auf 4 dB/km verbessert. Dies stellt tatsächlich eine vom Material gegebene Grenze dar; dennoch konnten die Verluste weiter stark gesenkt werden, indem man zum Betrieb mit infrarotem Licht überging. So wurde in Japan 1976 die Marke von 1 dB/km unterschritten, und inzwischen ist längst eine durch den Aufbau von Quarzglas vorgegebene Untergrenze in der Nähe von 0,2 dB/km erreicht.

Mit voranschreitender Reife des Produkts kam auch die großtechnische Fertigung in Gang, was sich wiederum recht dramatisch auf die Kosten auswirkte. Bei der Einführung als Massenprodukt 1981 kostete Glasfaser (Standardsorte) um die 5 $ pro Meter. In weniger als zwei Jahren sank dieser Preis auf ein Zehntel, und heute werden 10 Cent pro Meter unterboten. Das liegt daran, dass von den drei Hauptkostenfaktoren einer Produktion hier gleich zwei nur gering zu Buche schlagen:

Das Ausgangsmaterial ist billig, denn das Rohmaterial für Quarzglas – Sand! – gibt es im wahrsten Sinne des Wortes wie Sand am Meer.

Die Arbeitskosten sind gering, da die Fertigung sich fast völlig automatisieren lässt.

Die Investitionen sind zwar hoch, aber bei genügender verkaufter Menge verteilen sich diese Kosten und spielen daher nur eine geringe Rolle.

1976 fand der erste groß angelegte Feldversuch in Atlanta statt, 1978 der erste Versuchsbetrieb in Chicago. Ein erster Versuch in Deutschland wurde 1977 in Berlin durchgeführt.

Die weiteren Fortschritte bei den Glasfasern verliefen Zug um Zug parallel mit denen bei den Lichtquellen. Halbleiter-Laserdioden waren zwar bereits seit den frühen Sechzigerjahren bekannt, waren aber zunächst nur mit Kühlung und nur im Impulsbetrieb zu betreiben. 1970 gab es die ersten Dauerstrichlaserdioden bei Raumtemperatur, aber die Lebensdauer war noch extrem kurz (Stunden). Wenn man heute die Leistungsfähigkeit einer Laserdiode mit der Angabe von 'soundso viel Gigabit/s' beschreibt, so waren es damals 'soundso viel Gigabit' – das war alles. Hier haben inzwischen erhebliche Verbesserungen stattgefunden, und heute erreichen Laserdioden ohne weiteres Lebensdauern von 10^5 Stunden (entsprechend etwa 10 Jahren Dauerbetrieb) oder mehr.

Der technische Einsatz von Glasfasern brachte die Notwendigkeit verschiedener anderer Komponenten mit sich, wie Zusammenfügungen von Fasern durch Stecker oder auch feste Verbindungen. Die erforderlichen engen Toleranzen bei der Maßhaltigkeit wurden erst nach einer gewissen Anlaufzeit voll beherrscht. Das begünstigte den Übergang von den anfänglich überwiegend eingesetzten Vielmodenfasern (Multimode-

fasern) zu Einmodenfasern . Vielmodenfasern zeichnen sich durch einen Durchmesser
des lichtführenden Kerns der Faser aus, der sehr groß gegen die Lichtwellenlänge ist.
In der am weitesten verbreiteten Bauform hat der Kern einen Durchmesser von $50\,\mu$m
in einer Faser mit $125\,\mu$m Außendurchmesser. Im Unterschied dazu haben Einmodenfasern einen Kerndurchmesser, der nur um einen geringen Faktor größer ist als die
Lichtwellenlänge; typisch sind Werte von $7\,\mu$m bis $10\,\mu$m. Der Außendurchmesser der
Einmodenfaser kann ganz genauso sein wie bei einer Vielmodenfaser, und auch hier
stellt der Wert von $125\,\mu$m einen Standard dar.

Vielmodenfaser

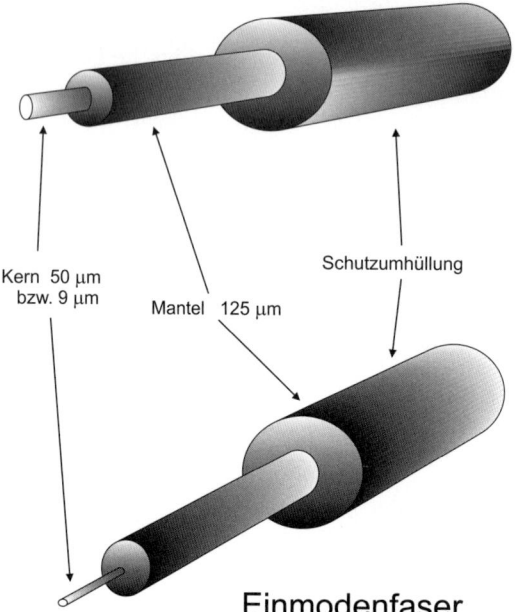

Kern 50 μm
bzw. 9 μm

Mantel 125 μm

Schutzumhüllung

Einmodenfaser

Abb. 1.3 Vielmodenfaser (Multimodefaser) und Einmodenfaser (Singlemode-Faser) unterscheiden sich nur durch die Abmessungen des Faserkerns, der aus einem etwas anders dotierten Glas besteht als der Fasermantel.

Bei den ersten Anwendungen wurden Vielmodenfasern eingesetzt. Die Einkopplung von Licht in eine Faser gelingt bei Vielmodenfasern mit höherer Effizienz, und
die Verluste bei Aneinanderkopplung zweier Fasern sind geringer. Im weiteren werden
wir aber sehen, dass Einmodenfasern eine höhere Übertragungskapazität ermöglichen.
Nachdem die engeren Toleranzen bei Verbindungen zwischen Fasern, die lange Zeit
ein gewisses Problem darstellten, inzwischen aber längst beherrscht werden, sind für
lange Strecken inzwischen fast ausschließlich Einmodenfasern im Einsatz. Lediglich
im Nahbereich, und hier besonders in dem zunehmend bedeutenden Bereich der Vernetzung mehrerer Computer innerhalb eines Gebäudes, haben Vielmodenfasern heute

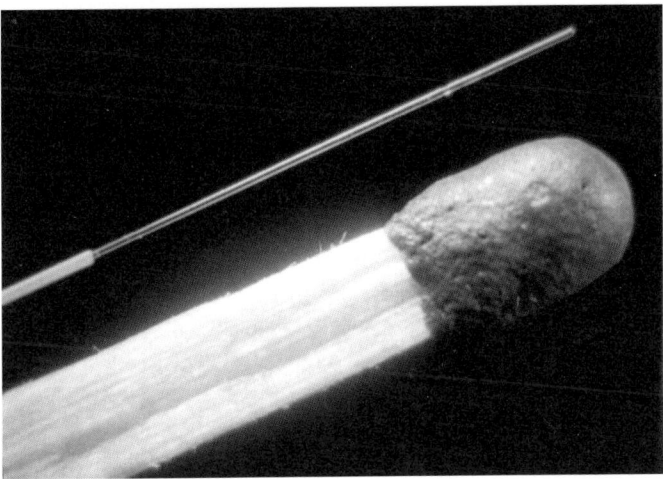

Abb. 1.4 Eine Standard-Glasfaser im Größenvergleich mit einem Streichholz.

einen Markt, da es hier weniger auf extrem hohe Datenraten, sondern mehr auf niedrige Kosten ankommt.

An dieser Stelle ist es zweckmäßig, sich den grundsätzlichen Aufbau einer Nachrichtenverbindung zu vergegenwärtigen (s. Abb. 1.5). Die zu übertragende Information stammt zum Beispiel von einem Telefonteilnehmer, der in sein Telefon spricht. Hier kann man sich aber auch ein Telefaxgerät vorstellen oder einen mit dem Telefonnetz

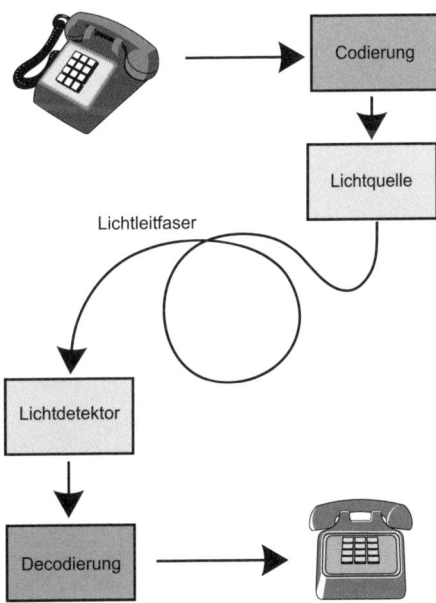

Abb. 1.5 Prinzip einer Übertragungsstrecke.

verbundenen Computer. Zunächst wird das Signal in ein elektrisches Signal umgewandelt und geeignet codiert.

Der das Signal repräsentierende Code wird dann der Lichtquelle zugeführt, um diese zu modulieren. Das bedeutet, dass eine ausgewählte Eigenschaft des erzeugten Lichts, zum Beispiel Amplitude oder Phase, durch die codierte Nachricht beeinflusst wird. Im einfachsten Fall kann dies durch Ein- und Ausschalten der Lichtquelle entsprechend einem Digitalsignal geschehen. Über die Glasfaser gelangt das Signal zur Empfängerseite, auf der umgekehrt eine Decodierung stattfindet und anschließend eine Rückwandlung in die gewünschte physikalische Darstellung (z. B. eine Schallwelle im Telefonhörer oder ein Ausdruck auf dem Papier in einem Faxgerät).

Das Ganze würde ohne die Übertragungsstrecke genauso funktionieren, wenn nämlich Sender und Empfänger direkt beieinander stehen würden (*back to back*, „Rücken an Rücken"). Das Wesentliche ist aber gerade die laufende Entfernung, die wir mithilfe der Faser zwischen Sende- und Empfangsstation legen können. Dabei kommt es nur darauf an, Verfälschungen des Signals auf der langen Strecke so gering zu halten, dass nach der Decodierung die Abweichungen vom Ideal so gut wie nicht mehr bemerkbar sind. Der Gründer der Informationstheorie Claude Shannon hat die grundsätzlichen Zusammenhänge zwischen der Rate der Datenübertragung, der Bandbreite der Leitung und den auf der Leitung auftretenden Störungen beschrieben (siehe unten).

Eine wichtige Voraussetzung für eine erfolgreiche Übertragung ist, dass das Licht auf der Strecke nicht zu stark abgeschwächt wird. Wie bereits angedeutet, wurden die ersten Faserversuche mit sichtbarem Licht durchgeführt. Bald erkannte man, dass die Dämpfungseigenschaften im infraroten Spektralbereich günstiger sind. Die *erste Generation* von Glasfasersystemen arbeitete bei Wellenlängen um 850 nm, einer Wellenlänge, die besonders durch die günstig verfügbaren Laser aus Galliumarsenid vorgegeben war. Dieser Spektralbereich wird auch als das *erste Fenster* bezeichnet.

Die *zweite Generation* arbeitet bei einer Wellenlänge von 1300 nm (im *zweiten Fenster*). In diesem Bereich ist die in Kap. 4 erläuterte Dispersion der Glasfasern besonders gering; wir werden sehen, dass dadurch eine erhebliche Steigerung der Reichweite bzw. der Übertragungskapazität ermöglicht wird. Der Löwenanteil der heute installierten faseroptischen Nachrichtenverbindungen ist für diese Wellenlänge ausgelegt.

Die *dritte Generation* geht noch einen Schritt weiter zu Wellenlängen um 1550 nm (im *dritten Fenster*). Dies ist der Bereich, in welchem Fasern aus Quarzglas den niedrigsten überhaupt möglichen Dämpfungswert aufweisen. Es hat nicht an Versuchen gefehlt, Fasern so herzustellen, dass der Hauptvorteil der Wellenlänge der zweiten Generation – geringe Dispersion – auf diese neue Wellenlänge zu übertragen. Obwohl das im Prinzip möglich ist, hat sich die dritte Generation anfangs nur langsam durchgesetzt. Dafür ist unter anderem verantwortlich, dass die installierte Basis der Fasern der zweiten Generation einen Milliardenwert darstellt, den man nicht einfach preisgibt. Ein technischer Grund war, dass man bei Fasern mit einer für 1550 nm optimierten Dispersion den Vorteil extrem geringer Verluste teilweise wieder verliert. Heute versucht man, durch Zusammenfügen der Strecke aus Fasern unterschiedlicher Dispersion eine partielle Kompensation von Dispersionseffekten und damit eine Optimierung der Strecke herbeizuführen (siehe unten).

An dieser Stelle ist ein Einschub zweckmäßig, um die grundsätzliche Frage nach der Limitierung der Übertragungsverluste bei herkömmlichen Kupferkabeln zu erörtern. Die physikalische Grenze ist durch den Skin-Effekt gegeben, also einer Verdrängung der Stromleitung aus dem Leiterinneren. Dieser Effekt macht sich mit steigender Übertragungsfrequenz immer mehr bemerkbar (siehe Anhang). Glasfasern haben diese Limitierung nicht und erlauben es daher besonders bei großen Datenraten, große Entfernungen zu überbrücken.

Die verbleibenden Verluste in Glasfasern, die in Kap. 5 genauer erörtert werden, gehen auf grundsätzliche Materialeigenschaft des Glases zurück. Es hat Überlegungen gegeben, mit ganz anderen Glasarten die Limitierungen zu sprengen, Chalkogenide, Fluoride und Halide versprechen allesamt erheblich geringere Dämpfungswerte als Quarzglas, jedenfalls im Prinzip. Leider treten bei der Herstellung derartiger Fasern aufgrund der schwierigen chemischen Verhältnisse Probleme bei der Erzielung der erforderlichen Reinheit auf. Die bisherigen Ergebnisse lassen nicht klar erkennen, ob dieser Weg je von Erfolg gekrönt sein wird.

Parallel zu diesen Entwicklungen gibt es seit mindestens dem Anfang der Achtzigerjahre detaillierte Untersuchungen zu optisch nichtlinearen Eigenschaften der Glasfasern. Darunter versteht man Erscheinungen, bei denen optische Eigenschaften wie z. B. die Brechzahl intensitätsabhängig sind. Lange Zeit hielt man solche Erscheinungen für ein Ärgernis, aber inzwischen erscheint es wahrscheinlich, dass gerade die Ausnutzung solcher Effekte eine neue Generation von faseroptischen Übertragungssystemen ermöglichen wird, die die Leistungsfähigkeit der bisherigen weit in den Schatten stellen wird. In diesem Zusammenhang ist besonders das Konzept der *Solitonen* zu nennen, also Lichtpulsen, die in Anwesenheit der Störungen ihre Form gerade dadurch beibehalten, dass sie die verschiedenen Störungen gegeneinander ausspielen. In Kap. 9 und 10 werden Solitonen im Einzelnen dargestellt.

In gewisser Weise arbeiten heutige faseroptische Netze ganz entsprechend wie die elektrischen Telegraphennetze vorher; lineare Verluste und Dispersion der Gruppengeschwindigkeit sind die Hauptprobleme, und daher werden Relaisstationen zur Regeneration der Signale eingesetzt. In der nichtlinearen Faseroptik treten physikalische Effekte auf, die es in elektrischen Kabeln nicht gibt. Diese Phänomene werden bislang in Anwendungen noch kaum genutzt, halten aber ein großes Potenzial für zukünftige Entwicklungen bereit.

Man sollte auf keinen Fall verkennen, dass Lichtleitfasern keineswegs nur in der Telekommunikation eingesetzt werden. Neben der großen Übertragungskapazität und der großen Reichweite bieten optische Fasern – ob aus Glas oder aus Plastik – noch mehr spezifische Eigenschaften, die sie für bestimmte Eigenschaften zum Beispiel in der Messtechnik geeignet machen.

Dazu gehört zum einen die beträchtliche Gewichtsersparnis gegenüber Kupferkabeln. Aus der unterschiedlichen Dichte (Kupfer: $8{,}9\,\mathrm{kg/dm^3}$ und Quarzglas $2{,}2\,\mathrm{kg/dm^3}$ ist das nicht abzulesen, da gleiche *Materialmengen* nicht maßgeblich sind; außerdem bilden Umhüllungen zum mechanischen Schutz bzw. zur elektrischen Isolierung einen Großteil der Masse eines Kabels[2]. Vergleicht man reale, praktisch eingesetzte Kabel und bezieht sich auf Koaxialkabel, die im Megahertz-Bereich über Entfernungen im Kilometerbereich eingesetzt werden, so gilt die grobe Faustregel, dass ein Gramm Glasfaser 10 Kilogramm Kupfer ersetzt. In dem Maße, in dem die Leistungsfähigkeit von Glasfasern weiter perfektioniert wird, wächst der Unterschied noch an. Dadurch ergibt sich ein unmittelbarer Vorteil der Glasfaser dort, wo Gewichtsbeschränkungen bestehen. Das ist zum Beispiel der Fall an Bord von Fahrzeugen und ganz besonders in der Luft- und Raumfahrt.

Mit der Gewichtsersparnis einher geht auch eine Platzersparnis. Dieser letzte Punkt ist besonders in Innenstädten von Bedeutung, in denen die vorhandenen Kabelschächte voll sind, wo aber dennoch ständig Bedarf nach neuen Leitungen besteht. Ein Glasfaserkabel ersetzt hier ein Kupferkabel gleicher Abmessungen bei dramatisch erhöhter Übertragungskapazität. Dadurch entfällt das Verlegen neuer Kabelschächte, was mit außerordentlichen Kosten verbunden wäre – man stelle sich nur einmal vor, jemand wolle etwa in Manhattan den Broadway aufreißen, um neue Kabelschächte zu verlegen.

Weiter zeichnen sich Lichtleiterkabel durch eine weitestgehende Immunität gegenüber Einstreuungen elektrischer oder magnetischer Felder aus. Die daraus resultierende Störsicherheit ist häufig bei industriellen Anwendungen von Bedeutung. Auch in unmittelbarer Nähe von z. B. Starkstromeinrichtungen gibt es keine Störeinstreuungen auf Glasfaserkabel.

Glas ist chemisch inert. Wenn auch die Schutzumhüllung aus inerten Materialien gefertigt wird, eignen sich Glasfaserkabel zum Einsatz in chemisch agressiver Umgebung, in der metallische Leiter korrodieren würden. Daher gibt es Einsatzfelder in der chemischen Industrie.

Und schließlich bringt ein Glasfaserkabel eine perfekte Potenzialtrennung zwischen Sender und Empfänger mit sich, die rein elektrisch schwer zu erzielen ist. Das ist bei schwankenden Erdungsverhältnissen von Bedeutung. Ein gutes Beispiel sind Ölbohrplattformen, auf denen Potenzialunterschiede leicht zur Bildung elektrischer Funken führen könnten. Die garantierte Vermeidung dieses Problems in unmittelbarer Nachbarschaft brennbarer Substanzen ist von unschätzbarem Vorteil.

---

[2] 1 m nackte Glasfaser wiegt etwa 30 mg.

II Physikalische Grundlagen

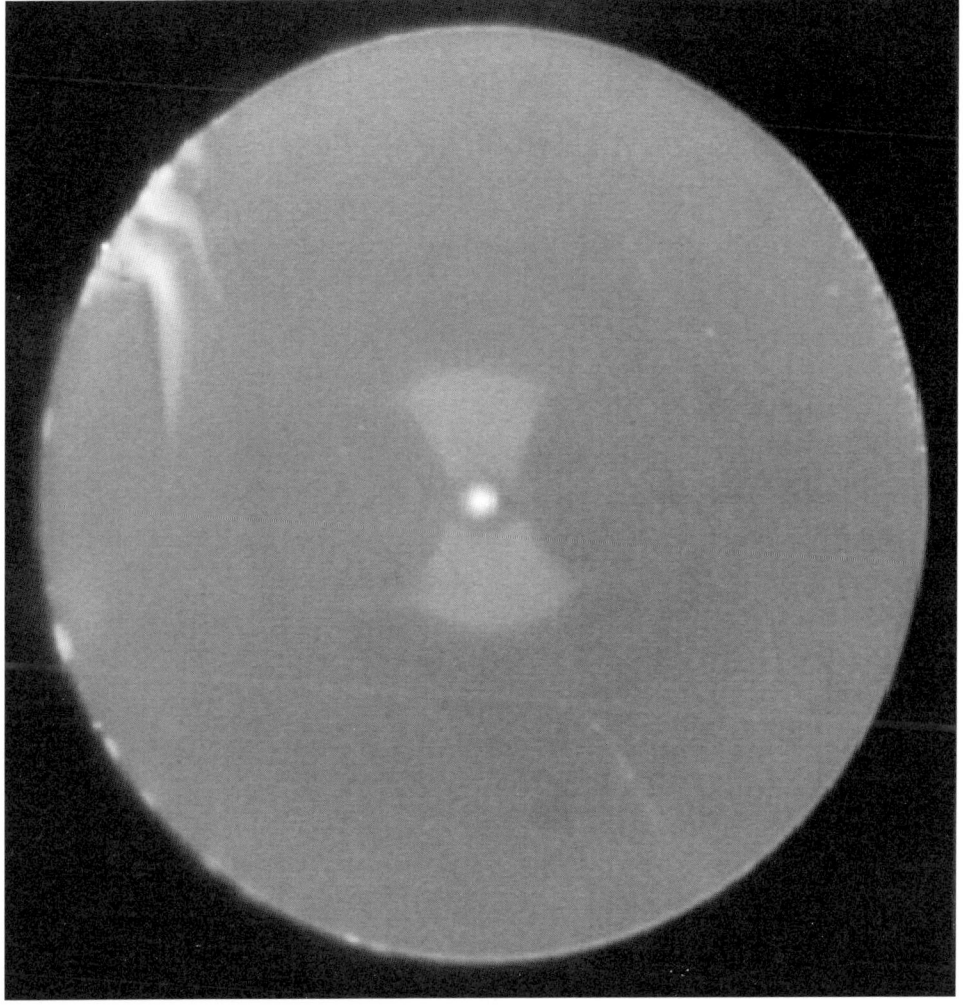

Mikroskop-Aufnahme der Stirnfläche einer so genannten Bowtie-Faser. Der Gesamtdurchmesser der Faser beträgt 125 μm. Der eigentliche lichtführende Kern ist als zentraler heller Fleck erkennbar. Er ist umgeben von einer krawattenförmigen doppelbrechenden Zone, die der Bowtie-Faser den Namen gibt. Für Näheres siehe Abschnitt
4.6.2; vgl. insbesondere Abb. 4.18.

2 Strahlenoptische Behandlung

In der technischen Optik ist es verbreitet üblich, Strahlengänge zu verfolgen und in Begriffen der Strahlenoptik zu beschreiben. Dies hat den Vorzug einer besonders übersichtlichen Erfassbarkeit. Streng genommen muss die Ausbreitung von Licht natürlich als Welle beschrieben werden. Der Unterschied besteht darin, dass Wellen Beugungs- und Interferenzeffekte aufweisen, die in der Strahlenoptik nicht berücksichtigt werden. Spätestens dann aber, wenn geometrische Abmessungen des Problems so klein werden, dass sie die Größenordnung der Lichtwellenlänge erreichen, bricht die strahlenoptische Näherung zusammen. In Glasfasern, insbesondere in Einmodenfasern, ist diese Bedingung erfüllt.

Wir stellen dennoch zunächst eine strahlenoptische Betrachtung voran, um einen Überblick über die zu erwartenden Prozesse zu geben. Es wird sich bei der anschließenden wellenoptischen Betrachtung (Kapitel 3) zeigen, dass hauptsächlich ein Unterschied zur vollständigen Beschreibung besteht: Lichtausbreitung ist bei Berücksichtigung des Wellencharakters des Lichts nicht in alle Richtungen innerhalb eines Kegels möglich, sondern nur bei bestimmten diskreten Winkeln.

2.1 Wellenleitung durch Totalreflektion

Trifft ein Lichtstrahl unter einem Winkel auf eine Grenzfläche zu einem optisch dünneren Medium (d. h. einem solchen mit einem geringeren Brechungsindex), so wird er vollständig reflektiert. Dieser Vorgang heißt Totalreflektion und wird in jedem Optiklehrbuch erläutert (siehe z. B. [103, 49, 111]). Totalreflektion spielt eine vielfältige Rolle: zum Beispiel arbeiten die Strahlumlenkungsprismen in Ferngläsern, Kamerasuchern etc. nach diesem Prinzip. Es ist auch der Grund dafür, dass beim Blick in ein Aquarium die Wasseroberfläche von unten wie ein Spiegel erscheint.

Der Einfallswinkel heiße α, der Ausfallswinkel β. An der Grenzschicht zum dünneren Medium ($n_g > n_l$) gilt, dass $\beta > \alpha$. Andererseits kann β nicht den Winkel von 90° übersteigen. In der bekannten Beziehung (*Snellius'sches Brechungsgesetz*)

$$\frac{\sin \alpha}{\sin \beta} = \frac{n_{\mathrm{L}}}{n_{\mathrm{G}}}$$

kann $\sin \beta$ höchstens gleich 1 werden. In dem Fall ist

$$\sin \alpha_{\mathrm{crit}} = \frac{n_{\mathrm{L}}}{n_{\mathrm{G}}} < 1 \quad .$$

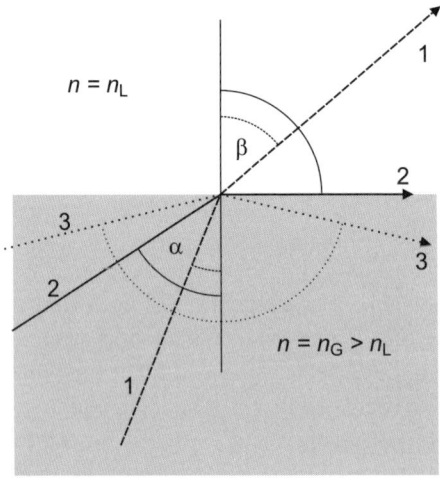

Abb. 2.1 Zum Prinzip der Totalreflektion. Der von links unten unter dem Winkel α einfallende Strahl trifft auf die Grenzfläche zum optisch dünneren Medium und wird entweder im Winkel β gebrochen transmittiert (Fall 1) oder, wenn α zu groß ist wie im Fall 3, nach rechts unten totalreflektiert. Der Fall 2 stellt gerade den Grenzfall streifenden Austritts dar.

Für noch größere Einfallswinkel wird der Lichtstrahl nahezu verlustfrei in das dichtere Medium zurückgeworfen oder „totalreflektiert".

Dieselbe Tatsache kann auch für eine Führung von Licht um Kurven genutzt werden. Im Jahre 1870 führte der Engländer John Tyndall (1820–1893) auf einer Sitzung der Royal Academy ein Experiment vor, welches heute zum Standardrepertoire von Physikvorlesungen zählt: Ein spezieller Wassereimer hat in seinem unteren Teil auf der einen Seite eine kleine Öffnung, aus der das Wasser ausströmen kann. Dieser Öffnung gegenüber hat der Eimer ein Fenster, durch das hindurch man das Licht einer Lampe in den Eimer lenken und somit den Abfluss von innen beleuchten kann. Der im Bogen

Abb. 2.2 Totalreflektion in Wasser lässt illuminierte Fontänen leuchten. Im Becken sind nach oben strahlende Unterwasserscheinwerfer angebracht. Die Aufnahme entstand in Boca Raton, Florida.

herabfallende Wasserstrahl leuchtet dann, was im verdunkelten Hörsaal eindrucksvoll aussieht.[1]

Voraussetzung ist, wie gesagt, dass der Brechungsindex des Wassers höher ist als der der umgebenden Luft. Tatsächlich beträgt der Index von Wasser etwa 1,33, während der von Luft sehr dicht bei 1 liegt. Da der Brechungsindex der meisten Gläser im Bereich von ca. 1,4 bis 1,8 liegt, kann derselbe Effekt auch mit einer Glasfaser erzielt werden.

Es gibt tatsächlich für Spezialanwendungen Fasern, die aus einem z. B. 1 mm dicken Glaskörper bestehen; dieser Typ ist geeignet, Licht zu Beleuchtungszwecken oder zu Zwecken der Materialbearbeitung an bestimmte (beispielsweise unzugängliche) Stellen zu führen. Heute sind typische Glasfasern jedoch raffinierter aufgebaut.

2.2 Stufenindexfaser

Ein verbreiteter Typ ist die so genannte *Stufenindexfaser*. Ihr Aufbau ist wie in Abb. 1.3 dargestellt: Sie besteht aus einem Kern kreisförmigen Querschnitts sowie einem darumgelegten Mantel ringförmigen Querschnitts, wobei der Kern aus einer Glassorte mit leicht höherem Index besteht als der Mantel. Die Lichtleitung findet daher im Kern statt (diese Aussage werden wir im folgenden Kapitel noch präzisieren). Der Vorteil besteht darin, dass die Oberfläche des Mantels zur Außenwelt jetzt keine tragende Rolle bei der Lichtleitung mehr führt. Sollten also z. B. Verschmutzungen auf die Faseraußenseite gelangen, so hat das bei der Stufenindexfaser praktisch keine störenden Auswirkungen. Bei der unstrukturierten Faser hingegen würden erhebliche Verluste auftreten. Man denke im Extremfall nur an eine Benetzung mit einem Tropfen Öl oder dergleichen mit einem Brechungsindex ähnlich dem des Glases: die Totalreflektion, auf der die Wellenleitung ja beruht, wäre verloren.

Da die Außenseite des Mantels keine wesentliche Rolle spielt, können wir uns bei der folgenden Betrachtung einfachkeitshalber den Außendurchmesser des Mantels als unendlich groß vorstellen. Wir interessieren uns für den größten Winkel zur optischen Achse, unter dem Licht noch geführt wird.

Es ergeben sich folgende Zusammenhänge:

$$n_K > n_M \geq n_L \quad ,$$

wobei die Brechungsindices n im Kern (K), im Mantel (M) und in der Luft (L) auftreten. Bei der zweiten Relation gilt das Gleichheitszeichen für unstrukturierte Fasern; wir konzentrieren uns aber auf die Stufenindexfasern.

---

[1] Tyndall hat das allerdings nicht selbst erfunden. Die amüsante Geschichte der Irrungen und Wirrungen, die zu unseren heutigen Kenntnissen über Fasern geführt hat, ist ausführlich in [48] dargestellt.

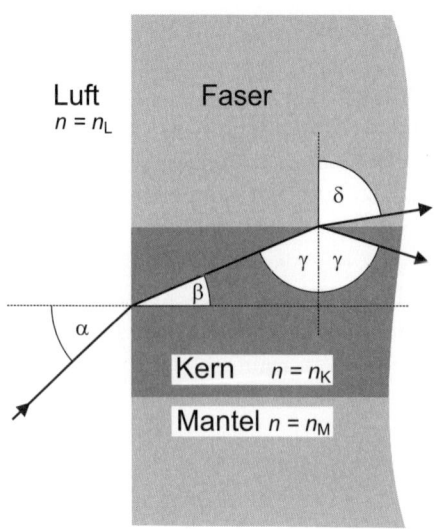

Abb. 2.3 Skizze zur Berechnung der Total-reflektion.

Wir wenden das Snellius'sche Gesetz an:

$$n_L \sin \alpha = n_K \sin \beta \qquad (2.1)$$

$$n_K \sin \gamma = n_M \sin \delta \quad . \qquad (2.2)$$

Da die Faserachse senkrecht auf der Frontfläche stehen soll, ist offenbar $\beta + \gamma = \pi/2$ und somit $\sin \beta = \cos \gamma$, also auch

$$\sin \beta = \sqrt{1 - \sin^2 \gamma} \quad . \qquad (2.3)$$

Für den Grenzwinkel der Totalreflektion gilt bekanntlich:

$$\sin \delta_{\max} = 1 \quad \Rightarrow \quad \sin \gamma_{\max} = n_M / n_K \qquad (2.4)$$

Durch Einsetzen erhalten wir

$$n_L \sin \alpha_{\max} = n_K \sqrt{1 - \frac{n_M^2}{n_K^2}} = \sqrt{n_K^2 - n_M^2} \quad . \qquad (2.5)$$

Wenn wir für den Brechungsindex der Luft also den Wert $n_L = 1$ annehmen, gilt für den Grenzwinkel $\alpha_{\max}$, unter dem wir die Faser bestrahlen können, der Ausdruck

$$\alpha_{\max} = \arcsin \sqrt{n_K^2 - n_M^2} \quad .$$

Das Argument des arcsin hat einen besonderen Namen: die *numerische Apertur*, oft abgekürzt als NA:

$$\mathsf{NA} = \sqrt{n_K^2 - n_M^2} \quad .$$

(Das Wort „Apertur" (vom Lat. *apertus* = offen) heißt Öffnung. Vergleiche auch die Begriffe „Aperitif" oder „Ouvertüre", die beide für eine Form von Eröffnung stehen. „Numerisch" bezeichnet hier eine dimensionslose Zahl).

Die numerische Apertur ist also ein Maß für den Brechzahlunterschied zwischen Kern und Mantel. Der maximale Akzeptanzwinkel ist *vor* der Faser gegeben durch $\sin \alpha_{\max} = \mathsf{NA}$, *in* der Faser durch $\sin \alpha_{\max} = \mathsf{NA}/n_K$. Da in der (linearen) Optik Strahlengänge umkehrbar sind, ist durch denselben Kegel zugleich der Austrittskegel des Lichts am Ende einer Faser beschrieben. In der Abb. 2.4 ist der Ein- bzw. Austrittskegel schematisch dargestellt.

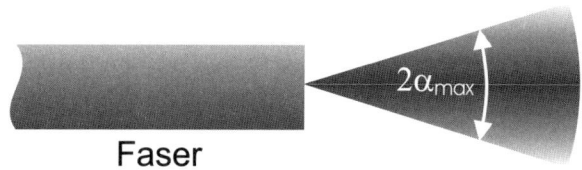

Abb. 2.4 Der Ein- und Austrittskegel einer Glasfaser, schematisch. Tatsächlich ist der Kegel nicht scharf begrenzt.

Bei dieser Gelegenheit können wir auch gleich eine andere viel benutzte Größe einführen, die ebenfalls diesen Unterschied beschreibt:

$$\Delta = \frac{n_K^2 - n_M^2}{2n_K^2} \tag{2.6}$$

Der Zusammenhang zwischen NA und Δ lautet

$$\mathsf{NA} = n_K \sqrt{2\Delta} \quad .$$

Da bei üblichen Fasern die Differenz der Brechungsindizes sehr gering ist (ein paar Promille), lässt sich Δ auch schreiben als:

$$\Delta \approx \frac{2(n_K - n_M)(n_K + n_M)}{(n_K + n_M)^2}$$
$$\approx \frac{n_K - n_M}{n_K} \quad .$$

Wegen dieser letzten Relation heißt Δ auch die *normierte Brechzahldifferenz*.

Als typischen Zahlenwert für Einmodenfasern kann man $\Delta = 0,3\,\%$ ansehen; da typischerweise $n_K = 1,46$ ist, wird daraus $\mathsf{NA} = 0,11$. Diese Größe beschreibt also den Öffnungswinkel von etwa $\pm 7°$ eines „Eintrittskegels". Lichtstrahlen, die innerhalb dieses Kegels auf die Faser gelenkt werden, können nach Eintritt in die Faser in dieser noch geführt werden. Steiler zur Achse verlaufende Strahlen verlassen den Kern und laufen im Mantel weiter von der Achse weg. Damit sind sie für die Lichtleitung verloren, denn erstens hat das Glas des Mantels oft größere Verluste als das des Kerns, und zweitens wird dieses Licht schließlich die Außenseite des Mantels erreichen, wo es typischerweise in eine Kunststoffummantelung eintritt, die große Verluste aufweist. Licht, welches den Kernbereich einmal verlassen hat, ist im Wesentlichen verschwunden.[2]

In der in diesem Kapitel angewandten strahlenoptischen Näherung tun wir so, als ob innerhalb des zulässigen Kegels alle Ausbreitungsrichtungen möglich wären. Die wellenoptische Rechnung des folgenden Kapitels wird das insofern präzisieren, als nur noch diskrete Winkel aus diesem Kontinuum möglich sind. Dabei handelt es sich dann um die so genannten *Moden des Lichtfeldes in der Faser*. Dieser Begriff ist von zentraler Bedeutung für die Wellenleitereigenschaften von Glasfasern und wird daher im nächsten Kapitel noch eingehend betrachtet werden. Unsere gegenwärtige Näherung wird also umso besser sein, je mehr Moden möglich sind; wir gehen also von Vielmodenfasern aus.

2.3 Modendispersion

Wir beschäftigen uns in diesem Abschnitt mit dem Umstand, dass verschiedene Moden, also Strahlen, die unter verschiedenen Winkeln in die Faser eintreten, einen verschieden langen Weg bis zum Faserende zurückzulegen haben und daher zu verschiedenen Zeiten dort eintreffen. Zur Veranschaulichung dieser auch als Modendispersion bezeichneten Laufzeitstreuung dient die Abb. 2.5.

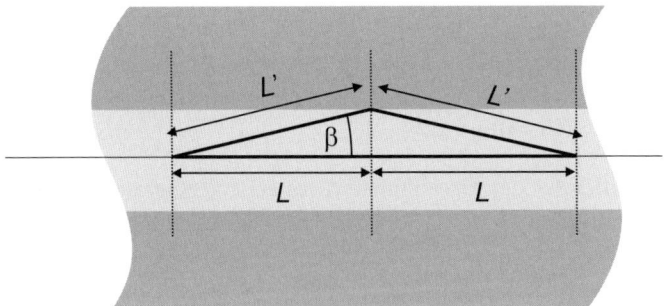

Abb. 2.5 Zur Modendispersion: Strahlen, die sich im Winkel zur Faserachse ausbreiten, legen einen längeren Weg zurück als solche, die genau in der Achse bleiben. Daraus resultiert ein Laufzeitunterschied.

Wenn also die Faserlänge L ist, ist der Weg eines Strahles, der im Winkel β zur Achse verläuft, etwas länger und heiße L'. Offenbar gilt $L' = L/\cos\beta$, wobei nach den Ergebnissen des vorigen Abschnittes $\sin\beta$ maximal den Wert NA/n_K annehmen

---

[2] Es gibt eine subtile Abweichung von dieser Regel mit der Bezeichnung *whispering galley modes*, siehe dazu Kap. 7.5.

kann. Da in jedem Fall $\beta \ll 1$ ist, können wir $\sin \beta \approx \beta$ und $\cos \beta \approx 1 - \beta^2/2$ setzen und bekommen somit

$$L' = L \left(1 + \frac{\mathsf{NA}^2}{2n_K^2} \right) = L \left(1 + \Delta \right) \quad .$$

Nehmen wir das Zahlenbeispiel von eben mit $\Delta = 0,3\,\%$, so folgt, dass L' um 3 Promille länger ist als L. Das heißt aber, dass ein Strahl entlang der Achse und ein geneigter Strahl einen Gangunterschied erhalten, der nach etwa 333 Wellenlängen eine ganze Wellenlänge erreicht.

Würde man beide Strahlen interferieren lassen, so würde bereits nach 167 Wellenlängen, also einem kleinen Bruchteil eines Millimeters Faserlänge, die erste destruktive Interferenz und damit gegenseitige Auslöschung beider Wellen auftreten. Allerdings haben die Teilstrahlen einen Winkel zueinander; zueinander geneigte Strahlen ergeben ein Interferenzmuster aus hellen und dunklen Streifen, die über den Querschnitt verteilt sind und sich daher im Wesentlichen wegmitteln.

Es bleibt aber die Tatsache bestehen, dass von ein und demselben Signal Anteile auf Wegen mit unterschiedlichen Laufstrecken übertragen werden; die resultierende Streuung der Laufzeiten führt bei kurzen Lichtpulsen zu einer Verbreiterung. Diese Verbreiterung kann so weit gehen, dass aufeinander folgende Pulse so „verschmiert" werden, bis sie ineinander laufen. Wenn dies geschieht, ist die übertragene Botschaft verstümmelt und nicht oder nur noch mit Schwierigkeiten zu entziffern.

Eine kurze Abschätzung soll uns die Größenordnung des Problems illustrieren. Dazu setzen wir für die Ausbreitungsgeschwindigkeit vereinfachend c/n an[3]. Dann können wir für die Laufzeit eines Signals τ über die Faserlänge L in einer Stufenindexfaser mit dem Brechungsindex im Kern n_K zu $\tau = n_K L/c$ veranschlagen. Für den in der Faserachse (gestreckte Faser) verlaufenden Strahl ergibt sich die kürzeste Zeit:

$$\tau_{\min} = n_K L/c \quad ,$$

während der im maximal zulässigen Winkel laufende Strahl die längste Zeit benötigt:

$$\tau_{\max} = n_K L/c \, (1 + \Delta) = \tau_{\min}(1 + \Delta) \quad .$$

Es ist also

$$\delta\tau = \frac{n_K L}{c} \Delta = \tau_{\min} \Delta \quad .$$

Man erkennt also das leicht zu merkende Resultat, dass die relative Laufzeitstreuung durch Δ gegeben ist:

$$\boxed{\frac{\delta\tau}{\tau_{\min}} = \Delta} \quad .$$

Nehmen wir wieder ein Δ von $0,3\,\%$ als typischen Wert, so sieht man, dass eine Faser von 1 km Länge eine Laufzeitstreuung von ca. 15 ns verursacht. Das ist natürlich

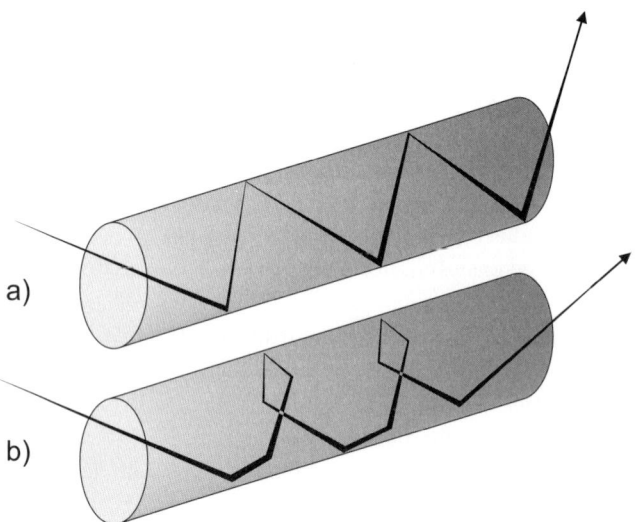

Abb. 2.6 Bei der Lichtleitung mittels Totalreflektion in einer Faser sind Meridional- und Schraubenstrahlen zu unterscheiden. Meridionalstrahlen (a) propagieren in einer Ebene, Schraubenstrahlen (b) auf einer Schraubenlinie.

nur eine grobe Abschätzung, denn wir haben Näherungen eingesetzt, und wir haben unterschlagen, dass außer Meridional- auch Schraubenstrahlen auftreten können.

Dennoch hilft uns diese Abschätzung zu erkennen, dass es eine maximale Übertragungsrate gibt, oberhalb derer die Laufzeitstreuung das Signal zu stark korrumpiert. Die Größenordnung dieser Frequenz ist durch das Inverse der Laufzeitstreuung gegeben, beträgt im Beispiel also etwa 70 MHz. Das ist keine besonders hohe Frequenz und eine Strecke von 1 km ist auch nicht besonders lang. Wir sehen, dass die Laufzeitstreuung aufgrund unterschiedlicher Lichtwege eine erhebliche Einschränkung des praktischen Nutzens von Fasern bedeuten kann. Glücklicherweise gibt es Möglichkeiten, dieses Problem zu vermeiden. Dazu verwendet man entweder so genannte *Gradientenprofilfasern* oder, bei den höchsten Ansprüchen an die Unterdrückung dieser Erscheinung, so genannte *Einmodenfasern*. Mit diesen werden wir uns noch ausführlich befassen.

2.4 Gradientenprofilfasern

Zur Vermeidung der Laufzeitstreuung kann man einen bestimmten Verlauf des Brechungsindex in radialer Richtung benutzen. Statt des einfachen Stufenprofils betrachten wir also ein Gradientenprofil in Gestalt einer Abhängigkeit des Brechungsindex vom Radius r gemäß dem Ausdruck

---

[3] Damit ignorieren wir für den Moment den Unterschied zwischen Phasen- und Gruppengeschwindigkeit.

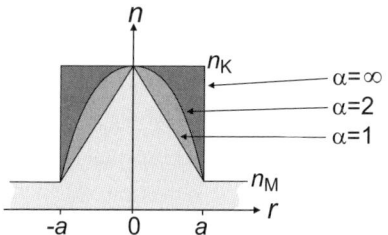

Abb. 2.7 Einige übliche Indexprofile, die durch Gl. 2.7 als Gradientenprofile beschrieben werden können. Für $\alpha = 2$ ein Parabelprofil. Bei $\alpha \to 1$ wird das Profil dreieckig, für $\alpha \to \infty$ rechteckig (Stufen-profil).

$$n(r) = \begin{cases} n_K \sqrt{1 - 2\Delta \left(r/a\right)^\alpha} & : \ |r| \leq a \\ n_M & : \ |r| > a \end{cases} \qquad (2.7)$$

(a bedeutet den Kernradius). Für ausgewählte Werte des so genannten Profilexpo-nenten α ist das Profil in Abb. 2.7 skizziert.

Das optimale Profil ist dasjenige, welches die Laufzeitdifferenzen minimiert. In erster Näherung liegt das Optimum bei $\alpha = 2$; bei einem parabolischen Brechzahl-profil laufen die Lichtstrahlen nicht im Zickzack, sondern auf einer geschwungenen Bahn. Das ist immer noch ein längerer Weg als auf der Achse, aber der geometrische Umweg wird durch den geringeren Brechungsindex abseits der Achse gerade so weit kompensiert, dass der optische Weg gleich ist.

Man erhält für die Laufzeitstreuung

$$\alpha = \infty \quad \delta\tau = \frac{n_K L}{c}\Delta \qquad \text{wie oben}$$

$$\alpha = 2 \quad \delta\tau = \frac{n_K L}{c}\frac{\Delta^2}{2} \qquad \text{Verbesserung um } \frac{\Delta}{2} \approx 10^{-3}$$

Die Laufzeitstreuung ist bei Gradientenindexfasern mit Parabelprofil entscheidend geringer als bei Stufenindexfasern: Durch den Gewinn von etwa 3 Zehnerpotenzen sinkt die Modendispersion auf Werte von einigen $10\,\text{ps/km}$.

Eine genauere Rechnung des optimalen Profilexponenten wird durch den „Knick" im Brechzahlverlauf beim Übergang vom Kern zum Mantel erschwert. Es zeigt sich, dass der optimale Wert des Profilexponenten nicht exakt bei $\alpha = 2$ liegt, sondern je nach Glassorte, Dotierung und Wellenlänge geringfügig davon abweicht [73, 37]. Das liegt unter anderem an der sogenannten Profildispersion, die in Kap. 4.2 behandelt wird. Kurz gesagt besteht sie darin, dass Δ von der Wellenlänge abhängt, weil n_K und n_M zwar beide von der Wellenlänge abhängen, aber eben nicht genau „gleichlau-fen". Auch ist der Optimalwert für Meridional- und Schraubenstrahlen nicht gleich; er hängt also auch noch davon ab, welche Moden stärker angeregt werden [16]. All dies relativiert die Bedeutung des theoretischen Optimalwertes, der ohnehin durch unvermeidliche Toleranzen bei der Herstellung der Fasern meist nicht exakt getroffen wird. Die weitere Steigerung an Unterdrückung der Laufzeitstreuung, die sich durch diese Korrektur zum Parabelprofil ergibt, ist daher gering.

2.5 Kopplung von Moden

Die Verteilung der Leistung auf die einzelnen Moden einer Vielmodenfaser ist nicht unbedingt konstant. Bei Krümmungen der Faser findet eine Kopplung statt. Selbst bei geringfügigen Lageänderungen der Faser, ja selbst bei winzigen Temperaturänderungen verändert sich die Verteilung der Gesamtleistung auf die einzelnen Moden. Dies ist unbedenklich, solange der Detektor am Faserende korrekt die Summe aller Teilleistungen bildet. Oft ist aber der Detektor nicht überall auf seiner Oberfläche genau gleich empfindlich; dann ist der Detektor für manche Moden empfindlicher als für andere. In einem solchen Fall äußert sich die Fluktuation der Aufteilung auf die Moden in zufälligen Schwankungen der empfangenen Leistung (*mode partition noise*).

Da sich die Verteilung der Energie auf die verschiedenen Moden ändert, kommt es zu einem gewissen Ausgleich der unterschiedlichen Laufzeiten. Die Laufzeitstreuung wächst dann nicht mehr linear mit der Länge L, sondern jenseits einer „Koppellänge" L_{Kopp} nur noch wie $\sqrt{L}$. Typische Werte für die Koppellänge liegen in der Größenordnung von $100\,\text{m}$ für Stufenindexfasern und einigen km für Gradientenindexfasern. Modenmischung kann also im Interesse einer Minimierung der Laufzeitstreuung durchaus erwünscht sein. Sie lässt sich sogar noch forcieren durch Einsatz von Modenmischern, in denen die Faser mechanisch verformt wird. Auch ist bekannt, dass manchmal eine aus mehreren Teilstücken zusammengefügte Faser eine höhere Bandbreite aufweist als ein ungestörtes Stück; auch die Ungenauigkeiten an den Verbindungsstellen können also hilfreich sein!

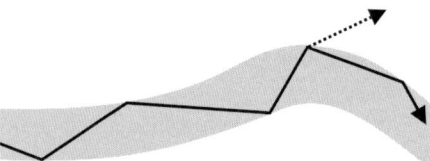

Abb. 2.8 Lichtleitung in einer gebogenen Faser: Biegungen führen zu Änderungen des Winkels, den die Ausbreitungsrichtung mit der Richtung der Faserachse bildet. Das Schlagwort hierfür lautet Modenverkopplung. Im Extremfall wird ein Teil des Lichts gar nicht mehr totalreflektiert und geht verloren (gestrichelt).

2.6 Unzulänglichkeit der strahlenoptischen Beschreibung

Die hier präsentierte Beschreibung hat mehrere Schönheitsfehler. Wir haben so getan, als ob ein Lichtstrahl an einer Grenzschicht zu einem Medium mit geringerem Brechungsindex wie an einem idealen Spiegel reflektiert wird. Tatsächlich ist Licht eine Welle. Diese Welle dringt durch die Grenzschicht in das zweite Medium bis zu einer

Tiefe in der Größenordnung einer Wellenlänge ein. Aufgrund dieses „Umwegs" erfährt die reflektierte Welle eine zusätzliche Phasenverschiebung, die unter der Bezeichnung *Goos-Hänchen shift* bekannt ist [118]. Da der Durchmesser des Faserkerns nicht erheblich größer ist als eine Lichtwellenlänge, führt dies zu erheblichen Korrekturen. Anstatt aber zu versuchen, durch derartige Korrekturen die strahlenoptische Beschreibung quasi zu reparieren, ist es besser, gleich zu einer wellenoptischen Beschreibung überzugehen; dies geschieht im folgenden Kapitel. Aus der wellenoptischen Beschreibung folgt zwanglos, dass das Licht nicht nur im Kern, sondern zum Teil auch im Mantel propagiert, dass der Austrittskegel nicht scharf begrenzt ist, und dass es einen diskreten Satz von Feldverteilungen gibt, die als die Moden der Faser bezeichnet werden.

3 Wellenoptische Behandlung

In diesem Kapitel gelangen wir von den Maxwellgleichungen zur Wellengleichung und dann zur Modenstruktur. Geschlossene Lösungen sind außer für die Stufenindexfaser nur für ein unendlich ausgedehntes Gradientenindexmedium (also ohne Mantel) zu erhalten. Daher beschränken wir uns auf Stufenindexfasern; ohnehin werden wir hier im Interesse der Übersichtlichkeit, und um Wesentliches von Details zu trennen, eine Reihe von weiteren Näherungen benutzen.

3.1 Maxwellgleichungen

In MKS-Einheiten lauten die Maxwell-Gleichungen [42, 58]:

$$\nabla \cdot \vec{D} = \varrho \tag{3.1}$$

$$\nabla \cdot \vec{B} = 0 \tag{3.2}$$

$$\nabla \times \vec{H} = \vec{J} + \frac{\partial \vec{D}}{\partial t} \tag{3.3}$$

$$\nabla \times \vec{E} = -\frac{\partial \vec{B}}{\partial t} \tag{3.4}$$

Darin bedeuten:

$\vec{E}$	elektrische Feldstärke	V/m
$\vec{H}$	magnetische Feldstärke	A/m
$\vec{B}$	magnetische Induktion	Vs/m^2=T
$\vec{D}$	dielektrische Verschiebung	As/m^2
$\vec{J}$	Stromdichte	A/m^2
ϱ	Ladungsdichte	As/m^3

Es ist uns nicht damit gedient, nur Prozesse im Vakuum zu betrachten; wir sind darauf angewiesen, die Verhältnisse in einem Material zu beschreiben. In einem Material treten Größen auf, die durch dessen Eigenschaften bestimmt sind:

$\vec{P}$	Polarisierung
$\vec{M}$	Magnetisierung
σ	Leitfähigkeit

Polarisierung und Magnetisierung beschreiben die Verzerrungen atomarer Orbitale durch das elektromagnetische Feld.[1] Die Leitfähigkeit beschreibt den Transport elektrischer Ladungen (magnetische Ladungen treten bekanntlich nicht auf); im Allgemeinen ist σ ein Tensor.

Es gelten die Verknüpfungsrelationen:

$$\vec{D} = \varepsilon_0 \vec{E} + \vec{P} \tag{3.5}$$

$$\vec{B} = \mu_0(\vec{H} + \vec{M}) \tag{3.6}$$

$$\vec{J} = \sigma \vec{E} \quad . \tag{3.7}$$

Hierin wiederum sind:

ε_0 Vakuum-Permittivität
       (Dielektrizitätskonstante des freien Raumes)
μ_0 Vakuum-Permeabilität
       (Permeabilitätskonstante des freien Raumes)

Die Werte sind

$$\varepsilon_0 = \frac{10^7}{4\pi c^2} \frac{\text{Am}}{\text{Vs}}$$

$$\approx 8{,}85 \cdot 10^{-12} \frac{\text{As}}{\text{Vm}}$$

$$\mu_0 = \frac{4\pi}{10^7} \frac{\text{Vs}}{\text{Am}}$$

$$\approx 1{,}26 \cdot 10^{-6} \frac{\text{Vs}}{\text{Am}} \quad .$$

Besondere Bedeutung haben das Produkt

$$\mu_0 \varepsilon_0 = 1/c^2 \quad ,$$

worin $c = 2{,}99792458 \cdot 10^8$ m/s die Vakuum-Lichtgeschwindigkeit bedeutet, und der Quotient:

$$\mu_0/\varepsilon_0 = \left(\frac{4\pi c}{10^7}\right)^2 = Z_0^2 \quad .$$

$Z_0 \approx 377\,\Omega$ ist die Vakuum-Impedanz (Wellenwiderstand des freien Raumes) und gibt das Verhältnis der Amplituden des elektrischen und des magnetischen Teils einer elektromagnetischen Welle an:

$$\frac{\vec{E}}{\vec{H}} = Z_0 \quad .$$

---

[1] Leider hat es sich mittlerweile eingebürgert, die Polarisierung als Polarisation zu bezeichnen. Das führt zu Missverständnissen mit der Polarisation eines Lichtfeldes. Wahrscheinlich spielt die Tatsache eine Rolle, dass es im Englischen für beide Begriffe tatsächlich nur ein einziges Wort gibt, *polarization*.

In Luft und auch in Glas gelten die Vereinfachungen

- $\varrho = 0$ Es gibt keine freien Ladungen (Näherung 1)
- $\vec{J} = 0$ Es gibt keine Ströme (Näherung 2)
- $\vec{M} = 0$ Es gibt keine Magnetisierung (Näherung 3)

An Materialeigenschaften treten also hier nur noch diejenigen auf, die in die Polarisierung Eingang finden. Mit diesen Näherungen wird aus den Maxwellgleichungen

$$\nabla \cdot \vec{D} = 0 \tag{3.8}$$

$$\nabla \cdot \vec{B} = 0 \tag{3.9}$$

$$\nabla \times \vec{B} = \mu_0 \frac{\partial \vec{D}}{\partial t} \tag{3.10}$$

$$\nabla \times \vec{E} = -\frac{\partial \vec{B}}{\partial t} \quad . \tag{3.11}$$

3.2 Wellengleichung

Anwendung von $\nabla \times$ auf die Gleichung 3.11 liefert

$$\nabla \times \nabla \times \vec{E} = \nabla \times \left(-\frac{\partial \vec{B}}{\partial t} \right) \tag{3.12}$$

$$\nabla(\nabla \cdot \vec{E}) - \nabla^2 \vec{E} = -\frac{\partial}{\partial t}(\nabla \times \vec{B}) \quad . \tag{3.13}$$

Umformung unter Benutzung obiger Beziehungen 3.10 und 3.5 liefert

$$\nabla(\nabla \cdot \vec{E}) - \nabla^2 \vec{E} = -\frac{\partial}{\partial t}\left(\mu_0 \frac{\partial \vec{D}}{\partial t} \right) \tag{3.14}$$

$$= -\mu_0 \frac{\partial^2}{\partial t^2} \vec{D} \tag{3.15}$$

$$= -\mu_0 \varepsilon_0 \frac{\partial^2}{\partial t^2} \vec{E} - \mu_0 \frac{\partial^2}{\partial t^2} \vec{P} \quad . \tag{3.16}$$

Somit erhalten wir eine Wellengleichung

$$\boxed{-\nabla(\nabla \cdot \vec{E}) + \nabla^2 \vec{E} = \frac{1}{c^2} \frac{\partial^2}{\partial t^2} \vec{E} + \mu_0 \frac{\partial^2}{\partial t^2} \vec{P} \quad . } \tag{3.17}$$

Eine analoge Gleichung lässt sich für das magnetische Feld angeben.

Nun müssen wir den Zusammenhang zwischen der Polarisierung $\vec{P}$ und der Feldstärke $\vec{E}$ formulieren. Dabei gehen die Eigenschaften des Materials ein. Dabei machen wir die Annahme, dass die Polarisierung des Mediums Änderungen der

Feldstärke instantan (d. h. schneller als alle hier betrachteten Zeitskalen) folgt
(Näherung 4). Dann lässt sich die Polarisierung als Reihenentwicklung schreiben:

$$\vec{P} = \varepsilon_0 \left(\chi^{(1)} \vec{E} + \chi^{(2)} \vec{E}^2 + \chi^{(3)} \vec{E}^3 + \ldots \right) \quad . \tag{3.18}$$

Wir wollen jetzt eine weitere Annahme einführen: Die Polarisierung des Mediums soll
immer parallel zur elektrischen Feldstärke sein (Näherung 5). Diese Annahme lässt
sich rechtfertigen: In einem homogenen Medium erscheinen anstelle von Tensoren
für die $\chi^{(i)}$ Skalare. Während in bestimmten Kristallen, die in der Optik eingesetzt
werden, die skalare Beschreibung völlig unzulässig ist, ist Glas seiner Struktur nach
zunächst homogen; in der Faser ist die Homogenität lediglich durch den Aufbau aus
Kern und Mantel gestört. Die Wellenleitung erfolgt aber im Wesentlichen entlang
dem Zylinder, der durch den Kern gebildet wird. In dieser speziellen Geometrie kann
man also die so genannte paraxiale Näherung machen, die auch sonst in der Optik
eine Rolle spielt. Sie besagt, dass man lediglich die Propagation entlang der Achse
oder in allenfalls sehr geringem Winkel zur Achse betrachtet. Dann hat die ja ohnehin schwache Stufe des Brechungsindex kaum Auswirkungen, denn es stehen wie im
freien Raum $\vec{E}$ und $\vec{H}$ senkrecht aufeinander und sind zueinander proportional (die
Proportionalitätskonstante ist die Impedanz, die im freien Raum gleich Z_0 ist). Die
skalare Näherung wird auch später in diesem Buch beibehalten werden, da einerseits
eine vektorielle Rechnung erheblich aufwendiger ist, andererseits die Abweichungen im
Ergebnis minimal ausfallen. An späterer Stelle werden wir kurz auf die Abweichungen
zwischen den von uns berechneten Moden und den so genannten Hybridmoden aus
der vektoriellen Rechnung hinweisen.

Wir kehren zurück zu der Wellengleichung, in der wir eine weitere Vereinfachung
vornehmen können. Da nun $\vec{E} \| \vec{P}$ und damit $\vec{D} \| \vec{E}$ ist, ist auch $\nabla \cdot \vec{D} = \nabla \cdot \vec{E} = 0$.
Auf der linken Seite der Wellengleichung fällt daher der Term mit $\nabla \cdot \vec{E}$ fort, und es
bleibt stehen

$$\nabla^2 \vec{E} = \frac{1}{c^2} \frac{\partial^2}{\partial t^2} \vec{E} + \mu_0 \frac{\partial^2}{\partial t^2} \vec{P} \quad . \tag{3.19}$$

3.3 Linearer und nichtlinearer Brechungsindex

Nun werden wir noch einen Schritt weitergehen und konkretere Annahmen über den
Zusammenhang von elektrischem Feld und Polarisierung und Feld treffen.

3.3.1 Linearer Fall

In vielen Fällen ist es gerechtfertigt, die Reihenentwicklung Gl. 3.18 nach dem ersten
Glied abzubrechen:

$$\vec{P} = \varepsilon_0 \chi^{(1)} \vec{E} \quad . \tag{3.20}$$

Dieses ist die *lineare Näherung* (Näherung 6); sie ist für geringe Intensitäten gültig. Aufgrund der oben angegebenen Verknüpfungsgleichung ist mit dieser Näherung

$$\vec{D} = \varepsilon_0 \vec{E} \left(1 + \chi^{(1)} \right) \quad . \tag{3.21}$$

Der Ausdruck in der Klammer ist gleich der relativen Dielektrizitätszahl

$$1 + \chi^{(1)} = \varepsilon = \left(n + i \frac{c}{2\omega} \alpha \right)^2 \quad ,$$

worin n den Brechungsindex und α den (Beer'schen) Absorptionskoeffizienten bezeichnet. Da wir Propagation in extrem hochreinem Glas betrachten wollen, ist es angemessen, von der Näherung schwacher Absorption auszugehen (Näherung 7). Bei $\alpha = 0$ ist ε reell und ist gegeben durch

$$\varepsilon = n^2 \quad . \tag{3.22}$$

Auf der rechten Seite setzen wir unsere Beziehung 3.20 zwischen E und P ein und verwenden dann die Beziehung 3.22. Es folgt:

$$\boxed{\nabla^2 \vec{E} = \frac{n^2}{c^2} \frac{\partial^2}{\partial t^2} \vec{E}} \quad . \tag{3.23}$$

Dieses ist die lineare Wellengleichung, die mit den angegebenen Näherungen 1 bis 7 direkt aus den Maxwellgleichungen folgt. Eine analoge Gleichung

$$\boxed{\nabla^2 \vec{H} = \frac{n^2}{c^2} \frac{\partial^2}{\partial t^2} \vec{H}} \tag{3.24}$$

ergibt sich übrigens für den magnetischen Anteil der Welle. Vektorpfeile werden im Folgenden der Einfachheit halber fortgelassen.

3.3.2 Nichtlinearer Fall

Bricht man die Reihenentwicklung 3.18 nicht nach dem linearen Glied ab, so werden einige bei höherer Intensität auftretende physikalisch interessante Prozesse beschrieben, die in der Tat auch beobachtet werden. Sobald E nicht mehr so klein ist, dass alle Reihenterme außer dem linearen vernachlässigbar sind, betreten wir die *Nichtlineare Optik*.

Wir interessieren uns speziell für Glas. Glas ist ein Material mit einer statistischen Struktur, welches im Mittel isotrop ist. Daher besteht eine Inversionssymmetrie, sodass $\chi^{(2)} = 0$ ist. Der erste von null verschiedene höhere Term in der Reihe ist also der mit $\chi^{(3)}$. Noch höhere Terme kann man außer in Ausnahmefällen weiterhin vernachlässigen, da sie betragsmäßig klein sind und erst bei enormen Intensitäten wirksam werden. Wir werden uns daher nur der Auswirkung des $\chi^{(3)}$-Terms befassen (Alternative zu Näherung 6), von denen sich aber zeigen wird, dass sie erheblich sein können.

Wie vorher soll auch weiterhin die Absorption sehr schwach sein, sodass im Wesentlichen nur eine Modifikation des Brechungsindex erfolgt. Im linearen Fall hatten wir:

$$P = \varepsilon_0 \chi^{(1)} E$$

und

$$n^2 = \varepsilon = 1 + \chi^{(1)} \quad .$$

Das hier auftretende ε wollen wir in der nächsten Formel zwecks besserer Unterscheidung als $\varepsilon_{\text{linear}}$ bezeichnen. Der hier ebenfalls aufgetretene lineare oder Kleinsignal-Brechungsindex n soll ab jetzt zur besseren Unterscheidung n_0 heißen. Wir haben jetzt im nichtlinearen Fall:

$$P = \varepsilon_0 \left\{ \chi^{(1)} + \chi^{(3)} E^2 \right\} E \tag{3.25}$$

und

$$\varepsilon = n^2 = 1 + \chi^{(1)} + \chi^{(3)} E^2 = \varepsilon_{\text{linear}} + \chi^{(3)} E^2 \quad . \tag{3.26}$$

Mit

$$\varepsilon = \varepsilon_{\text{linear}} \left(1 + \frac{\chi^{(3)}}{\varepsilon_{\text{linear}}} E^2 \right) \tag{3.27}$$

ist aber, weil der nichtlineare Beitrag zum Brechungsindex vergleichsweise klein ist,

$$n = n_0 \sqrt{1 + \frac{\chi^{(3)}}{\varepsilon_{\text{linear}}} E^2} \approx n_0 \left(1 + \frac{\chi^{(3)}}{2n_0^2} E^2 \right) \quad . \tag{3.28}$$

Damit finden wir

$$\boxed{n = n_0 + \bar{n}_2 E^2} \tag{3.29}$$

mit

$$\bar{n}_2 = \frac{\chi^{(3)}}{2n_0} \quad . \tag{3.30}$$

Der Zahlenwert von $\bar{n}_2$ für Quarzglas ist geringfügig frequenzabhängig und wird auch von Dotierungsstoffen etwas beeinflusst. Da diese Abhängigkeiten aber nicht sehr stark sind, kann man meistens mit einem Wert von $10^{-22}\text{m}^2/\text{V}^2$ gut rechnen. Da das Quadrat der Feldstärke im Wesentlichen gleich der Intensität ist, sieht man meistens die Schreibweise

$$\boxed{n = n_0 + n_2 I} \tag{3.31}$$

mit $I = (n_0/Z_0)E^2$ und

$$n_2 = 3 \cdot 10^{-20}\text{m}^2/\text{W} \quad . \tag{3.32}$$

Im Ergebnis bekommen wir also durch die Berücksichtigung des $\chi^{(3)}$-Terms einen modifizierten Brechungsindex: Hing der Index vorher von der Wellenlänge ab, so ist er nun zusätzlich intensitätsabhängig.

Die intensitätsabhängige Änderung des Brechungsindex ist unter „vernünftigen" Umständen nur sehr gering: Da der Koeffizient sehr klein ist, führt selbst eine einge-strahlte Lichtleistung von $1\,\mathrm{kW}$, die auf einen Modenquerschnitt von $100\,\mu\mathrm{m}^2$ fokus-siert wird, zu einer Erhöhung des Brechungsindex von lediglich

$$n_2 I = 3 \cdot 10^{-20} \mathrm{m}^2/\mathrm{W} \frac{10^3 \mathrm{W}}{10^{-10}\mathrm{m}^2} = 3 \cdot 10^{-7} \quad . \tag{3.33}$$

Diese Änderung ist viel kleiner als der Brechzahlunterschiede zwischen Kern und Mantel einer Faser. In der weiteren Berechnung der Feldverteilung in der Faser spielt also die Intensitätsabhängigkeit des Brechungsindex keine Rolle. Gleichung 3.23 behält also ihre Gültigkeit – im linearen Fall muss man n als n_0 interpretieren, im nichtlinea-ren Fall als $n(I) = n_0 + n_2 I$. Zur Bedeutung der Nichtlinearität finden wir erst, wenn wir später betrachten, welche Phasenverschiebungen ein Lichtfeld auf einer längeren Propagationsstrecke erfährt.

3.4 Separation nach Koordinaten

An dieser Stelle führen wir jetzt die Umformungen und Vereinfachungen ein, die auf der speziellen Geometrie der lang gestreckten, im Querschnitt runden Fasern beruht. Die Verwendung von Zylinderkoordinaten r, ϕ, z ist nahe liegend und angemessen. Die Ausbreitung soll in positiver z-Richtung erfolgen. Der Laplace-Operator lautet bekanntlich in Zylinderkoordinaten:

$$\nabla^2 E = \frac{1}{r}\frac{\partial}{\partial r}\left(r\frac{\partial}{\partial r}E\right) + \frac{1}{r^2}\frac{\partial^2}{\partial \phi^2}E + \frac{\partial^2}{\partial z^2}E \quad . \tag{3.34}$$

Wir führen folgenden Ansatz für das Feld der Lichtwelle ein:

$$E = E_0 \mathcal{N}\mathcal{Z}\mathcal{T} \quad . \tag{3.35}$$

Darin bedeuten

$$\mathcal{N} = \mathcal{N}(r, \phi)$$

die Feldverteilung in der Ebene normal zur z-Achse,

$$\mathcal{Z} = \mathcal{Z}(z) = \mathrm{e}^{-i\beta z}$$

eine laufende Welle mit der Wellenzahl β und

$$\mathcal{T} = \mathcal{T}(t) = \mathrm{e}^{i\omega t}$$

eine monochromatische Welle der Kreisfrequenz ω. Die Zulässigkeit eines solchen Separationsansatzes folgt aus der weiter oben unterstellten Linearität, die das Abspalten von E_0 ermöglicht, und der Paraxialität, derzufolge das elektrische und magnetische Feld der Welle im Wesentlichen senkrecht auf der Ausbreitungsrichtung stehen; dadurch entkoppeln longitudinale und transversale Effekte. Für die Propagationskonstante schreiben wir β und nicht k; wir erlauben also, dass der Wellenvektor und seine longitudinale Komponente verschieden sein können. Damit ermöglichen wir eine Ausbreitung in Analogie zu den Strahlen unter einem Winkel zur Achse (siehe Kap. 2.3).

Unter Verwendung der Zylinderkoordinaten und dieses Ansatzes schreibt sich die Wellengleichung wie folgt:

$$\frac{1}{r}\frac{\partial}{\partial r}\left(r\frac{\partial}{\partial r}E_0\mathcal{N}\mathcal{Z}\mathcal{T}\right) + \frac{1}{r^2}\frac{\partial^2}{\partial\phi^2}E_0\mathcal{N}\mathcal{Z}\mathcal{T} + \frac{\partial^2}{\partial z^2}E_0\mathcal{N}\mathcal{Z}\mathcal{T} = \frac{n^2}{c^2}\frac{\partial^2}{\partial t^2}E_0\mathcal{N}\mathcal{Z}\mathcal{T} \quad (3.36)$$

Ersichtlich enthalten alle Terme die Konstante E_0, die herausfällt. Der physikalische Grund dafür ist die angenommene Linearität. Da die partiellen Ableitungen auf $\mathcal{N}, \mathcal{Z}$ und $\mathcal{T}$ unterschiedlich wirken, wird aus dem ersten Term:

$$\frac{1}{r}\frac{\partial}{\partial r}\left(r\frac{\partial}{\partial r}\mathcal{N}\mathcal{Z}\mathcal{T}\right) = \mathcal{Z}\mathcal{T}\frac{1}{r}\frac{\partial}{\partial r}\left(r\frac{\partial}{\partial r}\mathcal{N}\right) \quad ,$$

was sich zu

$$\mathcal{Z}\mathcal{T}\left(\frac{1}{r}\frac{\partial}{\partial r}\mathcal{N} + \frac{\partial^2}{\partial r^2}\mathcal{N}\right)$$

vereinfacht. Der zweite Term wird zu

$$\mathcal{Z}\mathcal{T}\frac{1}{r^2}\frac{\partial^2}{\partial\phi^2}\mathcal{N} \quad ,$$

der dritte zu

$$-\beta^2\mathcal{N}\mathcal{Z}\mathcal{T} \quad .$$

Auf der rechten Seite erhalten wir

$$-\frac{n^2}{c^2}\omega^2\mathcal{N}\mathcal{Z}\mathcal{T} \quad ;$$

Wir bezeichnen die Wellenzahl im Vakuum mit k_0 und in einem Medium mit Brechungsindex n mit $k = nk_0 = n\omega/c$. Damit lautet die rechte Seite

$$-k^2\mathcal{N}\mathcal{Z}\mathcal{T} \quad .$$

Offenbar fällt nun auch der Faktor $\mathcal{Z}\mathcal{T}$ aus der Gleichung heraus, was an der Homogenität des Problems in der Zeit und im Raum (zumindest in Ausbreitungsrichtung) liegt. Es bleibt die Feldverteilungsstruktur in der Ebene normal zur Ausbreitung übrig. Da typische Fasern einen kreissymmetrischen Querschnitt haben, ist eine noch weitergehende Faktorisierung zweckmäßig:

$$\mathcal{N}(r, \phi) = \mathcal{R}(r)\Phi(\phi) \tag{3.37}$$

Setzen wir alle Terme wieder ein und multiplizieren mit $r^2/\mathcal{R}\Phi$, so ergibt sich

$$\frac{r}{\mathcal{R}}\frac{\partial}{\partial r}\mathcal{R} + \frac{r^2}{\mathcal{R}}\frac{\partial^2}{\partial r^2}\mathcal{R} + \frac{1}{\Phi}\frac{\partial^2}{\partial \phi^2}\Phi - r^2\beta^2 = -k^2 r^2 \tag{3.38}$$

und nach Sortieren:

$$-\frac{1}{\Phi}\frac{\partial^2}{\partial \phi^2}\Phi = \frac{1}{\mathcal{R}}\left(r^2\frac{\partial^2}{\partial r^2}\mathcal{R} + r\frac{\partial}{\partial r}\mathcal{R} + r^2\left(k^2 - \beta^2\right)\mathcal{R}\right) \quad . \tag{3.39}$$

Wie man sieht, enthält die linke Seite nur Φ und nicht $\mathcal{R}$; auf der rechten Seite ist es genau umgekehrt. Daher müssen beide Seiten der Gleichung gleich einer Konstanten sein. Diese Konstante wollen wir m^2 nennen. Nun erhalten wir zwei unabhängige Gleichungen für den azimutalen und den radialen Anteil der Feldverteilung:

$$\boxed{\frac{\partial^2}{\partial \phi^2}\Phi + m^2\Phi = 0} \tag{3.40}$$

und

$$r^2\frac{\partial^2}{\partial r^2}\mathcal{R} + r\frac{\partial}{\partial r}\mathcal{R} + r^2\left(k^2 - \beta^2\right)\mathcal{R} = \mathcal{R}m^2 \quad ,$$

was sich unter Verwendung der Abkürzung $\kappa^2 = k^2 - \beta^2$ einfacher als

$$\boxed{r^2\frac{\partial^2}{\partial r^2}\mathcal{R} + r\frac{\partial}{\partial r}\mathcal{R} + (\kappa^2 r^2 - m^2)\mathcal{R} = 0} \tag{3.41}$$

schreiben lässt.

Um einen Begriff von der Bedeutung der Größen κ, k und β zu haben, erinnern wir uns an die strahlenoptische Beschreibung, bei der die Propagation in kleinen Winkeln zur Achse erfolgte. Wir ordnen der Welle hier die Propagationskonstante k zu. β wurde als die Komponente von k in Ausbreitungsrichtung eingeführt. Dann kann man die Definition von κ gemäß dem Satz des Pythagoras als Definition der Transversalkomponente der Wellenzahl auffassen.

3.5 Moden

Die Gleichung für die azimutale Abhängigkeit, Gl. 3.40, hat die allgemeine Lösung

$$\Phi = c_0 \cos(m\phi + \phi_0) \tag{3.42}$$

mit c_0 und ϕ_0 Konstanten. Sicherlich müssen Φ und $\partial\Phi/\partial\phi$ bei ϕ_0 und $\phi_0 + 2\pi$ stetig sein. Daraus folgt, dass m eine ganze Zahl ist. Dieses Ergebnis schränkt die

Zahl der möglichen Lösungen der Gleichung für die radiale Abhängigkeit, Gl. 3.41, ein.

Gl. 3.41 hat die Form

$$x^2 y'' + xy' + (\kappa^2 x^2 - m^2)y = 0$$

sofern man die Identifizierungen $y = \mathcal{R}$, $x = r$ vornimmt und den Strich als Ableitung nach x auffasst. In der angegebenen Form (oder nach Wegskalieren von κ) steht die Gleichung in Tafelwerken. Sie heißt die *Bessel'sche Differentialgleichung*. Da m ganzzahlig ist, wird sie gelöst durch

$$y = c_1 \mathrm{J}_m(\kappa x) + c_2 \mathrm{N}_m(\kappa x) \quad , \tag{3.43}$$

sofern κx reell ist (also $\kappa^2 x^2 \geq 0$), bzw.

$$y = c_3 \mathrm{I}_m(\kappa x) + c_4 \mathrm{K}_m(\kappa x) \quad , \tag{3.44}$$

falls κx imaginär ist bzw. $\kappa^2 x^2$ negativ. Darin sind die $\mathrm{J}_m(\kappa x)$ und $\mathrm{I}_m(\kappa x)$ Besselfunktionen. Die Eigenschaften der Besselfunktionen sind im Anhang C erläutert.

Um die Koeffizienten c_1 bis c_4 zu ermitteln, müssen wir nun endgültig die konkrete Geometrie der Faser festlegen. Bislang war nur Zylindersymmetrie vorausgesetzt und dass Brechzahlunterschiede gering sind. Wir entscheiden uns wegen des sehr einfachen Aufbaus bei zugleich weiter Verbreitung bei Anwendungen für eine Stufenindexfaser, für die gilt:

$$n = \begin{cases} n_K & : \quad r \leq a \quad \text{(Kern)} \\ n_M & : \quad r > a \quad \text{(Mantel)} \end{cases} \tag{3.45}$$

Selbstverständlich muss $n_K > n_M$ gelten, da sonst keinerlei Wellenleitung möglich wäre. Um den Brechungsindex der Materialien von Kern und Mantel oder die Wellenzahlen in diesen Materialien zu unterscheiden, verwenden wir Indizes „K" und „M". Der Index „0" bezieht sich weiterhin auf die betreffende Größe im Vakuum, also z. B. ist $k_K = n_K k_0$.

In dem Grenzfall, dass die Wellenlänge sehr klein ist gegenüber den geometrischen Abmessungen des Faserquerschnitts, muss das aus der Strahlenoptik abgeleitete Ergebnis herauskommen, dass das Licht im Kern geführt werden. Wir suchen daher Lösungen, bei denen der dominante Anteil der Welle im Kern propagiert, und vermuten, dass außerhalb des Kerns nur eine nach außen abklingende Feldstärke auftritt, die zum Transport wenigstens nicht dominant beiträgt. Das bedeutet, dass κr im Kern reell und im Mantel imaginär sein muss. In anderen Worten muss wenigstens im Kern $k \geq \beta$ sein, also die Wellenzahl größer oder gleich ihrer longitudinalen Komponente sein. Im Mantel kann dann der umgekehrte Fall auftreten. Das entspricht Lösungen der Bessel'schen Gleichung mit transversalen Stehwellen im Kern und transversal abklingenden Wellen im Mantel.

Wir erwarten, dass die Feldverteilung keine Singularitäten aufweist. Aus diesem Grund muss für den Kernbereich der Koeffizient von N_m verschwinden; im Mantel entsprechend der von I_m. Das passt zusammen mit der Überlegung, dass im Bereich

weit ab vom Kern das Feld mindestens so schnell wie $1/r$ abfallen muss; anderenfalls
würde nämlich die Leistung divergieren.

Damit im Kern κr reell ist, ist erforderlich, dass bei $r \leq a$ gilt: $(\kappa r)^2 \geq 0$ bzw.
$(k_K{}^2 - \beta^2)r^2 \geq 0$. Im Mantel, also bei $r > a$, gilt umgekehrt $(\kappa r)^2 \leq 0$ und damit
$(k_M{}^2 - \beta^2)r^2 \leq 0$. Zusammen gilt demnach:

$$k_K \geq \beta \geq k_M \quad .$$

Der Bereich der möglichen Wellenzahlen für die Propagation entlang der Faser ist also
durch die Forderung nach Führung der Welle eingegrenzt.

Noch einmal führen wir neue Abkürzungen ein: Die Transversalkomponenten der
Wellenzahl in Kern und Mantel sind gegeben durch

$$\kappa_K^2 = k_K{}^2 - \beta^2$$
$$\kappa_M^2 = -\left(k_M{}^2 - \beta^2\right) \quad ;$$

es ist üblich, das Produkt dieser Größen mit dem Kernradius a zu verwenden:

$$u = \kappa_K a \qquad (3.46)$$
$$w = \kappa_M a \quad . \qquad (3.47)$$

u und w sind dimensionslos, reell und positiv und werden in der Literatur ausgiebig
benutzt. Zur physikalischen Bedeutung sei gesagt, dass u das Fortschreiten der Phase
und w das transversale Abklingen der Amplitude in radialer Richtung beschreibt.
Man kann also u als radiale Phasenkonstante und w als radiale Dämpfungskonstante
bezeichnen.

Um die Werte dieser etwas abstrakten Parameter in Beziehung zu messbaren
Größen zu setzen, machen wir von folgender Beziehung zwischen u und w Gebrauch:

$$u^2 + w^2 = (k_K^2 - \beta^2)a^2 - (k_M^2 - \beta^2)a^2 \qquad (3.48)$$
$$= (k_K^2 - k_M^2)a^2 \qquad (3.49)$$
$$= k_0^2(n_K^2 - n_M^2)a^2 \quad . \qquad (3.50)$$

Man sieht, dass $u^2 + w^2$ gleich einer Konstanten ist. Diese Konstante ist eine wichtige
Größe und heißt *normierte Frequenz* oder einfach *V-Zahl*. Sie ist gegeben durch

$$V^2 = k_0^2\, a^2\, (n_K^2 - n_M^2)$$

bzw.

$$\boxed{\begin{aligned} V &= k_0\, a\, \mathsf{NA} \\[2ex] &= \frac{2\pi}{\lambda_0}\, a\, \sqrt{n_K^2 - n_M^2} \end{aligned}} \qquad (3.51)$$

und enthält alle wichtigen Angaben über die Faser. Durch den Kernradius a und die
beiden Brechzahlen n_K und n_M bzw. die numerische Apertur ist eine Stufenindexfaser
vollständig charakterisiert. Die Angabe der Wellenlänge bzw. Vakuum-Wellenzahl ver-
vollständigt die Beschreibung der experimentellen Situation. Der Zahlenwert von V

wird im Ergebnis das entscheidende Kriterium sein, an welchem man sofort ablesen kann, wie viele Moden eine Faser führen kann.

Mit den Größen u und w schreibt sich die allgemeine Lösung der Wellengleichung für eine Stufenindexfaser:

$$\boxed{\begin{aligned} \mathcal{N}_K &= C_K \mathrm{J}_m(ur/a)\cos(m\phi+\phi_0) \quad : r \le a \\ \mathcal{N}_M &= C_M \mathrm{K}_m(wr/a)\cos(m\phi+\phi_0) : r > a \end{aligned}} \tag{3.52}$$

Es sei daran erinnert, dass man aus der naiven strahlenoptischen Betrachtung eine rechteckige Feldverteilung erwarten würde: konstant 100 % überall im Kern und null im Mantel. Ganz offenbar sieht die Realität anders aus.

Bei $r = a$ müssen beide Lösungen glatt aneinander anschließen. Das heißt, dass es keinen Sprung und keinen Knick geben soll (Stetigkeit, Differenzierbarkeit). Das ist nur dann möglich, wenn in beiden Bereichen die Winkelabhängigkeit gleich ist. Dies haben wir bereits dadurch berücksichtigt, dass in Gl. 3.52 in beiden Zeilen jeweils das gleiche ϕ_0 und m angeschrieben ist.

Die Bedingungen für den glatten Anschluss lauten:

$$\mathcal{N}_K(r=a) = \mathcal{N}_M(r=a) \tag{3.53}$$

$$\frac{\partial}{\partial r}\mathcal{N}_K(r=a) = \frac{\partial}{\partial r}\mathcal{N}_M(r=a) \quad . \tag{3.54}$$

Einsetzen liefert

$$C_K \mathrm{J}_m(u) = C_M \mathrm{K}_m(w) \tag{3.55}$$

$$C_K \frac{\partial}{\partial r}\mathrm{J}_m(ur/a)\Big|_{r=a} = C_M \frac{\partial}{\partial r}\mathrm{K}_m(wr/a)\Big|_{r=a} \quad . \tag{3.56}$$

In der zweiten dieser Gleichungen lässt sich mit

$$\frac{\partial}{\partial r} = \frac{u}{a}\frac{\partial}{\partial(ur/a)} \tag{3.57}$$

einheitlich das Argument ur/a verwenden; dann lässt sich die Ableitung bei $r = a$ so schreiben:

$$C_K \frac{u}{a}\mathrm{J}'_m(u) = C_M \frac{w}{a}\mathrm{K}'_m(w) \tag{3.58}$$

(der Strich ($'$) bedeutet die Ableitung nach dem Argument).

Wir fordern für die Existenz einer Lösung das Verschwinden der Koeffizientendeterminante:

$$C_K C_M \mathrm{J}_m(u)\frac{w}{a}\mathrm{K}'_m(w) - C_K C_M \mathrm{K}_m(w)\frac{u}{a}\mathrm{J}'_m(u) = 0 \quad . \tag{3.59}$$

Hieraus lässt sich sofort $C_K C_M/a$ eliminieren. Nun machen wir noch von einer bekannten Rekursionsbeziehung zwischen den Besselfunktionen Gebrauch:

$$u\mathrm{J}'_m(u) = m\mathrm{J}_m(u) - u\mathrm{J}_{m+1}(u) \tag{3.60}$$

$$w\mathrm{K}'_m(w) = m\mathrm{K}_m(w) - w\mathrm{K}_{m+1}(w) \quad . \tag{3.61}$$

Dadurch lassen sich die Ableitungen eliminieren:

$$J_m(u)\big(mK_m(w) - wK_{m+1}(w)\big) = K_m(w)\big(mJ_m(u) - uJ_{m+1}(u)\big)$$

$$wJ_m(u)K_{m+1}(w) = uK_m(w)J_{m+1}(u)$$

beziehungsweise

$$\boxed{\frac{J_m(u)}{uJ_{m+1}(u)} = \frac{K_m(w)}{wK_{m+1}(w)}} \qquad . \tag{3.62}$$

An dieser Beziehung zwischen u und w werden wir jetzt die erlaubten Lösungen für die Grundmode in der Faser ablesen. Es fällt auf, dass die Funktionen $K_m(w)$ auf den rechten Seiten dieser Gleichungen stets positiv sind, während die Funktionen $J_m(u)$ auf der linken Seite häufige Vorzeichenwechsel haben. Daraus ergeben sich bestimmte Wertekombinationen der Argumente (und somit auch bestimmte V-Zahlen), für die überhaupt nur Lösungen möglich sind. Die Lösungen dieser Gleichung sucht man am besten numerisch. Für den Zweck dieser Schilderung wollen wir einige Spezialfälle betrachten, anhand derer wir uns ohne Computer von der Plausibilität der numerischen Lösung überzeugen können.

3.6 Lösungen für $m = 0$

Zunächst betrachten wir den Fall $m = 0$, was nach dem oben Gesagten rotationssymmetrische Feldverteilungen im Faserquerschnitt beschreibt. Dann lautet die Gleichung:

$$\frac{J_0(u)}{uJ_1(u)} = \frac{K_0(w)}{wK_1(w)} \qquad . \tag{3.63}$$

Wir benutzen zur Ablesung der möglichen Lösungen die folgende Tabelle, in der wir die linke und die rechte Seite von Gl. 3.63 einander gegenüberstellen:

u	J_0	J_1	J_0/uJ_1		K_0/wK_1		w	
0	1	0	∞	$\Rightarrow$	∞	$\Rightarrow$	0	
$\vdots$	+	+	+	$\Rightarrow$	+	$\Rightarrow$	+	Lösungsast
2,405	0	+	0	$\Rightarrow$	0	$\Rightarrow$	∞	
$\vdots$	$-$	+	$-$	$\Rightarrow$	$-$	$\Rightarrow$	$-$	Keine Lösung
3,832	$-$	0	∞	$\Rightarrow$	∞	$\Rightarrow$	0	
$\vdots$	$-$	$-$	+	$\Rightarrow$	+	$\Rightarrow$	+	Lösungsast
5,520	0	$-$	0	$\Rightarrow$	0	$\Rightarrow$	∞	
$\vdots$	+	$-$	$-$	$\Rightarrow$	$-$	$\Rightarrow$	$-$	Keine Lösung

Es folgen also abwechselnd aufeinander Bereiche, in welchen Lösungen existieren oder nicht existieren. Wenn wir uns außer dem Vorzeichen (wie in der Tabelle) auch

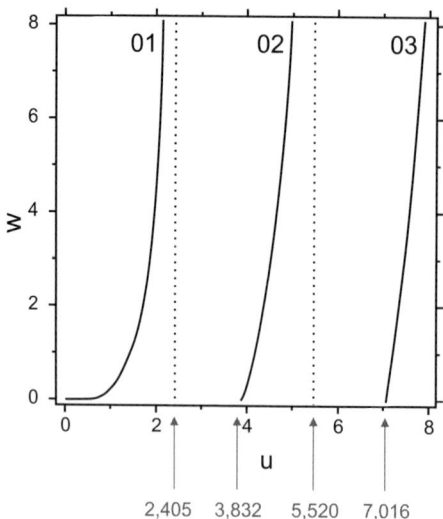

Abb. 3.1 Lösungen der Eigenwertgleichung für $m = 0$ in der u-w-Ebene. Mit wachsendem u treten abwechselnd Bereiche auf, in denen eine Lösung entweder existiert (z. B. $0 \leq u \leq 2{,}405$) oder nicht existiert (z. B. $2{,}405 \leq u \leq 3{,}832$). Die Indizes an den Lösungsästen bezeichnen die Indizes mp der LP$_{mp}$-Moden, die in Abschnitt 3.9 erläutert werden.

noch die tatsächlichen Werte zu den Lösungsästen verschaffen, können wir diese in ein Diagramm der (u, w)-Ebene einzeichnen. Die Quotienten der Besselfunktionen verlaufen ähnlich einer tan-Funktion. Das leuchtet ein, da ja J$_0$ der cos-Funktion, J$_1$ hingegen der sin-Funktion ähnelt. Wir erhalten das Bild 3.1.

In der Abbildung lassen sich zusätzlich Linien konstanter V-Zahl angegeben, die in der (u, w)-Ebene Kreissegmente bilden. Für eine gegebene Faser entsprechen verschiedene Kreisradien verschiedenen Wellenlängen; umgekehrt mag man sich vorstellen, dass bei einer gegebenen Wellenlänge verschiedene Kreisradien zu unterschiedlichen Kerndurchmessern der Faser gehören.

Die Schnittpunkte der tan-artigen Zweige mit den Kreissegmenten liefern die möglichen Lösungen (Wertekombinationen für u und w) für eine gegebene konkrete Situation (vorgegebenes V). Ersichtlich existiert der erste Lösungsast für jede V-Zahl zwischen null und unendlich. Der zweite hier auftretende Lösungsast existiert nur oberhalb eines Minimalwertes von $V = 3{,}832$, der durch eine Nullstelle der Besselfunktion J_1 gegeben ist. Dasselbe gilt auch für alle weiteren, hier nicht einzeln vorgeführten Lösungsäste.

3.7 Lösungen für $m = 1$

Wir könnten so vorgehen, dass wir in der Eigenwertgleichung unmittelbar $m = 1$ einsetzen. Bei der Bearbeitung mit dem Computer ist das kein Problem. Da wir uns hier „zu Fuß" orientieren wollen, ist es günstiger, mit einer alternativen Beziehung zwischen den Besselfunktionen zu arbeiten, die statt $m + 1$ nun $m - 1$ enthält. Auf diese Weise erhalten wir auch für $m = 1$ eine Gleichung, die nur J_0 und J_1 enthält (anstatt J_1 und J_2) und die dadurch etwas übersichtlicher ist.

Wir verwenden also zur Eliminierung der Ableitungen in Gl. 3.59 die Rekursions-relationen

$$uJ'_m(u) = -mJ_m(u) - uJ_{m-1}(u)$$
$$wK'_m(w) = -mK_m(w) - wK_{m-1}(w) \quad ,$$

um eine Eigenwertgleichung aufzustellen, die dann lautet:

$$-\frac{J_1(u)}{uJ_0(u)} = \frac{K_1(w)}{wK_0(w)} \quad .$$

Genau analog zum Vorgehen oben können wir auch hier eine Tabelle aufstellen, in der die möglichen Lösungsäste erkennbar werden:

u	J_1	J_0	$-J_1/uJ_0$		K_1/wK_0		w	
0	0	1	0	$\Rightarrow$	0	$\Rightarrow$	$-\infty$	Keine Lösung
⋮	+	+	−	$\Rightarrow$	−	$\Rightarrow$	−	Keine Lösung
2,405	+	0	$-\infty$	$\Rightarrow$	$-\infty$	$\Rightarrow$	0	
⋮	+	−	+	$\Rightarrow$	+	$\Rightarrow$	+	Lösungsast
3,832	0	−	0	$\Rightarrow$	0	$\Rightarrow$	∞	
⋮	−	−	−	$\Rightarrow$	−	$\Rightarrow$	−	Keine Lösung
5,520	−	0	$-\infty$	$\Rightarrow$	$-\infty$	$\Rightarrow$	0	
⋮	−	+	+	$\Rightarrow$	+	$\Rightarrow$	+	Lösungsast

Auch hier findet der Wechsel zwischen erlaubten und verbotenen Bereichen immer bei Nullstellen der Besselfunktionen statt, wobei diese Bereiche gegenüber dem Fall $m = 0$ gerade vertauscht sind. Dadurch tritt für V-Zahlen ab dem Wert 2,405 eine weitere Lösung zur Grundmode hinzu. Die Abbildung 3.2 fasst alle bislang gefundenen Lösungsäste (für $m = 0$ und $m = 1$) zusammen.

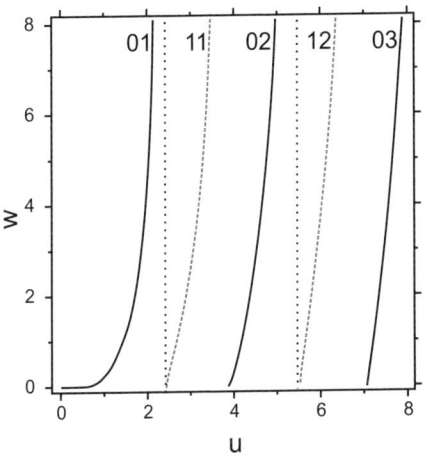

Abb. 3.2 Lösungen der Eigenwertgleichung für $m = 0$ und $m = 1$ in der u-w-Ebene. In den „Lücken" der Abb. 3.1 liegt jetzt jeweils ein weiterer Lösungsast zum Fall $m = 1$.

3.8 Lösungen für $m > 1$

Auch bei höheren Werten von m wiederholt sich der Befund, dass erlaubte und verbo-
tene Bereiche sich abwechseln und dass diese Wechsel jeweils bei Nullstellen gewisser
Besselfunktionen stattfinden. Die folgende Grafik zeigt alle Moden bis zu $V = 8$.

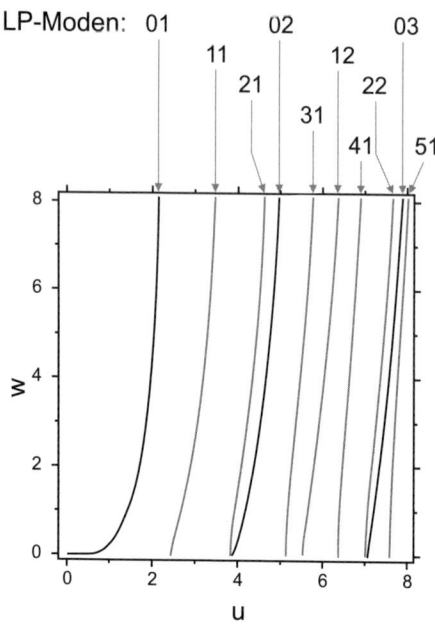

Abb. 3.3 Alle Lösungen der Eigenwertgleichung in der u-w-Ebene bis $u, w = 8$.

Wir halten fest:

- Für $V < 2{,}405$ gibt es lediglich einen Lösungsast.
- Für $V \geq 2{,}405$ gibt es zunächst zwei Lösungsäste.
- Bei gewissen höheren Werten von V treten jeweils weitere Lösungsäste hinzu.

Der Wert $V = 2{,}405$ stellt den Übergang von der Existenz genau einer Lösung zur
Existenz zweier Lösungen dar. Unterhalb dieses Wertes der normierten Frequenz ist
die Faser einmodig, darüber nicht. Man spricht von der Grundmode sowie dem *cutoff*
der höheren Moden. Für eine vorgegebene Faser kann man die dazugehörige *cutoff*-
Frequenz oder bzw. -Wellenlänge (Grenzwellenlänge) angeben. Bei niedrigeren Frequenzen (längeren Wellen) ist die Faser einmodig. Eine Faser ist also nicht an sich
und als solche einmodig, sondern diese Aussage ergibt nur mit Bezug auf bestimmte
Wellenlängen einen Sinn.

3.9 Feldverteilung in den Moden

Wir haben gesehen, dass die Schar der Moden eine zweiparametrige Familie darstellt. Der eine Parameter ist m. Von m wird angegeben, welche Winkelabhängigkeit die Feldverteilung der jeweiligen Mode aufweist. Bei $m = 0$ ist die Verteilung rotationsinvariant, d. h. bei einem Umlauf um die Achse in festem radialem Abstand wird man eine konstante Feldstärke (und damit Intensität) beobachten. Für $m = 1$ wird die Feldstärke bei einem Umlauf gemäß einer Periode einer Sinusfunktion variieren. Sie weist also zwei Nullstellen in gegenüberliegenden Positionen auf; bei dazwischen liegenden Winkelpositionen treten ein positives und ein negatives Extremum auf. Beide Extrema resultieren in Maxima der Intensität; das Vorzeichen gibt an, dass das optische Feld in Gegenphase oszilliert. Für $m = 2$ durchläuft die Feldstärke bei einem Umlauf um das Zentrum zwei volle Perioden einer Sinusfunktion; das beobachtete Intensitätsmuster ist also vierzählig. Jeweils gegenüberliegende helle Bereiche haben gleichphasige Felder, die anderen oszillieren in Gegenphase. Für noch höhere Werte von m wird die Winkelabhängigkeit des Intensitätsmusters $2m$-zählig.

m legt ebenfalls fest, welche Besselfunktionen in radialer Richtung die Feldverteilung angeben: Wir fanden eine Kombination aus J_m im Kern- und K_m im Mantelbereich. Da die J_m oszillieren, gibt es bei festem m immer noch beliebig viele Möglichkeiten, ein J_m an ein K_m anzuschließen (die Vorzeichen der Koeffizienten C_N und C_K in Gl. 3.52 waren dort beliebig). Diese Möglichkeiten nummerieren wir mit p durch, womit wir die zweiparametrige Familie der Moden vollständig erfasst haben. Bei der Nomenklatur der Moden halten wir uns an die 1971 von Gloge eingeführte Terminologie [36]: Da die Moden im Wesentlichen linear polarisiert sind, werden sie mit „LP$_{mp}$" bezeichnet, wobei der Index m die Anzahl der Knotenpaare in der Winkelkoordinate angibt und der zweite Index, p, entsprechend der radialen Struktur aufwärts zählt.

Nun können wir skizzieren, wie die Intensitätsverteilung der einzelnen Moden aussehen sollte. Die Abbildungen 3.4 bis 3.6 zeigen die verschiedenen Möglichkeiten, wie der Anschluss der Terme mit J_m und K_m erfolgen kann, und wie – sehr schematisch – dann die Intensitätsverteilung aussieht.

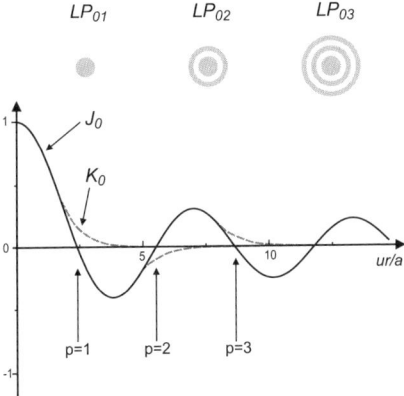

Abb. 3.4 Zur Konstruktion der radialen Intensitätsverteilungen der Moden mit $m = 0$.

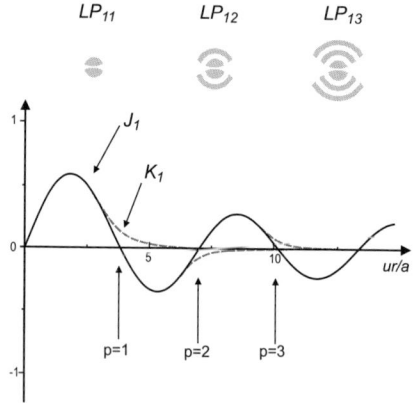

Abb. 3.5 Zur Konstruktion der Intensitätsverteilungen der Moden mit $m = 1$.

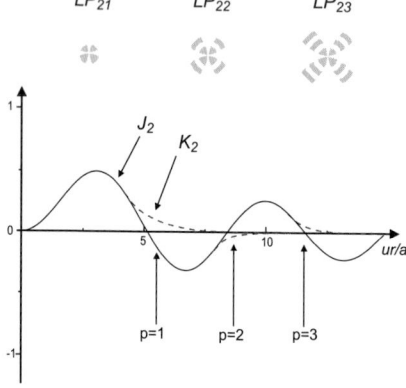

Abb. 3.6 Zur Konstruktion der Intensitätsverteilungen der Moden mit $m = 2$.

Von $u = 0$ bis $u = 2{,}405$ existiert der Lösungsast, der zur LP_{01}-Mode gehört. Dies ist die Grundmode der Faser; sie weist eine besonders einfache geometrische Form auf, die einer Glocken-Verteilung nicht unähnlich ist. Von $u = 3{,}832$ bis $u = 5{,}520$ finden wir zusätzlich die LP_{02}-Mode. Bei wachsender V-Zahl treten immer weitere Moden hinzu.

Diese Überlegung stimmt mit der Beobachtung hervorragend überein. In Ref. [120] wurden die einzelnen Moden gezielt separat angeregt; dann wurde jeweils das beobachtete Intensitätsmuster am Ende der Faser fotografiert. Das Ergebnis ist in der Abb. 3.7 wiedergegeben.

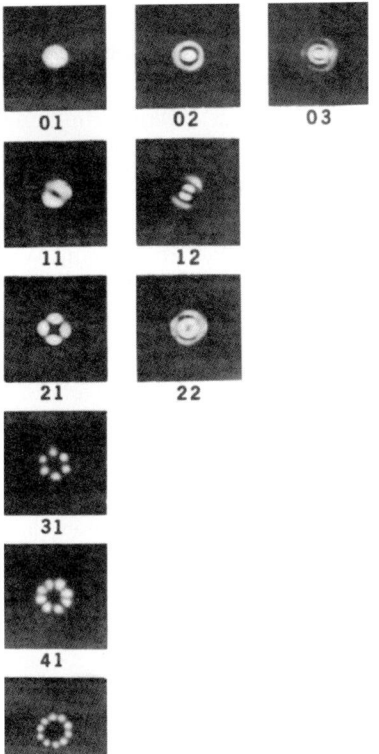

01 02 03 11 12 21 22 31 41 51

Abb. 3.7 Gemessene Intensitätsverteilungen aller Moden, die bei $V = 6$ auftreten. Für die Druckwiedergabe ist aus der Grauwertskala des Originals durch Kontrastüberhöhung eine binäre Schwarz-Weiß-Skala geworden. Aus [120] mit freundlicher Genehmigung.

3.10 Zahlenbeispiel

An einem typischen Zahlenbeispiel wollen wir uns den Übergang von einer Einmoden- zur Mehrmodenfaser verdeutlichen: Wir betrachten eine Faser mit $a = 4\,\mu m$, $\Delta = 3 \cdot 10^{-3}$ und $n_K = 1{,}46$. Aus der Definitionsgleichung der V-Zahl, der Näherung $NA = n_K\sqrt{2\Delta}$ und der Bedingung $V = 2{,}405$ am *cutoff* folgt sofort die Bedingung für die *cutoff*-Wellenlänge

$$\lambda_{\text{cutoff}} = \frac{2\pi\,a\,n_K\sqrt{2\Delta}}{2{,}405}\quad,\tag{3.64}$$

woraus wir sofort $\lambda_{\text{cutoff}} = 1{,}182\,\mu m$ erhalten. Diese Faser ist also einmodig für Wellenlängen, die größer als $1{,}182\,\mu m$ sind, insbesondere also bei $1{,}3\,\mu m$ und $1{,}55\,\mu m$. Für Wellenlängen, die kürzer als λ_{cutoff} sind, ist die Faser mehrmodig, und zwar zunächst zweimodig, bis bei einer bestimmten Wellenlänge zusätzliche Moden auftreten. Diese neue Wellenlänge ermittelt man aus derselben Gleichung, indem man den Zahlenwert $2{,}405$ durch $3{,}832$ ersetzt; man erhält $742\,nm$.

Für noch größere V-Zahlen (noch kürzere Wellenlängen) treten immer mehr Moden hinzu. Es ist also eine Faser, die z. B. im Infraroten einmodig ist, im Sichtbaren mehrmodig. Für sehr große V-Zahlen, wenn also die Wellenlänge im Vergleich zum Kernradius sehr klein wird, nähern wir uns dem Vielmodenfall an, in Übereinstimmung mit unseren früheren heuristischen Überlegungen.

Die LP_{01}-Mode existiert herab bis zu beliebig kleinen V-Zahlen, also bis zu beliebig langwelligem Licht. Keine andere Mode hat diese Eigenschaft. Allerdings ist die Existenz der Grundmode bis zur Frequenz $V = 0$ nicht ganz wörtlich zu nehmen. Wir haben ja von der Näherung Gebrauch gemacht, dass der Mantel der Faser unendlich ausgedehnt ist; allein schon durch den tatsächlich endlichen Radius wird in Wirklichkeit eine Grenze gesetzt, ab der zusätzliche Verluste auftreten. Daher gibt es auch für Glasfasern eine praktische Grenze für die Wellenleitung zu langen Wellenlängen hin.

Übrigens gibt es hier auch einen bedeutenden Unterschied zu Hohlleitern in der Mikrowellentechnik, bei denen auch die Grundmode nur oberhalb einer Mindestfrequenz existiert. Dort gibt es also stets eine Grenzwellenlänge, oberhalb derer keine Wellenleitung mehr möglich ist. In Kap. 4.5.2 werden wir einen Fall kennen lernen, in welchem auch eine Glasfaser mit besonderer Geometrie eine endliche *cutoff*-Wellenlänge für die Grundmode hat.

3.11 Anzahl der Moden

Um die Gesamtzahl der möglichen Moden bei gegebener V-Zahl abzuzählen, muss man noch beachten, dass Entartungen auftreten. Sämtliche Moden können z. B. in zwei zueinander orthogonalen Polarisationszuständen auftreten, die – zumindest in unserer Näherung der exakt zylindersymmetrischen Faser – in jeder anderen Hinsicht genau gleich sind (geringe Unterschiede aufgrund leichter Abweichungen von der Symmetrie werden wir weiter unten betrachten). Damit stellen alle LP_{0p} Paare („Dubletts") von Moden dar.

Für $m \neq 0$ kommt noch dazu, dass man in der Winkelvariablen Lösungen sowohl mit sin als mit cos angeben kann; dies stellt wieder orthogonale Lösungen dar. Daher und wegen der auch hier bestehenden Polarisationsentartung sind die LP_{mp} mit $m \neq 0$ „Quartette".

Als Beispiel sei die Situation bei $V = 6$ betrachtet: Die Abbildung weist sechs nominale Moden aus, von denen zwei Paare und vier Quartette bilden. Die Gesamtzahl ist also 20. Asymptotisch gilt übrigens die Näherung:

$$\text{Modenanzahl} = V^2/2 \quad \text{(Stufenindexfasern).}$$

Für Gradientenindexfasern gilt eine analoge Abschätzung mit $V^2/4$.

Die Moden sind in Wahrheit nicht exakt linear polarisiert. Dies ist eine Konsequenz der Tatsache, dass – entgegen unserer Näherung – das Fasermaterial nicht völlig homogen ist, sondern einen Sprung des Brechungsindex aufweist. Die daraus

resultierenden Feldverzerrungen führen zu gewissen Abweichungen im Spektrum der
Moden, die sich aber im Wesentlichen bei höheren Moden bemerkbar machen. Da uns
hier im Wesentlichen die Grundmode interessiert, ist dieser Umstand zu verschmerzen.

Es sei noch darauf hingewiesen, dass auch in Mikrowellen-Hohlleitern diskrete
Moden auftreten. Anders als Hohlleiter mit ihren metallischen Wänden sind Glasfasern schwach führende Wellenleiter, sodass wir hier eine Näherungsrechnung durchführen konnten, die für Hohlleiter nicht gerechtfertigt ist. Daher findet man für Hohlleiter auch andere Moden und verwendet eine andere Nomenklatur [24]. Viele der hier
eingeführten Moden sind Linearkombinationen der Hohlleitermoden; die Korrespon-
denz beider Bezeichnungssysteme ergibt sich aus der folgenden Tabelle.

LP-Moden	Hohlleitermoden
LP_{01}	HE_{11}
LP_{11}	HE_{21}, EH_{01}
LP_{21}	HE_{31}, EH_{11}
LP_{02}	HE_{12}
LP_{31}	HE_{41}, EH_{21}

3.12 Energietransport

Unter der Annahme von Zylindersymmetrie haben wir die Modenstruktur der Faser
berechnet. Die Wellenleitung ergibt sich aus der Führung der Moden durch die Bre-
chungsindexstruktur. Wirklich entscheidenden Einfluss hat die Wellenleitungseigen-
schaft bei Biegungen der Faser; diese bedeuten aber gerade Abweichungen von der
Zylindersymmetrie. Bei Biegungen treten tatsächlich gewisse Energieverluste auf;
diese Biegeverluste werden in Kap. 5.1 diskutiert. Hier können wir festhalten:

Der Kern der Faser ist zwar ausschlaggebend für die Wellenleitung, aber dass die
Lichtenergie *vollständig* im Kern der Faser geführt wird, ist eine zu stark vereinfachte
Vorstellung und offenbar nicht richtig. Zum einen haben wir gesehen, dass die Feldverteilung nach außen exponentiell abfällt; es gibt also immer einen wenn auch vielleicht
kleinen Beitrag zur Gesamtleistung auch weitab vom Kern. Zum anderen entsprechen
die verschiedenen Moden verschiedenen geometrischen Verteilungen der Lichtintensität über den Faserquerschnitt; daher muss der im Kern geführte Anteil auch von
der Mode abhängen.

Der Transport von Energie aus einem bestimmten Raumbereich (oder in ihn hinein)
wird beschrieben durch den so genannten Poynting-Vektor

$$\vec{S} = \vec{E} \times \vec{H} \quad . \tag{3.65}$$

Die Ausbreitungsrichtung steht senkrecht auf der von $\vec{E}$ und $\vec{H}$ aufgespannten Ebene.
Außer in anisotropen Materialien, die wir hier nicht betrachten, stehen alle drei Vek-
toren stets senkrecht aufeinander. Als Polarisationsrichtung bezeichnet man verab-

redungsgemäß die Schwingungsrichtung von $\vec{E}$ (historisch war es einmal üblich, die Richtung von $\vec{H}$ anzugeben).

Meistens kennzeichnet man die von einer Welle transportierte Energie durch die *Irradianz* oder *Intensität*. Darunter versteht man den zeitlichen Mittelwert der *momentanen Intensität*

$$I_{\mathrm{mom}} = E(t)\,H(t) \quad .$$

I gibt die Leistung pro Flächenelement an und hat daher die Einheiten $\mathrm{W/m^2}$. Man sieht, dass I dem Zeitmittel aus dem Poynting-Vektor entspricht:

$$I = \langle |S| \rangle \quad .$$

Wenn es sich um harmonische Wellen handelt, lautet der Zusammenhang zwischen den Effektivwerten und den Spitzenwerten $\hat{E} = \sqrt{2}\,E_{\mathrm{eff}}$ und $\hat{H} = \sqrt{2}H_{\mathrm{eff}}$. Damit ist dann die Intensität

$$I = \frac{1}{2}\,\hat{E}\,\hat{H} \quad .$$

Mit der Beziehung

$$\hat{E} = Z_0\,\hat{H}$$

kann man auch schreiben:

$$I = \frac{1}{2Z_0}\hat{E}^2 \quad .$$

Bei Ausbreitung in unmagnetischer Materie mit dem reellen Brechungsindex n gilt

$$I = \frac{n}{2Z_0}\hat{E}^2 \quad .$$

Die Leistung P ist das Integral der Intensität über die Fläche s:

$$P = \int_{s} I\,ds \quad .$$

Für die Grundmode erhält man damit für den Energiefluss im Kern (P_K) bzw. im Mantel (P_M) in einer Rechnung, die hier nicht im Einzelnen durchgeführt werden soll (siehe [36, 99]):

$$\frac{P_K}{P} = \left(\frac{w}{V}\right)^2 \left[1 + \left(\frac{J_0(u)}{J_1(u)}\right)^2\right]$$

$$\frac{P_M}{P} = 1 - \left(\frac{w}{V}\right)^2 \left[1 + \left(\frac{J_0(u)}{J_1(u)}\right)^2\right]$$

Je kleiner V wird, desto mehr wird die Energie im Mantel statt im Kern transportiert. Am *cutoff* einer jeden Mode verlagert sich das Feld schließlich vollständig in den

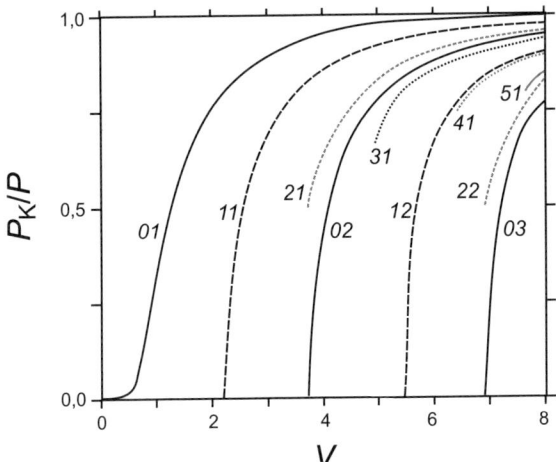

Abb. 3.8 Frequenzabhängigkeit der Aufteilung der transportierten Leistung auf Kern und Mantel. Dargestellt ist der relative Leistungsanteil im Kern als Funktion von V für alle Moden bis zu $V = 8$. Die Moden mit $m = 0,1$ werden bereits geführt, wenn nur ein sehr geringer Teil der Leistung auf den Kern entfällt (am *cutoff* beginnen die entsprechenden Kurven bei null). Für alle Moden gilt, dass der Anteil im Kern sich bei großem V dem Wert eins annähert. Nach [36] mit freundlicher Genehmigung.

Mantel, woraus der Verlust an Wellenleitung ja gerade resultiert. Bei den Moden mit $m \geq 2$ geht die Wellenleitung sogar schon verloren, wenn der Anteil der Leistung außerhalb des Kerns größer wird als $1/m$. Dies ist in Abb. 3.8 dargestellt.

Die Felder verschiedener Moden dringen demnach unterschiedlich tief in den Mantel ein. Für eine gegebene Mode wiederum dringt das Feld je nach Wellenlänge unterschiedlich tief in den Mantel ein. Dieser Umstand wird uns im Abschnitt über Dispersion noch einmal beschäftigen.

4 Laufzeitverzerrungen: Dispersion

Es gibt eine ganze Reihe von Möglichkeiten von Verzerrungen eines Lichtsignals bei der Propagation in Fasern, die auf ungleiche Ausbreitungsgeschwindigkeit verschiedener Teile dieses Signals zurückgehen. Nach derartigen Verzerrungen kann das Signal beim Empfänger unter Umständen so verstümmelt ankommen, dass es nicht mehr einwandfrei dechiffriert werden kann.

Als eine mögliche Ursache haben wir bereits Laufzeitverzerrungen in Vielmodenfasern kennen gelernt. Diese wurden als Modendispersion bezeichnet. Hier geht es jetzt um Laufzeitverzerrungen, die in Einmodenfasern auftreten.

Die wichtigste Ursache dafür ist, dass der Brechungsindex des Fasermaterials wie jedes anderen Materials wellenlängenabhängig (bzw. frequenzabhängig) ist. Ein Lichtsignal ist niemals ideal monochromatisch, sondern besteht aus mehr als einer Fourierkomponente. Mit anderen Worten: Ein Lichtpuls endlicher Dauer weist zwangsläufig eine endliche spektrale Breite auf. Die verschiedenen Frequenzanteile propagieren mit unterschiedlicher Geschwindigkeit und die so entstehenden Laufzeitunterschiede führen zu einer Verzerrung des Signals.

Die Wellenlängenabhängigkeit der Brechzahl führt zu drei verschiedenen Beiträgen zu Laufzeitverzerrungen in Fasern, die mit der Sammelbezeichnung *chromatische Dispersion* zusammengefasst werden. Es handelt sich um die

Materialdispersion D_m: Dieser Beitrag beruht auf der Wellenlängenabhängigkeit des Brechungsindizes. Die Materialdispersion ist nicht für Fasern spezifisch, sondern findet sich ebenso in Glas „am Stück" (engl. *in bulk*): Sie ist nicht abhängig von der Geometrie, sondern allein von Material und Wellenlänge (bzw. Frequenz).

Wellenleiterdispersion D_w: In der speziellen Geometrie der Glasfaser tritt eine Modifikation der Laufzeitunterschiede zwischen Fourierkomponenten auf. Dies erklärt sich dadurch, dass – wie in Kap. 3.12 dargestellt – der Anteil der im Kern bzw. im Mantel geführten Leistung von der Wellenlänge abhängt. Da Kernindex und Mantelindex etwas verschieden sind, ergibt sich eine Wellenlängenabhängigkeit des effektiv wirksamen Index.

Profildispersion D_p: Genau genommen ist auch die Brechzahldifferenz zwischen Kern und Mantel und damit Δ von der Wellenlänge abhängig, da Kernindex und Mantelindex nicht genau gleichlaufen. Dieser Anteil ist meistens deutlich kleiner als Material- und Wellenleiterdispersion.

Eine weitere Ursache für Laufzeitverzerrungen in Einmodenfasern hat mit dem Polarisationszustand des Lichtes zu tun. Wie erwähnt kann jede Mode in zwei zueinander orthogonalen Polarisationszuständen (oder deren Überlagerung) bestehen. In einer idealen Faser propagieren beide Polarisationsanteile (*Polarisationsmoden*) mit identischer Geschwindigkeit. Reales Glas hat aber stets eine gewisse nichtverschwin-dende Doppelbrechung; daraus resultiert ein Unterschied des effektiv wirksamen Bre-chungsindizes für beide Zustände. Genau genommen handelt es sich also bei der Bezeichnung „Einmodenfaser" um eine Fehlbezeichnung, denn auch wenn nur eine einzige Feldverteilung (LP$_{01}$) ausbreitungsfähig ist, besteht diese aus zwei Polarisa-tionsmoden! Daher tritt in realen Fasern eine *Polarisationsmodendispersion* auf. Sie ist betragsmäßig meist geringer als die chromatische Dispersion und wird daher erst im Anschluss besprochen.

Die Auswirkung der Dispersion wird normalerweise auf die Länge der Propaga-tionsstrecke bezogen. Für die Moden- und die Polarisationsmodendispersion kann man den Dispersionsparameter

$$D = \frac{1}{L}\delta\tau \tag{4.1}$$

angeben, worin $\delta\tau$ die Differenz der Laufzeiten über die Strecke L bedeutet. Übliche Einheiten sind ps/km. Für die chromatische Dispersion, also Material-, Wellenleiter- und Profildispersion, ist folgende Angabe üblich:

$$D = \frac{1}{L}\frac{d\tau}{d\lambda} \quad . \tag{4.2}$$

D setzt sich aus den drei genannten Anteilen zusammen als

$$D = D_m + D_w + D_p \quad . \tag{4.3}$$

Die Dimension dieses Dispersionsparameters ist also offenbar Zeitdifferenz pro (Strecke mal Wellenlängenintervall); daher ist die am häufigsten gebrauchte Einheit ps/(nm · km).

4.1 Materialdispersion

Der Brechungsindex eines jeden Glases weist eine Wellenlängenabhängigkeit auf. Diese Tatsache führt bekanntlich zu den Farbfehlern von Linsen und der dispergierenden Wirkung von Prismen. Es hat sich historisch eingebürgert und ist heute noch verbrei-tet (siehe z. B. den Schott-Glaskatalog [2]), Glassorten durch die Angabe ihrer Indizes bei drei Wellenlängen zu charakterisieren:

- n_D, dem Brechungsindex bei der Wellenlänge 589,30 nm (der Fraunhofer'schen D-Linie des Natriums im Gelben),
- n_F bei der Wellenlänge 486,13 (der Fraunhofer'schen F-Linie des Wasserstoffs im Blaugrünen) und
- n_C bei der Wellenlänge 656,27 (der Fraunhofer'schen C-Linie des Wasserstoffs im Roten).

Diese Wahl ergab sich historisch vor allem aus der Verfügbarkeit schmalbandiger Lichtquellen bei diesen Wellenlängen in Form von Spektrallampen. Als weitere Charakterisierung wird die Abbezahl angegeben:

$$v_D = \frac{n_D - 1}{n_F - n_C} \quad , \tag{4.4}$$

was offenbar ein Maß für die Wellenlängenabhängigkeit der Brechzahl bei der mittleren Wellenlänge entspricht. In Glaskatalogen sind oft nur n_D und v_D angegeben.

Verfolgt man den Verlauf des Brechungsindizes über einen größeren Bereich von Wellenlängen, so erhält man schematisch folgenden Verlauf:

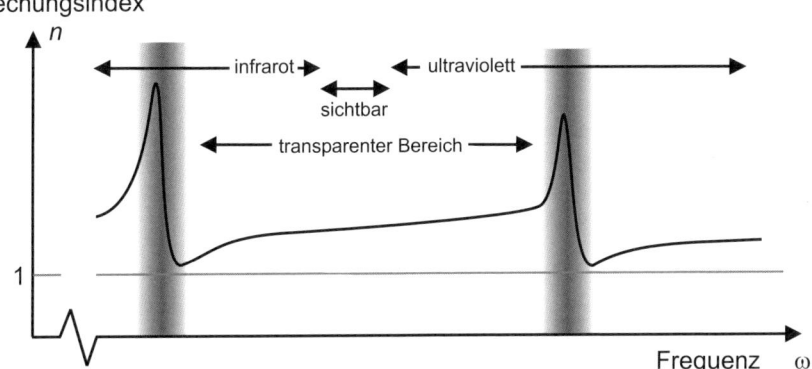

Abb. 4.1 Der Brechungsindex von Glas über der Wellenlänge, schematisch. Im UV und im IR treten Resonanzen auf, die den Verlauf beeinflussen.

Dieser Verlauf liegt in Absorptionsbanden begründet, die auf Schwingungen gebundener Elektronen zurückgehen und im Ultravioletten bei Wellenlängen um 100 nm liegen, sowie von Molekülschwingungen, die im Infraroten bei ca. 10 μm auftreten. Im weiten Bereich dazwischen, also im gesamten Sichtbaren und nahen Infrarot, enthält reines Quarzglas keine Resonanzen. Das ist ja gerade der Grund dafür, dass es dem Auge „glasklar" erscheint. Der Brechungsindex von reinem Quarzglas (SiO$_2$) im Sichtbaren beträgt $n_D = 1{,}456$ und weist zu längeren Wellenlängen einen leichten Abwärtstrend auf. In dem Bereich, in dem dieser Verlauf den Resonanzen nicht zu nahe kommt, lässt sich der Brechungsindex mit empirischen Interpolationsformeln gut beschreiben. Eine der verbreitetsten derartigen Formeln ist die Sellmeiergleichung

$$n^2(\omega) = 1 + \sum_{j=1}^{m} \frac{A_j \lambda^2}{\lambda^2 - \lambda_j^2} \quad . \tag{4.5}$$

Andere Schreibweisen sind aber ebenfalls üblich. Die Koeffizienten A_j beschreiben die Stärke der Resonanzen, die λ_j die zugehörigen Wellenlängen. Beide Größen sind in der Literatur tabelliert (für diverse Glassorten siehe [2], für Fasern mit verschiedener

Dotierung siehe z. B. [14]). Dabei werden meist drei, manchmal auch fünf Terme in der Summe betrachtet. Es sei nochmals betont, dass es sich um einen rein empirischen Fit handelt, sodass die λ_j nicht mit den wirklichen Resonanzstellen zu identifizieren sind.

4.1.1 Beschreibung per Ableitung nach der Wellenlänge

Die tatsächlich auftretenden Laufzeiten und deren Differenzen können wir mathematisch wie folgt erfassen: Eine ebene monochromatische Welle mit der Kreisfrequenz ω und der Wellenzahl β propagiert bekanntlich mit der Phasengeschwindigkeit

$$v_{\mathrm{ph}} = \omega/\beta \quad , \tag{4.6}$$

während die Ausbreitung eines Signals, also etwa eines Wellenpaketes, durch die Gruppengeschwindigkeit

$$v_{\mathrm{gr}} = d\omega/d\beta \tag{4.7}$$

beschrieben wird. Die Gruppenlaufzeit beträgt daher

$$\tau = \frac{L}{v_{\mathrm{gr}}} = L\frac{d\beta}{d\omega} \tag{4.8}$$

$$= L\frac{d\beta}{d\lambda}\frac{d\lambda}{d\omega} \quad . \tag{4.9}$$

Da nun $\beta = nk_0 = 2\pi n/\lambda$, können wir in der letzten Zeile den ersten Bruch umschreiben:

$$\frac{d\beta}{d\lambda} = 2\pi\frac{d}{d\lambda}\left(\frac{n}{\lambda}\right) = \frac{2\pi}{\lambda^2}\left(\lambda\frac{dn}{d\lambda} - n\right) \tag{4.10}$$

Der zweite Bruch lässt sich mit $\lambda = 2\pi c/\omega$ sofort schreiben als

$$\frac{d\lambda}{d\omega} = 2\pi c\frac{d}{d\omega}\left(\frac{1}{\omega}\right) = -\frac{2\pi c}{\omega^2} \quad . \tag{4.11}$$

Insgesamt ergibt sich also

$$\tau = L\frac{2\pi}{\lambda^2}\frac{2\pi c}{\omega^2}\left(n - \lambda\frac{dn}{d\lambda}\right) \tag{4.12}$$

oder wegen $\lambda\omega = 2\pi c$:

$$\tau = \frac{L}{c}\left(n - \lambda\frac{dn}{d\lambda}\right) \quad . \tag{4.13}$$

Nun haben wir die Wellenlängenabhängigkeit der Gruppenlaufzeit als Funktion der gut messbaren Größen n und λ ausgedrückt. Man beachte, dass gegenüber der Phasengeschwindigkeit hier der Ausdruck in der Klammer anstelle des gewöhnlichen Brechungsindex n auftritt, welcher nur den ersten Term in der Klammer darstellt. Die Größe in der Klammer heißt daher Gruppenindex:

$$n_{\mathrm{gr}} = \left(n - \lambda \frac{dn}{d\lambda}\right) \qquad (4.14)$$

Da im Sichtbaren und Nahinfraroten n mit steigender Wellenlänge sinkt, gilt in diesem Bereich $n_{\mathrm{gr}} > n$. Die Abbildung zeigt den Verlauf für Quarzglas.

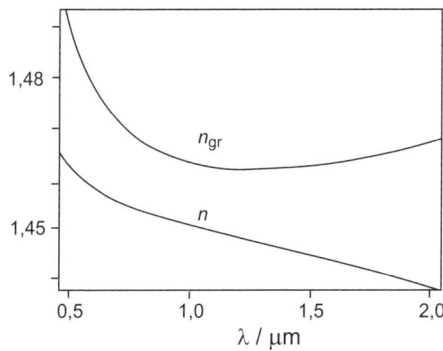

Abb. 4.2 Brechungsindex und Gruppenindex als Funktion der Wellenlänge, berechnet aus einer 3-Term-Sellmeiergleichung.

Die Streuung der Ankunftszeit am Empfänger ergibt sich aus

$$\delta\tau = \frac{d\tau}{d\lambda}\delta\lambda \quad . \qquad (4.15)$$

Die Ableitung hierin ergibt sich nun als

$$\frac{d\tau}{d\lambda} = \frac{L}{c}\frac{d}{d\lambda}\left(n - \lambda\frac{dn}{d\lambda}\right)$$

$$= -\frac{L}{c}\lambda\frac{d^2n}{d\lambda^2} \quad .$$

Damit ist der Materialanteil D_m des Dispersionskoeffizienten

$$D_m = \frac{1}{L}\frac{d\tau}{d\lambda} \qquad (4.16)$$

gegeben durch

$$\boxed{D_m = -\frac{\lambda}{c}\frac{d^2n}{d\lambda^2}} \qquad (4.17)$$

definiert. In einigen Fällen ist das Signal sogar so breitbandig, dass die Beschreibung der Dispersion allein mit D nicht mehr genau genug ist; vielmehr muss man dann berücksichtigen, dass auch D mit der Wellenlänge variiert. Dann wird meist die Dispersionssteigung (engl. *dispersion slope*) angegeben, welche als

$$S_m = \frac{dD_m}{d\lambda} \qquad (4.18)$$

definiert ist.

4.1.2 Beschreibung per Ableitung nach der Frequenz

Eine andere, ebenso häufig benutzte Nomenklatur zur Beschreibung der Dispersion
geht von Ableitungen nach der Kreisfrequenz statt der Wellenlänge aus. Sie beginnt
bei einer Reihenentwicklung der Propagationskonstante β als

$$\beta(\omega) = n(\omega)\frac{\omega}{c} = \beta_0 + \beta_1(\omega - \omega_0) + \frac{1}{2}\beta_2(\omega - \omega_0)^2 + \dots \tag{4.19}$$

mit

$$\beta_m = \left.\frac{d^m\beta}{d\omega^m}\right|_{\omega=\omega_0} \quad . \tag{4.20}$$

Überlegen wir uns die Bedeutung der β_m:

$$\beta_0 = \beta(\omega = \omega_0) = kn \tag{4.21}$$

mit n dem gewöhnlichen (Phasen-)Brechungsindex.

$$\begin{aligned}
\beta_1 &= \left.\frac{d\beta}{d\omega}\right|_{\omega=\omega_0} \\
&= \left.\frac{d}{d\omega}\left(n(\omega)\frac{\omega}{c}\right)\right|_{\omega=\omega_0} \\
&= \frac{1}{c}\left(n(\omega_0) + \omega\left.\frac{dn(\omega)}{d\omega}\right|_{\omega=\omega_0}\right) \quad .
\end{aligned}$$

Mit der Ersetzung $\omega = 2\pi c/\lambda$ lässt sich das auch ausdrücken als

$$\beta_1 = \frac{1}{c}\left(n(\lambda_0) - \lambda\left.\frac{dn(\lambda)}{d\lambda}\right|_{\lambda=\lambda_0}\right) \quad . \tag{4.22}$$

Der Ausdruck in der Klammer ist gerade der oben eingeführte Gruppenindex n_{gr},
woraus sich sofort ergibt, dass

$$\beta_1 L = \frac{L}{c}n_{\mathrm{gr}} = \tau \tag{4.23}$$

ist. Damit ist also

$$\beta_1 = \frac{1}{v_{\mathrm{gr}}} = \frac{n_{\mathrm{gr}}}{c} \quad . \tag{4.24}$$

β_1 liegt in der Größenordnung von $\beta_1 \approx 5\,\mathrm{ns/m}$.
   Für β_2 finden wir

$$\beta_2 = \frac{d\beta_1}{d\omega} = \frac{1}{c}\left(2\frac{dn}{d\omega} + \omega\frac{d^2n}{d\omega^2}\right) \quad . \tag{4.25}$$

Diese Größe wird auch nach dem englischen Begriff *group velocity dispersion* als GVD-
Parameter bezeichnet. Sie wird typischerweise in Einheiten von $\mathrm{ps}^2/\mathrm{km}$ angegeben.

Die Umrechnung dieser besonders für Theoretiker praktischen Einheit in die technisch gebräuchlichere des Dispersionskoeffizienten D erfolgt mit

$$D_m = \frac{d\beta_1}{d\lambda} = \frac{d\beta_1}{d\omega}\frac{d\omega}{d\lambda} = \beta_2 \frac{d}{d\lambda}\left(\frac{2\pi c}{\lambda}\right) \tag{4.26}$$

und somit

$$\boxed{D_m = -\beta_2\left(\frac{2\pi c}{\lambda^2}\right) = -\frac{\omega}{\lambda}\beta_2} \quad . \tag{4.27}$$

In den Fällen, in denen Dispersion höherer Ordnung eine Rolle spielt, wird die *Dispersion dritter Ordnung* als β_3 angegeben. Die Umrechnung zur Dispersionssteigung lautet:

$$S_m = \frac{(2\pi c)^2}{\lambda^4}\beta_3 + \frac{4\pi c}{\lambda^3}\beta_2 \quad . \tag{4.28}$$

4.2 Wellenleiter- und Profildispersion

In Fasern tritt zur Materialdispersion D_m des Kerns die Wellenleiterdispersion D_w. Ohne explizite Herleitung sei angegeben, dass sich dieser Beitrag für Stufenindexfasern aus

$$D_w = -\frac{V n_K \Delta}{\lambda c}\frac{d^2}{dV^2}(Vb) \tag{4.29}$$

berechnen lässt [36, 99], worin

$$b = \frac{\beta^2 - k_M^2}{k_K^2 - k_M^2} \quad .$$

Bei sehr großer V-Zahl tendiert die dimensionslose Größe b gegen 1; am *cutoff* der jeweiligen Mode wird $b = 0$.

Die anschauliche Ursache für den Wellenleiteranteil besteht darin, dass zu längeren Wellen hin mit fortschreitender Ausdehnung der Feldverteilung vom Kern in den Mantel die Lichtwelle immer weniger den Kernindex und immer mehr den Mantelindex „sieht".

Wenn man als zusätzliche Korrektur noch beachtet, dass auch Δ eine Wellenlängenabhängigkeit besitzt, tritt noch die Profildispersion (Engl. *differential material dispersion*) D_p auf. Dieser Anteil ist aber normalerweise sehr gering und soll hier nicht weiter diskutiert werden. Alle weiteren Ausführungen beziehen sich auf die Summe $D = D_m + D_w + D_p$.

Datenblätter der Faserhersteller enthalten entweder D (und manchmal S) oder β_2 (und manchmal β_3), jeweils für bestimmte Wellenlängen. Diese Angaben beziehen sich dann stets auf den resultierenden Gesamtwert der Dispersion, ohne Aufschlüsselung nach Material-, Wellenleiter- und Profilanteil. Damit bleiben die Umrechnungen Gln. 4.18, 4.27 und 4.28 gültig, indem jeweils die Indizes „m" fortgelassen werden.

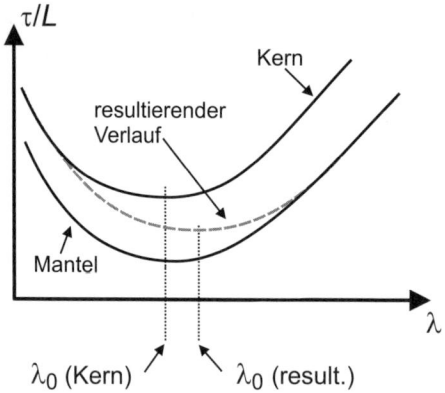

Abb. 4.3 Die Laufzeit eines Signals in einer Faser ergibt sich aus den Laufzeiten für Kern- und Mantelmaterial unter Berücksichtigung der relativen Anteile. Bei kurzen Wellenlängen findet die Lichtführung hauptsächlich im Kern statt, bei langen hingegen im Mantel. Die Nullstelle der Dispersion (Minimum der Laufzeit) verschiebt sich dadurch gegenüber dem für das Kernmaterial erwarteten Wert in Richtung längerer Wellen.

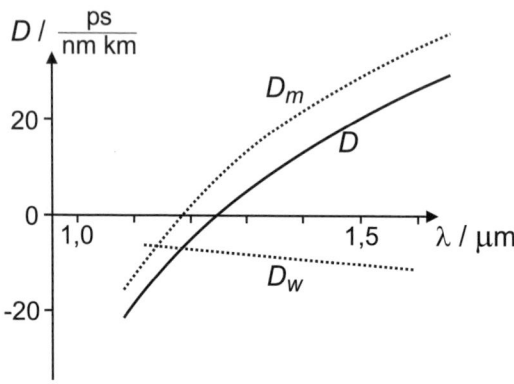

Abb. 4.4 Die Gesamtdispersion D resultiert aus dem Materialbeitrag des Kerns D_m und dem Wellenleiterbeitrag D_w. Die Nullstelle ist durch D_w gegenüber dem Wert für D_m verschoben.

4.3 Normale und anomale Dispersion, Nullstelle

Betrachten wir typische Vorzeichen und Größenordnungen. Für Quarzglas ist das Ergebnis einer Sellmeier-Rechnung in der Abbildung 4.2 dargestellt. Es fällt dabei Folgendes auf:

- Im Sichtbaren und nahen IR ist $\frac{dn}{d\lambda} < 0$. Daher ist $n_{\mathrm{gr}} = n - \lambda\frac{dn}{d\lambda} > n$. Der Gruppenindex ist also größer als der Phasenindex. Im nahen Infrarot ist n_{gr} nahezu konstant bei ca. $n_{\mathrm{gr}} = 1{,}46$.

- Der Brechungsindex $n(\lambda)$ hat einen Wendepunkt bei $\lambda \approx 1{,}27\,\mu\mathrm{m}$. Dort ist die Gruppenlaufzeit minimal und $D_m = \beta_2 = 0$, was zu der Bezeichnung als Dispersionsnullstelle (engl. *zero dispersion wavelength*, Wellenlänge verschwindender Dispersion) führt. Genau genommen ist diese Bezeichnung, wenngleich üblich, so doch nicht korrekt, denn es geht ja lediglich die führende Ordnung in einer Reihenent-wicklung durch null; alle höheren Ordnungen tragen weiterhin zur Dispersion bei. Da Verwechslungen nicht zu befürchten sind, wird diese spezielle Wellenlänge im Weiteren mit dem Formelzeichen λ_0 bezeichnet.

- Für $\lambda < \lambda_0$, also insbesondere auch im Sichtbaren, ist $\dfrac{d^2n}{d\lambda^2}$ positiv und daher $D = -\dfrac{\lambda}{c}\dfrac{d^2n}{d\lambda^2}$ negativ, während für $\lambda > \lambda_0$ umgekehrt D positiv ist. Da historisch zunächst der sichtbare Spektralbereich untersucht wurde, heißt der dort vorgefun-dene Trend „normal", sodass der Fall $D < 0$ als „normale Dispersion" bezeich-net wird. Entsprechend heißt der umgekehrte Fall, $D > 0$, „anomale Disper-sion". Bei Anwendungen im zweiten Fenster bei $1{,}3\,\mu$m haben wir es also mit einem Dispersionsminimum ($D \approx 0$) zu tun, im dritten Fenster mit anomaler Dispersion. Ein typischer Zahlenwert ist $D_m = 20\,$ps/nm km bei der Wellenlänge $\lambda = 1{,}55\,\mu$m.

Es sei noch einmal betont: Wir reden hier ausschließlich von der Dispersion der Gruppengeschwindigkeit. Auch bei der Dispersion des Brechungsindizes gibt es die Begriffe „normale" und „anomale" Dispersion. „Normal" ist dabei der Fall, dass der Brechungsindex zu längeren Wellenlängen hin sinkt, was in transparenten Spektral-bereichen aller Materialien in der Tat der Normalfall ist. Nur in unmittelbarer Nähe atomarer Resonanzen kommt es zum umgekehrten Trend des Brechungsindex, also anomaler Index-Dispersion. Leider wird von manchen Autoren sprachlich nicht genau unterschieden, von welcher Art Dispersion die Rede ist, was häufig zu Verwirrung führt.

Zum Materialanteil der Dispersion tritt der Wellenleiterbeitrag. Er ist im gesam-ten sichtbaren und nah-infraroten Wellenlängenbereich negativ (ein typischer Wert für Standardfasern ist $-2\,$ps/(nm $\cdot$ km), wirkt dem Materialanteil bei langen Wel-len also entgegen. Daraus ergibt sich, dass die Dispersionsnullstelle in Standardfa-sern gegenüber dem $bulk$-Material etwas ins Längerwellige verschoben ist, meist um $20\dots30\,$nm. Gemäß einer CCITT-Norm von 1984 soll die Dispersion bei Fasern, die in der Telekommunikation eingesetzt werden, im zweiten und dritten Fenster folgen-dermaßen begrenzt sein:

$|D| \leq 3{,}5\,$ps/nm km für $1285\,$nm $\leq \lambda \leq 1330\,$nm
$|D| \leq 20\,$ps/nm km bei $\lambda = 1550\,$nm.

Im dritten Fenster, also bei $1{,}55\,\mu$m, ist $D = 18\,$ps/nm km ein typischer Wert. Bei einer Länge $L = 10\,$km ist der Laufzeitunterschied für zwei um $1\,$nm verschie-dene Wellenlängen demnach $\delta\tau = 180\,$ps. Die Dispersionsnullstelle liegt im zwei-ten Fenster, also nahe $1300\,$nm, sodass hier eine minimale Laufzeitstreuung auftritt. Typische Zahlenwerte für die Dispersion dritter Ordnung sind für derartige Fasern $S(\lambda_0) = 0{,}085\,$ps/nm^2 km bzw. $\beta_3(\lambda_0) = -0{,}08\,$ps^3/km.

Wir werden in Kürze sehen, dass die Verschiebung der Dispersionsnullstelle durch den Wellenleiterbeitrag sich gezielt vergrößern lässt. Auf diese Weise können Fasern mit maßgeschneiderter Dispersionsnullstelle im längerwelligen Infrarot realisiert werden.

4.4 Auswirkung der Dispersion

Wir betrachten die Propagation eines Lichtpulses, den wir uns dadurch erzeugt denken, dass eine monochromatische Schwingung

$$\hat{E}\cos(\omega t - \beta z)$$

mit einer *Einhüllenden* multipliziert wird. Für die Einhüllende kann man beispielsweise eine Gaußfunktion

$$e^{-\frac{t^2}{2T_0^2}}$$

verwenden. Der zeitliche Verlauf der Intensität (Irradianz) oder Leistung des resultierenden Pulses lautet dann

$$I(t) = I_0 \, e^{-(t/T_0)^2} \quad . \tag{4.30}$$

Hierin ist I_0 der Spitzenwert der Intensität und T_0 die Pulsdauer, gemessen zwischen den Punkten, an denen die Intensität das $1/e$-fache des Maximums beträgt. Nach Propagation über die Faserlänge L haben sich sowohl die Pulsdauer als auch der Spitzenwert der Intensität verändert. Man kann zeigen, dass die Pulsdauer nun

$$T_L = T_0 \sqrt{1 + \left(\frac{L}{L_D}\right)^2} \tag{4.31}$$

beträgt, worin

$$L_D = \frac{T_0^2}{|\beta_2|} \tag{4.32}$$

eine charakteristische Dispersionslänge ist. Nach der Strecke L_D ist die Pulsdauer offenbar auf das $\sqrt{2}$-fache des Anfangswertes angewachsen. Nach deutlich längeren Strecken wächst die Pulsdauer proportional zur Länge, und zwar wie

$$L \gg L_D \quad \Rightarrow \quad T_L = |\beta_2| L / T_0 \quad . \tag{4.33}$$

Die Dispersion verfährt also nach dem Motto „Die Kürzesten werden die Längsten sein". Es sei an dieser Stelle auf die enge Analogie zwischen der Beugung, also der transversalen Verbreiterung eines engen Lichtbündels, und der Dispersion, also der longitudinalen Verbreiterung eines kurzen Lichtpulses, hingewiesen. Im „Fernfeld" (Fraunhoferbeugung) sind die Verhältnisse vergleichsweise übersichtlich. Die Verbreiterung erfolgt proportional zur Strecke oder mit anderen Worten in einem festen Divergenzwinkel. Die Form des Bündels/Pulses ändert sich nur noch maßstäblich; sie ist durch die Fouriertransformierte der Anfangsform gegeben. Im „Nahfeld" (Fres-

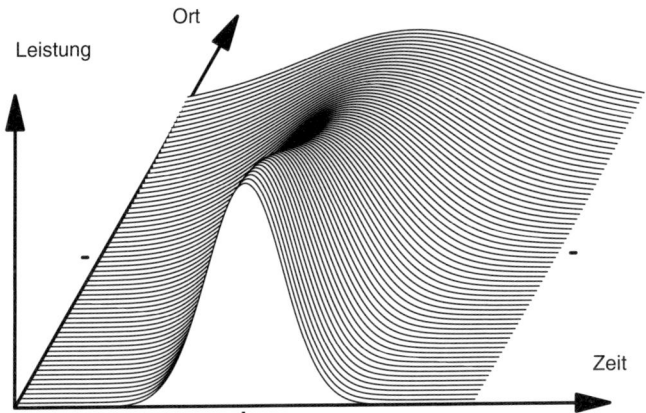

Abb. 4.5 Dispersive Verbreiterung eines Gaußpulses. Dargestellt ist ein Puls mit einer anfänglichen Dauer (FWHM) von $0,5\,\mathrm{ps}$, der sich über eine Strecke von $21\,\mathrm{m}$ ausbreitet und dabei verbreitert. Die Höhe wird dabei geringer, denn die Energie bleibt erhalten. Die Faserdispersion beträgt hier $\beta_2 = -18\,\mathrm{ps}^2/\mathrm{km}$ und $\beta_3 = 0$.

nelbeugung) sind im allgemeinen Fall die Verhältnisse komplizierter, doch auch hier bleibt ein gaußförmiger Puls bis auf Maßstabsfaktoren erhalten. Da sich Gaußpulse besonders einfach transformieren, haben wir hier einen solchen gaußförmigen Puls betrachtet.

Die enge Analogie zur Beugung erkennt man besonders deutlich, wenn man für die Einhüllende des Pulses statt einer Gaußfunktion eine Rechteckfunktion

$$
\begin{cases}
0 & : \quad t < -\dfrac{T_0}{2} \\
1 & : \quad -\dfrac{T_0}{2} \le t \le +\dfrac{T_0}{2} \\
0 & : \quad t > \dfrac{T_0}{2}
\end{cases}
$$

benutzt. Das ist zwar für einen kurzen Puls nicht sehr realistisch, hat aber den Vorteil der besonders direkten Analogie zur Beugung am Spalt. Zunächst bilden sich Undulationen nahe den Sprungstellen, die sich im Verlauf der weiteren Propagation immer mehr ausweiten; schließlich nähert sich die Pulsform der Funktion $(\sin(x)/x)^2$ an (siehe Abb. 4.6). Die enge Verwandtschaft zur Beugung am Spalt und zum Übergang vom Nahfeld (Fresnelbeugung) zum Fernfeld (Fraunhoferbeugung) ist hier wohl besonders deutlich.

In Gl. 4.32 haben wir β_2 benutzt. Dasselbe Ergebnis lässt sich auch unter Angabe des Dispersionsparameters D angeben, was von Experimentatoren oft bevorzugt wird. Ebenso werden sie die Angabe der Pulsdauer durch die Halbwertsbreite bevorzugen, also die Dauer zwischen den Punkten, an denen der Puls die $1/2$-fache Spitzenintensität aufweist. Für die Halbwertsbreite ist übrigens die Bezeichnung 'FWHM' (nach dem englischen Ausdruck *full width at half maximum*) üblich. Bei einem Gaußpuls ist die Halbwertsbreite, die wir mit τ bezeichnen wollen, gegeben durch $\tau = 2\sqrt{\ln 2}\,T_0$.

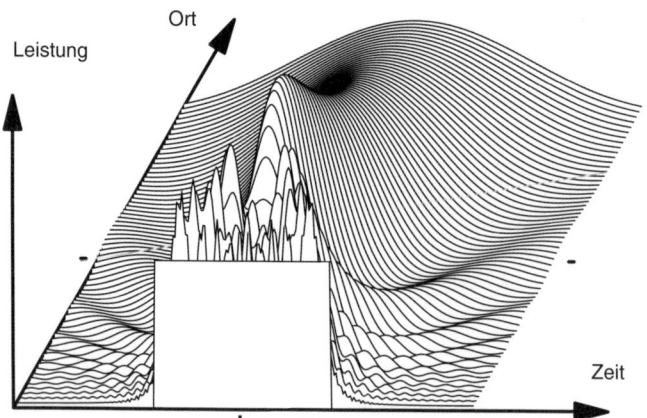

Abb. 4.6 Dispersive Verbreiterung eines Rechteckpulses. Dieser Fall ist rein akademisch, zeigt dafür aber deutlich, dass gerade steile Flanken des anfänglichen Signals durch Dispersion besonders stark verformt werden.

Wir formen nun die Klammer unter der Wurzel unter Benutzung dieser Umrechnung sowie der oben angegebenen Beziehung $|\beta_2| = |D|\lambda^2/(2\pi c)$ um und erhalten:

$$\frac{L}{L_D} = \frac{L|\beta_2|}{T_0^2} = \frac{L|D|\lambda^2}{\tau_0^2}\frac{2\ln 2}{\pi c} \quad . \tag{4.34}$$

Der erste Bruch spezifiziert die verwendete Faser (L, D) und das verwendete Lichtsignal (λ, τ_0). Der zweite Bruch enthält nur Konstanten, d. h. hängt nicht vom konkreten Experiment ab. Sein Wert ist gleich $1,4709 \cdot 10^{-9}$s/m. Wählt man nun L in km, D in ps/nm km, λ in μm und τ_0 in ps, so tritt ein Zahlenfaktor von 10^9 auf, und wir können schreiben

$$\tau_L = \tau_0\sqrt{1 + \left(\frac{1,47L|D|\lambda^2}{\tau_0^2}\right)^2} \quad . \tag{4.35}$$

Diese Gleichung enthält direkt messbare Größen und ist daher bei praktischen Problemen nützlich. Die „magische Zahl" 1,47 gilt für Gaußpulse; für andere Pulsformen ergibt sich ein etwas anderer Zahlenwert (z. B. für den im Zusammenhang mit Solitonen oft vorkommenden Secans-Hyperbolicus-Quadrat-Puls (sech^2, sprich „Setschquadrat") der Wert 1,87).

Die Pulsverbreiterung durch Dispersion begrenzt die Kapazität der Übertragung von Daten, da die Pulse ausreichende Zeitabstände voneinander einhalten müssen. Die höchste Übertragungskapazität resultiert bei minimaler Dispersion, also in der Nähe der Wellenlänge, bei der die Dispersion zu null wird. Aus diesem Grund arbeitet der allergrößte Teil aller heute installierten Fasern bei einer Wellenlänge von 1,3 μm. Es sei aber ganz ausdrücklich darauf hingewiesen, dass diese Schlussfolgerung nur im Rahmen der *linearen* Näherung, d. h. bei hinreichend geringer Leistung korrekt ist. Durch nichtlineare Effekte (s. u.) wird die Kapazität bei einer anderen Bedingung maximal.

4.5 Dispersionsoptimierung: Alternative Brechzahlprofile

Es sind häufig Fasern im Einsatz, deren Brechzahlprofil vom einfachen Stufenindex-verlauf abweicht. Bei der Konstruktion derartiger Fasern stehen folgende Ziele im Blickpunkt: a) Beibehaltung des Einmodenverhaltens, b) Beibehaltung der geringen Verluste, aber c) zusätzliche Freiheitsgrade (Designparameter) für die Beeinflussung des Dispersionsverhaltens. Es kommt hinzu, dass auch Fasern, die nominell einen Stufenindexverlauf haben, ein tatsächlich aufgrund von Herstellungsschwierigkeiten davon etwas abweichendes Profil aufweisen, z. B. einen zentralen Einbruch bei einem bestimmten Herstellungsverfahren (MCVD, siehe dort).

4.5.1 Gradientenindex-Fasern

Ähnlich wie bei Vielmodenfasern lässt sich auch bei Einmodenfasern ein radialer Ver-lauf des Index gemäß dem Ausdruck

$$n(r) = n_K \sqrt{1 - 2\Delta \left(\frac{r}{a}\right)^\alpha} \qquad (4.36)$$

realisieren. Die Begründung ist hier strahlenoptisch nicht zu verstehen, die wellenop-tische Berechnung liefert folgende Aussagen:

$\alpha = \infty$: Dies entspricht wieder dem Stufenindexprofil (SI-Profil). Der *cutoff* der zwei-ten (LP$_{11}$) Mode liegt bei $V = 2{,}405$.

$\alpha = 2$: Bei einem Parabelprofil verschiebt sich der *cutoff* der zweiten Mode auf $V = 3{,}518$.

$\alpha = 1$: Dies ist ein Dreiecksprofil, daher der Name „T-Faser"(wie *triangular*). Hier liegt der *cutoff* der zweiten Mode noch höher. Insgesamt gilt in grober Näherung, dass der *cutoff* der zweiten Mode bei $V \approx 2{,}405\sqrt{1 + 2/\alpha}$ liegt. Wir kommen gleich darauf zurück.

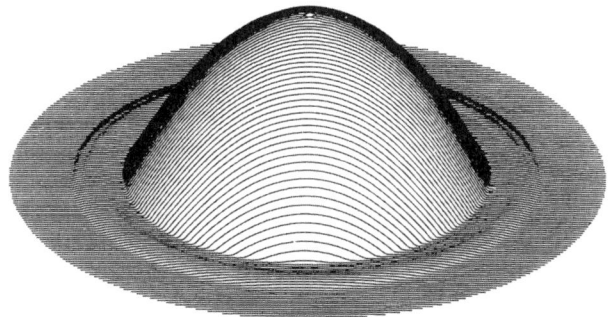

Abb. 4.7 Pseudo-3D-Darstellung eines Gradientenindexprofils. Über den kreisförmigen Faserquerschnitt ist der Index jeweils nach oben aufgetragen [81].

4.5.2 W-Fasern

In diesem Fall ähnelt das Brechzahlprofil dem Buchstaben W; daher der Name. Eine
andere Bezeichnung ist „DIC-Faser", für *depressed-index cladding*. Dieses Profil bietet
allerlei Spielraum für die Steuerung und Optimierung des Dispersionsverlaufs.

Für dieses Profil definieren wir eine V-Zahl

$$V = \frac{2\pi}{\lambda} a \sqrt{n_1^2 - n_3^2} \qquad (4.37)$$

und einen Indexkontrast

$$R = \frac{n_2 - n_3}{n_1 - n_3} \quad . \qquad (4.38)$$

Eine Besonderheit dieses Profils ist, dass – im Gegensatz zur Stufenindexfaser, bei der
die Grundmode zumindest im Prinzip bis hinab zu beliebig kleinem V geführt wird

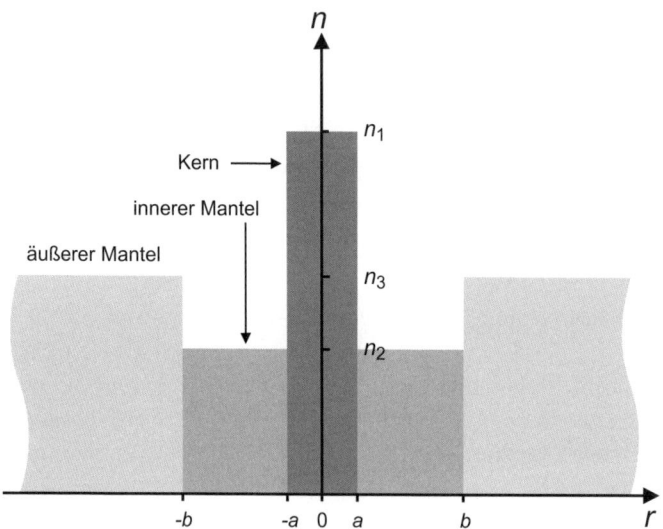

Abb. 4.8 Schematisches Brechungsindexprofil einer W-Faser (*depressed-index cladding profile*). Bei Kern, innerem und äußerem Mantel sind drei Indizes n_1, n_2 und n_3 zu unterscheiden.

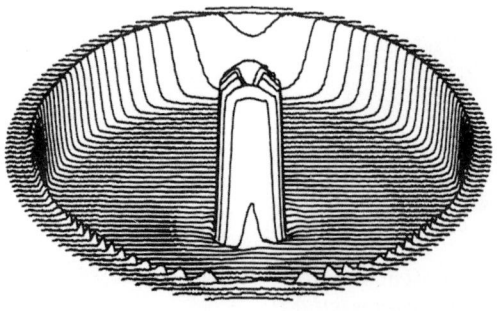

Abb. 4.9 Pseudo-3D-Darstellung des Brechungsindexprofils einer W-Faser (*depressed-index cladding profile*) [81].

– hier auch die Grundmode eine endliche *cutoff*-Wellenlänge aufweist. Für mittlere Werte des Indexkontrasts ist die V-Zahl am *cutoff* der Grundmode

$$V_0 \approx 1{,}075\,(1 - R) \quad ; \tag{4.39}$$

für den Grenzfall $n_2 \to n_3$, bei dem sich wieder ein Stufenindexprofil ergibt, weicht das Ergebnis von diesem linearen Trend aber ab und geht nach null, in Übereinstimmung mit unserem früheren Ergebnis für SI-Fasern.

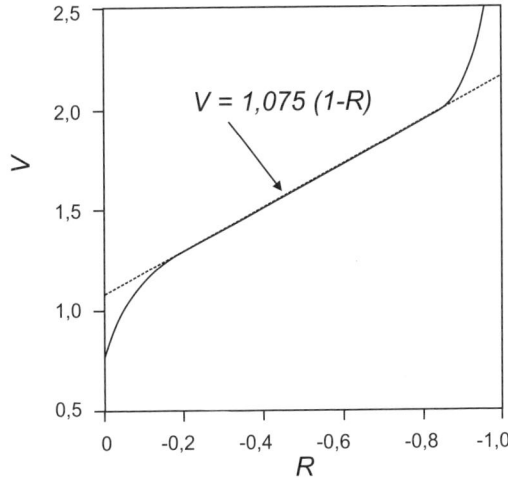

Abb. 4.10 Bei Fasern mit W-Profil lässt sich über den Indexkontrast R der Wert der V-Zahl steuern. In einem gewissen Bereich ist sogar eine lineare Näherung angemessen. Nach [96] mit freundlicher Genehmigung.

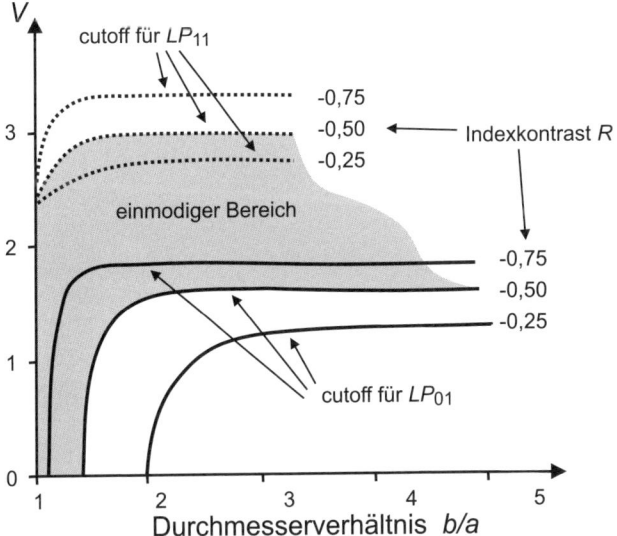

Abb. 4.11 Bei Fasern mit W-Profil lässt sich über das Radiusverhältnis b/a das *cutoff*-Verhalten steuern. Es tritt sogar ein *cutoff* für die Grundmode LP_{01} auf, sobald b/a hinreichend größer ist als eins. Z.B. ist für $R = -0{,}5$ die Faser bei $b/a = 3$ nur im Intervall $1{,}8 \leq V \leq 3$ einmodig. Bei $V \geq 3$ tritt die LP_{11}-Mode hinzu, bei $V \leq 1{,}8$ ist gar keine Mode ausbreitungsfähig. Nach [96] mit freundlicher Genehmigung.

4.5.3 T-Fasern

T-Fasern oder *triangular*-Fasern sind populär, da die Dispersion günstiger verläuft als bei SI-Fasern und die Verluste ebenfalls eher günstiger liegen. Letzteres liegt daran, dass an der Oberfläche zwischen Kern und Mantel aufgrund des verschwundenen steilen Sprungs der Glaszusammensetzung weniger mechanische Spannungen auftreten können. Die Abbildungen zeigen ein modifiziertes T-Profil, als Kombination von T- und W-Profil.

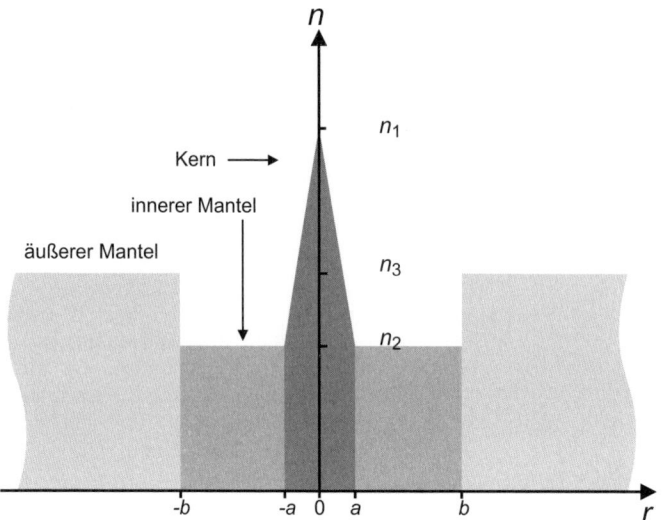

Abb. 4.12 Schematisches Brechungsindexprofil einer Faser mit Dreiecksprofil des Brechungsindex im Kern, hier gezeigt mit doppeltem Mantel (*depressed-cladding index*). Auch hier sind drei Indizes n_1, n_2 und n_3 zu unterscheiden.

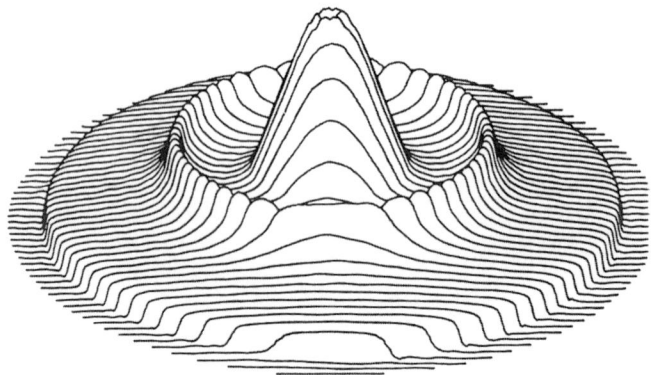

Abb. 4.13 Pseudo-3D-Darstellung eines Dreieckprofils, hier mit noch komplexerem Aufbau des Mantels [81].

4.5.4 „Quadruple Clad"-Fasern

Durch Hinzufügen weiterer konzentrischer Mantelschichten steigt die Anzahl der Designfreiheitsgrade an. Ein oft benutztes Design ist die Vierfachmantelfaser (engl. *quadruple clad fiber*). Der Kern ist typischerweise mit Germanium dotiert und weist somit einen erhöhten Index auf; der erste Mantel kann mit Phosphor und Fluor dotiert und damit in seinem Index abgesenkt sein. Im zweiten und dritten Mantel wiederholen sich Germanium und Phosphor/Fluor, jeweils mit geeigneten Konzentrationen. Der äußerste Mantel kann dann undotiert sein.

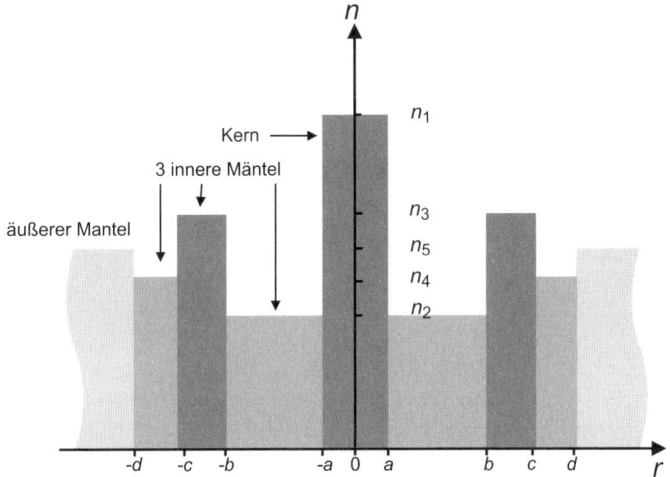

Abb. 4.14 Schematisches Brechungsindexprofil einer Faser mit Vierfachmantelprofil. Hier sind fünf Indizes und vier Radien zu unterscheiden.

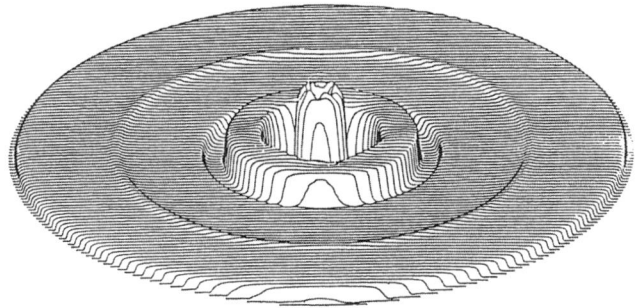

Abb. 4.15 Pseudo-3D-Darstellung eines Vierfachmantelprofils [81].

4.5.5 Dispersionsverschoben oder dispersionsflach?

Man unterscheidet zwischen *dispersionsverschobenen* und *dispersionsflachen* Fasern. Gegenüber einer Stufenindexfaser kann man mit einem Dreieckprofil mit zusätzlichem „Ring" wie in Abb. 4.12 eine Verschiebung der Dispersionskurve zu längeren Wellenlängen erreichen, sodass die Dispersionsnullstelle beispielsweise bei 1550 nm zu liegen kommt. Mit einem *quadruple-clad*-Design kann man sogar eine sehr geringe Dispersion zugleich bei 1300 nm und 1550 nm erzielen, indem man den Verlauf der Dispersionskurve „flachbiegt".

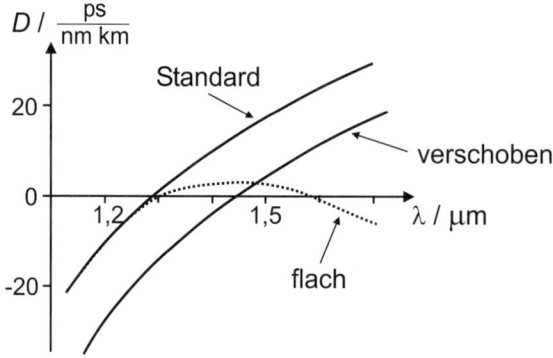

Abb. 4.16 Gezielte Steuerung der Dispersionseigenschaften durch Wahl geeigneter Brechzahlprofile: dispersionsverschobene (*dispersion shifted*) und dispersionsflache (*dispersion flattened*) Faser im Vergleich zur Standardfaser mit Stufenindex.

Die Motivation für die verschobenen Fasern liegt in der Nutzung der Wellenlänge geringster Verluste im dritten Fenster bei gleichzeitiger minimaler Dispersion. Für die dispersionsflachen Fasern war die Überlegung ausschlaggebend, dass sowohl im zweiten wie im dritten Fenster die Dispersion gering wäre; man könnte solche Fasern also wie bisher weiter im zweiten Fenster benutzen und zusätzlich im dritten Fenster Daten übertragen.

4.6 Polarisationsmodendispersion

Wir haben bislang von der Tatsache abgesehen, dass ein Lichtfeld erst vollständig charakterisiert ist, wenn auch der Polarisationszustand angegeben ist. Aus der Existenz verschiedener Polarisationszustände ergeben sich aber Konsequenzen für Laufzeitverzerrungen, die wir nun betrachten wollen.

Bei der Herleitung der Modenprofile im vorigen Kapitel kam in unserer Näherung des homogenen Materials heraus, dass jede Mode zweifach entartet ist in Polarisationszustände, die zueinander orthogonal linear polarisiert sind. Die Näherung ist jedoch nur im Fall schwacher Führung (Δ sehr klein) zulässig. Im allgemeinen Fall sind die Moden nicht genau linear polarisiert, sondern der Brechzahlsprung „verbiegt" die Modenstruktur. Für praktische Ausführungen von Fasern ist die Näherung aber brauchbar.

Es war weiterhin Isotropie angenommen. Das heißt, dass die Orientierung der beiden Polarisationsebenen willkürlich ist. Wenn man also linear polarisiertes Licht einer beliebigen Orientierung in eine Faser einkoppelt, sollte das Licht immer noch linear polarisert am anderen Faserende ankommen. Dies deckt sich nicht mit der Erfahrung.

In jeder realen Faser gibt es – möglicherweise geringe – Abweichungen von der idealen Kreissymmetrie. Dabei ist zu unterscheiden zwischen 1) geometrischen Abweichungen, also etwa, wenn der Kern asymmetrisch oder nicht zentrisch ist, 2) optischen Abweichungen, wenn der Index des Materials nicht konstant ist, und 3) mechanischen Abweichungen aufgrund von Spannungsdoppelbrechung. Der letzte Anteil kann entweder auf in der Faser eingebauter Verspannung beruhen – schließlich wird die Faser bei der Herstellung recht schnell abgekühlt, wodurch Spannungen auftreten können – oder aber bei der Benutzung der Faser allein dadurch zustande kommen, dass die Faser nicht linealgerade ausgestreckt liegt, sondern Biegungen aufweist.

Aufgrund aller dieser Abweichungen von der perfekten Kreissymmetrie werden sich die Polarisationsmoden unterschiedlich ausbreiten. Dies ist die Ursache der Polarisationsmodendispersion. Wir betrachten, wie sie sich äußert und wie man sie vermeidet.

4.6.1 Beschreibung der Polarisationsmodendispersion

Statt einer einzelnen Propagationskonstante β benutzen wir deren zwei, β_x und β_y, die für Polarisationszustände entlang zweier orthogonaler Richtungen x und y gelten sollen. Falls $\beta_x \neq \beta_y$, werden zwei Lichtwellen, die parallel zu x bzw. zu y polarisiert sind, abwechselnd in Phase und außer Phase sein. Dies geschieht mit einer Periodizität

$$\Lambda = \frac{2\pi}{\beta_x - \beta_y} \quad , \tag{4.40}$$

wodurch die *Schwebungslänge* (*beat length*) Λ definiert ist. Eine andere zur Beschreibung benutzte Größe ist die „Modale Doppelbrechung"

$$B = \frac{\lambda}{\Lambda} = \frac{\lambda}{2\pi}(\beta_x - \beta_y) = \frac{\beta_x - \beta_y}{k_0} = n_x - n_y \quad . \tag{4.41}$$

B ist nur sehr schwach wellenlängenabhängig, im Gegensatz zu Λ (proportional zur Wellenlänge). Für eine Standardfaser liegt B im Bereich von $10^{-7\ldots8}$, mit einer zufälligen Orientierung der Achsen. Bei starker Biegung der Fasern (Aufwickeln!) kann auch z. B. $B = 10^{-5}$ erreicht werden. Daraus ergibt sich eine Schwebungslänge von z. B. $10^7\lambda$, was in der Größenordnung von einigen Metern liegt.

Die daraus resultierende Laufzeitdifferenz willkürlich polarisierter Signale beträgt, wenn man die Phasengeschwindigkeit betrachtet:

$$\Delta t = \frac{L}{c} B \quad . \tag{4.42}$$

Daraus ergibt sich eine Dispersion von

$$\frac{\Delta t}{L} = \frac{B}{c} \approx \frac{10^{-7}}{3 \cdot 10^8} \frac{\text{s}}{\text{m}} = 0{,}3\,\text{ps/km} \quad . \tag{4.43}$$

Betrachtet man die Gruppengeschwindigkeit, so gilt:

$$\Delta t = \left| \frac{L}{v_{\text{gr},x}} - \frac{L}{v_{\text{gr},y}} \right| = L \left| \frac{d\beta_x}{d\omega} - \frac{d\beta_y}{d\omega} \right| \quad . \tag{4.44}$$

Daraus ergibt sich die Dispersion zu $\Delta t / L$. Ein typischer Wert für Standardfasern ist $0{,}1\,\text{ps/km}$, der Unterschied ist also sehr gering.

4.6.2 Vermeidung der Polarisationsmodendispersion

Der Polarisationszustand in Standardfasern bleibt also nicht erhalten. Um zu polarisationserhaltender Faser zu kommen, könnte man versuchen, die Doppelbrechung zu reduzieren. Dieser Weg ist aufwendig und kaum Erfolg versprechend, da man ja bei der Herstellung auf spätere Biegungen der Faser keinen Einfluss hat.

1982 kamen ziemlich gleichzeitig R. H. Stolen bei den AT&T Bell Laboratories in den USA und D. N. Payne an der Universität Southampton in England auf eine überraschende Idee: Wenn man die Doppelbrechung nicht erheblich kleiner machen kann, so erreicht man dasselbe Ziel, wenn man sie künstlich groß macht! Das kann man leicht erreichen: entweder durch Asymmetrie aufgrund eines elliptischen Kerns, oder durch zusätzlich eingebrachte symmetriebrechende Strukturelemente. Die Symmetriebrechung geschieht in der Regel dadurch, dass die zusätzlichen Elemente aus einem Glas mit etwas anderer thermischer Ausdehnung bestehen, sodass beim Abkühlen der Faser am Ende des Herstellungsprozesses mechanische Spannungen permanent in die Faser eingebaut werden.

Die Skizze zeigt die üblichen Ausführungsformen mit elliptischem Kern, *pits* („Gruben"), in der PANDA-Geometrie (wegen der Ähnlichkeit mit dem Gesichtsausdruck eines beliebten Zootieres), und in der *bowtie*-Geometrie („Krawattenknoten").

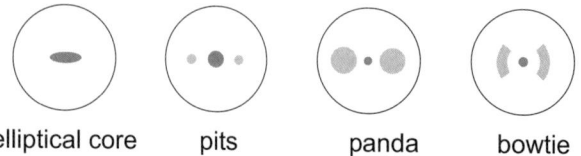

elliptical core   pits   panda   bowtie

Abb. 4.17 Verschiedene polarisationserhaltende Strukturen. In jedem Fall ist die Kreissymmetrie gebrochen.

Mit solchen Konstruktionen erreicht man $B = 3 \ldots 8 \cdot 10^{-4}$ bzw. $\Lambda = 1 \ldots 3\,\text{mm}$. Die Schwebungslänge ist also um drei Zehnerpotenzen kürzer geworden und damit kurz gegenüber allen praktisch vorkommenden Biegeradien beim Einsatz der Faser. Aus diesem Grund überwiegt die eingebaute Doppelbrechung die zufälligen Doppel-

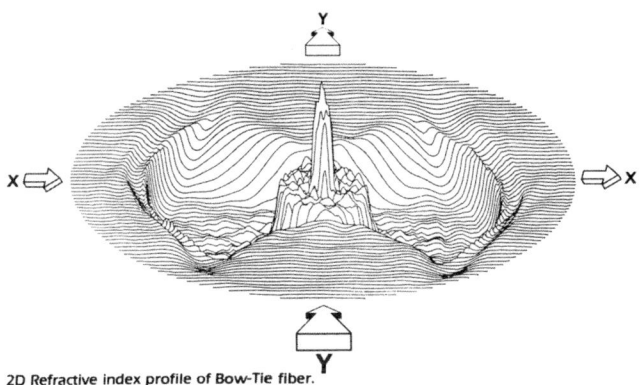

2D Refractive index profile of Bow-Tie fiber.

Abb. 4.18 Pseudo-3D-Darstellung des Brechungsindexprofils bei einer *bowtie*-Faser. Mit freundlicher Genehmigung der Fa. Fibercore Limited [1].

brechungsanteile einschließlich der durch Biegung induzierten. Koppelt man linear polarisiertes Licht ein, welches entlang einer der beiden ausgezeichneten Achsen polarisiert ist, so bleibt die Polarisation erhalten. Koppelt man im Winkel zur Achse ein, so kann man sich den Polarisationszustand in die beiden Anteile zerlegt denken, die dann mit verschiedener Geschwindigkeit propagieren, sodass der Polarisationszustand zyklisch die Zustände linear → elliptisch → zirkular → elliptisch → linear etc. durchläuft. Dieser Wechsel lässt sich zur Messung der Schwebungslänge ausnutzen: Das (schwache) Streulicht, welches seitlich aus der Faser tritt, erscheint je nach Betrachtungsrichtung periodisch moduliert, weil ein Energietransport in diejenigen Richtungen nicht erfolgt, bei denen der Polarisationszustand eine Longitudinalschwingung beschreibt.

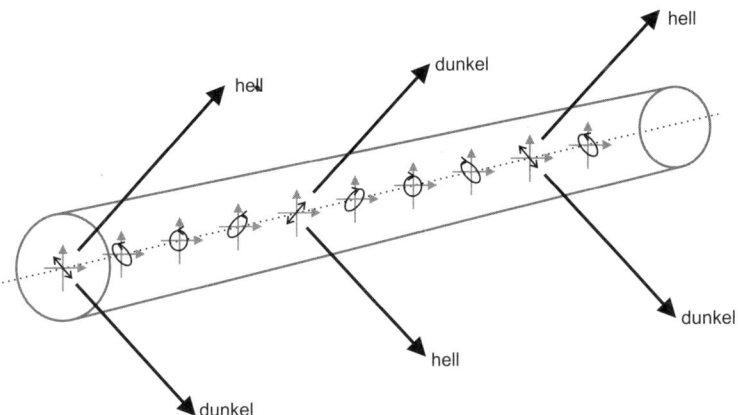

Abb. 4.19 Skizze zur Schwebungslänge. Der Polarisationszustand entwickelt sich von linear polarisiert über elliptisch zu zirkular usw. Je nach Zustand ist die Abstrahlung in eine gegebene Beobachtungsrichtung mehr oder weniger effizient; aus den Abständen der hellen bzw. dunklen Zonen kann die Schwebungslänge direkt abgelesen werden.

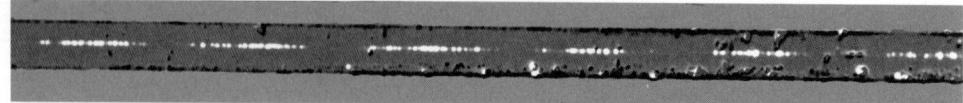

Abb. 4.20 Messung der Schwebungslänge unter dem Mikroskop. Die periodischen Helligkeitswechsel des Lichts im Kern sind deutlich zu sehen. In diesem Fall wurde die Schwebungslänge zu 0,41 mm gemessen.

Wie gut hält eine polarisationserhaltende Faser denn die Polarisation? Das beschreibt das Extinktionsverhältnis E, welches durch

$$E = -10 \log_{10} \frac{P(s)}{P(p) + P(s)} \tag{4.45}$$

definiert ist; dabei bezeichnen die Indizes p bzw. s bei der Leistung P die Komponenten, die parallel und senkrecht zu der Polarisationsebene des eingekoppelten Lichtes polarisiert sind.

Für kurze Fasern von weniger als 20 m Länge ist ein Achsenverhältnis von 40 dB normal. Ist die Faser einen Kilometer lang, sinkt dieser Wert typisch auf 20 dB, und falls die Faser Quetschungen und engen Biegungen unterliegt, können es auch 15 dB sein.

Gelegentlich wird auch der *holding parameter* angegeben; dieser ist durch

$$h = \left(\frac{P(s)}{P(p) + P(s)} \right) / L \tag{4.46}$$

definiert. Das entspricht dem Extinktionsverhältnis nach 1 m Strecke, ausgedrückt im linearen Maßstab statt in dB. Typische Werte für diesen Parameter sind $h = 10^{-5} \ldots 10^{-6}$, manchmal bis $h = 10^{-7}$.

Leider zeigt sich, dass polarisationserhaltende Fasern zum einen aufwendiger in der Herstellung sind als Standardfasern, zum anderen meistens etwas höhere Verluste aufweisen. Daher ist das Einsatzgebiet dort, wo keine allzu großen Faserlängen erforderlich sind. Das ist in der Messtechnik häufig der Fall. Bei Langstreckenübertragungen über z. B. transozeanische Entfernungen werden polarisationserhaltende Fasern bislang nicht eingesetzt; allerdings stellt inzwischen die Polarisationsmodendispersion eines der größten Hindernisse bei der weiteren Leistungssteigerung der Übertragung dar.

4.7 „Holey Fibers"

In jüngster Zeit machen Lichtleiter ganz anderer Struktur von sich reden. Sie werden alternativ als *photonic crystal fibers* oder *holey fibers* bezeichnet. Sie bestehen aus einem Glaskörper, der in Längsrichtung von einem regelmäßigen Muster von engen Hohlräumen durchzogen ist (siehe Abb. 4.21). Das Muster zeichnet eine Position als

Abb. 4.21 Querschnitt einer *holey fiber* unter dem Mikroskop. Der Gesamtdurchmesser beträgt etwa $90\,\mu$m. Die dunklen Flecken sind die Luftlöcher; der Kernbereich zeichnet sich deutlich ab.

den Kern der Faser aus. Darum herum „sieht" die Lichtwelle einen effektiven Brechungsindex, der sich als gewichtetes Mittel aus Glas und Hohlräumen (Luft) ergibt. Der Name *„holey"* bezieht sich dabei auf die „löcherige" Struktur. Dabei kann der Brechzahlsprung erheblich größer sein als bei dotiertem Glas, sodass sich eine stärkere Führung der Mode ergibt. Oft wird das Muster der Hohlräume so gewählt, dass sie aufgrund einer Bragg-Bedingung wie ein Reflektor wirkt und damit das Licht zusätzlich führt. Aus der Analogie zu den verbotenen Zonen der Wellenzahl in einem Kristall, wie es in der Festkörperphysik diskutiert wird, erklärt sich der Name *„photonic crystal"*.

Mit diesen Strukturen gelingt eine erhebliche Modifikation der Dispersions- und Führungseigenschaften, die in weitem Rahmen frei gewählt werden kann. Daher werden diese Fasern wohl in der Zukunft häufig eingesetzt werden – allerdings wohl nur in Verbindung mit konventionellen Fasern und nicht als deren Ersatz. Erstens sind sie mechanisch sehr viel weniger stabil als konventionelle Fasern und brechen leichter, zweitens sind sie in der Herstellung sehr viel aufwendiger (siehe Kap. 6.2), und es gelingt bislang nur die Herstellung relativ kurzer Stücke, und drittens ist die erzielbare chemische Reinheit geringer und damit der Verlust höher (siehe Kap. 5).

5 Verluste

Im Jahr 1966 wagte Charly Kao, damals bei den Standard Telecommunications Labs in England, die Vorhersage, dass es möglich sein sollte, Fasern mit weniger als 20 dB/km herzustellen [64]. Zu dieser Aussage veranlasste ihn die Erkenntnis, dass die damals erzielten weit höheren Verluste in Glas nicht eigentlich vom Glas selbst herrührten, sondern vielmehr auf Verunreinigungen zurückgingen. Damals erzielte man so um die 1 dB/m, was gegenüber dem Glas im alten Ägypten eine Verbesserung von vier Zehnerpotenzen bedeutete. Binnen weniger als zwanzig Jahren gelang dann abermals eine Verbesserung um vier Zehnerpotenzen, bis zu den 0,2 dB/km, die heute von Glasfasern bei 1,5 μm routinemäßig erzielt werden.

Ein Teil dieses Fortschritts beruht auf dem Übergang zu längeren Wellenlängen; im Sichtbaren hat Glas auch heute noch ein paar dB/km Verluste. Nachdem die durch Verunreinigungen hervorgerufenen Verluste nahezu eliminiert sind, bewegt man sich heute an der fundamentalen Grenze, die durch die Struktur des Glases selbst vorgegeben ist.

Diese fundamentale Grenze ist durch drei Einflüsse gegeben: erstens den langwelligen Ausläufer von Materialresonanzen im Ultravioletten (elektronischen Übergängen), zweitens den kurzwelligen Ausläufern von Materialresonanzen im Infraroten (Molekülschwingungen), und drittens der Rayleighstreuung aufgrund der statistischen Struktur des Glases. Die Rayleighstreuung ist derselbe Mechanismus, der dafür sorgt, dass der Himmel blau ist und die Sonne gelblich aussieht (bzw. kurz vor Sonnenuntergang orange bis rötlich). Das liegt an der starken Wellenlängenabhängigkeit der Rayleighstreuung mit der inversen vierten Potenz der Wellenlänge.

Im Sichtbaren sowie im ersten und zweiten Fenster für Telekommunikation spielen die Infrarotresonanzen keine Rolle. Hier dominiert normalerweise die Rayleighstreuung, die außer im kurzwelligen Sichtbaren (blau, violett) auch stärkeren Einfluss hat als die UV-Resonanzen. Das dritte Fenster liegt gerade im Übergangsbereich: Ab etwa 1,6 μm übersteigt der Einfluss der Infrarotresonanzen den der Rayleighstreuung.

Es ist gar nicht ganz einfach, die theoretische Grenze der erzielbaren Verluste genau anzugeben. Durch Rückschlüsse aus Messungen, die an *bulk*-Glaskörpern gewonnen wurden, wurde ein Minimum von 0, 114 dB/km ermittelt; das entspricht einem Leistungsverlust von 2,6 % pro km. Im Jahr 1986 gelang es der Fa. Sumitomo, ein einzelnes Stück Faser mit verbürgten 0, 154 dB/km herzustellen. Dieser Rekordwert wurde lange nicht wieder erreicht; erst 2002 wurde von einer Faser mit 0, 151 dB/km berichtet, und dieser neue Rekord wurde kurz darauf auf 0, 1484 dB/km verbessert [97]. In der Massenfertigung erzielt man seit den späten 1980ern routinemäßig 0,2 dB/km und auch schon mal 0,18 dB/km. Man mag meinen, dass das Feilschen um die paar letzten Prozent wenig relevant sei, aber tatsächlich sind die praktischen Auswirkungen enorm. Schon eine geringe Reduzierung der Verluste gestattet sofort längere Übertragungsstrecken. Die Zahl der auf Langstrecken eingesetzten Zwischenverstärker, die entscheidend zu den Gesamtkosten beitragen, kann dann reduziert werden. Dadurch setzt sich jeder Fortschritt von vielleicht nur 10 % gleich in eine Ersparnis von womöglich Millionen Dollar um.

In Abb. 5.1 ist zwischen dem zweiten und dritten Fenster, also bei etwa etwa 1,39 μm, ein Maximum der Verluste zu erkennen, Es wird durch Verunreinigungen mit Fremdmolekülen im Glas hervorgerufen. Optische Materialien müssen außerordentlich rein sein, um bei dieser Wellenlänge überhaupt für Strahlung durchlässig zu sein; insbesondere Wasser aus der Atmosphäre ist hier störend. Die Verluste entstehen durch Molekülschwingungen, insbesondere von Wassermolekülen. Die charakteristischen Schwingungen von OH-Bindungen liegen bei etwa $2,8\,\mu$m. Wasser ist in unserer Umwelt stets vorhanden und normale Umgebungsluft ist bei $2,8\,\mu$m nahezu undurchsichtig. Diese Molekülschwingungen sind aber nicht rein harmonisch, sondern haben Oberwellen (Obertonschwingungen). Aufgrund dieser geringen Anharmonizität konmmt es bei der doppelten Frequenz (halben Wellenlänge) zu einer schwachen Absorption aufgrund der ersten Obertonschwingung (zweiten Harmonischen). In unserem Kontext extrem geringer Verluste ist sie dennoch sehr auffällig. Seit 1998 gibt es Fasern, bei denen die OH-Konzentration im Glas so weit reduziert ist, dass dieses Absorptionsmaximum nicht mehr messbar ist (Fa. Lucent Technologies, „AllWave Fiber"[7]).

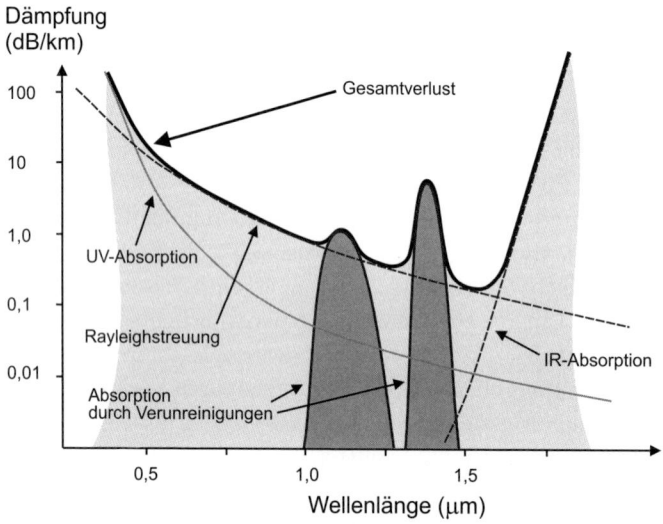

Abb. 5.1 Spektraler Verlauf der einzelnen Beiträge zum Energieverlust einer Glasfaser.

Neben Wasser können zahlreiche andere Verunreinigungen, wie die Übergangsmetalle Fe, Cu, Co, Cr, Ni oder Mn zu Verlusten beitragen. Bei 800 nm führt ein ppb Cu bereits zu einigen Zehntel dB Absorption pro km. (Ein ppb oder *part per billion* steht für eine Konzentration von 10^{-9}.)

5.1 Biegeverluste

Zusätzlich zu den durch den inneren Aufbau der Faser vorgegebenen Verlusten treten noch Verluste beim Einsatz der Faser auf, nämlich dann, wenn die Faser Biegungen ausgesetzt ist. Das leuchtet ein, da dann die Voraussetzung der exakten Zylindersymmetrie (Kap. 3.4) verletzt ist. Dabei unterscheidet man zwei Beiträge, die als Makrobiegeverluste (*macro bending loss*) und Mikrokrümmungsverlust (*micro bending loss*) bezeichnet werden.

Makrobiegeverluste entstehen bei Biegungen der Faser mit Radien im Bereich von Zentimetern. In einer strahlenoptischen Vorstellung, die natürlich nur für Vielmodenfasern zulässig ist, kann man sich vorstellen, dass in der Biegung der Grenzwinkel der Totalreflektion überschritten wird. Bei einer wellenoptischen Betrachtung haben wir gesehen, dass das Feld nicht auf den Kern beschränkt ist, sondern in den Mantel hineinragt. In einer Biegung der Faser muss es einen bestimmten Abstand von der Achse geben, bei dem die Propagationsgeschwindigkeit, die ja gegeben ist durch den effektiv für die Mode wirksamen Brechungsindex, die bei gegebenem Mantelindex maximal mögliche Geschwindigkeit überschreiten müsste. Dazu kommt es allerdings nicht. Man kann sich vorstellen, dass die Phasenfronten zurückbleiben, also nicht mehr eben sind. Dadurch tritt eine Komponente des Poyntingvektors in radialer Richtung nach außen auf, die eine Abstrahlung von Energie bedeutet (siehe Abb. 5.2).

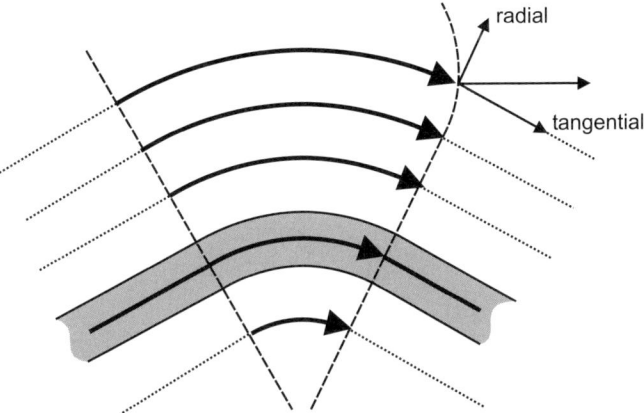

Abb. 5.2 Faserbiegung führt zu Zusatzverlusten. Auf der Außenseite der Biegung kann die Welle wegen der Endlichkeit der Lichtgeschwindigkeit nicht „Schritt halten" und wird so verzerrt, dass eine Radialkomponente der Strahlung entsteht.

Bei genauer Betrachtung stellt man noch fest, dass aufgrund der mechanischen
Spannungen (Stauchung auf der Innenseite, Dehnung auf der Außenseite der Biegung) Veränderungen des Brechungsindex hervorgerufen werden, die den Index auf
der Außenseite senken, somit dem eben genannten Mechanismus entgegenwirken. Dieser zusätzliche Prozess reicht aber nicht aus, um den erstgenannten zu kompensieren.

Offenbar ist der kritische Radius proportional zum Krümmungsradius der Faser.
Andererseits klingt das Feld im Mantel radial nach außen exponentiell ab. Es leuchtet daher ein, dass solche Biegeverluste mit abnehmendem Biegeradius exponentiell
zunehmen. Außerdem kommen sie besonders dann zum Tragen, wenn das Feld nicht
gut auf den Kern konzentriert ist, sondern weit in den Mantel ragt. Das ist dann der
Fall, wenn der Brechzahlunterschied zwischen Kern und Mantel gering ist; ein relativ
großer Wert von Δ ist in diesem Zusammenhang also nützlich. Außerdem treten die
Makrobiegeverluste besonders bei langen Wellenlängen auf, während sie mit wachsender V-Zahl zurückgehen. Günstig ist daher ein Einsatz nahe der *cutoff*-Wellenlänge
der höheren Moden. Nahe am *cutoff* der höheren Moden haben diese weit größere
Ausdehnung in den Mantel hinein und werden durch Biegungen viel stärker abgeschwächt als die Grundmode (siehe Abb. 5.3). Dadurch verschiebt sich der *cutoff* zu
kürzeren Wellenlängen. Bei der Messung der *cutoff*-Wellenlänge muss dies bedacht
werden (siehe Kap. 7.5).

Es ist ein gängiger Labortrick, den *cutoff* einer Faser von z.B. 1200 nm auf 1000 nm
zu verschieben, indem man sie mit 20 Windungen auf einen Wickelkörper mit 20 mm
Durchmesser aufwickelt.

Ist die Makrobiegung einigermaßen verstanden, so liegen bei den Mikrokrümmungs-
verlusten die Verhältnisse komplizierter. Klar ist, dass es auf die Statistik der Abwei-

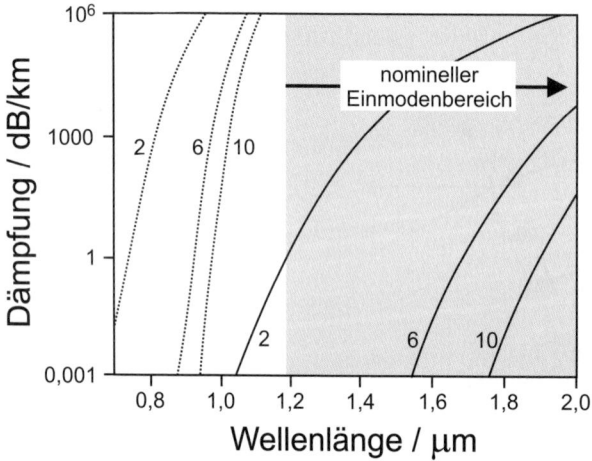

Abb. 5.3 Makrobiegeverluste der LP$_{01}$-Grundmode (durchgezogene Linien) und der LP$_{11}$-
Mode (punktierte Linien), für eine Windung mit dem in cm angegebenen Radius. Bei unendlich großem Biegeradius bilden die Werte für die LP$_{11}$-Mode die Grenze des Einmodenbe-
reichs. Bei endlichem Radius verschiebt sich die *cutoff*-Wellenlänge zu kürzeren Werten;
zugleich steigen die Verluste im Einmodenbereich. Nach [99] mit freundlicher Genehmigung.

chungen von der geraden Linie ankommt, wobei Unebenheiten von 100 nm bis 1 μm
eine große Rolle spielen. Dadurch entsteht die Frage des Oberflächenmaterials von
Fasertrommeln. Bekannt ist, dass z. B. Styropor ganz schlecht ist, wohl aufgrund der
durch seine Blasenstruktur bedingten Unebenheiten. Es ist weiter bekannt, dass dieser Verlustmechanismus in Multimodefasern nur einen geringen und wellenlängenun-
abhängigen Beitrag liefert, während er in Einmodenfasern zu einer scharfen Kante der
Verluste bei großen Wellenlängen führt. Dadurch schiebt sich der Wellenlängenbereich
der geringsten Verluste, der sonst eher bei 1,6 μm liegen würde, auf eher 1,55 μm. Bei
V-Zahlen nahe 2,4, also am *cutoff* der höheren Mode, ist dieser Beitrag aber fast stets
unbedeutend. Da Lichtwellenleiter ohnehin oft bei V-Zahlen von 2,1 bis 2,4 eingesetzt
werden, kann das Problem damit umgangen werden.

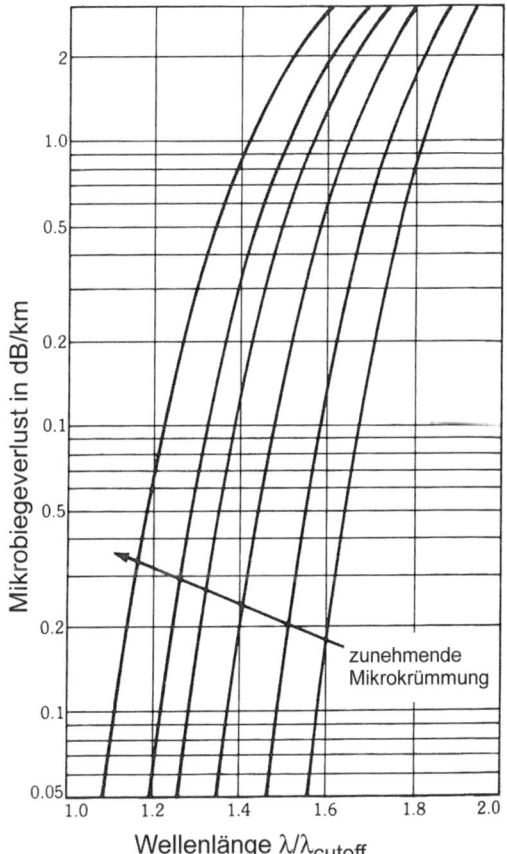

Abb. 5.4 Mikrobiegeverluste der Grundmode als Funktion der auf den *cutoff* normierten
Wellenlänge. Aus [34] mit freundlicher Genehmigung.

5.2 Andere Verluste

Eine Vielzahl von anderen Störungen können, zumindest im Prinzip, zu weiterer Erhöhung der Verluste führen und müssen daher beim Design von Fasern berücksichtigt werden. Da die Hersteller dies bereits tun, hat man als Anwender mit diesen Problemen nur in besonderen Fällen zu tun. Daher seien hier nur erwähnt: Ungleichmäßigkeiten bei der Herstellung, wie Schwankungen des Kerndurchmessers, schwankende Abweichungen von der Kreissymmetrie, schwankende Brechungsindizes z. B. durch nicht konstante Dotierungskonzentrationen, können die Verluste erhöhen. Eine Rauigkeit der Oberfläche zwischen Kern und Mantel wird allerdings oft den Mikrobiegeverlusten zugerechnet. Ebenfalls erhöhen sich die Verluste, wenn das Mantelmaterial nicht genauso rein ist wie das Kernmaterial (dies tritt bei bestimmten Herstellungsverfahren auf, siehe die Erörterung von MCVD im folgenden Kapitel). Auch ein nicht ausreichender Manteldurchmesser kann besonders bei langen Wellenlängen die Verluste erhöhen, wenn nämlich das Feld bereits die äußere Oberfläche des Mantels sieht und in die Umgebung bzw. das Kunststoff-Coating eindringt.

Dazu kommen Verluste, die durch allmähliche Veränderung der Zusammensetzung des Fasermaterials im Betrieb auftreten können. Hier ist in erster Linie der Zusatzverlust durch die Einwirkung radioaktiver Strahlung zu nennen (vgl. Kap. 12.2.4). Besonders Betastrahlung (Elektronen) und Gammastrahlung führt zu Fehlstellen im Gitter durch Dislozierung von Kernen und Bindungen. Zum Teil heilen diese Schäden nach Beendigung der Bestrahlung langsam wieder aus. Eine besondere Bedeutung haben diese Probleme für Anwendungen im Weltraum, also in Raumstationen u. Ä. Der Langzeittest „LDEF" (*long duration exposure facility*), der von den USA vorgenommen wurde, geriet sogar einige Jahre länger als ursprünglich geplant: Aufgrund des Challenger-Unglücks 1986 traten Startverzögerungen auch für das Rückholshuttle auf. Dennoch wurden nur sehr unwesentliche Schädigungen festgestellt.

Ferner kann sich die Chemie in der Faser durch Eindiffusion von Substanzen ändern; hier kommt in erster Linie Wasserstoff in Betracht. Für viele Anwendungen ist dies Problem vernachlässigbar; bei besonders kritischen Fällen umhüllt man die Faser mit einer Barriereschicht.

Zum Schluss sei angemerkt, dass es eine Art von Verunreinigung gibt, die teilweise sogar zu einer Senkung der Verluste führt. OH^--Gruppen erhöhen zwar im Infraroten die Verluste, in einem Teilbereich des Sichtbaren und Ultravioletten werden sie aber *erniedrigt*. Das geschieht zwar auf hohem Level (Größenordnung $1\,dB/m$), ist also für Telekomanwendungen ohnehin uninteressant. Für Aufgaben aber, bei denen kurzwelliges Licht über kurze Strecken geführt werden soll (das kommt z. B. in der Laserchirurgie vor), macht man sich diesen Umstand zunutze und verwendet eigens OH^--reiches Glas.

5.3 Fasern aus anderen Materialien

Bei der Wellenlänge des dritten Fensters setzt die Infrarotabsorption ein. Ersetzt man das Siliziumdioxid des Glases durch schwerere Moleküle, so sollte sich die Infrarotresonanz weiter zu längeren Wellenlängen verschieben, und man könnte zu längeren Betriebswellenlängen übergehen. Dadurch würden die Rayleighverluste sich erheblich reduzieren (mit der vierten Potenz der Wellenlänge). Die Aussicht, die Verluste weiter zu reduzieren, muss mit folgender Überlegung sehr verlockend sein: Bei den heute erreichbaren 0,2 dB/km und transozeanischen Entfernungen von z.B. 5000 km ergibt sich ein Gesamtverlust von 1000 dB, der absolut indiskutabel zu hoch ist. Damit auch nur ein einziges Lichtquant den Empfänger erreicht, müsste man ja 10^{100} Quanten senden. Da ein Quant eine Energie von $h\nu \approx 10^{-19}$ J hat, müsste der betreffende Lichtpuls eine Leistung von 10^{81} J haben, also etwa 80 Zehnerpotenzen mehr als vernünftigerweise technisch realisierbar. (In der Hochfrequenztechnik hat das einzelne Photon wesentlich weniger Energie; dort kommen in Extremfällen schon mal Funkfelddämpfungen von mehr als 150 dB vor, ohne dass man in die Quantengrenze läuft. Daher ist im Radiobereich ein weltweiter Empfang z. B. auf Kurzwelle möglich; in der Optik geht das nicht).

Eine Transatlantikstrecke mit 0,2 dB/km geht nicht ohne zahlreiche Zwischenverstärker. Gelänge es aber, dank geeigneter Materialien zu Wellenlängen zwischen 3 und 4 µm überzugehen, so würde die Dämpfung dadurch um einen Faktor 30 sinken.

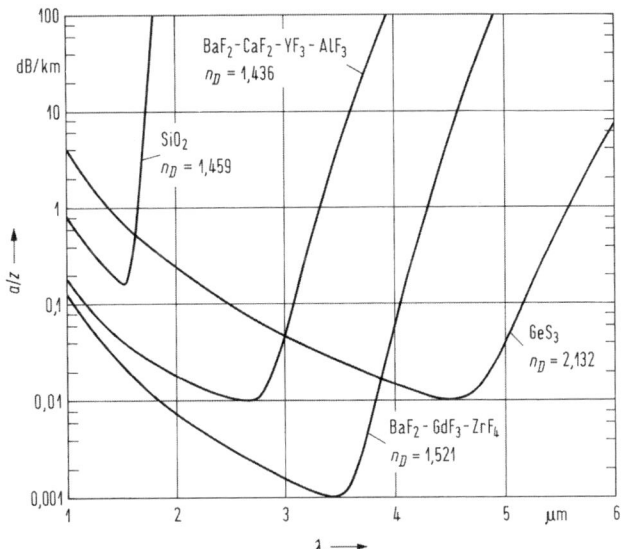

Abb. 5.5 Theoretische Dämpfung von Infrarotfasern aus verschiedenen Materialien im Vergleich zu SiO_2. Durch das längerwellige Einsetzen der Infrarotabsorption bei schwereren Molekülen kann der λ^{-4}-Trend der Rayleighstreuung bis zu längeren Wellenlängen ausgenutzt werden, woraus sich weit geringere theoretische Dämpfungswerte ergeben. Leider ist es in der Praxis noch nicht gelungen, diese Werte zu realisieren. Nach [115] mit Genehmigung.

Dann könnte man dieselbe Entfernung ganz ohne Zwischenverstärker und die mit ihnen verbundene Komplexität überbrücken.

Man hat daher lange Zeit intensiv nach passenden Materialien gesucht. 1978/79 wurde von drei Gruppen praktisch zugleich vorgeschlagen, dass mit Fasern aus Fluoriden, Chalkogeniden oder Haliden dramatisch geringere Dämpfungen bis herab zu 0,001 dB/km prinzipiell erreichbar sein müssten. Das Problem mit allen diesen Materialien ist, dass sie zwar einerseits im Prinzip fantastische Möglichkeiten eröffnen, dass es aber andererseits praktisch bis heute nicht gelungen ist, auch nur die Verluste herkömmlicher Faser zu unterbieten. Das liegt u. a. an der großen Reaktivität von Fluor. Außerdem scheint es so zu sein, dass die mechanischen Eigenschaften herkömmlicher Fasern bei alternativen Materialien nicht erreichbar sind; diese sind vielmehr oft spröde und brechen leicht.

5.3.1 Fluoride

Das am meisten verwendete Material heißt Fluorozirkonat oder ZBLAN (sprich: Sie-Blän). Die Abkürzung weist auf Zirkon, Barium, Lanthan, Aluminium und Natrium hin. Bei der Herstellung werden die kristallinen Ausgangsmaterialien im Tiegel aufgeschmolzen und dann in eine schnell rotierende Gussform gegeben. Der Transmissionsbereich geht von 500 nm bis 3,5 μm, wobei die Verluste zwischen 1,5 μm und 2,7 μm am geringsten sind (15 dB/km bei 2,5 μm werden kommerziell erreicht). Der Index liegt ähnlich wie bei Quarzglas ($n \approx 1,5$), die Dispersion ist geringer. Bei 2,8 μm liegt die starke OH^--Absorption, die auch bei Fasern von ein und demselben Hersteller zwischen 30 und 80 dB/km schwankt. Üblich sind nur Multimodefasern mit Kerndurchmessern bis zu 250 μm. Die kritische Zugspannung wird mit dem sehr geringen Wert von 0,6 MPa, der Biegeradius mit 10 mm angegeben. Temperaturen oberhalb 150 °C sind bereits ein Problem. Kontakt mit Wasser führt zu Veränderungen; Ummantelungen müssen als Barriere eingesetzt werden.

5.3.2 Chalkogenide

Nur wenige Glase transmittieren zwischen 3 und 11 μm. Chalkogenide aus Arsen, Germanium und Antimon zusammen mit Schwefel, Selen oder Tellur machen es möglich. Die Zutaten werden gemischt, geschmolzen, homogenisiert und erstarren dann; das Ganze findet in Ampullen aus Silikatglas unter Vakuum statt. Große Schwierigkeiten bereiten Blasen, Einschlüsse und Kristallite. Im Sichtbaren sind diese Fasern meist opak. Chemisch sind sie relativ stabil, mechanisch mit 0,1 bis 0,17 GPa Bruchspannung nicht sehr. Auch hier führen Temperaturen oberhalb 150 °C zu Schwierigkeiten. Meistens werden „fat fibers" (Durchmesser 150 bis 500 μm) mit Kunststoffmantel hergestellt. Der Brechungsindex liegt bei 2,8; daher resultieren große Fresnelverluste. Die Verluste sind deutlich höher als bei Fluoriden, aber sie sind bis sehr viel weiter ins Infrarote zu nutzen.

In Anbetracht der Schwierigkeiten gibt es zurzeit weltweit praktisch keine Anstrengungen mehr, derartige Fasern für lange Strecken einzusetzen. Mittlerweile geht die
Entwicklung in eine ganz andere Richtung: Herkömmliche Zwischenverstärker werden
überflüssig, indem die Faser selbst als Verstärker eingesetzt wird (siehe Kap. 8.8.1).

Anwendungen sind allerdings im Bereich der flexiblen Zuführung von Lichtenergie
über ganz kurze Strecken (etwa 1 m) an einen Einsatzort bei der Materialbearbeitung
gegeben – und die Laserchirurgie ist ja letztlich eine besondere Form der Materialbearbeitung! Hier konkurrieren diese Fasern mit Silikat- und auch Saphirfasern. Bislang
wurde überwiegend mit *fat fibers* (400 bis 1000 μm Durchmesser) aus Silikat gear-
beitet; gängige Wellenlängen sind 1064 nm und 532 nm für den Nd:YAG-Laser und
514 nm für den Argonionenlaser. Mit dem Aufkommen des Ho:YAG-Lasers bei 2,1 μm
müssen Silikatfasern weniger als 5 ppm OH^- enthalten.

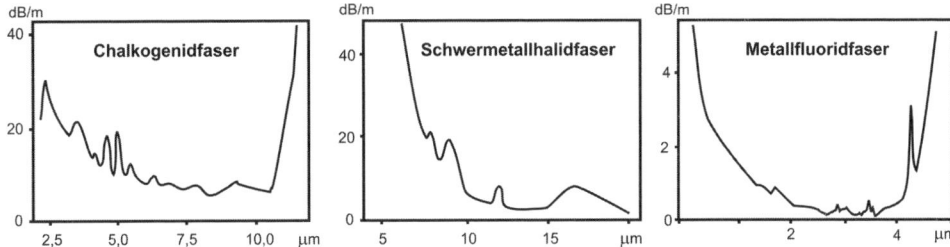

Abb. 5.6 Typische spektrale Transmissionskurven einiger Infrarot-Fasern. Aus [76].

5.3.3 Hohlkernfasern

Für den CO_2-Laser mit seiner hohen Leistung bei der Wellenlänge von 10,6 μm geht
man einen anderen Weg: Man setzt Fasern mit hohlem Kern ein. Hohlkernfasern
haben zwar, wie auch Saphirfasern, hohe Verluste, aber beim Transport von viel
Lichtenergie über kurze Strecken ist das weniger wichtig als eine gute Zerstörfestigkeit
bei hohen Leistungen. Bei den hohlen Fasern ist offenbar der Kernindex gleich 1.
Die Lichtleitung funktioniert nur deswegen, weil es in Wellenlängenbereichen stark
anomaler Dispersion vorkommen kann, dass der Brechungsindex des Mantels unter
den Wert 1 sinkt. Bei einigen dotierten Silikatglasen und bei Saphir tritt dies in der
Gegend um die Wellenlänge des CO_2-Lasers auf. Immerhin ist hier die Absorption
des Kernmaterials gering!

Mit diesen hohlen Fasern gelingt auch eine Umkehr des Lichttransports für medi-
zinische Zwecke. Wir greifen dem Kap. 12 über faseroptische Sensoren vor, wenn wir
hier anmerken: Die Schwarzkörperstrahlung von Objekten bei ungefähr Zimmertem-
peratur liegt im Transmissionsbereich dieser Fasern und lässt sich so berührungs-
los abtasten und einem Messgerät zuführen. Das ist zwar ein aufwendiges, aber bei
bestimmten Aufgaben sehr nützliches Fieberthermometer.

5.3.4 Kunststoff-Fasern

Ebenfalls eher für Kurzstreckenanwendungen geeignet sind Kunststoff-Fasern, abgekürzt POF (für *plastic optical fiber*); dennoch bedienen sie einen ganz anderen Markt.
Plastikmaterial ist billig und lässt sich sehr einfach zu Fasern formen. Am weitesten verbreitet ist Polymethylmethacrylat, vulgo Plexiglas, aber auch Polykarbonat
wird diskutiert. Die Dämpfung ist zwar vergleichsweise enorm: sie misst mehr nach
dB/m (siehe Abb. 5.7). Damit sind Übertragungsstrecken mit diesem Material durch
Absorption limitiert, nicht durch Dispersion. Daher spielt es auch keine Rolle, dass
man eigentlich nur Multimodefasern mit großer numerischer Apertur herstellen kann
(die Kerndurchmesser sind oft 1 mm oder noch größer, die numerische Apertur z. B.
0,3). Im Gegenteil wird dadurch die Handhabung, der Wirkungsgrad der Einkopplung
von Licht und die Verbindungstechnik zwischen Fasern einfacher. Alles dieses trägt
zu geringen Kosten bei, womit auch bereits das Marktsegment umrissen ist: Es liegt
bei kurzreichweitigen Verbindungen, die nicht teuer sein dürfen. Insbesondere ist hier
die Vernetzung von Rechenanlagen innerhalb eines Gebäudes oder Gebäudekomplexes
zu nennen (*local area networks*). Auch in Hi-Fi-Anlagen sieht man gelegentlich optische Übertragung zwischen digitalen Audiogeräten (z. B. CD-Spieler, DVD-Recorder,
DAT-Recorder etc.). Ein französischer Automobilhersteller experimentiert mit einem
POF-Bordnetz, um Fahrern und Beifahrern individuellen Zugang zu verschiedenen
Unterhaltungsmedien zu geben.

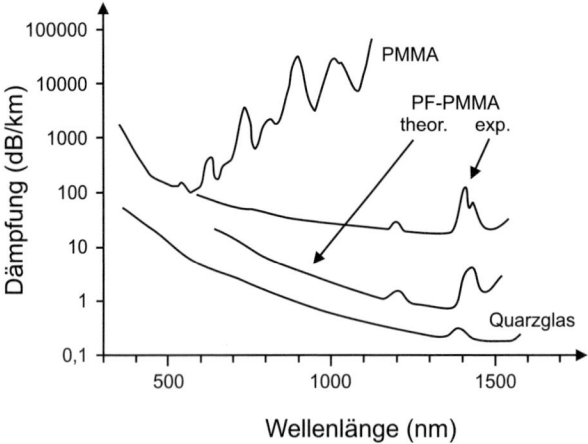

Abb. 5.7 Typische spektrale Transmissionskurven von Lichtleitfasern aus Polymethylmethacrylat (PMMA). Die Messungen wurden an Gradientenindex-Fasern vorgenommen. „PF"
bezieht sich auf perfluoriertes Material. Nach [19] mit freundlicher Genehmigung.

III Technische Voraussetzungen der Fasertechnologie

Eine variable „Wellenplatte" in Fasertechnik zur Einstellung der Polarisation. Sie besteht aus drei drehbaren Faserschlaufen und erlaubt es, jeden Polarsiationszustand in jeden anderen zu überführen. Diese Elemente werden in Abschnitt 8.5.1 beschrieben.

6 Herstellung und mechanische Eigenschaften

6.1 Der Werkstoff Glas

Glas ist ein ganz besonderer Saft! Es gab eine Steinzeit, eine Eisen- und eine Bronzezeit. Glas ist der einzige künstliche Werkstoff, der seit 7000 Jahren ununterbrochen in Benutzung ist. Dennoch hat er keiner Epoche den Namen gegeben. Ähnlich dem Begriff Kristall bezeichnet der Begriff Glas nicht eine bestimmte chemische, sondern eine physikalische Gegebenheit. Das Hauptmerkmal ist die im Vergleich zum Kristall hier gegebene große Unregelmäßigkeit der Struktur (siehe Abbildung).

6.1.1 Historisches

Die ältesten Funde datieren bis ca. 7000 Jahre vor Christi Geburt zurück (Ende der jüngeren Steinzeit) und stammen aus dem vorderen Orient, nämlich Ägypten und Mesopotamien (Irak). Unabhängig entwickelte sich auch in Mykenae (Griechenland), in China und in Nordtirol die Kunst der Glasherstellung.

Glasherstellung is eng verbunden mit der Töpferei; diese gab es in Ägypten schon vor 8000 Jahren. Wohl durch Zufall hatte man entdeckt, dass kalkhaltiger Sand und Natron bei zu starker Hitze eine Glasur erhalten. Ab etwa 1500 v. Chr. entstand auch Glas ohne keramisches Substrat. Das Glasblasen geht auf die Zeit ca. 200 v. Chr. in Sidon und Babylon zurück. Im römischen Kaiserreich stellten Artikel aus Glas ausgesprochene Luxusgegenstände dar.

Im Mittelalter war Venedig ein bedeutendes Zentrum der Glasbläserkunst. Bis zu 8000 Mitarbeiter waren hier beschäftigt. In Deutschland wurde Glas vor allem in verkehrsfernen Waldgebieten (Spessart, Thüringer und Bayerischer Wald, Erzgebirge) hergestellt, weil dort sowohl Pottasche (Kaliumkarbonat) als auch Brennmaterial vorhanden waren. (Pottasche, K_2CO_3, ist Hauptbestandteil von Holzasche, da alle Pflanzen Kaliumsalze enthalten.) Bis ins 17. und zum Teil 18. Jahrhundert gab es Wanderglashütten. Bis heute befindet sich die Glasindustrie in denselben Regionen, wie etwa dem Bayerischen Wald.

Die moderne Glastechnologie geht auf zwei Deutsche zurück, Otto Schott (1851–1935) und Ernst Abbe (1840–1905). Schott, der aus einer lothringischen Glasmacherfamilie stammte, führte systematische Versuchsreihen durch, in denen er die Einflüsse

Carl Zeiß (1816–1888)   Ernst Abbe (1840–1905)   Otto Schott (1851–1935)

Abb. 6.1 Carl Zeiß, Ernst Abbe und Otto Schott begründeten die moderne Optik, bei der wissenschaftliche Methoden und industrielle Verfahren eng verbunden sind. Aus [139] mit freundlicher Genehmigung.

fast aller chemischen Elemente, die er der Schmelze zufügte, auf die Glaseigenschaften untersuchte.

Abbe, der Professor in Jena und Mitinhaber der Fa. Carl Zeiss war, brauchte umgekehrt spezielle hochwertige Gläser, um damit optische Instrumente bauen zu können.

Nach etlichen Versuchen fand Schott das geeignete Glas; hierauf gründete sich dann eine Zusammenarbeit, die zur Gründung des später als Jenaer Glaswerk Schott und Genossen berühmten Unternehmens führte. Für eine Vielzahl von Aufgaben wurden spezielle Gläser entwickelt. Die Firma florierte, und es entstanden übrigens auch interessante soziale Errungenschaften, wie der Acht-Stunden-Tag und die Beteiligung der Mitarbeiter am Unternehmensgewinn.

Nach dem Zweiten Weltkrieg verbrachten die Amerikaner Spezialisten aus Jena in den späteren Westteil der Bundesrepublik. Damit entstand der neue Sitz der Schott-Glaswerke in Mainz.

6.1.2 Struktur

Es handelt sich bei Glas nicht um bestimmte festgelegte Elemente, sondern um eine bestimmte räumliche Anordnung von Molekülen. Im Vergleich zum Kristall, in dem die Moleküle periodisch angeordnet sind, ist die Ordnung im Glas verringert. Damit einher geht eine verringerte Packungsdichte (Abb. 6.2). Viele Substanzen haben glasartige Zustände; die Tabelle zeigt einige Beispiele:

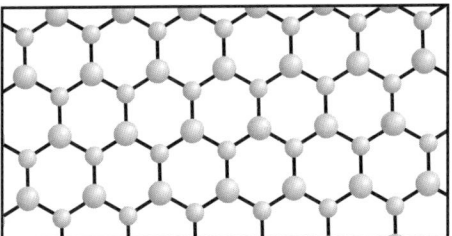 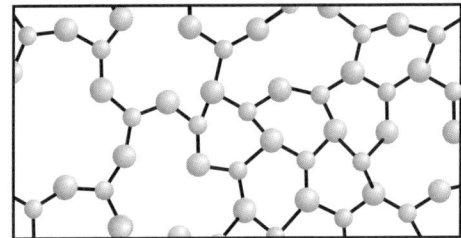

Abb. 6.2 Vergleich von Kristallstruktur und Glasstruktur am Beispiel von Siliziumdioxid. Symbolisch sind Siliziumionen (Si^{4-}, kleine Kugeln) und Sauerstoffionen (O^{2-}, größere Kugeln) sowie ihre elektronischen Bindungen dargestellt. Wegen der Zweidimensionalität der Darstellung mussten die Tetraeder-Konfigurationen der Siliziumatome mit vier Bindungen hier durch drei Bindungen wiedergegeben werden; die vierte ist senkrecht zur Zeichenebene zu denken. Der Kristall weist eine periodische Anordnung mit hoher Packungsdichte auf; im Glas führen Unregelmäßigkeiten zu verringerter Dichte.

Substanz	Glastemperatur [K]
Naturgummi	200
PVC	347
Wasser	140
Glukose	305
Selen	303
Berylliumfluorid	570
Germaniumdioxid	800
Siliziumdioxid	1 350

Bei den in der optischen Industrie üblichen Gläsern kommen freilich nur wenige Substanzen infrage. Wir werden es fast ausschließlich mit Glas aus Siliziumdioxid zu tun haben.

Silizium ist neben Sauerstoff das häufigste Element in der Erdoberflächenschicht (25 %). Es kommt in Form von Silikaten, kieselsauren Salzen und als Anhydrid SiO_2 („Quarz") vor (und heutzutage natürlich auch in elementarer Form in Computern!). Kieselsäure ist die Bezeichnung für die Sauerstoffsäuren des Si, also $SiO_2(n \cdot H_2O)$, wobei der Fall $n = 0$ (SiO_2 in verschiedenen Formen) manchmal mitgezählt wird. Speziell tritt häufig H_4SiO_4 auf; diese Verbindung geht in geologischen Zeiträumen oder durch Erhitzen in zunächst immer wasserärmere so genannte Polykieselsäuren, z. B. $H_2Si_2O_5$, und schließlich in SiO_2 über. Die wichtigste kristalline Form von SiO_2 ist der Quarz (die Schreibweise „*quartz*" ist die englischsprachige Variante). Quarz stellt den wichtigsten Bestandteil der Silikatgesteine dar; daneben treten Feldspat ($KAlSi_3O_8$) und Glimmer ($KAl_2[AlSi_3O_{10}](OH)_2$) sowie Mg^{++}- und Ca^{++}-haltige Salze von Polykieselsäuren auf. Unter diesen ist Quarz auch am härtesten. Bei Zerstörung in geologischen Prozessen bleiben davon abgeschliffene Körner zurück, das ist dann Kies oder Sand. Spuren löslicher Kieselsäure in Fluss- und Meerwasser werden von Pflanzen und Tieren zur mechanischen Verfestigung aufgenommen. Quarz hat je nach Kristallmodifikation einen Schmelzpunkt von 1500 °C . . . 1700 °C und eine Dichte von

$2,3\ldots2,6\,\mathrm{g/cm^3}$. Er kommt geologisch in bis zu metergroßen glasklaren Kristallen vor. In kleineren Kristallen ist Quarz ein Bestandteil aller Urgesteine, wie Granit, Porphyr und Gneis. Amorphes, oft durch Beimengungen gefärbtes SiO_2 bildet Achat, Chalcedon und Opal.

Glas erhält man durch Zusammenschmelzen von Soda, Quarzsand und Metalloxiden, auch Kaliumkarbonat (Pottasche, K_2CO_3) spielt dabei eine Rolle. Soda ist die Bezeichnung für Natriumkarbonat (Na_2CO_3). Aus farblosem Metalloxid, z. B. CaO, und weißem Quarzsand (eisenfrei) erhält man farbloses Glas; Beimengungen ändern die Eigenschaften. Grünes oder braunes Flaschenglas ist mit gewöhnlichem eisenhaltigem gelbem Sand zusammengeschmolzen; andere Beimengungen sind üblich, um z. B. die Farbe zu verändern. Fensterglas besteht aus Na_2O CaO $6\,SiO_2$. Das in der Optik wegen seines hohen Brechungsindex viel benutzte Bleiglas besteht aus K_2O PbO $6\,SiO_2$. Das bekannte Jenaer Geräteglas ist ähnlich dem Fensterglas, aber mit Zusätzen von 8 % Al_2O_3, 5 % B_2O_3 und 4 % BaO. Wird sehr viel Al_2O_3 beigemischt, lösen sich SiO_2 und Al_2O_3 nicht mehr, und das Ganze sintert im Ofen trüb, bleibt weiß und undurchsichtig. Das ist dann das Porzellan.

Das Hauptmerkmal von Glas im Vergleich zum Kristall ist die große Unregelmäßigkeit der Struktur. Das äußert sich unter anderem in der Wärmeleitfähigkeit, die um etwa eine Zehnerpotenz schlechter ist als für den entsprechenden Kristall. Mit dieser Struktur befindet sich Glas in einem zwar lokalen, aber nicht globalen Minimum der freien Energie. Daher tritt eine *Entglasung*, also ein Auskristallisieren, auf. Dieser

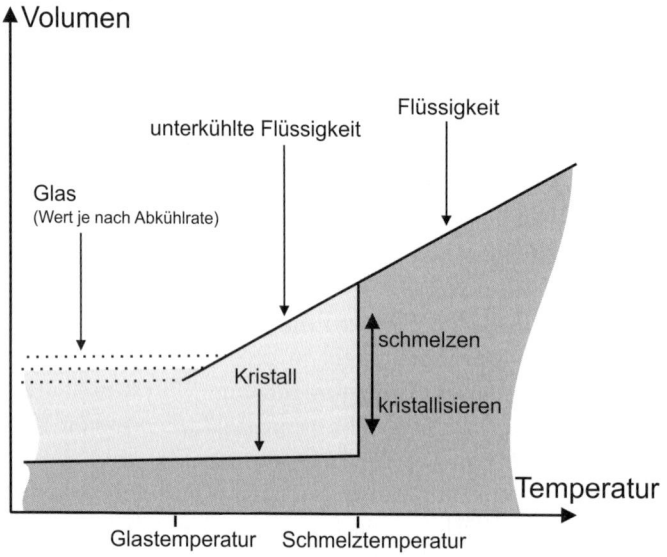

Abb. 6.3 Glas ist eine erstarrte unterkühlte Flüssigkeit. Ausgehend vom Kristall kann man diesen durch Temperaturerhöhung schmelzen. Bei anschließender Abkühlung kann es statt zur Rekristallisation auch zur unterkühlten Schmelze kommen, die dann als Glas erstarrt. Im Vergleich zum Kristall ist Glas weniger dicht gepackt (größeres Volumen). Im Prinzip kann Glas im Lauf der Zeit rekristallisieren.

Prozess geht angesichts der großen Viskosität des Glases aber extrem langsam vonstatten. In historischen Zeiträumen können Gläser merklich kristallisieren; sehr altes Glas wird trüb und brüchig.

Warum setzt man für Lichtleitfasern kein kristallines, sondern glasiges Material ein? Kristalle sind niemals ganz ohne Fehlstellen und Versetzungen herzustellen. An diesen Stellen wird Licht wirkungsvoll gestreut oder reflektiert, sodass optische Verluste die Folge sind. Im Übrigen ist der Kristall mechanisch spröde, sodass Glas in der Anwendung günstiger ist.

Nähere Einzelheiten insbesondere zu Defekten in der Glasstruktur bei Silikatglass entnimmt man [43].

6.1.3   Glasbruch

Dem Laien ist Glas nicht unbedingt durch besondere Elastizität bekannt, sondern wird eher für besonders zerbrechlich gehalten. Daraus resultiert immer noch die Faszination, die die perfekte Biegsamkeit der Fasern hervorruft. Richtig ist aber, dass in Glas Sprünge auftreten können, die scheinbar unvermittelt und plötzlich zum Bruch führen. Dabei handelt es sich in Wirklichkeit um Risse, die sich mit einer Geschwindigkeit von mehreren hundert m/s (halbe Schallgeschwindigkeit in Glas) ausbreiten können. Das gilt aber nicht für jeden Riss: Im Gegenteil verändern sich sehr kleine Risse nur fast unmerklich langsam, oft mit 10^{-12} m/h. Das entspricht einer Auftrennung von einer atomaren Bindung pro Stunde! In solchen Fällen treten sichtbare Schäden erst nach Jahren auf – das ist dann besonders heimtückisch. Nähere Informationen zum Glasbruch siehe [79].

Bringt man fehlerfreie Glasproben ins Hochvakuum, so überstehen sie Zugbelastungen von mehr als 10 GPa, also zehnmal mehr als viele Metalllegierungen. Oberflächenfehler oder Einwirkungen von Scheuermitteln erzeugen aber Mikrorisse, die dann der Einwirkung chemischer Substanzen ausgesetzt sind. Damit wachsen die Risse weiter. Die größte Gefahr geht dabei von Wasser aus, da es praktisch überall vorhanden ist. Es wirkt an der Rissspitze. Der bekannte Trick des Glasers, ein Glas erst zu ritzen und dann Speichel über den Riss zu reiben, bevor er es bricht, beruht auf diesem Umstand.

Die Atome an der Oberfläche des Glases gehen weniger Bindungen ein als im Volumen und befinden sich daher in einem energetisch höheren Zustand. Die Vergrößerung der Oberfläche erfordert also Energiezufuhr. Wenn die mechanische Energie, die als Spannung im Material gespeichert wird, größer ist als die zusätzliche Oberflächenenergie, wächst der Riss weiter an. Chemische Reaktionen zwischen der Kieselsäure des Glases und eindringendem Wasser senken die erforderliche Energie von 3,2 eV auf 0,19 eV pro Bindung.

Gerade an der Spitze des Risses kommt es zu sehr großen mechanischen Spannungen. Bei einer typischen Rissbreite von 0,4 nm können Wassermoleküle (Durchmesser 0,26 nm) und auch die etwa gleich großen Ammoniakmoleküle eindringen. Methanol,

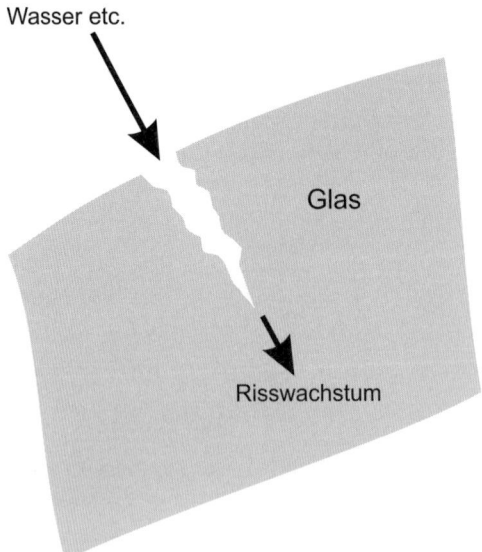

Abb. 6.4 Glas bricht durch Risse, die an ihrer Spitze wachsen.

welches etwa 0,36 nm groß ist, hat sehr viel weniger Auswirkungen. Noch größere Moleküle beeinflussen das Risswachstum kaum.

Es hat eine Reihe von Jahren gedauert, bis die Herstellung von Glasfasern in der erforderlichen chemischen Reinheit beherrscht wurde. Dabei konnte auf Erfahrungen aus der Halbleiterindustrie zurückgegriffen werden; dort dient gasförmiges, durch Destillation hochreines Siliziumchlorid ($SiCl_4$) als verbreitetes Ausgangsmaterial. Auch für die Glasherstellung wird es heute eingesetzt, gemäß der Reaktionsgleichung

$$SiCl_4 + O_2 \rightarrow SiO_2 + 2\,Cl_2 \quad . \tag{6.1}$$

Das gasförmige Chlor zieht ab und das feste Siliziumdioxid schlägt sich als amorphe Substanz an kühleren Flächen nieder und verglast bei geeigneten Temperaturen („Quarzglas").

Besonders OH-Ionen sind für die Reinheit kritisch; zum Beispiel muss folgende Reaktion vermieden werden:

$$2\,SiCl_3H + 3\,O_2 \rightarrow 2\,SiO_2 + 3\,Cl_2 + 2\,OH \quad . \tag{6.2}$$

Dotierungen dienen der Modifikation des Brechungsindex, wobei Germanium und Phosphor der Erhöhung, Fluor der Erniedrigung dient. Das am häufigsten eingesetzte Dotiermaterial ist Germanium. Die entsprechenden Chloride werden dem Ausgangsgas zugesetzt und es kann dann z. B. folgende Reaktion stattfinden:

$$GeCl_4 + O_2 \rightarrow GeO_2 + 2\,Cl_2 \quad . \tag{6.3}$$

Es gilt die Faustregel, dass eine Konzentration von 1 mol % GeO_2 im Quarzglas zu einer Brechzahlerhöhung von gut 0,1 % führt.

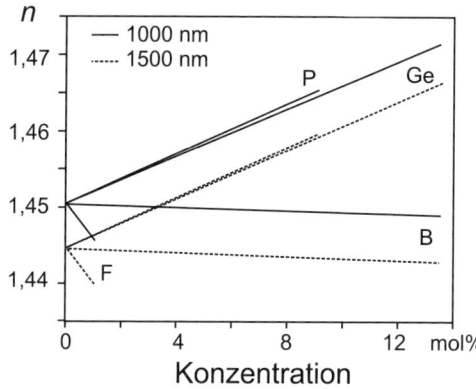

Abb. 6.5 Einfluss von Dotiermateria-
lien auf die Brechzahl bei $1{,}0\,\mu$m und
$1{,}5\,\mu$m. Gezeigt sind Daten für Phosphor
(P_2O_5), Germanium (GeO_2), Bor (B_2O_5)
und Fluor. Berechnet nach [140].

6.2 Die Herstellung von Glasfasern

Der Herstellungsprozess von Glasfasern geschieht in zwei Schritten: Zuerst wird eine
so genannte *Preform* hergestellt. Das ist eine Stange aus Glas, die typischerweise
etwa 1 m lang ist, einen Durchmesser im Bereich von 10 bis 50 mm hat und bereits
den inneren Aufbau der Faser bezüglich Brechzahlprofil etc. aufweist. Diese Preform
wird dann im zweiten Schritt aufgeschmolzen und in die Länge gezogen, wodurch die
eigentliche Faser entsteht.

Beide Prozessschritte sollen jetzt etwas näher beschrieben werden; besonders bei
der Herstellung der Preform gibt es deutliche Unterschiede im Vorgehen. Die verschiedenen Verfahren haben jeweils Vor- und Nachteile, aber die jeweiligen Verfechter sind
Herstellerfirmen, die wirtschaftliche Interessen zu vertreten haben und daher nicht
müde werden, die Vorzüge gerade ihres Verfahrens vor allen anderen zu betonen.

6.2.1 Herstellung der Preform

OVD

Die *outside vapor deposition*, auch als *soot process* bezeichnet (engl. *soot*: eigentlich
„Ruß"), war der erste Prozess, der es erlaubte, die Verluste auf 20 dB/km zu senken
(1973). Er wurde von den Corning Glass Works entwickelt und ist noch heute das
Verfahren bei Corning sowie durch Joint Ventures auch anderswo.

Das Glas wird auf der Außenseite eines massiven Rundstabs aus Aluminiumoxid
aufgebracht. Es entsteht, indem gasförmige Chemikalien in eine Brennerflamme gebla-
sen werden und damit submikroskopische Glaspartikel direkt auf dem Stab abscheiden. Der Stab wird ständig gedreht und längs bewegt, sodass eine gleichmäßige Schicht
entsteht. Zunächst ist diese Schicht porös, aber sie enthält bereits die für das spätere
Brechzahlprofil erforderlichen Dotierungen, indem die Zufuhr der Gase geeignet gere-
gelt wird.

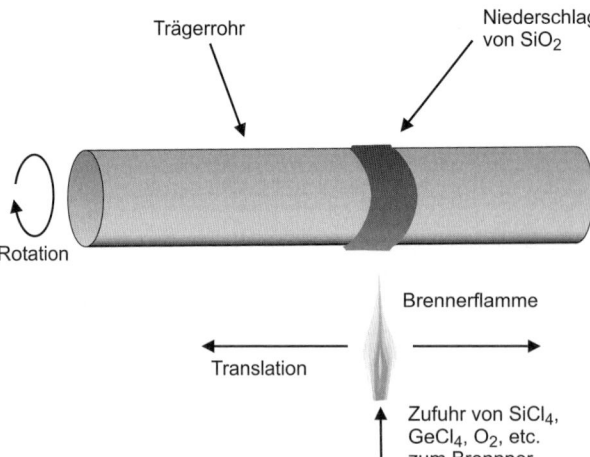

Abb. 6.6 Bei der *„outside vapor deposition"* (OVD) wird das neu entstehende Glas auf der Außenseite eines Trägerstabes aufgebracht.

Dann wird dieses Gebilde erhitzt, zunächst zwecks Freisetzung von eingebauten Gasen und Wasserresten, dann bei erhöhten Temperaturen von 1400 °C bis 1500 °C gesintert, um die Porosität zu beseitigen. Wenn das Glas fest ist, zieht man den Keramikstab heraus und „kollabiert" diese Preform wiederum durch Erhitzen zu einem massiven Stab.

MCVD

Die *„modified chemical vapor deposition"* entstand ca. 1974 bei den Bell Laboratories und ist heute weit verbreitet. Auch Alcatel fertigt mit MCVD. Gegenüber OVD kehrt sich hier das innere nach außen: Man beginnt mit einem Glasrohr, aus dem später der äußere Teil des Mantels wird, und schickt die gasförmigen Ausgangssubstanzen durch das Rohrinnere. Ähnlich dem OVD-Verfahren fährt man Brenner an dem Rohr

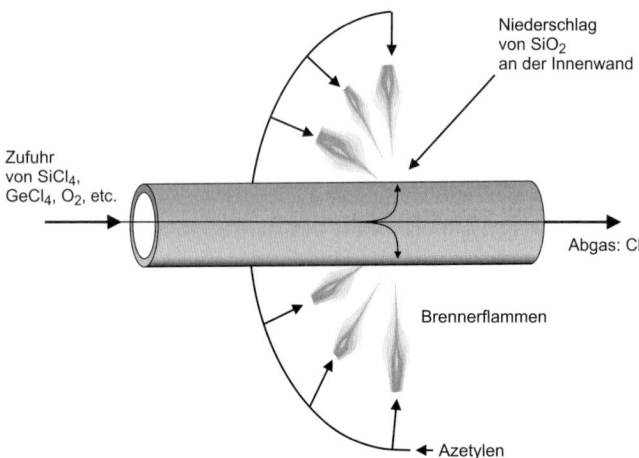

Abb. 6.7 Bei der *„modified chemical vapor deposition"* (MCVD) wird das neu entstehende Glas auf der Innenseite eines Trägerrohres aufgebracht.

entlang; in den beheizten Zonen schlägt sich poröses Glas nieder. Allerdings werden hier keine Restgase und Wasserdampf eingebaut, da zwischen der Flamme und der Reaktionszone ja die massive Glasrohrwand als Barriere ist.

Auch hier schließt sich ein Sintervorgang an, durch den man ein hohles Rohr bekommt, gefolgt von einem Kollabieren zu einem massiven Stab.

Als Nachteil ist hier zu nennen, dass an die Reinheit und Gleichmäßigkeit des Ausgangsglasrohres sehr hohe Anforderungen gestellt werden müssen. Außerdem entweicht beim Kollabieren etwas von dem normalerweise im Kern als Dotiermaterial benutzten Germaniumoxid dort, wo es kann: an der Oberfläche, die nach dem Kollabieren den genauen Fasermittelpunkt bildet. So kommt es bei MCVD-Fasern oft zu einem zentralen Brechzahleinbruch.

PCVD

Die „*plasma chemical vapor deposition*" stammt von den Philips Research Laboratories, wo es 1975 entwickelt wurde. Es handelt sich um eine Variante zum MCVD, aber im Gegensatz zum Gasbrenner wird hier mit einem Mikrowellengenerator (3 GHz, einige hundert Watt) geheizt. Die Rohrtemperatur wird derweil mit einer elektrischen Heizung auf etwa 1000 °C gehalten, um das Entstehen mechanischer Spannungen zwischen Rohr und aufgebrachten Schichten beim Abkühlen zu minimieren. Das Rohr muss übrigens nicht mehr gedreht werden, da das Plasma sich rotationssymmetrisch verhält. Außerdem entfällt das Sintern, da sich das Glas gleich porenfrei niederschlägt. Ein weiterer Vorzug ist die höhere Geschwindigkeit, da die thermische Trägheit des Rohres entfällt. Das bringt es mit sich, dass man sich das Aufbringen sehr vieler sehr dünner Schichten erlauben kann; dadurch lässt sich das Brechzahlprofil besonders genau steuern. Es ist nicht ungewöhnlich, zweitausend Schichten aufzubringen. Auch hier kommt es beim Kollabieren wieder zu einem zentralen Brechzahleinbruch.

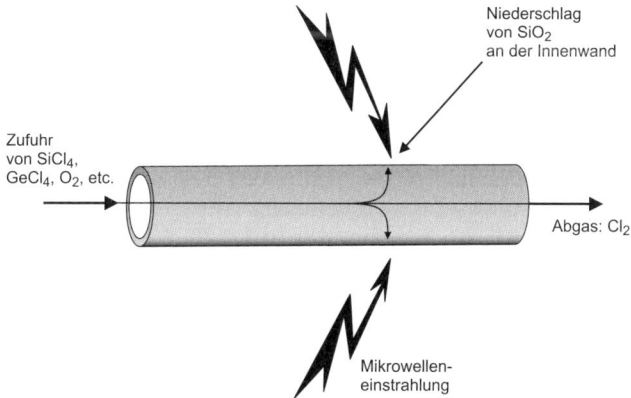

Niederschlag
von SiO_2
an der Innenwand

Zufuhr
von $SiCl_4$,
$GeCl_4$, O_2, etc.

Abgas: Cl_2

Mikrowellen-
einstrahlung

Abb. 6.8 Bei der „*plasma chemical vapor deposition*" (PCVD) wird das neu entstehende Glas wie bei MCVD auf der Innenseite eines Trägerrohres aufgebracht; allerdings ist die Wärmezufuhr anders realisiert.

VAD

Die „*vapor phase axial deposition*" wurde ca. 1977 in Japan entwickelt und ist dort heute gebräuchlich, durch Joint Ventures aber auch anderswo. Es weicht von den bisher besprochenen Verfahren erheblich ab insofern, als das neu entstehende Glas immer am Ende des bereits hergestellten Stabs angelagert wird. Man beginnt also an der Stirnfläche eines massiven Stabs und scheidet Glas ab, welches dann longitudinal wächst. Den Brechzahlaufbau der Faser erreicht man dadurch, dass man die Geometrie der Flammen des Gasbrenners und der Zuführdüsen der Reaktionsgase sorgfältig wählt. Durch Rotation stellt man Rotationssymmetrie sicher.

Auch hier ist das Glas zunächst porös. Zum Sintern muss man die Preform also einmal durch eine geeignet beheizte Zone ziehen. Ein Kollabieren entfällt aber bei VAD.

Ein Vorteil besteht darin, dass die Preform gewissermaßen endlos hergestellt werden kann. Dadurch können besonders lange Fasern in einem einzigen Stück hergestellt werden.

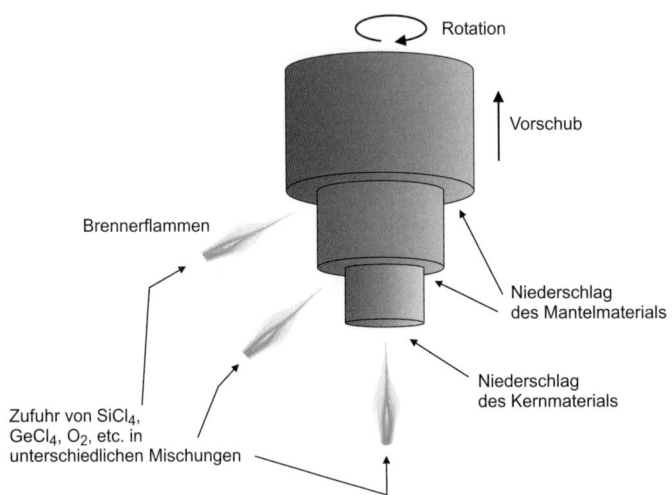

Abb. 6.9 Bei der „*vapor phase axial deposition*" (VAD) wird das neu entstehende Glas direkt auf dem Ende eines Trägerstabes aufgebracht; dadurch können im Prinzip endlos lange Preforms hergestellt werden.

Nicht-kreissymmetrische Fasern

Im Abschnitt über polarisationserhaltende Fasern war von nicht-rotationssymmetrisch aufgebauten Fasern die Rede. Zur Herstellung solcher Fasern muss offenbar ein nicht-symmetrischer Herstellungsschritt bei der Erstellung der Preform eingeschoben werden. Dazu sind verschieden Verfahren versucht worden, u. a. das maschinelle Bearbeiten (Abschleifen) zur Erzeugung von Elliptizität. Eleganter erscheint ein gezieltes

Wegätzen durch Einbringung eines reaktiven Gases und Erhitzung nicht rundherum, sondern nur an zwei gegenüberliegenden Positionen. Bekanntlich hängt die Rate chemischer Reaktionen typischerweise über eine Exponentialfunktion (Arrheniusfaktor) von der Temperatur ab. Diese Technik wurde 1982 in Southampton eingeführt und ist im Bild bei der Herstellung einer Bowtie-Faser dargestellt.

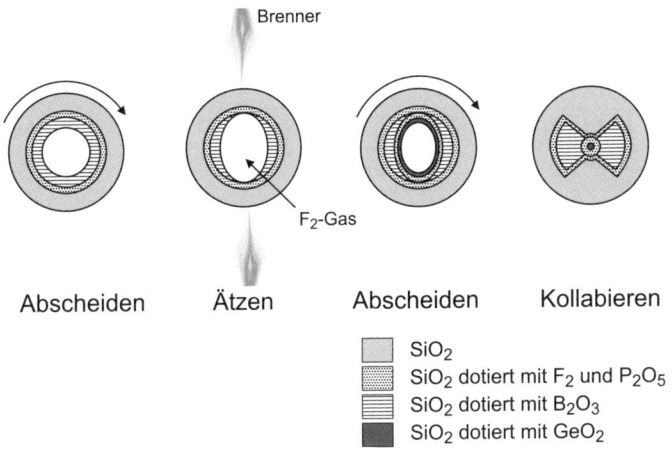

Abscheiden   Ätzen   Abscheiden   Kollabieren

- SiO$_2$
- SiO$_2$ dotiert mit F$_2$ und P$_2$O$_5$
- SiO$_2$ dotiert mit B$_2$O$_3$
- SiO$_2$ dotiert mit GeO$_2$

Abb. 6.10 Zur Herstellung einer Bowtie-Preform wird ein Ätzvorgang bei zweiseitiger (und nicht allseitiger) Erhitzung eingefügt. Die nachfolgend aufgebrachten Schichten wachsen dann mit gebrochener Kreissymmetrie auf. Beim Ausziehen der Faser ergibt sich so die charakteristische Form des Bowtie. Nach [18] mit Genehmigung.

6.2.2 Ziehen der Faser aus der Preform

Im vorigen Abschnitt wurde beschrieben, wie man nach verschiedenen Verfahren Preforms herstellen kann. Dies sind gewissermaßen kurze (typisch 1 m), dicke (typischer Durchmesser 10 ... 25 mm) Versionen von Fasern, bereits mit allen Brechzahlstrukturen eingebaut. Bei Temperaturen, bei denen das Glas weich ist, also etwa 1950 °C ... 2250 °C, wird diese preform zur Faser (Durchmesser 70 bis 250 μm, am häufigsten 125 μm) in die Länge gezogen. Da dadurch der Durchmesser typischerweise im Verhältnis 1:200 reduziert wird, erhöht sich die Länge im Verhältnis 40 000:1 auf etwa 40 km. Bei einer typischen, aber keineswegs maximalen Vorschubgeschwindigkeit der Preform von 200 μm/s erhält man die Faser mit 8 m/s.

Nach 5000 s oder knapp anderthalb Stunden ist 1 m Preform aufgebraucht, und 40 km Faser sind fertig.

Was sich so leicht anhört, erfordert praktisch erheblichen technischen Aufwand. Faserziehvorrichtungen sind zwei Stockwerke hoch. Die Temperatur und Vorschubgeschwindigkeit müssen sehr genau eingehalten werden, Online-Messungen des Faser-

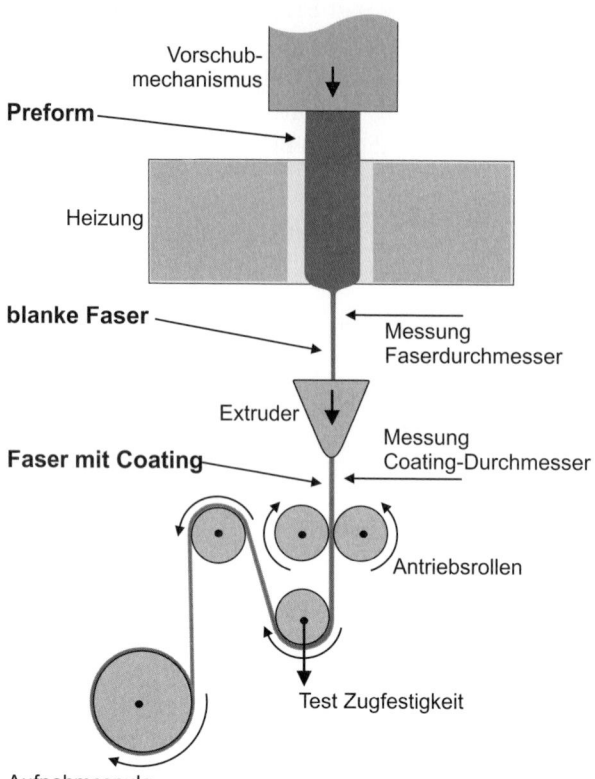

Abb. 6.11 Schematische Darstellung eines Ziehturms. Die Preform wird durch die Heizung aufgeschmolzen. Die entstehende Faser wird in einem Extruder mit einem Coating (Kunst-stoffhülle) versehen, durch die Antriebsrollen gezogen und schließlich auf einer Aufnahme-spule aufgewickelt. Messungen des Faser- und Coatingdurchmessers steuern Parameter wie die Vorschubgeschwindigkeit. Auch ein Test der maximalen Zugfestigkeit wird sofort durch-geführt.

durchmessers und anderer Eigenschaften wirken über ausgeklügelte Regelkreise darauf ein. So erreicht man unter anderem, dass der Faserdurchmesser auf besser als $0{,}1\,\mu\mathrm{m}$ konstant bleibt. Auch eine Kunststoffbeschichtung wird sofort nach dem Erkalten um die Faser herum aufgebracht. Das ist ganz wesentlich, denn es schützt die Faser vor mechanischer Beanspruchung (Schrammen, Kratzer) und chemischen Einflüssen (Wasser, . . .) und dient zugleich der Minimierung von Mikrobiegeverlusten. Verbrei-tet ist ein Zweischichtenaufbau aus einer inneren Lage aus weichem, elastischen Mate-rial und einer äußeren aus hartem, abriebfesten Material. Gängig sind Epoxide und Polyimide sowie Acrylate und Silikone. Manchmal wird noch eine Barriereschicht zur Fernhaltung von Wasser aufgebracht; diese kann aus amorphem Kohlenstoff oder aus Metall (Aluminium, Gold, . . .) bestehen. Vor dem Aufwickeln erfolgt noch ein Test auf Zugfestigkeit, siehe dazu den folgenden Abschnitt.

6.3 Mechanische Festigkeit von Glasfasern

6.3.1 Neues Glas

Entgegen einer verbreiteten Ansicht ist Glas ein Werkstoff, der einiger mechanischer Beanspruchung standhält. Wir betrachten die Festigkeit von Glasfasern unter Zugspannung, die zu einer Dehnung und schließlich zum Bruch führt.

Für geringe Zugspannungen verformen sich die meisten Werkstoffe, und auch Glasfaser, elastisch und proportional zur Spannung (Hooke'sches Gesetz): Die relative Längenänderung $\Delta l/l$ ist gegeben durch

$$\frac{\Delta l}{l} = \frac{1}{E}\frac{F}{A} \quad . \tag{6.4}$$

Hierin ist F die angreifende Kraft (gemessen in N) und A die Querschnittsfläche (gemessen in m^2) des Körpers, auf den diese Kraft einwirkt. Die Größe F/A ist demnach die Zugspannung (ähnlich einem negativen Druck) und hat die Einheit N/m^2 = Pa (Pascal). Die Proportionalitätskonstante $1/E$ enthält das Elastizitätsmodul E (engl. *Young's modulus of elasticity*); E wird ebenfalls in Pa gemessen.

Ab einem bestimmten Wert der Zugspannung $(F/A)_{\text{crit}}$, der auch durch die dann erreichte relative Längenänderung angegeben werden kann, wird der elastische Bereich verlassen. Bei vielen Werkstoffen kommt es zunächst zu einem plastischen Fließverhalten, bevor bei noch höherer Spannung eine Zerstörung (Riss) auftritt. Stahldraht verformt sich plastisch; auch Kupferdraht kann bekanntlich bis zu 20 % seiner Länge plastisch gedehnt werden. Glasfasern zeigen hingegen kein Fließen, sondern brechen bei einer bestimmten kritischen Zugspannung sofort.

Leider werden in Tabellenwerken oft noch andere als die hier benutzten Einheiten, z. B. kp/mm^2, psi etc. benutzt, was den Überblick erschwert. Werte für E für einige Werkstoffe sind daher in folgender Tabelle angegeben.

Wie man sieht, ist bei realem Glas die Zugfestigkeit gegenüber dem Idealfall stark reduziert. Im Idealfall (völlig reines, störungsfreies Glas, keine Mikrorisse in der Oberfläche) erreichen Glasfasern nahezu die Zugfestigkeitswerte von Stahldraht. Eine Zugbelastung von 20 GPa bei einer Querschnittsfläche von $A = \frac{\pi}{4}(125\,\mu\mathrm{m})^2$ bedeutet eine Zerreißkraft von 245 N, also einer Traglast von etwa 25 kg.

Da die erwähnten idealen Bedingungen in der Praxis nie vorliegen, liegt die Bruchgrenze bei wenigen Prozent Dehnung. Es gibt ausführliche Untersuchungen über die Zugfestigkeit von Fasern. Der Kunststoffmantel trägt zur mechanischen Festigkeit wenig bei, denn das Elastizitätsmodul liegt mindestens eine Zehnerpotenz niedriger. Der kritische Wert der Zugspannung hängt entscheidend von der Tiefe von Oberflächen-Mikrorissen ab: Nach der Griffith-Theorie [44] ist die Reißfestigkeit umgekehrt proportional zur Wurzel aus der Rissgröße. Die real beobachteten ca. 5 GPa entsprechen damit Risstiefen von wenigen Zehntel Nanometern. Hier spielt der Kunststoffmantel durch seine mechanische Schutzfunktion, und auch dadurch, dass er den Zutritt von Wasser hemmt, allerdings doch eine wichtige Rolle: nicht unmittelbar für die Reißfestigkeit, aber dafür, dass die anfängliche Reißfestigkeit erhalten bleibt.

Tab. 6.1 Ausgewählte Werte des Elastizitätsmoduls, der relativen Bruchdehnung und der Bruchspannung.

Material	E [GPa]	$(\Delta l/l)_{\mathrm{crit}}$	$(F/A)_{\mathrm{crit}}$ [GPa]
Verschiedene Werkstoffe:			
Stahl	210	10 %	20
Aluminium	70		
Kupfer	120	20 %	
Glas	70	1 %	0,05
Blei	16		
Holz	10		
Glasfasern:			
ideal	70	30 %	20
real	70	3 … 7 %	2 … 5
Mantelmaterialien:			
thermoplast. Polyurethan	0,04		
Nylon	1,4		
Acrylat	0,35		

Die Zugspannung für z. B. eine 1%-ige Dehnung (Zugspannung 0,7 GPa) ergibt sich zu

$$EA * 1\ \% = 8{,}6\,\mathrm{N}\quad, \tag{6.5}$$

sodass diese Dehnung bei etwa 880 g Gewichtsbelastung erreicht wird.

Es ist gängige Praxis, Fasern gleich bei der Herstellung einem Test auf Zugfestigkeit zu unterziehen, dabei sind übliche Werte 0,35 GPa, entsprechend 0,5 % Dehnung, für Fasern, die für terrestrische Anwendungen vorgesehen sind, sowie 1,38 GPa, also 2 % Dehnung, für Fasern, die für Unterwasserverbindungen vorgesehen sind und daher strengere Kriterien erfüllen müssen. Im tatsächlichen Betrieb überschreitet die Belastung dann kaum je ein Fünftel dieses Wertes; dadurch ist bei so geprüften Fasern eine Lebensdauer von einigen Jahrzehnten anzunehmen. Da sich das Langzeitverhalten nicht kurzfristig simulieren lässt, ist man hier auf statistische Extrapolationen angewiesen.

6.3.2 Verringerung der Festigkeit

Die Lebensdauer wird entscheidend von den Veränderungen der Faser bestimmt, die durch das Wachstum von Mikrorissen entstehen. Man hat festgestellt, dass die Lebensdauer in Vakuum oder inerter Umgebung deutlich erhöht ist; nur ist solch eine Umgebung außerhalb des Labors kaum zu gewährleisten. Man unterscheidet verschiedene Mechanismen:

Statische Ermüdung (*static fatigue*)

Bereits bei konstanter Zugspannung unterhalb des Grenzwertes beobachtet man eine Ermüdung, die nach langer Zeit zu bösen Überraschungen führen kann.

Dynamische Ermüdung (*dynamic fatigue*)

Bei zeitlich linear ansteigender Zugspannung findet man Reißgrenzen, die niedriger liegen als der vorher genannte. Daraus leitet sich eine standardisierte Messprozedur ab.

Zyklische Ermüdung (*cyclic fatigue*)

Eigentlich tritt in Glas eine Materialermüdung durch inelastische Verformung zumindest dann nicht auf, wenn die Temperatur genügend weit unterhalb der Schmelztemperatur liegt. Daher ist dieser Prozess für Fasern kaum von Bedeutung, im Unterschied zu vielen anderen Werkstoffen. Allerdings tritt bei jedem Zyklus dynamische Ermüdung auf.

Alterung ohne Zug (*zero stress aging*)

Hier liegt ein unklarer, teilweise widersprüchlicher Befund vor. Wenn man aufgerautes Glas bei Raumtemperatur in Wasser einlegt, kann sich die Festigkeit sogar *erhöhen* (30 % sind beobachtet worden). Man erklärt sich das durch eine Verrundung der Rissspitzen durch korrosive Einwirkung. Andererseits führt Feuchtigkeit meist zu reduzierter Festigkeit. Nach Trocknen im Vakuum kann aber teilweise der ursprüngliche Festigkeitswert wieder hergestellt werden, was eine Reversibilität des Prozesses bedeutet.

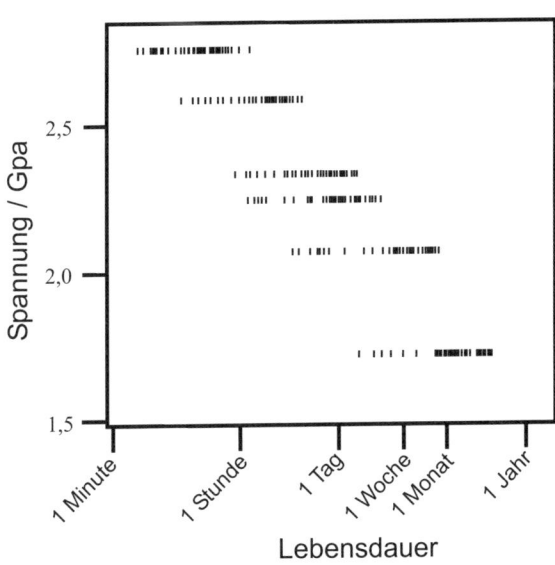

Abb. 6.12 Zuverlässigkeitstest von Glasfasern: Lebensdauer unter Zugbelastung. Bei erhöhter Zugspannung nimmt die Lebensdauer exponentiell ab. Nach [80]. Die Wiedergabe erfolgt mit Genehmigung von Lucent Technologies Inc./Bell Labs.

Das Risswachstum beruht im Wesentlichen auf Wasser aus der Umgebung. Es tritt dann keine statische Ermüdung auf, wenn man entweder bei der Temperatur des flüssigen Stickstoffs arbeitet oder in völlig trockener Umgebung wie z. B. Vakuum. Bei erhöhter Konzentration von OH-Ionen ist umgekehrt die Rate des Risswachstums erhöht. Verschiedene Glassorten sind unterschiedlich resistent, reines Quarzglas (SiO_2) ist aber am günstigsten.

Die Wachstumsrate verläuft sowohl mit der Zugspannung als auch mit der Temperatur exponentiell. Es kann nach Jahren zuverlässiger Funktion aufgrund der statischen Ermüdung zu einem scheinbar unvermittelten, plötzlichen Reißen der Faser kommen.

Dieses Risiko ist vielleicht typisch für die Risiken, die man grundsätzlich bei der Einführung neuer Technologien eingeht. Es könnte immer einen verborgenen Mangel geben, der sich erst dann zeigt, wenn man sich bereits in eine gewisse Abhängigkeit von der scheinbar zuverlässigen neuen Technik gebracht hat. Durch umfangreiche statistische Untersuchungen wurde versucht, das Risiko des spontanen Faserbruchs beherrschbar zu machen. Nach einigen anfänglichen bösen Pannen scheint das Problem heute nicht mehr zu ernsten Betriebsstörungen zu führen. Dabei spielt eine große Rolle, wie die Fasern in Kabel eingebettet werden, denn man kann erreichen, dass auch bei Biegungen des Kabels die darin enthaltenen Fasern möglichst geringen Zugspannungen ausgesetzt werden; dadurch erhöht sich die Zuverlässigkeit beträchtlich.

7 Messung wichtiger Faserparameter

Die Charakterisierung einer Glasfaser, also die Messung all ihrer relevanten Eigenschaften, erfordert einige spezielle Techniken, die parallel mit der Entwicklung der Fasern selbst entstanden und die in diesem Kapitel vorgestellt werden.

7.1 Verluste

Die Messung der Faserverluste ist nicht einfach, schon weil der Wert gering ist und daher eine hohe Messgenauigkeit erzielt werden muss. Bei einem Wert von zwei Zehnteln eines dB/km sollte die Messgenauigkeit im Bereich von mindestens Hundertsteln eines dB/km liegen. Damit ist eine Genauigkeit im Promillebereich gefordert ($1\,\text{dB} = 0{,}23\,\%$). Promillgenauigkeit erfordert bei analogen Größen schon immer eine besondere Sorgfalt, aber hier kommt ein spezielles Problem hinzu.

Naiv würde man die Messung vornehmen, indem man Licht einer Quelle (z. B. einer Lampe oder eines Lasers) mit Linsen in die Faser einkoppelt und dann die Leistungsmessung an zwei Punkten vergleicht: erstens nach der Faser der Länge L und zweitens direkt vor der Faser. Dann enthält das Ergebnis aber auch Einkoppelverluste. Diese beruhen hauptsächlich auf dem Umstand, dass nicht 100 % des eingestrahlten Lichts in die propagationsfähige Mode(n) gelangt; dazu kommen noch Fresnelverluste, evtl. Streuung etc. Diese Einkoppelverluste lassen sich mit hohem Aufwand unter 10 % drücken, können aber bei normalem Laboraufwand auch schon mal 30 % betragen. Allein die Unsicherheit dieses Wertes macht also die Messgenauigkeit zunichte.

Daher benutzt man als Referenzpunkt nicht die Intensität *vor* der Faser, sondern *kurz nach* ihrem Anfang. Dazu muss man die Faser nach ca. $L_0 \approx 1\dots 2\,\text{m}$ abschneiden. Wenn sich die Einkoppelverluste in dieser Zeit nicht verändern, erhält man so die Verluste für die Faserlänge $L - L_0$. Dieses *cutback*-Verfahren wird allgemein angewandt. Verbleibende Fehlerquellen sind aber zahlreich. Hier sind einige:

- Inkonstanz der Lichtquelle
- Inkonstanz der Einkopplung
- Inkonstanz der Detektorempfindlichkeit (entweder Temperaturänderung oder Inhomogenität der Detektoroberfläche)

- Zu kurzes L_0. Das nicht in die Mode eingekoppelte Licht breitet sich zum Teil noch eine kurze Strecke im Mantel aus, bevor es vollständig in den Außenraum gelangt. Dieses Mantellicht kann mit in die Messung gelangen.
- Makro- und Mikrobiegeverluste

Es hat mehrere Tests gegeben, bei denen Faserstücke zwecks Messung der Verluste zwischen mehreren Labors herumgereicht wurden; zum Schluss wurden alle Messungen verglichen. Dabei stellte sich immer wieder eine erhebliche Streuung um zum Teil mehr als 0,2 dB/km bzw. 100 % heraus, obwohl es sich um die besten Labors aus Industrie und Regierungsstellen handelte.

Erst mit erheblichen Anstrengungen zur Reduzierung der genannten Änderungen scheint sich die Situation zu normalisieren. Die Konstanz der Lichtquelle erfordert nicht nur eine hohe Konstanz des Versorgungsstroms, sondern auch einen ganz bestimmten Wert; nur bei diesem (ca. 90 % des Nennstroms) befinden sich die allgemein verwendeten Halogenlampen in einem Gleichgewicht. Auch die räumliche Orientierung des Glühfadens spielt aus thermischen Gründen eine Rolle. Bei großer Sorgfalt lässt sich aber eine Konstanz auf 0,1 % erreichen. Fotodetektoren sollten auf Homogenität der Chipfläche selektiert werden und auf 0,1°C thermostatisiert werden. Mit diesen und weiteren Maßnahmen werden bei langen Fasern Messungen möglich, die auch noch Tausendstel eines dB/km auflösen. Dadurch werden Messungen wie in Abb. 7.1 möglich, bei denen die durch die Rayleigh-Streuung überdeckten Absorptionsbanden aufgrund von Verunreinigungen so genau aufgelöst wurden, dass sogar herstellerspezifische Unterschiede deutlich werden [51].

7.2 Dispersion

Die Messung der Dispersion läuft gewöhnlich auf eine Messung der Laufzeit hinaus. Zwei Verfahren verdienen genannt zu werden, das erste stellt ein Standardverfahren der Industrie dar. Es erfordert eine sehr lange Faser, z. B. 100 km. Bei dieser Länge werden Laufzeitunterschiede bei verschiedenen Wellenlängen direkt messbar: Aus einem aufzulösenden Wert von 1 ps/nm km werden 100 ps/nm. Mit sehr schnellen Fotodetektoren und Sampling-Oszilloskopen ist es nicht schwer, Zeitauflösungen deutlich unter 100 ps zu erzielen. Ein Beispiel ist in den Abbn. 7.2, 7.3 gezeigt.

Eine Schwierigkeit besteht darin, dass die Laufzeit sich auch aufgrund anderer Faktoren ändert: angesichts eines thermischen Längenänderungskoeffizienten der Faser in der Größenordnung von 10^{-5}/K [135, 69] wirkt eine Temperaturschwankung von 0,01°C bei einer Faserlänge von 100 km wie eine Längenänderung um 1 cm und bewirkt eine Laufzeitänderung von 100 ps. Daher sind Verfahren genauer, die unmittelbar die Unterschiede der Laufzeit bei verschiedenen Wellenlängen in einer Faser gleichzeitig messen. Dies erfordert mehrere Lichtquellen und somit erhöhten Hardware-Aufwand, ermöglicht aber unkompliziert genaue Messungen und reduziert

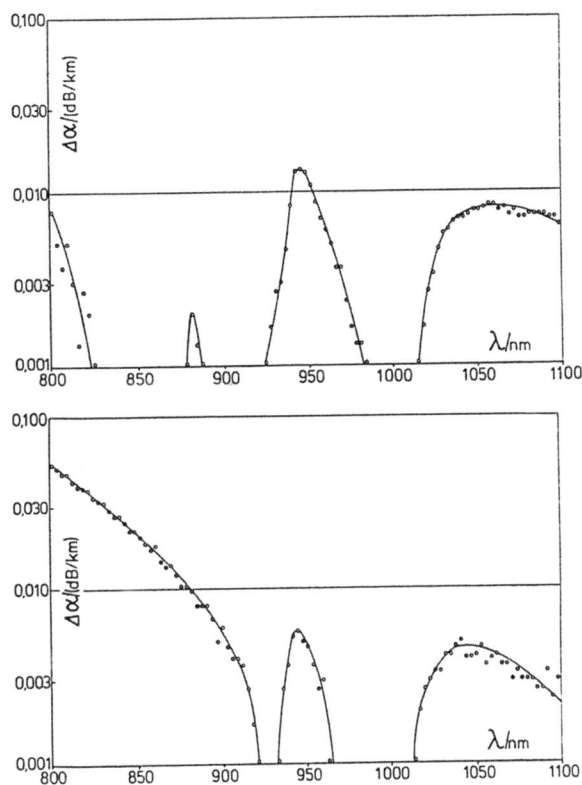

Abb. 7.1 Messung der Faserverluste. Bei den gezeigten Messungen wurde zunächst ein Term proportional zu λ^{-4} (Rayleighstreuung) an die Daten angefittet und dann abgezogen; gezeigt sind die Residuen. Die beiden Bilder stammen von zwei nominell ähnlichen Fasern verschiedener Hersteller. Die Absorptionsbanden aufgrund von OH-Gruppen und anderen Verunreinigungen sind, bedingt durch unterschiedliche Herstellungsmethoden, deutlich verschieden. Aus [51] mit freundlicher Genehmigung.

somit den Manpower-Aufwand. Damit ist dieses Verfahren für Hersteller von Glasfaser gut geeignet, die ja auch immer Zugriff zu maximal langen Stücken der Fasern haben.

Das andere Verfahren begnügt sich mit weit kürzeren Fasern im Bereich von $1 \ldots 2\,\mathrm{m}$. Die Faser wird in den einen Arm eines Interferometers eingesetzt; am gebräuchlichsten ist eine Mach-Zehnder-Anordnung. Der Referenzarm enthält entweder eine andere Faser mit sehr genau bekannter Dispersion oder einen Luftweg.

Dann kann man die Wellenlänge des eingesetzten Lichtes durchstimmen und für jede Wellenlänge die Weglänge finden, bei der der Interferenzkontrast maximal wird; die Änderung dieser Armlänge mit der Wellenlänge lässt unmittelbar auf die Dispersion schließen. Alternativ kann man breitbandiges Licht (Weißlicht) einspeisen, das

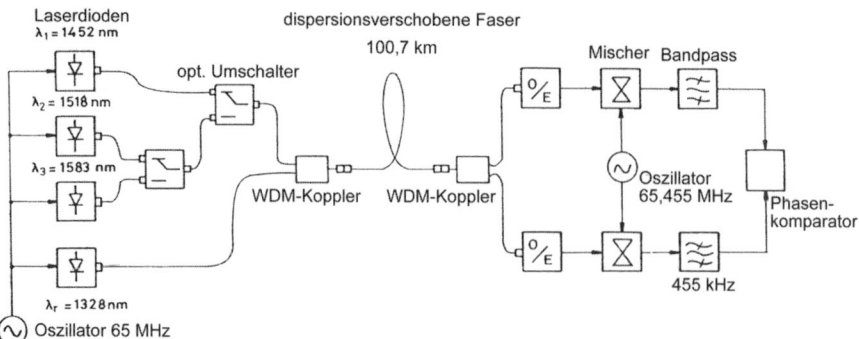

Abb. 7.2 Zur Messung der Dispersion aus der Laufzeit. Vier verschiedene Wellenlängen stehen zur Auswahl. Gemessen wird die Phasenverschiebung einer Hochfrequenzmodulation als Differenz zwischen je zwei dieser Wellenlängen. Für ein gut messbares Signal sind erhebliche Faserlängen ($\approx 100\,\mathrm{km}$) erforderlich. Aus [33] mit Genehmigung.

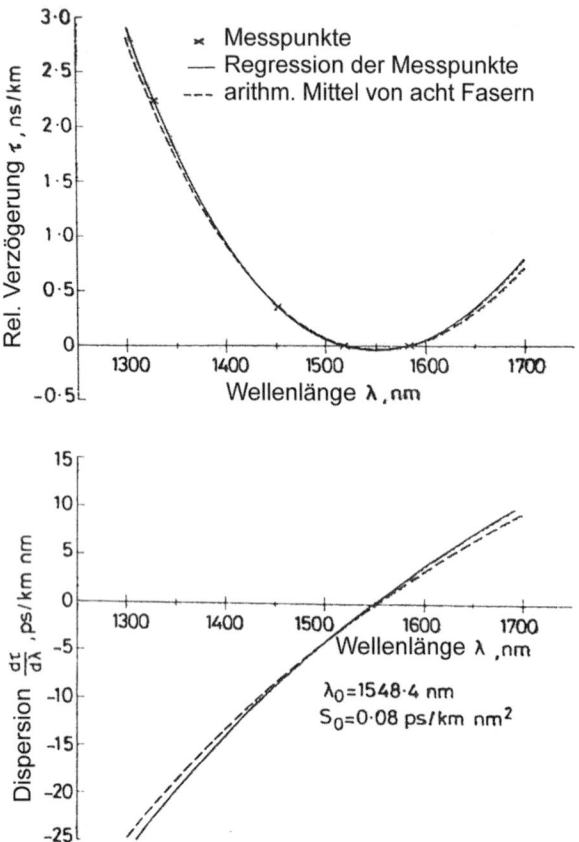

Abb. 7.3 Eine Messung mit der in Abb. 7.2 gezeigten Apparatur. Aus den gemessenen Laufzeitunterschieden (obere Kurve) ergibt sich die Dispersion durch Differentiation. Aus [33] mit Genehmigung.

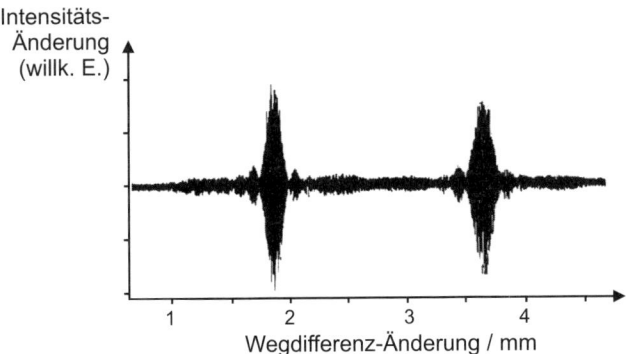

Abb. 7.4 Messung der Dispersion einer Glasfaser in einem Mach-Zehnder-Interferometer. Dabei erhält man Interferogramme wie das hier gezeigte. Die einzelnen Interferenzstreifen (*„fringes"*) liegen im Abstand einer halben Wellenlänge und sind daher zu schmal, um im gezeigten Maßstab aufgelöst zu werden. Im Beispiel wurde eine polarisationserhaltende Faser gemessen; aufgrund der erheblichen Doppelbrechung entstehen zwei deutlich getrennte Gruppen von Interferenzstreifen.

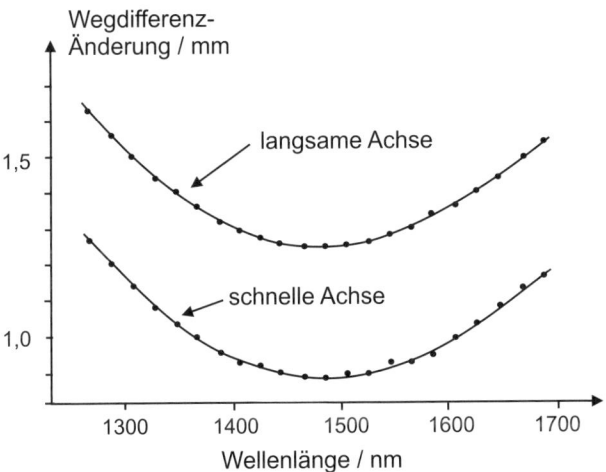

Abb. 7.5 Aus dem Interferogramm in Abb. 7.4 ermittelte Laufzeiten für beide Achsen der doppelbrechenden Faser.

Interferogramm vermessen und einer Fouriertransformation unterwerfen. Auf diese Weise erhält man die Phaseninformation, aus der die Dispersion berechnet werden kann, für alle Wellenlängen zugleich.

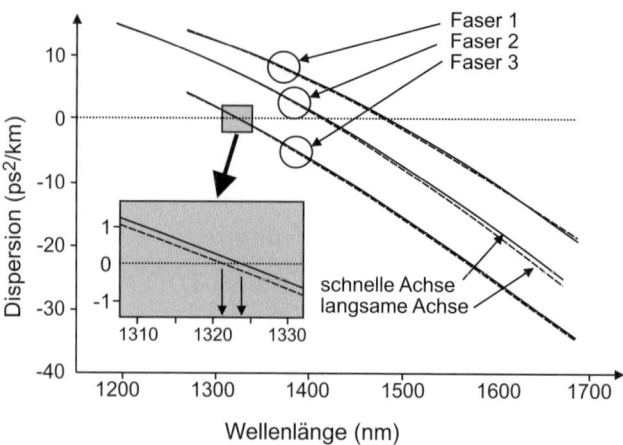

Abb. 7.6 Aus den Laufzeitdaten wie in Abb. 7.5 ermittelte Dispersionswerte β_2. Hier sind die Messwerte für drei verschiedene polarisationserhaltende Fasern dargestellt; die Werte für die schnelle Achse (durchgezogen) und die langsame Achse (gestrichelt) liegen in diesem Maßstab jeweils fast aufeinander. Für Faser 3 ist daher der Bereich in der Nähe der Dispersionsnullstelle im Kasten vergrößert wiedergegeben; in der Vergrößerung sind beide Faserachsen klar unterscheidbar. Man liest ab, dass die Dispersionsnullstelle für die schnelle Achse bei 1324 nm, für die langsame Achse bei 1321 nm liegt.

7.3 Geometrie des Faseraufbaus

Das Brechzahlprofil, den Kernradius u. dgl. zu bestimmen, ist ebenfalls keine triviale Aufgabe. Der direkte Weg besteht in der Messung der Brechzahl in einem Interferometer, wobei wegen der erforderlichen hohen Ortsauflösung ein Mikroskopaufbau erforderlich ist. Angesichts von erwarteten Brechzahlunterschieden von einigen 10^{-3} muss die Faser für eine eindeutige Ablesung einige hundert Wellenlängen lang sein; bei sichtbarem Licht bedeutet das eine Faserlänge von nur ca. 100 µm! Man muss also ein dünnes Scheibchen der Faser durch Politur präparieren, was aufwendig und zeitraubend ist.

Es gibt auch Verfahren, bei denen die Faser quer durchstrahlt wird. Sie wird dazu nach Entfernung der Kunststoffumhüllung in Indexanpassungsöl gelegt und in Querrichtung durchleuchtet. Das Beleuchtungsmuster auf einem Schirm enthält im Prinzip die gesuchte Information; allerdings ist die Auswertung aufwendig (sie erfordert eine Integralgleichung) und relativ fehleranfällig. Ein ähnliches Prinzip bringt die Faser bei Querbeleuchtung in den Strahlengang eines Interferometers. Auch hier enthält die Phasenverteilung in etwas indirekter Weise die gesuchte Information.

Insgesamt ist es aber viel einfacher, den Aufbau der Faser vor dem Ziehen, also bereits an der Preform, zu messen. Hier ist die Messgenauigkeit schon deswegen besser, weil kleine Details der Brechzahlverteilung sich wegen der größeren Absolutabmessungen gut bestimmen lassen, während bei der fertigen Faser dieselben Abmes-

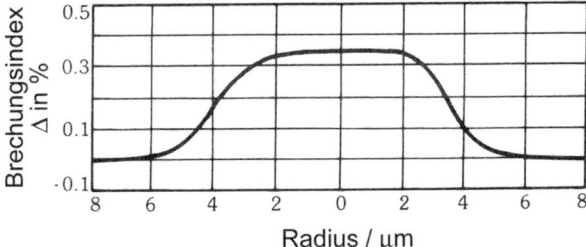

Abb. 7.7 Kernprofil einer Stufenindexfaser, gemessen an der fertigen Faser. Wegen Beugungsunschärfe kann eine derartige Messung keine Details zeigen, die feiner als ca. eine Wellenlänge sind. Aus [17] mit freundlicher Genehmigung.

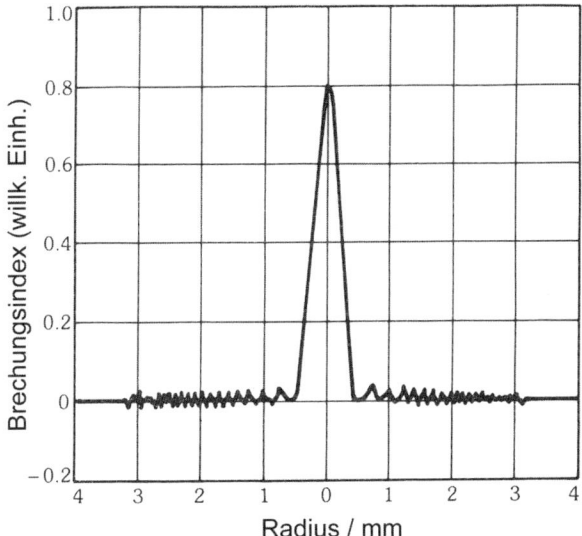

Abb. 7.8 Kernprofil einer Dreiecksprofilfaser, gemessen an der Preform. Aufgrund der größeren Abmessung der Preform sind hier feinere Einzelheiten messbar. Aus [110] mit freundlicher Genehmigung.

sungen kleiner als die Lichtwellenlänge sind und damit etwa bei der Längsmethode das Auflösungsvermögen des Mikroskops unterschreiten. Details wie etwa ein nicht perfekt senkrechter Sprung der Brechzahl oder ein zentraler Brechzahleinbruch (vgl. Kap. 6.2.1) lassen sich daher an der Preform sehr viel besser feststellen.

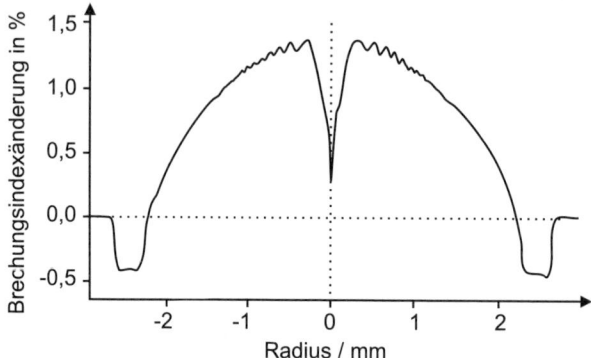

Abb. 7.9 Kernprofil einer typischen Gradientenprofilfaser, gemessen an der Preform. Auffällig ist der zentrale Brechzahleinbruch.

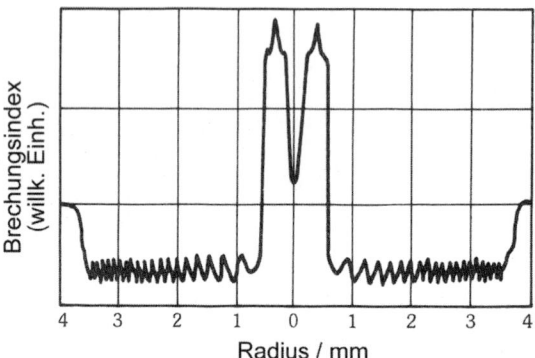

Abb. 7.10 Kernprofil einer Double-Cladding-Faser, gemessen an der Preform. Auch hier ist der zentrale Brechzahleinbruch auffällig. Aus [13] mit freundlicher Genehmigung.

7.4 Geometrie der Feldverteilung

Die Feldverteilung in der Faser ist nicht vollständig beschränkt auf den Kern. Sie ist auch nicht zu verwechseln mit dem Indexprofil. Die Feldverteilung hängt von der Wellenlänge ab; grob gesagt erstrecken sich Felder mit längerer Wellenlänge weiter in den Mantel hinein. Für den einfachsten Fall einer Stufenindexfaser ist ein Zusammenhang zwischen dem Modenfeldradius w (definiert als der $1/e$-Punkt der Feldstärke), dem Kernradius a und der V-Zahl formuliert worden [74]:

$$\frac{w}{a} = 0{,}65 + 1{,}619\,V^{-3/2} + 2{,}879\,V^{-6} \tag{7.1}$$

Abb. 7.11 zeigt diese Relation grafisch. Die große Ausdehnung der Mode bei langen Wellenlängen ($V \to 0$) ist deutlich erkennbar, ebenso der Umstand, dass im gesamten Einmodenregime ($V < 2{,}4048$) der Modenfeldradius größer ist als der Kernradius.

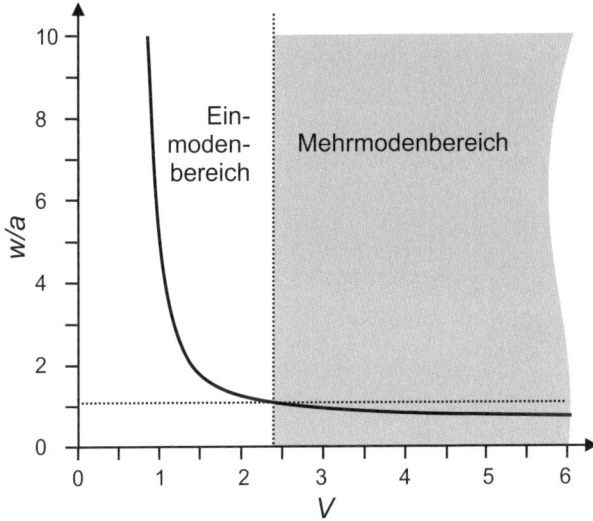

Abb. 7.11 Grafische Darstellung der Gl. 7.1. Der Modenfeldradius w ist normiert auf den Kernradius a und wird als Funktion der V-Zahl dargestellt. Im Einmodenregime $V < 2{,}405$ ist stets $w > a$.

Zur Messung der Feldverteilung gibt es mehrere grundsätzliche Methoden. Sie gliedern sich in Nahfeld- und Fernfeldmethoden.

7.4.1 Nahfeldmethoden

Diese Verfahren laufen auf die Abbildung der Intensitätsverteilung mit einem Mikroskop hinaus. In jedem Fall ist es sehr wesentlich, dass das Licht ausschließlich in der Mode geführt wird und kein Mantellicht in die Messung eingeht. Maßnahmen zur Unterdrückung von Mantellicht sind daher absolut erforderlich.

Es ist zu unterscheiden zwischen einem konventionellen Mikroskop und einem Nahfeldmikroskop. Ein konventionelles Mikroskop, oder Fernfeldmikroskop, lässt nach der Abbe'schen Beugungstheorie [72] keine Auflösung deutlich unterhalb der Wellenlänge zu. Dadurch ist die Genauigkeit der Messung begrenzt. Als erschwerende Faktoren treten Fehler der Abbildung hinzu; z. B. geht der genaue Wert der Vergrößerung unmittelbar in das Ergebnis ein. Daher ist die direkte Messung an einem vergrößerten Abbild des Nahfeldes nicht sehr genau.

Ein Nahfeldmikroskop macht von der Tatsache Gebrauch, dass eine sehr kleine Blende, die u. U. im Durchmesser kleiner ist als die Lichtwellenlänge, Licht – wenn auch geschwächt – durchlässt. Andererseits lässt sich durch Verfahren dieser Blende in der Ebene senkrecht zum Strahlengang eine Intensitätsverteilung abtasten; die Auflösung ist dabei in keiner Weise durch die Lichtwellenlänge begrenzt, sondern lediglich

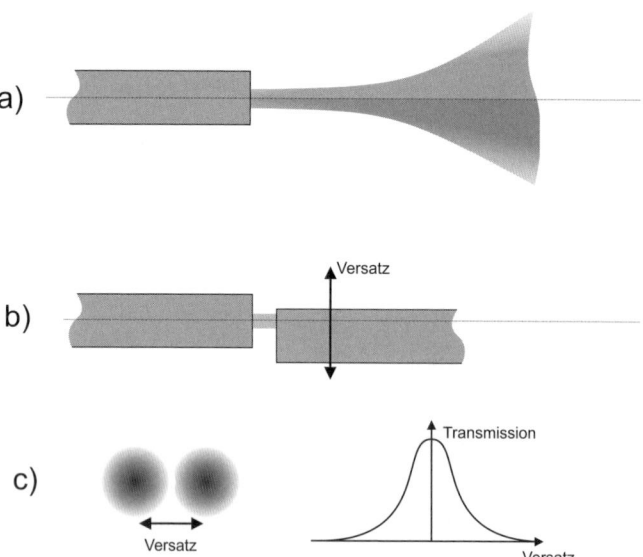

Abb. 7.12 Schematische Darstellung der Methode des transversalen Versatzes zur Bestimmung des Modenfelddurchmessers. (a) Der Austrittskegel einer Faser (und ebenso der Akzeptanzkegel) ändert auf den ersten Mikrometern seinen Radius nur wenig. Man bringt daher zwei Fasern auf einen solch geringen Abstand (b) und misst, wie viel Leistung von der einen Faser in die andere übergekoppelt wird, während man den transversalen Versatz variiert. Aus dem Verlauf der Transmission als Funktion des seitlichen Versatzes (c) kann man auf die Modenfelddurchmesser schließen.

durch die Auflösung der mechanischen Verschiebeelemente zu ihrer Positionierung. Es gibt Nahfeldmikroskope mit atomarer Auflösung.

Praktisch geht man so vor, dass man als Sonde eine zweite Faser benutzt, die man in sehr geringem Abstand (weniger als $10\,\mu$m) vor der Stirnfläche der zu messenden Faser transversal bewegt. Daher trägt dieses Verfahren den Namen *transverse offset method*. In dem Grenzfall, dass die Sondenfaser einen Modenfeldradius hat, der sehr klein gegenüber dem zu messenden Modenfeldradius ist, erhält man unmittelbar die gesuchte Intensitätsverteilung. Allerdings ist dieser Grenzfall ziemlich unrealistisch; typischerweise sind beide Intensitätsverteilungen von vergleichbaren Abmessungen. Daher erhält man im allgemeinen Fall die Faltung beider Verteilungen, aus der sich die gesuchte nur dann berechnen lässt, wenn die andere bekannt ist.

Bei typischen Einmodenfasern und bei V-Zahlen, die nicht zu weit unterhalb von $V = 2{,}405$ liegen, ist die Intensitätsverteilung in passabler Näherung gaußförmig:

$$I(w) = I_0 \mathrm{e}^{-2(w/w_0)^2} \quad . \tag{7.2}$$

Als Modenfeldradius w_0 nimmt man verabredungsgemäß denjenigen Radius w, bei dem gegenüber der Mitte die *Feldstärke* auf den Bruchteil $1/\mathrm{e} \approx 37\,\%$ abgefallen ist. An dieser Stelle ist die Intensität auf $1/\mathrm{e}^2 \approx 13{,}5\,\%$ des Maximums abgefallen. (In der älteren Literatur gibt es abweichende Nomenklaturen, die zu erheblicher Verwirrung führen können.)

Die Faltung zweier Gaußprofile ist wieder ein Gaußprofil, was die Betrachtung sehr vereinfacht. Ein besonders übersichtlicher Spezialfall liegt vor, wenn beide Fasern genau gleiche Intensitätsverteilung haben, weil es sich um zwei Abschnitte derselben Faser handelt. Dann hat die Faltung gerade den $\sqrt{2}$-fachen Radius des Intensitätsprofils jeder Faser einzeln (siehe Anhang F), und man erhält w_0 gerade durch Ablesung des Radius, bei dem die *Intensität* auf $1/e$ abfällt.

Der longitudinale Abstand der Fasern darf nicht so groß sein, dass anstelle des Nahfelds der Teil des aus der Faser austretenden Strahlenbündels gemessen wird, der bereits stark divergent ist. In diesem Fall würde man systematisch zu hohe Werte finden.

7.4.2 Fernfeldverfahren

Ein grundsätzlich anderer Weg besteht darin, das Licht ungehindert aus der Faser austreten und im Raum frei propagieren zu lassen, bis Fernfeldbedingungen erfüllt sind. Das ist der Fall für Entfernungen z, die der Bedingung

$$\frac{z}{\lambda} \gg \left(\frac{w}{\lambda}\right)^2$$

gehorchen, wobei w der – eigentlich erst gesuchte – Modenfeldradius ist. Nach einer Entfernung von wenigen Millimetern ist man bereits auf der sicheren Seite; in der Praxis wählt man eher etliche Zentimeter. In dieser Entfernung kann man das entstehende Fernfeldmuster z. B. auf einem Schirm beobachten. Es würde bei weiterer Vergrößerung des Schirmabstands seine Form nicht mehr ändern, sondern nur noch linear im Durchmesser anwachsen. Der Öffnungswinkel wird angegeben als der halbe Öffnungswinkel des austretenden Lichtkegels bei einer Intensität von $1/e^2 = -8{,}69\,\mathrm{dB}$.

Anstelle eines Schirms kann man nun eine fotografische Platte oder eine CCD-Kamera einsetzen. Häufiger benutzt man, wie in Abb. 7.13 gezeigt, einen auf Kreisbögen um die Faserspitze bewegten Detektor, um die Intensitätsverteilung im Fernfeld zu registrieren. Da bei großen Ablenkwinkeln nur noch wenig Intensität auftritt, ist auf gute Streulichtabschirmung zu achten.

Macht man wieder die Gaußnäherung des Modenprofils wie im vorigen Abschnitt, so erhält man w_0 aus der Bedingung

$$w_0 = \frac{\lambda}{\pi\theta} \quad . \tag{7.3}$$

Eigentlich muss man aber keine Näherungen machen, denn die gesamte Information über die Feldverteilung im Nahfeld ist in der Feldverteilung des Fernfelds vorhanden, weil die Gesetze der Propagation im Raum eindeutig und bekannt sind. Könnte man also die Feldverteilung im Fernfeld vollständig messen, ließe sich durch Rücktransformation auch das Nahfeld vollständig angeben. Die Transformation ist in diesem Fall

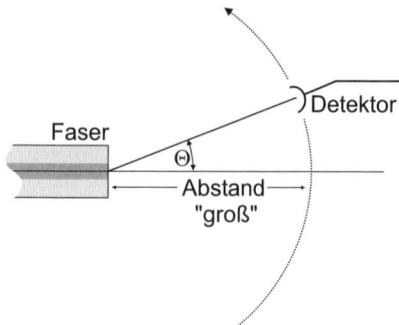

Abb. 7.13 Aufbau einer Fernfeldmessung: In ausreichender Entfernung von der Faser wird ein Detektor auf einem Kreisbogen (oder Kugelsegment) um die Faserspitze geführt und die Intensität als Funktion der Position registriert.

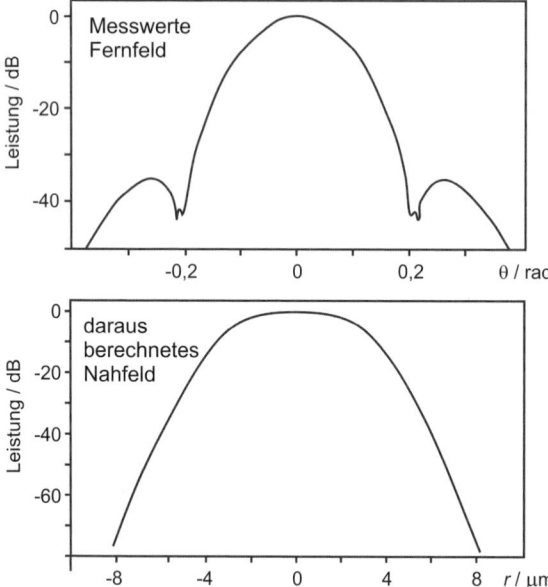

Abb. 7.14 Bestimmung des Modenprofils aus dem Fernfeld. Obere Kurve: Die Messung der Intensität im Fernfeld als Funktion des Winkels zeigt bei großen Winkeln deutliche Abweichungen von der Form einer Gaußfunktion. Als Ergebnis einer Hankel-Transformation erhält man das Nahfeld, also das eigentliche Modenprofil (untere Kurve).

eine Hankeltransformation, das ist eine Fouriertransformation in Zylinderkoordinaten, die mit Besselfunktionen statt Sinus und Cosinus arbeitet.

Leider misst man nicht die Feldverteilung, sondern die Intensitätsverteilung. Zwar kann man aus allen gemessenen Intensitätswerten die Wurzel ziehen; es kann aber durchaus vorkommen, dass die Feldverteilung durch null geht. An solchen Stellen muss man dann von Hand das geeignete Vorzeichen einfügen. Das ist deswegen oft nicht unproblematisch, weil manchmal ein Minimum nicht von einer nicht aufgelösten Nullstelle unterschieden werden kann.

Außerdem misst man auch nicht die vollständige Verteilung, da man schwerlich den gesamten Halbraum vor der Faser lückenlos abdeckt. Bei einer kreissymmetrischen Faser würde die Messung auf einem Durchmesser der Verteilung bzw. auf einem Großkreis der um die Faserspitze gedachten Kugel ausreichen. Es stellt sich aber heraus, dass mit größer werdendem Winkel zur optischen Achse die Intensität sehr schnell zurückgeht. Regelmäßig tritt also die Schwierigkeit auf, dass ein sehr großer Dynamikbereich bei bester Linearität verarbeitet werden muss. Daher scheiden Fotoplatten für genaue Messungen völlig aus und auch CCD-Kameras sind in der Regel nicht gut genug. Begrenzt wird der nutzbare Dynamikbereich bei Verwendung eines guten Fotodetektors (und evtl. einer Lock-In-Technik zum Nachweis) durch Streulicht, welches seinen Weg zum Detektor findet. Bei angemessener Sorgfalt sind 60 dB Dynamik zu erzielen; damit kann bei Winkeln von mehr als etwa 30° zur Achse nichts Sinnvolles mehr gemessen werden.

Bei bestimmten Winkeln treten oft „Kerben" im Fernfeldprofil auf, die von Nulldurchgängen der Feldverteilung herrühren. Bei Stufenindexprofilfasern liegt die erste Kerbe gerne bei 0,2 rad und wird erst bei einem Dynamikumfang von besser als 50 dB sichtbar. Dies ist eine der Stellen, an denen wie eben erwähnt, bei der Bildung der Feldstärke das Vorzeichen umgedreht werden muss.

Sorgfältiges Vorgehen ist dabei kritisch, da die Information bei großen Winkeln bei der Rücktransformation großen Einfluss auf das Ergebnis hat. Entsprechend der Abbe'schen Beugungstheorie tragen gerade diese Informationen zur „Schärfe" der Nahfeldrekonstruktion entscheidend bei.

7.5 Grenzwellenlänge

Wenn man den Modenfeldradius nach den Verfahren im vorigen Abschnitt bestimmt und dies noch als Funktion der Wellenlänge wiederholt, so erwartet man einen Verlauf wie in Abb. 7.15 dargestellt.

Der Sprung ergibt sich aus der Tatsache, dass höhere Moden eine größere Feldausdehnung aufweisen. Allerdings gelten die Einschränkungen, die im Abschnitt über Bie-

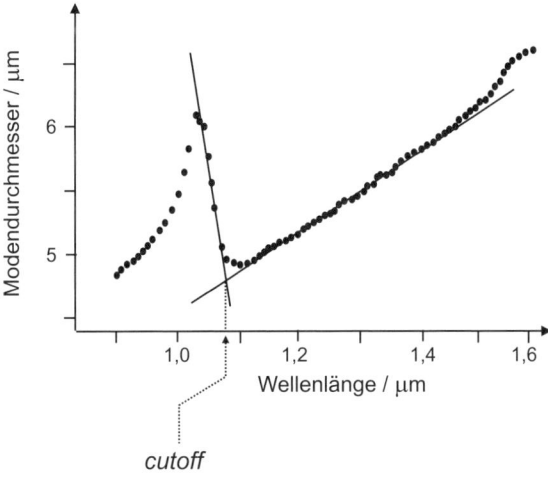

Abb. 7.15 Der Modenfelddurchmesser zeigt beim *cutoff* einen charakteristischen Sprung, anhand dessen man die *cutoff*-Wellenlänge ablesen kann [21].

geverluste gemacht wurden: der theoretisch zu erwartende Wert der *cutoff*-Wellenlänge

$$\lambda_{\text{cutoff}} = 2\pi a \text{NA}/2{,}405 \tag{7.4}$$

wird nur bei gerade gestreckten, unendlich langen Fasern auftreten. Eine realistischere Definition legt den *cutoff* auf die Wellenlänge, bei der die Dämpfung der LP_{11}-Mode um 20 dB höher ist als die der Grundmode. Genau genommen müsste man aber dazu die Moden einzeln anmessen.

Für praktische Messungen ist es nützlich, die Sache noch etwas weiter zu durchdenken. Für kürzere Fasern tritt die höhere Mode bereits bei etwas längeren Wellenlängen auf, bei denen sie zwar eigentlich schon „verboten", ihre Dämpfung aber noch nicht unendlich groß ist. Andererseits verschieben Biegungen der Faser den effektiven *cutoff* wieder ins Kürzerwellige. Durch geeignete Wahl von Faserlänge und -krümmung kann man sich also den idealisierten Verhältnissen annähern. Normgemäß erfolgt die Messung an einem Faserstück von 2 m Länge, welches zu einer Schleife von 28 cm Durchmesser gebogen ist. Dann ergibt sich der *cutoff* aus dem Schnittpunkt der Asymptoten in der Grafik.

Etwas weniger aufwendig ist das alternative Verfahren, in dem die transmittierte Leistung einer Faser als Funktion der Wellenlänge gemessen wird. Wiederholt man die Messung mit verschiedenen Biegeradien der Faser, so ändert sich hauptsächlich der Verlust der höheren Mode (vgl. Abb. 5.3). Aus dem Verhältnis der spektralen Transmission mit und ohne Biegungen lässt sich der *cutoff* gut ablesen. Normgerecht liest man diejenige Wellenlänge ab, bei der die Transmission um 0,1 dB von dem Wert des Plateaus oberhalb des *cutoff* abweicht.

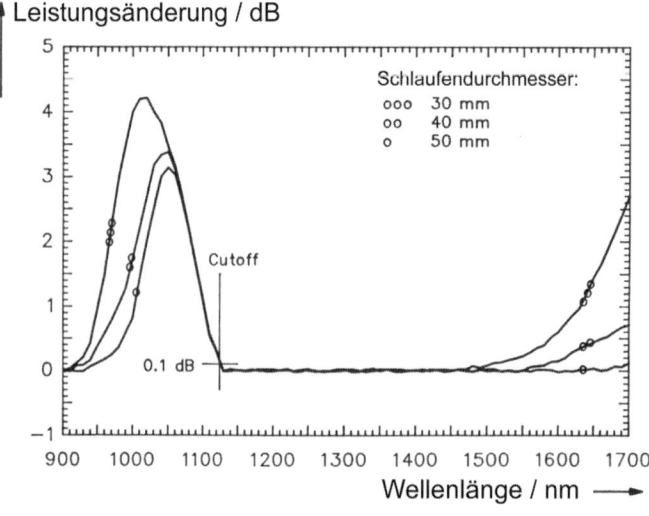

Abb. 7.16 Auch die Biegedämpfung zeigt beim *cutoff* einen charakteristischen Sprung, da höhere Moden viel stärker durch Biegung beeinflusst werden. anhand dessen man die *cutoff*-Wellenlänge ablesen kann. Hier wurde der Zusatzverlust durch eine enge Faserschlaufe ausgewertet. Aus [53] mit freundlicher Genehmigung.

Bei diesem wie dem vorigen Verfahren tritt gelegentlich eine besondere Komplikation auf. Der Übergang am Knick in der Grafik erfolgt nicht so deutlich wie gezeigt, sondern ausgerechnet in dem Knick treten Welligkeiten auf, die ein eindeutiges Ablesen der Grenzwellenlänge vereiteln. Die Ursache sind so genannte *whispering galley modes* (Flüstergaleriemoden). Das sind Moden, die bei einer gekrümmten Faser im Mantel propagationsfähig sind. Abhilfe kann dadurch erreicht werden, dass die Grenzfläche des Mantels nach außen aufgehoben wird, indem man die von ihrer Plastikumhüllung befreite Faser in ein Bad aus Indexanpassungsöl legt. Ist der Index des Öls präzise angepasst, verlässt alles Mantellicht die Faser schon nach kurzer Strecke, und das Problem ist behoben [134].

7.6 Messtechnik mit „OTDR"

Die Fasertechnologie hat ein spezielles Werkzeug hervorgebracht, mit dem sich eine Vielzahl von Eigenschaften von Fasern, auch solchen, die bereits installiert sind, auf einfache Weise messen lassen. Dieses Verfahren heißt OTDR (*optical time domain reflectometry*), also „Messverfahren optischer Reflektionen im Zeitbereich". Es entspricht der allgemein bekannten Radartechnik: ein Signal wird in die zu untersuchende Faser abgeschickt und zurückkommende Reflektionen werden ausgewertet. Als Lichtquelle dient eine im Impulsbetrieb laufende Laserdiode; eine Photodiode fängt das rückgestreute Licht auf.

Die Laufzeit bis zum Eintreffen eines Echos ist gegeben durch

$$\tau_{\text{echo}} = 2nL \quad , \tag{7.5}$$

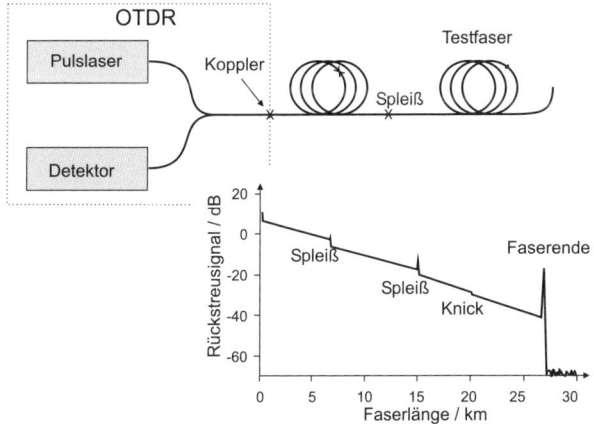

Abb. 7.17 Zur *Optical Time Domain Reflectometry* (OTDR): Oben: Prinzipaufbau. Ein Lichtpuls wird in die zu messende Faser geschickt; das reflektierte Licht wird als Funktion der Zeit registriert. Die Zeit wird in den Ort entlang der Faser umgerechnet. Unten: Ein Messergebnis (schematisch), an dem verschiedene Störungen der Faser abgelesen werden können.

worin n den effektiv für die Mode wirksamen Gruppenindex und L die Länge bedeuten. Die Stärke des Echos gibt Aufschluss über die Art der Störung, die die Rückstreuung verursacht hat: Rayleighstreuung gibt einen kontinuierlichen, mit wachsender Länge sanft abfallenden Verlauf der Echostärke (wegen Hin- und Rücklauf des Lichts ist immer ein Faktor 2 zu beachten), während lokalisierte Störungen wie etwa Faserbruch zu scharfen Signalen führen.

Da immer etwas Licht von der Sendediode auch auf sehr kurzem Weg auf die Empfängerdiode gelangt, ist diese häufig für kurze Zeit übersteuert; dadurch ergibt sich im Nahbereich eine Totzone. OTDR-Geräte werden von mehreren Herstellern kommerziell angeboten und erlauben je nach Ausführung Messungen über Strecken, die bis zu vielen km reichen können. Bei einigen Konstruktionen ist die Totzone fast völlig eliminiert, sodass auch im Nahbereich von Millimetern gemessen werden kann. Mit speziellen Ausführungen sind Messungen im Mikrometerbereich möglich.

OTDRs erlauben also eine Analyse von Faserstrecken und ihren Eigenschaften:

- Faserdämpfung und Dämpfungsverlauf
- Dämpfung an Verbindungsstellen wie Steck- oder Spleißverbindungen
- Dämpfung an anderen lokalisierten Verlusten, etwa durch Beschädigung oder scharfe Knicke
- Fehlerortlokalisierung
- Faserlängenmessung
- Messung der Endreflektion

Beim gewerblichen Einsatz von Faseranlagen sind OTDR-Geräte trotz ihres hohen Preises daher nicht wegzudenken. Inzwischen versuchen einige Anbieter, etwas gegen die hohen Preise zu tun, indem Steckkarten für PCs mit der Hardware von OTDR-Aufbauten angeboten werden; die Rechenleistung des PCs wird für die Signalanalyse eingespannt.

8 Bauelemente der Fasertechnologie

Das beste Auto würde nichts nützen, wenn es weder Benzin noch Straßen gäbe. Jede Technologie beruht auf einem Zusammenspiel verschiedener Komponenten. Daher ist auch eine Glasfasern nichts ohne zusätzliche Bauelemente und flankierende Technologien. In diesem Kapitel stellen wir diese „Peripherie" vor.

8.1 Kabelaufbau

Seit 1980 sind Glasfaserkabel im Einsatz für Telefonleitungen. Zunächst benutzte man Multimodefasern mit 60 bis 144 Adern. Bei der Arbeitswellenlänge von 825 nm betrug die Dämpfung $3\ldots3{,}5$ db/km; daher war alle 6 km ein Zwischenverstärker (*repeater*) erforderlich. Die Übertragungsrate betrug 45 Mb/s[1]. Ein Jahr später begann der Einsatz von Fasern im zweiten Fenster bei 1300 nm. Diese Kabel enthielten zunächst nur halb so viele Adern. Wegen der geringeren Verluste um 1 dB/km genügten Verstärkerabstände von 18 km. Die Übertragungsrate betrug 90 Mb/s. Sie wurden in vorhandenen Kabelschächten verlegt.

Nach 1983 wurden Einmodenfasern eingesetzt. Nur innerhalb von Gebäuden, für *local area networks* (LANs) zur Vernetzung von Computern, werden noch in großem Stil Vielmodenfasern eingesetzt; für längere Strecken hat Einmodenfaser sich völlig durchgesetzt. Diese erste Einmodengeneration arbeitete bei 1310 nm, hatte Verluste um 0,5 dB/km, kam daher mit Verstärkerabständen von 30 km aus und war in der Lage, 400 bis 600 Mb/s zu übertragen.

Langstreckenkabel enthalten weiterhin mehrere Adern, allerdings lag die Zahl meist bei 20 bis 30. Diese Kabel werden auch nicht mehr in normalen Kabelschächten verlegt, da dort Gefahren u. a. durch Blitzschlag und durch Nagetiere drohen.

Auf dem amerikanischen Markt für Telekommunikation, dem größten der Welt, trat 1983 eine bedeutende Änderung ein. Die bis dahin absolut marktbeherrschende Firma AT&T wurde durch Gerichtsbeschluss gezwungen, andere Netzwerkbetreiber zuzulassen (die so genannte *divestiture*). Da zunächst gar nicht so viele Kabel da waren, wie es nun auf einen Schlag an Betreiberfirmen gab, kam es zu der kuriosen Situation, dass teilweise die gleiche Ader des gleichen Kabels für verschiedene, miteinander bitter konkurrierende Firmen genutzt wurde. Es kam alsbald zur Verlegung von Kabeln mit nunmehr 96 Adern. Heute sind Dämpfungen bei 0,4 dB/km,

---

[1] Datenraten werden gemessen in bit pro Sekunde. Mb/s steht für Megabit pro Sekunde.

40 km Verstärkerfeldlängen und Übertragungsraten von 2 Gb/s üblich. Das entspricht immerhin 1 500 000 Telefonleitungen.

Bei der Herstellung eines Kabels aus Fasern sind mehrere Gesichtspunkte zu beachten. Die Fasern müssen von Umwelteinwirkungen geschützt sein und dürfen trotz Biegungen des Kabels keinen Zugbelastungen ausgesetzt werden, da diese die Lebensdauer beeinträchtigen. Auch müssen Mikrokrümmungsverluste vermieden werden. Verschiedene Geometrien werden eingesetzt; Abb. 8.1 zeigt Beispiele. Stets ist ein Element vorhanden, welches mechanische Zugspannungen aufnehmen kann (*strength member*), und welches aus Fiberglas, Kevlar oder einem Stahlseil bestehen kann. Die Fasern liegen meistens je einzeln in Röhrchen, die der Faser seitlich etwas Platz lassen; dadurch kann man die Fasern lose und mit etwas Überlänge einbringen, sodass bei Dehnungen des Kabels die Faser zunächst überhaupt nicht belastet wird. Die Röhrchen sind mit einem Gel gefüllt, welches sowohl das Eindringen von Wasser behindert als auch Vibrationen und Bewegungen der Faser in diesem Hohlraum reduziert. Manchmal liegt eine Gruppe (ein Bündel) von Fasern gemeinsam in einem etwas größeren Rohr, welches wiederum mit einer gelartigen Massen gefüllt ist. Bei „ribbon"-Konstruktionen sind mehrere Fasern fest zu einer flachen Struktur entsprechend einem Flachbandkabel zusammengefügt; diese Maßnahme dient der effizienten Herstellung von Verbindungen an den Kabelenden. Mit speziellen Geräten können alle Fasern eines Bandes in einem Arbeitsgang an ein anderes entsprechendes Kabel angespleißt werden, während sonst jede Ader einzeln bearbeitet werden muss.

Die Verlegung der Kabel kann auf verschiedene Weise erfolgen. Für längere Strecken werden sie eingegraben. In Städten werden sie in bestimmten Kabelschächten geführt. Zumindest in den USA ist es üblich, in Vorstädten und Wohngebieten die einfache Methode der Aufhängung an Leitungsmasten zu wählen, weil das besonders billig ist. Allerdings ist es auch besonders störanfällig. Die häufigsten Gefahrenquellen

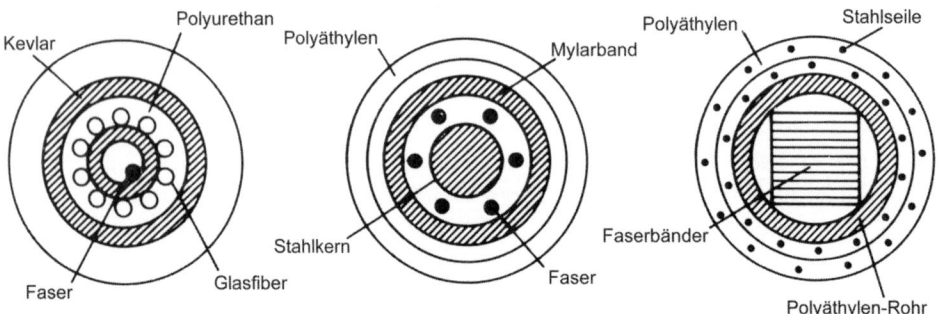

Abb. 8.1 Schematischer Querschnitt verschiedener Kabeltypen. Links: Eine Einzelfaser liegt lose in einer Struktur, die durch Fiberglas und Kevlar stabilisiert wird. Mitte: Mehrere Fasern liegen um einen Stahldraht als stabilisierendem Kern. Rechts: Mehrere Fasern sind zu Bändern (engl. *ribbon*) zusammengefasst wie bei einem Flachbandkabel. Im hier gezeigten Kabel liegen mehrere Bänder; die Stabilisierung wird durch Stahldrähte erreicht. Aus [10] mit freundlicher Genehmigung (John Wiley & Sons, Inc.).

sind durch Menschen (Ausgraben, Vandalismus) und natürliche Ursachen wie Blitz und Nagetiere gegeben. Nagetiere stellen bis zu 2 m Tiefe ein Risiko dar. In den USA spielt Beschädigung durch Feuerwaffen (Einschüsse) eine Rolle. Im Einsatz werden die Fasern zum Teil extremen Temperaturen ausgesetzt. Bei Freiluftverlegung gilt für den größten Teil der USA ein Temperaturbereich von −25 °C bis +65 °C; in einigen Gegenden geht man aber von −40 °C bis +75 °C aus. Bei Verlegung im Untergrund ist der Bereich auf 0 °C bis 30 °C eingegrenzt. Seekabel sind wenigstens in dieser Hinsicht sehr unkritisch; auf dem Meeresboden ist die Temperatur sehr konstant bei etwa 10 °C.

8.2 Präparation von Faserenden

Bevor man Fasern zu irgendetwas einsetzen kann, muss man die Faserenden (Schnittflächen) präparieren. Man verlangt, dass beim Brechen oder Schneiden der Faser eine völlig glatte Bruchfläche entsteht. Das ist nicht mit der Schere zu erzielen. Das simpelste Verfahren beruht auf dem Anritzen der Faser mit einem Diamanten, einer Schneide aus Wolframkarbid oder einem anderen extrem harten Material, in Verbindung mit mechanischem Zug. Mit einiger Übung lässt sich so aus freier Hand eine vernünftige Schnittfläche mit für Laborbetrieb passabler Zuverlässigkeit herstellen; allerdings empfiehlt sich grundsätzlich eine Kontrolle mit einem Mikroskop.

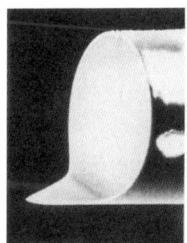

Abb. 8.2 Faserenden. Links: Hier ist eine „Lippe" stehen geblieben. Mitte: Es ist eine unregelmäßige Bruchfläche (engl. *hackle zone*) entstanden. Beides sind Anzeichen eines schlechten Schnitts. Rechts: Eine gut präparierte Endfläche ist spiegelglatt. Aus [80]. Die Wiedergabe erfolgt mit Genehmigung von Lucent Technologies Inc./Bell Labs.

Mit speziellen Werkzeugen geht es besser, wobei die Preisskala durchaus bis über 5000 € hinaufgeht. Dafür bekommt man dann ein ausgeklügeltes Gerät, bei dem die Faser einer genau definierten Zugspannung ausgesetzt wird und dann von einer mit Ultraschall vibrierenden Klinge angeritzt wird. Das Ergebnis sind glatte Schnittflächen, die mit sehr enger Toleranz senkrecht zur Faserachse verlaufen.

Beim Einbau von Fasern in Steckverbinder ist es wichtig, dass die Faserstirnfläche genau mit der Steckervorderseite fluchtet. Steht sie über, wird sie alsbald beschädigt. Liegt sie vertieft, gibt es keinen guten Kontakt zu der anderen Faser. Mit der eben beschriebenen Technik ist das nicht zu erreichen; deswegen poliert man hier die

Faser nach dem Einkleben in den Stecker auf speziellen Schleifscheiben mit sehr fein gekörntem Schleifpulver auf Pass. Es ist allerdings nur durch genaue Kenntnis des Prozesses zu vermeiden, dass eine dünne Schicht des Glases in der der Schleifbewegung ausgesetzten Oberfläche so in der Struktur verändert wird, dass lokal eine deutliche Erhöhung der Brechzahl resultiert (z. B. auf $n = 1,6$) [61]. In solchen Fällen ist mit zusätzlichen Verlusten zu rechnen. Durch gezielte Abstufung von erst gröberer, dann feinerer Politur kann die Rautiefe wirkungsvoll minimiert werden. Es werden kommerziell spezielle Poliermaschinen angeboten, die mehrere Stecker auf einmal bearbeiten können.

8.3 Verbindungen

Verbindungen zwischen zwei Fasern können grundsätzlich in zwei Arten vorliegen: lösbare und nichtlösbare Verbindungen.

8.3.1 Lösbare Verbindungen

Es gibt Hilfseinrichtungen, die im Wesentlichen aus einer mit mikroskopischer Genauigkeit gefertigten V-förmigen Nut bestehen, in die man zwei Fasern einlegen kann, sodass sie automatisch mit einiger Genauigkeit aufeinander zentriert sind. Bringt man beide Fasern mit ruhiger Hand ganz dicht aneinander und spendiert noch einen Tropfen Indexanpassungsflüssigkeit zur Vermeidung von Fresnelreflektionen, so erhält man eine provisorische Verbindung („Fingerspleiß"), die für manche Laborzwecke nützlich ist. Es ist allerdings mit einer Durchgangsdämpfung in der Größenordnung des besseren Teils eines dB zu rechnen.

Beim technischen Einsatz ist kein Platz für solche Basteleien. Es gibt allerlei Steckverbinder, die eine fast ebenso problemlose Verbindungstechnik ermöglichen, wie man das aus der Elektronik gewöhnt ist. Das technische Problem, welches zunächst zu lösen war, bestand in der Einhaltung der erforderlichen Präzision insbesondere bei der Verbindung zwischen Einmodenfasern mit ihren extrem kleinen Modenfeldradien.

Inzwischen kann man für ca. 15 € solche Stecker von mehreren Herstellern kaufen. Eine ganze Reihe verschiedener Steckersysteme ist in Benutzung. Auch hier treten natürlich Koppelverluste auf; diese resultieren aus folgenden Ursachen:

[i]   Ungleichheit der Eigenschaften der beiden Fasern, insbesondere verschiedene Modenradien,
[ii] longitudinaler Abstand der Faserenden,
[iii] transversaler Versatz der Fasern,
[iv] Winkelversatz der Fasern,
[v]   Oberflächenreflektionen.

Abb. 8.3 Typische Farbsteck-
verbinder. Im Zentrum der Fer-
rule ist die Faser je nach Be-
leuchtungsverhältnissen als kleiner heller oder dunkler Punkt zu
erkennen.

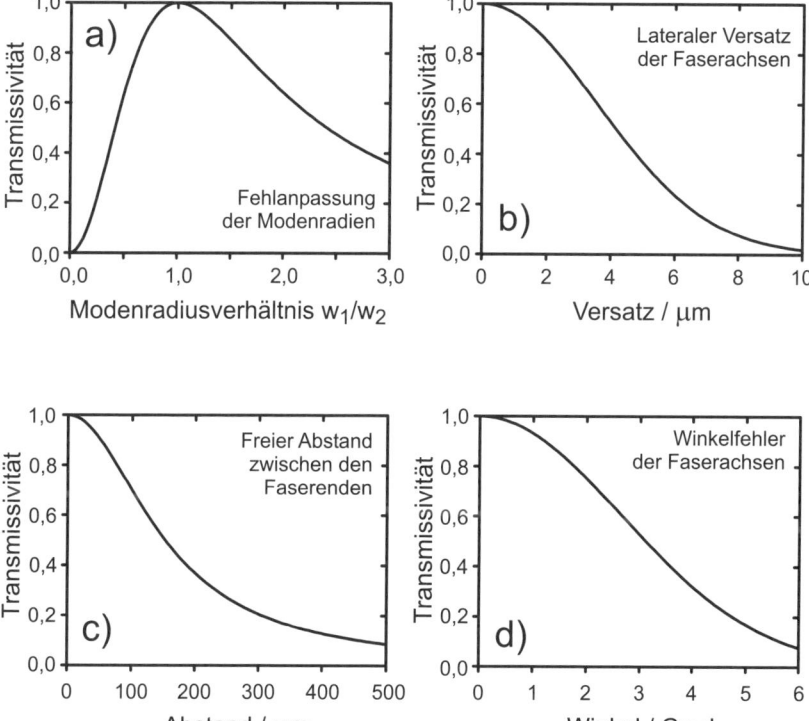

Abb. 8.4 Theoretische Koppelverluste zwischen zwei Fasern. Dargestellt ist der nach [74]
erwartete Wert der Transmissivität (ohne Fresnelverluste) durch (a) ungleiche Modenradien, (b) seitlichen Versatz, (c) Abstand und (d) Winkelfehler. Dabei sind ein Modenradius
$a = 5\,\mu\text{m}$, ein Brechungsindex $n_M = 1{,}46$ und die Wellenlänge $\lambda = 1{,}5\,\mu\text{m}$ zugrunde gelegt.

Die Verluste durch diese einzelnen Einflüsse werden in [74] untersucht; die Abb. 8.4 zeigt das Ergebnis. Wie man sieht, sind recht enge Toleranzen bei der Positionierung der beiden Fasern zueinander einzuhalten.

Der Verlust aus [i] ist prinzipbedingt, während der aus [ii]–[iv] sich auf unvollkommen ausgeführte Verbindungen bezieht. Bei stoffschlüssiger Verbindung würde der Verlust aus [v] verschwinden, aber physikalischer Kontakt ist wegen der Gefahr des Verschrammens problematisch. Daher ist ein Fresnelverlust normalerweise zu berücksichtigen. Bei kohärentem Licht kann er mehr als das Doppelte des Verlusts einer Glas-Luft-Grenzschicht betragen, da sich effektiv ein Fabry-Perot-Interferometer ausbildet (siehe Abb. 8.5).

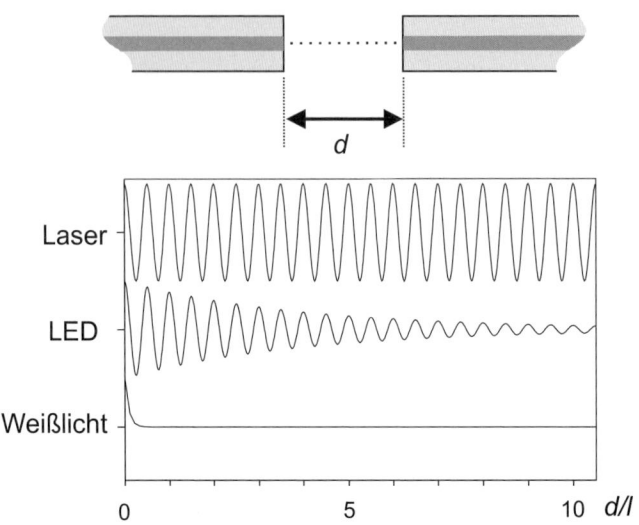

Abb. 8.5 Je nach Kohärenzgrad des verwendeten Lichts kommt es zu Fabry-Perot-Resonanzen der Koppeleffizienz, wenn der Abstand der beiden Fasern variiert wird. Laserlicht hat eine Kohärenzlänge, die viel länger ist als alle infrage kommenden Abstände. Bei Lumineszenzdioden (LEDs) beträgt die Kohärenzlänge oft nur einige Wellenlängen; daher klingen die Resonanzen mit wachsendem Abstand schnell ab. Die Kohärenzlänge von Weißlicht, z. B. aus einer Glühlampe, ist weniger als eine Wellenlänge; daher gibt es keine Oszillationen der Koppeleffizienz. Bei stoffschlüssigem Kontakt der Glasflächen verschwindet mit dem Luftspalt auch der Fresnelverlust.

Zu den Verlusten durch Fresnelreflektion noch diese Bemerkung: Der reflektierte Anteil der Leistung R beim senkrechten Übergang von einem Medium mit Index n_1 in ein anderes mit n_2 ist gegeben durch

$$R = \left(\frac{n_1 - n_2}{n_1 + n_2} \right)^2$$

und beträgt für Quarzglas im Sichtbaren und Nahinfraroten ($n \approx 1{,}46$) ca. 19 % der Feldstärke (ohne das Quadrat) oder ca. 3,5 % der Leistung. Werden also, wie im

Fall der Verbindung zweier Fasern, zwei derartige Oberflächen durchlaufen, so könnte man einen Verlust von insgesamt 7 % erwarten. Leider ist die Situation etwas komplizierter.

Da die beiden reflektierenden Flächen nahezu parallel zueinander stehen, bilden sie ein Fabry-Perot-Interferometer. Anders gesagt, Licht kann zwischen den beiden Flächen hin- und herlaufen; je nach Abstand und Wellenlänge ist dabei u. U. eine Resonanzbedingung erfüllt. Im Idealfall geht dadurch der Verlust auf null zurück. Ändert sich der Abstand aber nur um ein Viertel einer Wellenlänge, so beträgt er sogar 14 %, also das Doppelte des oben genannten Wertes. Erst wenn der Abstand der Flächen größer ist als die Kohärenzlänge des Lichts, waschen sich die Phasenbeziehungen aus, und es resultiert der Mittelwert, der mit dem naiv erwarteten Wert übereinstimmt. Bei Laserdioden ist also dieser Effekt wegen der großen Kohärenzlänge viel ausgeprägter als bei inkohärenten Lichtquellen, wie zum Beispiel LEDs.

Sollen zwei polarisationserhaltende Fasern verbunden werden, müssen zusätzlich die Achsen der Doppelbrechung zueinander korrekt justiert werden (vgl. Kap. 4.6.2). Es gibt spezielle Steckverbinder, die es durch eine Art Verdrehschutz gestatten, eine bestimmte Orientierung zu reproduzieren.

8.3.2 Feste Verbindungen

Feste Verbindungen werden auch als Spleiß bezeichnet; der Begriff ist aus der Seemannssprache entlehnt, wo er das Zusammenflechten zweier Taue zu einem längeren Stück bezeichnet. Spleiße werden entweder geklebt oder geschmolzen. Kleben ist preiswerter, Schmelzen aber haltbarer und von besser kontrollierter Durchgangsdämpfung. Zum Kleben werden beide Fasern in eine eng tolerierte Führungshülse eingeführt, die bereits eine gewisse Zentrierung bewirkt. Nun kann man versuchen, durch Bewegen der Fasern eine Position zu finden, in der die Durchgangsverluste minimal sind. Die Hülse ist mit einem transparenten flüssigen Kunststoff befüllt, der unter ultravioletter Bestrahlung aushärtet. Sobald also die richtige Faserposition erzielt ist, schaltet man eine UV-Lampe an und hält still. Dämpfungswerte von 0,3 dB sind mit Übung durchaus zu erzielen und Glückstreffer ermöglichen auch bessere Werte.

Das professionelle Verfahren arbeitet mit Verschmelzung der Fasern. Als Heizquelle kommen verschiedene Dinge in Betracht und wurden realisiert, einschließlich Mikroflammen, die mit Gas gespeist werden. Elektrische Entladungen haben sich allerdings weitgehend durchgesetzt, da sie sich besonders gut durch Rechner steuern und dosieren lassen.

Abb. 8.6 zeigt schematisch den Ablauf des Spleißvorgangs. Beide Fasern werden vorjustiert und dicht aneinander gefahren. Dann erfolgt zunächst das Vorschmelzen mit einer ganz schwachen Entladung, die die Faserenden noch nicht aufschmilzt. Es dient dazu, zunächst mögliche Verunreinigung von den Faserenden zu entfernen. Bei diesem Vorgang wird der Faserabstand oft kurzzeitig noch einmal erhöht. Dann erfolgt der eigentliche Schmelzvorgang, bei dem der genaue zeitliche Verlauf der Stromstärke

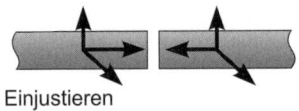

Einjustieren

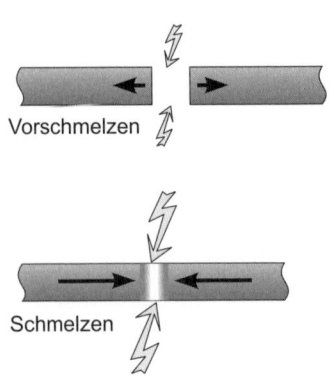

Vorschmelzen

Schmelzen

Fertiger Spleiß

Abb. 8.6 Schematische Darstellung des Spleißvorgangs: Die Fasern werden zueinander in drei Achsen positioniert, durch Vorschmelzen gereinigt und schließlich ineinander geschmolzen. Ein guter Spleiß ist praktisch nicht zu erkennen.

als Funktion der Zeit heute von Mikroprozessoren gesteuert und teilweise mit Regelkreisen kontrolliert wird, um ein optimales Ergebnis zu erzielen. Zugleich werden die Fasern durch einen definierten Vorschub etwas ineinander gefahren.

Die Verluste einer Spleißverbindung lassen sich analog denen einer Steckverbindung diskutieren [74] (vgl. Abb. 8.4); allerdings entfällt der Luftspalt. Ein transversaler Versatz ist heute ebenfalls höchstens in geringem Umfang zu befürchten: Beim Spleißen zwischen Fasern mit gleichem Außendurchmesser bringen Oberflächenspannungseffekte nach dem Aufschmelzen die Fasern in diejenige Position, bei der ihre Außenflächen möglichst gut fluchten. Solange die Fasern den Kern präzise in der Mitte zentriert haben, entfällt der transversale Versatz. Diese Forderung wird von heutigen Fasern mit hoher Genauigkeit eingehalten.

Bei gleichen Modenfelddurchmessern, wenn also gleichartige Einmodenfasern verbunden werden, erreicht man praktisch Werte der Dämpfung um 0,1 dB und bei den besten Geräten sogar noch deutlich darunter. Sobald allerdings zwei verschiedene Fasern verbunden werden, tritt ein zusätzlicher Verlust durch die Fehlanpassung auf. Werden Mehrmodenfasern miteinander durch Spleiß verbunden, ist die Situation komplizierter, da an den Spleißstellen die Energieverteilung auf die Moden sich ändert; siehe hierzu [77].

8.4 Elemente zur spektralen Beeinflussung

8.4.1 Fabry-Perot-Filter

Selektive Filter lassen sich ebenfalls in Fasertechnik herstellen [75]. Die Abbildung
8.7 zeigt eine Fabry-Perot-Konstruktion, die von verspiegelten Faserschnittflächen
Gebrauch macht. Die Abstimmung erfolgt durch geringfügige Abstandsänderung der
spiegelnden Flächen mittels piezokeramischer Translatoren.

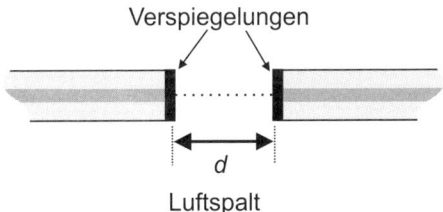

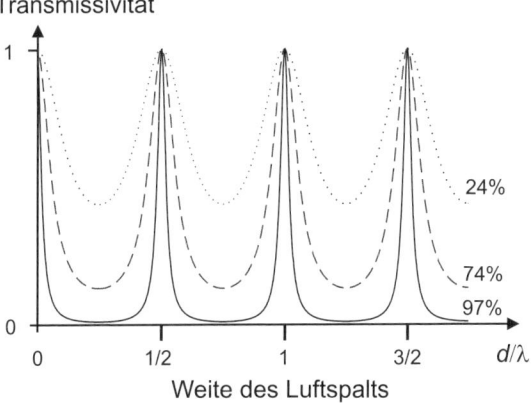

Abb. 8.7 Aus zwei Fasern mit Verspiegelungen des Reflektivitätsgrads R entsteht ein Fabry-
Perot-Interferometer. Seine Transmissivität für kohärentes Licht ist hier für drei Werte von
R gezeigt. Wird die Weite des Luftspalts größer gewählt als wenige Wellenlängen, werden zusätzliche Verluste aufgrund der Aufweitung des Lichtbündels und der beginnenden
Krümmung der Wellenfronten spürbar. Vergleiche auch Abb. 8.5, bei der eine Reflektion von
ca. 4 % zugrunde liegt.

8.4.2 Faser-Bragg-Strukturen

Eine in letzter Zeit verstärkt eingesetzte, ganz andere Bauform von Filtern stellen
die so genannten Faser-Bragg-Gitter dar. Bei ihrer Herstellung geht man davon aus,
dass es im germaniumhaltigen Kern der Fasern zu bleibenden Veränderungen der
Brechzahl durch Einwirkung von ultraviolettem Licht kommen kann. Dieser Effekt

wird gezielt ausgenutzt, indem der Strahl eines Ultraviolett-Lasers geteilt wird; die beiden Teilstrahlen werden dann unter einem gewissen Winkel gekreuzt. In den Kreuzungsbereich bringt man die zu behandelnde Faser. Es bilden sich Interferenzstreifen aus Bäuchen und Knoten des Lichtfeldes, mit einem Abstand, der sich durch den Winkel der Teilstrahlen zueinander in weiten Grenzen beeinflussen lässt. In der Faser entsteht eine periodische Störung des Brechungsindex, die als Bragg-Gitter wirkt. Je nach Länge der bestrahlten Zone (Millimeter bis Zentimeter) lassen sich mehr oder weniger schmalbandige Filter herstellen, deren Reflektivitäten bei der Mittelwellenlänge nahe an 100 % liegen kann. Daher werden derartige Bragg-Filter sogar als selektive Endspiegel in Faserlasern eingesetzt. Durch geschickte Herstellung lassen sich sogar Gitter mit einem räumlichen Verlauf der Gitterkonstante herstellen („gechirpte Bragg-Gitter"), die als Bandfilter Verwendung finden.

8.5 Elemente zur Polarisations-Beeinflussung

8.5.1 Polarisations-Stellglieder

Bekanntlich kann ein gegebener Polarisationszustand in einen gewünschten anderen des gleichen Polarisationsgrades dadurch überführt werden, dass eine geeignete Verzögerungsplatte eingefügt wird. Besonders verbreitet sind Platten mit Verzögerungen von einer halben Wellenlänge ($\lambda/2$-Platten), die beispielsweise die Schwingungsrichtung linear polarisierten Lichtes drehen können, und Viertelwellenplatten ($\lambda/4$-Platten), die aus linear polarisiertem Licht zirkular polarisiertes erzeugen können oder umgekehrt. Eine Faserschlaufe bildet aufgrund der in der Biegung auftretenden Doppelbrechung ein Verzögerungselement. Die Doppelbrechung beträgt [70]

$$\Delta n = b \left(\frac{r}{R}\right)^2 \quad , \tag{8.1}$$

worin $b = 0{,}133$ eine empirische Konstante, r der Faserradius und R der Biegeradius bedeuten. Daraus ergibt sich ein Phasenunterschied für die beiden orthogonalen Polarisationsrichtungen parallel und senkrecht zur Ebene der Schlaufe von

$$\Delta\varphi = \Delta k\, z = \frac{2\pi\Delta n}{\lambda}\, 2\pi RW \tag{8.2}$$

mit W der Anzahl der Windungen. Man kann sich den Polarisationszustand des eintreffenden Licht auf die schnelle Achse (in der Schlaufenebene) und die langsame Achse (parallel zur Schlaufenachse) projiziert denken (siehe Abb. 8.8), um die Änderung des Polarisationszustands zu ermitteln. Durch Drehung der Faserschlaufe um die Faserrichtung ändert man diese Projektion und damit die Polarisationsänderung. Der Effekt entspricht dem der Drehung einer herkömmlichen Wellenplatte im Lichtstrahl um die Strahlachse.

Konkret ergibt sich Folgendes: Fordert man beispielsweise eine Viertelwelle Verzögerung und setzt $W = 1$, so folgt

$$\Delta\varphi = \frac{\pi}{2} \quad \Rightarrow \quad R = \frac{8\pi b r^2}{\lambda} \quad . \tag{8.3}$$

Bei $\lambda = 1{,}5\,\mu\text{m}$ und einer Faser mit $2r = 125\,\mu\text{m}$ genügt demnach eine einzelne Schlaufe mit dem Radius $R = 8{,}7\,\text{mm}$, um eine Viertelwellenplatte zu simulieren. Da bei der Drehung der Schlaufen auch zirkulare Doppelbrechung entsteht, welche der Doppelbrechung durch Biegung entgegenwirkt, sind die Gleichungen (8.2) und (8.3) nur näherungsweise gültig.

Praktisch setzt man eine Anordnung von zwei oder drei Faserschlaufen mit einem Durchmesser im Bereich weniger Zentimeter ein, die beispielsweise aus einer, zwei und wieder einer Windung bestehen (Viertel-, Halb- und Viertelwellenplatte) und die drehbar gelagert sind (Abb. 8.9). Mit einer solchen Anordnung als Polarisations-Stellglied lässt sich mit etwas Probieren jeder Polarisationszustand in jeden anderen überführen [70].

Für eine automatische Polarisationssteuerung ist diese Konstruktion allerdings wenig geeignet, da mechanische Bewegungen auszuführen sind. In solchen Fällen wird

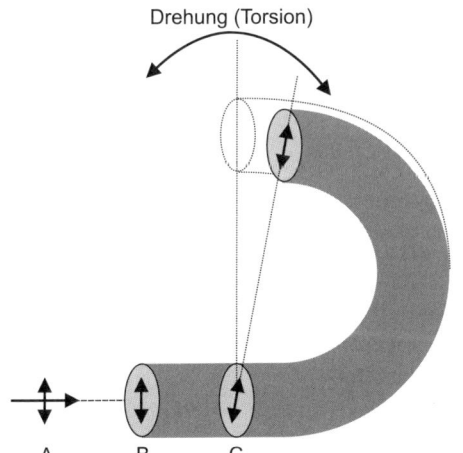

Abb. 8.8 Torsion einer Faser führt dazu, dass die doppelbrechenden Achsen gedreht werden. Ist die eintreffende Lichtwelle z. B. linear polarisiert in der Richtung wie „A", dann schwingt sie in der schnellen Achse der nicht-tordierten Faser („B"), und der Polarisationszustand bleibt erhalten. Wird die Faser aber tordiert, liegt die Polarisation schräg zur resultierenden Achse („C"); im weiteren wird sich der Polarisationszustand entwickeln.

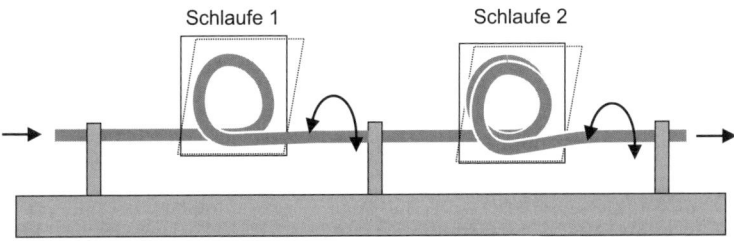

Abb. 8.9 Faserschlaufen zur Polarisationseinstellung. Die einzelnen Schlaufen können als Halb- oder Viertelwellenplatte ausgeführt sein und werden durch Schwenken verstellt.

alternativ das Konzept eingesetzt, dass durch Quetschen der Faser ebenfalls Doppel-brechung entsteht. In der praktischen Ausführung wird die Faser an mehreren Stellen in unterschiedlicher Richtung durch Piezotranslatoren gequetscht [116].

8.5.2 Polarisatoren

Ein Polarisator fügt einem der beiden möglichen orthogonalen Polarisationszustände hohe Verluste zu. In der Optik lange bekannt sind drei Realisierungen:

- Bei schräg im Strahlengang angeordneten Glasplatten werden die beiden Polarisa-tionskomponenten (Polarisation senkrechter und parallel zur Einfallsebene) unter-schiedlich reflektiert und damit in Transmission abgeschwächt. Beim Brewsterwin-kel wird der Effekt maximal.
- In doppelbrechenden Kristallen wie Kalkspat werden die beiden Polarisationskom-ponenten räumlich getrennt.
- Dichroitische Folien bestehen aus Kettenmolekülen, in denen Elektronen in Längs-richtung, aber nicht quer dazu, leicht beweglich sind. Durchstrahlt man eine solche Folie, absorbiert sie den Polarisationsanteil, der parallel zu den Kettenmolekülen polarisiert ist.

Für eine faseroptische Version kann man dichroitisches Material in eine Unterbre-chung der Faser einfügen. Eine Alternative besteht darin, die Faser von der Seite her herunterzupolieren, bis sie einen D-förmigen Querschnitt aufweist und der Kern nahezu an der Oberfläche liegt. Wird dann die polierte Fläche mit Metall beschichtet (z. B. bedampft), so erhält man ebenfalls polarisationsabhängige Verluste.

8.6 Richtungsabhängige Elemente

8.6.1 Isolatoren

Isolatoren sind in der herkömmlichen Optik wohlbekannt. Ihre Funktion besteht darin, Licht in der einen Richtung passieren zu lassen, während es in der entgegengesetzten Richtung blockiert wird. Wegen dieser Ventilwirkung spricht man auch von einer *optischen Diode*.

Optische Dioden beruhen auf dem Faradayeffekt, also der Drehung der Polarisa-tionsebene linear polarisierten Lichtes in einem Material, welches sich in einem lon-gitudinalen Magnetfeld befindet. Der physikalische Mechanismus beruht darauf, dass atomare Energieniveaus im äußeren Magnetfeld in Zeeman-Unterzustände aufspal-ten; dadurch entsteht eine zirkulare Doppelbrechung. Der resultierende Drehwinkel der Polarisationsebene ε ergibt sich bei homogenem Magnetfeld zu

$$\varepsilon = VHL \quad , \tag{8.4}$$

worin H die magnetische Feldstärke und L die Länge der Strecke durch das Material bedeuten. V ist die *Verdetkonstante*[2]. Diese Materialkonstante hat die Einheiten $\text{rad}/(\text{m A}/\text{m}) = \text{rad A}^{-1}$. Da meistens nichtmagnetische Materialien betrachtet werden, wird in Gl. 8.4 statt H oft auch B geschrieben; dann sind die Einheiten $\text{rad}/(\text{T m})$. Die Verdetkonstante hängt von der Wellenlänge ab; nach der klassischen Theorie ist sie gegeben durch

$$V = \frac{e}{2m_e c}\, \lambda\, \frac{dn}{d\lambda} \quad , \tag{8.5}$$

worin e die Elementarladung und m_e die Elektronenmasse bedeuten. Die Tabelle zeigt ein paar typische Werte der Verdetkonstante; für eine Messung über den gesamten sichtbaren Wellenlängenbereich für Quarzglas (Suprasil) siehe [128].

Material	Wellenlänge λ/nm	Verdetkonstante $\lvert V\rvert/\left(\dfrac{\text{rad}}{\text{T m}}\right)$
Wasser	632	3,8
leichtes Flintglas	589	9
schweres Flintglas	589	20
Quarzglas	589	4,8
Quarzglas	632	3,7
TGG	632	134
TGG	1064	40
YIG	1310	2200
YIG	1550	1700

Zum Einsatz in praktischen Komponenten spielt aber das Verhältnis aus Verdetkonstante und Verlust (jeweils bei der Betriebswellenlänge) die entscheidende Rolle. Für das sichtbare Licht eignet sich unter anderem TGG (*terbium gallium garnet* oder Terbium-Gallium-Granat, $\text{Tb}_3\text{Ga}_5\text{O}_{12}$). Im nahen Infrarot ist YIG (*yttrium iron garnet* oder Yttrium-Eisen-Granat, $\text{Y}_3\text{Fe}_5\text{O}_{12}$) ein wichtiges Material. Mit YIG und einem sehr kräftigen Permanentmagneten (z. B. einem Samarium-Kobalt-Magneten) genügen Wechselwirkungslängen im Millimeterbereich, um Drehwinkel von $\varepsilon = 45°$ zu erhalten. Aus Gründen der Langzeitstabilität wählt man die Magnetfeldstärke so hoch, dass das Material in die magnetische Sättigung kommt (Größenordnung $B \approx 1\,\text{T}$, bei YIG $0{,}178\,\text{T}$). Dann wird der Drehwinkel unabhängig von Schwankungen der Magnetfeldstärke.

Setzt man vor und hinter solch ein Faraday-Element je einen Polarisator und stellt sie um $45°$ zueinander gedreht ein, so kann Licht mit im Prinzip verschwindender, in der Praxis sehr geringer Dämpfung durchgehen. Licht in der Gegenrichtung wird am hinteren Polarisator auf die $45°$-Richtung projiziert, im Kristall um weitere $45°$ gedreht und kommt darum am vorderen Polarisator mit einer Drehung von $90°$ an,

---

[2] Marcel Emile Verdet 1824–1866

wird also blockiert. Bei praktischen Ausführungen beträgt die Sperrdämpfung um die 30 dB, während in Vorwärtsrichtung nur eine Einfügedämpfung in der Größenordnung von 1 dB auftritt.

Gelegentlich wurden Fasern direkt in sehr starke Magnetfelder gebracht, um faseroptische Versionen von Isolatoren zu bauen [114]. Allerdings ist die Verdetkonstante von Quarzglas so klein, dass selbst bei supraleitenden Magneten noch viele Meter Faser erforderlich sind, um auf 45° Drehung zu kommen. In praktischen Ausführungen ist daher regelmäßig ein YIG-Kristall enthalten.

Man unterscheidet zwischen polarisierenden und polarisationsunabhängigen Isolatoren. Polarisierende Isolatoren sind aufgebaut wie beschrieben. Polarisationsunabhängige Isolatoren zerlegen in doppelbrechenden Polarisatoren das eintreffende Licht zunächst in zwei Polarisationskomponenten. Die Komponenten durchlaufen dann den Faradayrotator räumlich getrennt und werden jeder für sich gedreht. Beim anschließenden Zusammenfügen beider Komponenten tritt wieder Rückwärtsrichtung gerade Auslöschung auf.

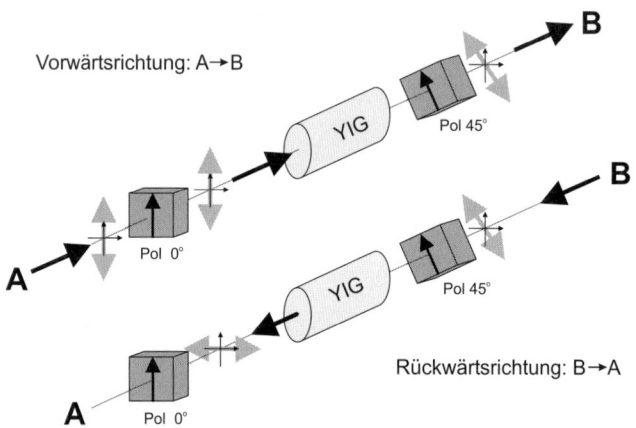

Abb. 8.10 Prinzip eines optischen Isolators aufgrund des Faraday-Effekts: Beim Durchgang durch einen Isolator in Vorwärtsrichtung (A → B) kann Licht, welches anfänglich in 0°-Richtung linear polarisert ist, beide Polarisatoren ungehindert passieren, denn diese sind dafür gerade passend orientiert. Zurücklaufendes Licht (B → A), soweit es den hinteren Polarisator passiert, wird weitergedreht und erreicht den vorderen Polarisator um 90° gedreht, sodass es dort blockiert wird.

8.6.2 Zirkulatoren

Zirkulatoren sind in der Hochfrequenztechnik wohlbekannt und werden neuerdings auch in der Faseroptik realisiert und eingesetzt. Es handelt sich um ein Mehrtor-Bauelement (mindestens 3 „Tore"). Jedes Tor kann als Eingang oder als Ausgang für ein Signal dienen. Das in Tor 1 eingespeiste Signal erscheint als Ausgangssignal von Tor 2, das in Tor 2 eingespeiste Signal erscheint als Ausgangssignal an Tor 3 und so weiter – im Idealfall zyklisch.

Ein optischer Zirkulator wird realisiert, indem bei einem Isolator der vordere Polarisator als Polarisationsstrahlteiler ausgeführt wird. Der rücklaufende Strahl wird an diesem Strahlteiler ausgekoppelt und nun aber nicht etwa vernichtet, sondern in eine weitere nach außen führende Faser eingespeist. Damit ist ein Dreitor-Zirkulator mit den symbolischen Funktionen A → B und B → C realisiert. Ein typisches Einsatzbeispiel ist die Kombination mit einem Faser-Bragg-Gitter. Faser-Bragg-Gitter sind an sich prinzipbedingt Bandsperren; in der Kombination mit einem Zirkulator wird daraus ein Bandpass. Die Tore A und C werden dazu in den Signalweg eingefügt; das Gitter kommt an Tor B.

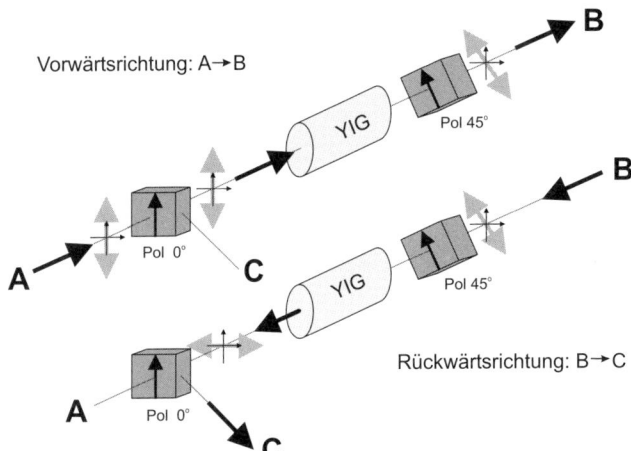

Abb. 8.11 Ein optischer Zirkulator transportiert Signale in den Richtungen A → B und B → C.

8.7 Elemente zur Kopplung zwischen Fasern

Man kann kein System von faseroptischen Nachrichtenverbindungen aufbauen, ohne Komponenten für vielfältige Verbindungen zwischen mehreren Fasern zu haben. Häufig soll ein Signal auf zwei Fasern aufgespalten werden oder zwei Signale sollen in einer Faser zusammengeführt werden. Auch die Kopplung größerer Zahlen von Fasern ist erforderlich.

8.7.1 Richtkoppler

Die einfachste Art der Kopplung ist in der Abb. 8.12 gezeigt. Ein solcher Koppler aus diskreten optischen Elementen (*bulk optics*) ist möglich, aber weder besonders praktisch, besonders preiswert oder besonders verlustarm.

Glücklicherweise kann man nahezu dieselbe Wirkung unter Verwendung von nichts als Fasern selbst erreichen. Dazu werden zwei Fasern über ein Stück ihrer Länge im Zentimeter-Bereich zusammengeschmolzen, sodass die Mode jeder Faser, die ja in den

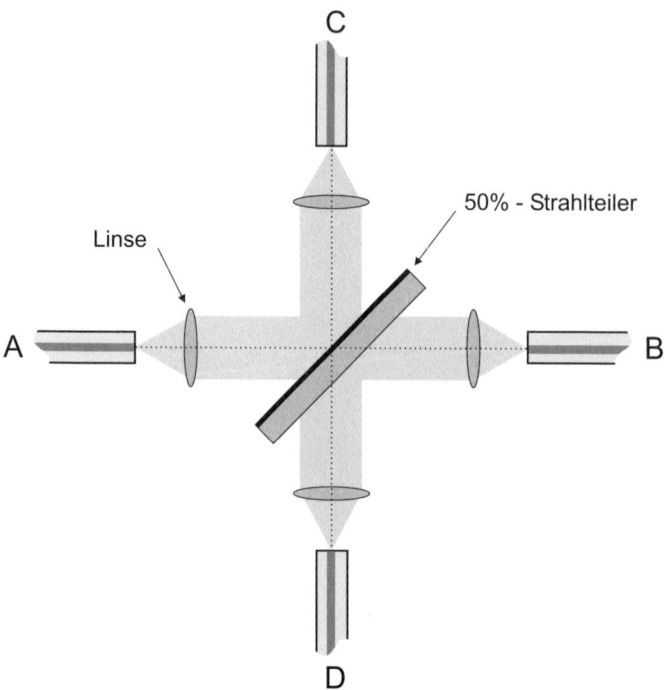

Abb. 8.12 Ein diskret aufgebauter Faserkoppler verbindet vier Fasern mittels vier Kollimationslinsen und einem Strahlteiler mit z. B. 50 % Reflektion. Aufgrund des Justieraufwands und auch des Platzbedarfs ist diese Bauform nicht praktisch relevant; sie wird nur zum konzeptionellen Verständnis betrachtet.

Mantel hineinragt, am Ort des anderen Kerns einen nicht verschwindenden Anteil hat. Dadurch koppelt ein Teil der Leistung von der einen Faser in die andere über; mit wachsender Strecke baut sich in der zweiten Faser eine immer stärkere Welle auf, wodurch die Leistung in der ersten Faser abnimmt. Speziell für den symmetrischen Koppler, in dem die Wellen in beiden Fasern phasenmäßig gleichlaufen, gilt, dass die Leistungen in den beiden Fasern über die Strecke z verlaufen wie

$$P_1 \propto \cos^2(\kappa z) \tag{8.6}$$

$$P_2 \propto \sin^2(\kappa z) \quad , \tag{8.7}$$

wobei der Koppelkoeffizient κ empfindlich vom räumlichen Abstand der Faserkerne abhängt. Durch geschickte Wahl der Kopplungsstärke und der Wechselwirkungslänge lässt sich der in die zweite Faser hinübergekoppelte Leistungsanteil auf praktisch jeden Wert einstellen; sogar 100 % sind möglich. Sehr verbreitet üblich sind derartige Schmelzkoppler mit einem Teilungsverhältnis von 50:50. Wegen der Dämpfung um 3 dB für jede Richtung heißen sie auch 3 dB-Koppler. Ebenfalls häufig sieht man 10:90-Teiler (10 dB-Koppler).

Es gibt auch die Realisierung, bei der zwei Fasern von einer Außenseite etwas herunterpoliert werden; dann werden diese flachen Seiten aufeinander gelegt und zuein-

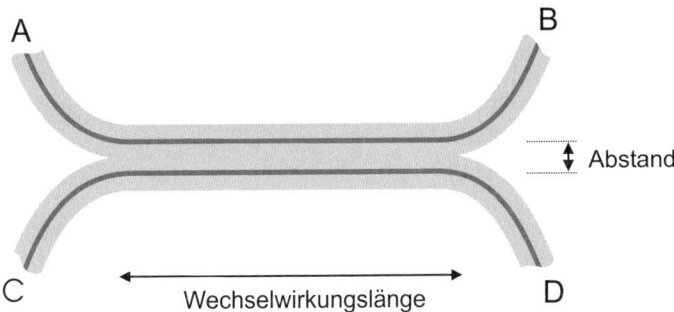

Abb. 8.13 Aufbau eines Schmelzkopplers. Zwei Fasern werden durch Verschmelzen über eine definierte Länge so in Kontakt gebracht, dass die beiden Faserkerne definierten Abstand voneinander haben. Aus dem Abstand folgt der Koppelgrad der Moden und zusammen mit der Wechselwirkungslänge das Koppelverhältnis. Leistung, die bei A eingekoppelt wird, verteilt sich im Koppelverhältnis auf B und D etc.

ander justiert. Auf diese Weise erhält man einen Koppler, dessen Teilungsverhältnis einstellbar ist.

Werden nur drei der vier Anschlüsse benutzt, lässt sich solch ein Koppler auch als Verzweiger (*splitter*) oder Zusammenführer (*combiner*) einsetzen. Mehrere solcher Koppler kann man zwanglos zu weiteren Verzweigungen kombinieren: Aus drei Kopplern lässt sich beispielsweise ein 1-auf-4-Verzweiger (*four-way splitter*) aufbauen und aus vier Kopplern ein 4-auf-4-Koppler (*4-by-4 broadcast star*) (siehe Abb. 8.14).

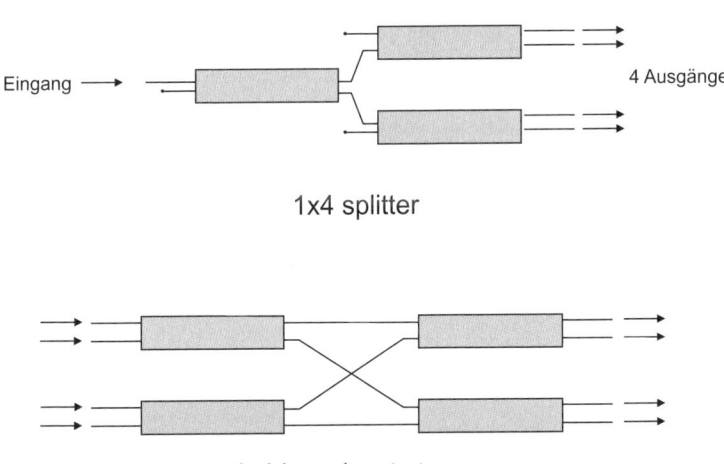

Abb. 8.14 In einem 1-auf-4-Verzweiger aus 3 dB-Kopplern erscheint an jedem Ausgang ein Viertel der Eingangsleistung. Vertauscht man Ein- und Ausgänge, so bildet der dadurch entstehende Zusammenführer die Summe der vier Eingangsleistungen. Bei einem 4-auf-4-Verteiler aus 3 dB-Kopplern erscheint an jedem Ausgang ein Viertel der Summe der Eingangsleistungen. Das Prinzip lässt sich auf nahezu beliebige Anzahlen von Ein- und Ausgängen ausdehnen.

In Fällen, in denen man von integriert-optischen Bauteilen Gebrauch macht und das Licht ohnehin aus der Faser aus- und in einen Chip einkoppelt, kann man auch integrierte Koppler einsetzen.

8.7.2   Wellenlängenabhängige Koppler

Sehr häufig will man nicht unterschiedslos alle auf einer Faser laufenden Signale in bestimmter Weise verzweigen, sondern selektiv nach Wellenlängen. Erst damit wird ein Wellenlängen-Multiplexing möglich, welches überhaupt erst die Möglichkeit eröffnet, von der gigantischen Bandbreite von Glasfasern (25 THz im dritten Fenster) auch nur annähernd Gebrauch zu machen.

Solche wellenlängenabhängigen Koppler (WDM-Koppler) lassen sich im Prinzip mit diskreten optischen Komponenten erstellen. Abb. 8.15 zeigt schematisch einen 5-auf-1-WDM-Koppler mit einem Beugungsgitter und einer GRIN-Linse (GRIN = Gradientenindex). In der Praxis gebräuchlicher sind Faser-Ausführungen, wobei u. a. von Interferenzfiltern Gebrauch gemacht wird. Auch die Wellenlängenabhängigkeit des Koppelfaktors bei Schmelzkopplern lässt sich für WDM-Koppler nutzen.

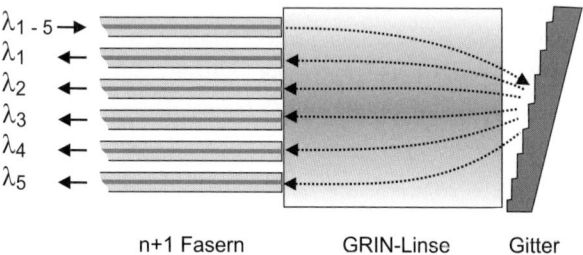

n+1 Fasern   GRIN-Linse   Gitter

Abb. 8.15 Schema eines wellenlängenabhängigen Kopplers (WDM-Koppler) in „*bulk*"-Ausführung mit einem Beugungsgitter. Die Abkürzung GRIN steht für Gradientenindex; GRIN-Linsen werden kommerziell angeboten. Im Beispiel werden fünf Wellenlängen zusammengefügt; selbstverständlich kann man sie durch umgekehrten Strahlengang auch genauso wieder trennen.

8.8   Optische Verstärker

Auf langen Strecken geht Signalenergie verloren, ebenso bei Verzweigungen. In solchen Fällen ist oft eine Verstärkung optischer Signale erforderlich. Herkömmlich hat man in so genannten *repeatern* das optische Signal dazu zunächst in ein elektronisches Signal rückgewandelt, dieses elektronisch verstärkt und gegebenenfalls aufbereitet, und schließlich wieder in ein optisches Format überführt. Ein derartiges Vorgehen ist nicht nur sehr aufwendig; es limitiert die Übertragung auch auf diejenige Bandbreite, die mit elektronischen Mitteln verarbeitet werden kann. Damit schränkt man die theoretische Bandbreite der Faser von vielen Terahertz auf einige Gigahertz ein, also um mindestens drei Zehnerpotenzen.

Glücklicherweise gibt es auch rein optische Verstärker. Diese unterliegen derselben Gesetzmäßigkeit wie jeder andere Verstärker, dass es eine rauschfreie Verstärkung nicht gibt. Jeder Verstärker fügt dem Signal Rauschen hinzu, von dem ein Teil prinzipbedingt unvermeidlich ist. Das folgt aus der quantenmechanischen Unschärferelation [50] mit folgender Überlegung:

Die Unschärferelation

$$\Delta E\,\Delta t \geq \hbar/2$$

kann auch gelesen werden als

$$\Delta n\,\Delta \phi \geq \frac{1}{2} \quad ,$$

worin $n = E/(\hbar\omega)$ die Photonenzahl und $\phi = \omega t$ die Phase der Lichtwelle sind.

Bei einem (linearen) Verstärker gibt der Verstärkungsfaktor G das Verhältnis aus der Signalleistung am Ausgang und der Signalleistung am Eingang an. Ein idealer Verstärker multipliziert die Photonenzahl so, dass aus jedem Photon am Eingang genau G Photonen am Ausgang entstehen. Die Phase der Lichtwelle wird im idealen Verstärker nicht verändert, sondern allenfalls aufgrund der Laufzeit um eine Konstante ϕ_0 verschoben. Ein Eingangssignal der Photonenzahl n_{in} führt also auf ein Ausgangssignal von $n_{\text{out}} = Gn_{\text{in}}$. Aus ϕ_{in} wird $\phi_{\text{out}} = \phi_{\text{in}} + \phi_0$.

An den Ausgang dieses idealen Verstärkers bringen wir einen idealen Detektor. Dieser kann Photonen so detektieren, dass die Gleichheit in der Unschärferelation erfüllt ist:

$$\Delta n_{\text{out}}\,\Delta \phi_{\text{out}} = \frac{1}{2} \quad .$$

Es werden also $n_{\text{out}} \pm \Delta n_{\text{out}}$ Photonen und eine Phase von $\phi_{\text{out}} \pm \Delta \phi_{\text{out}}$ gemessen.

Es gibt keinen Grund, warum es verboten sein sollte, die Kombination aus Verstärker und Detektor als eine Einheit aufzufassen, also etwa als einen besonders empfindlichen Detektor. Dieser Kombi-Detektor weist dann ein Signal mit

$$\Delta n_{\text{in}}\,\Delta \phi_{\text{in}} = \frac{1}{2G}$$

nach, was für jeden „echten" Verstärker (d. h. einen solchen mit $G > 1$) die Heisenberg'sche Relation verletzt.

Der Widerspruch löst sich auf, wenn man Folgendes postuliert: Ein Verstärker fügt zu einem Signal der Frequenz ν mindestens so viel Rauschen zu, wie eine zusätzliche Rauschquelle am Eingang des ideal rauschfrei gedachten Verstärkers erzeugen würde, wenn sie die spektrale Rauschleistungsdichte

$$\frac{dP}{d\nu} = \left(1 - \frac{1}{G}\right)h\nu$$

aufweist. Daraus liest man ab: Der einzige rauschfreie Verstärker hat $G = 1$, ist also gar keiner!

Das bedeutet: Wird ein Signal abgeschwächt und danach um denselben Faktor wieder verstärkt, hat man keineswegs das ursprüngliche Signal zurückerhalten, sondern zusätzlich tritt ein Rauschbeitrag auf. Dieser Beitrag kann durch technische Unvollkommenheit des Verstärkers groß sein; aber auch beim besten Verstärker wird ein gewisses Minimum nicht unterschritten. Erfreulicherweise können einige der heutigen optischen Verstärker dicht an der theoretischen Rauschgrenze arbeiten.

Zur Realisierung optischer Verstärker gibt es zwei technisch sehr verschiedene Elemente: aktive Fasern oder Halbleiterelemente.

8.8.1 Verstärker mit aktiven Fasern

In den letzten Jahren wendet sich das Interesse aber zunehmend Verstärkern zu, die einfach aus einem Stück Faser bestehen, welches mit geeigneten Dotierstoffen versehen ist und von einer Hilfslichtquelle gespeist wird. Im dritten Fenster ist Erbium ein geeignetes Material [15]. Abb. 8.16 zeigt schematisch die relevanten Energieniveaus. Beim Pumpen des Überganges bei 980 nm oder 1480 nm tritt eine Inversion des $4I_{13/2}$-Zustands gegenüber dem $4I_{15/2}$-Grundzustand und damit Verstärkung auf. Man kann mit einigen 10 mW Pumpleistung und etwa zehn Metern dotierter Faser Verstärkungen um 30 dB erreichen. Die Bandbreite der Verstärkung erstreckt sich etwa von 1530 ... 1570 nm. Da die Lebensdauer des oberen Laserzustandes extrem

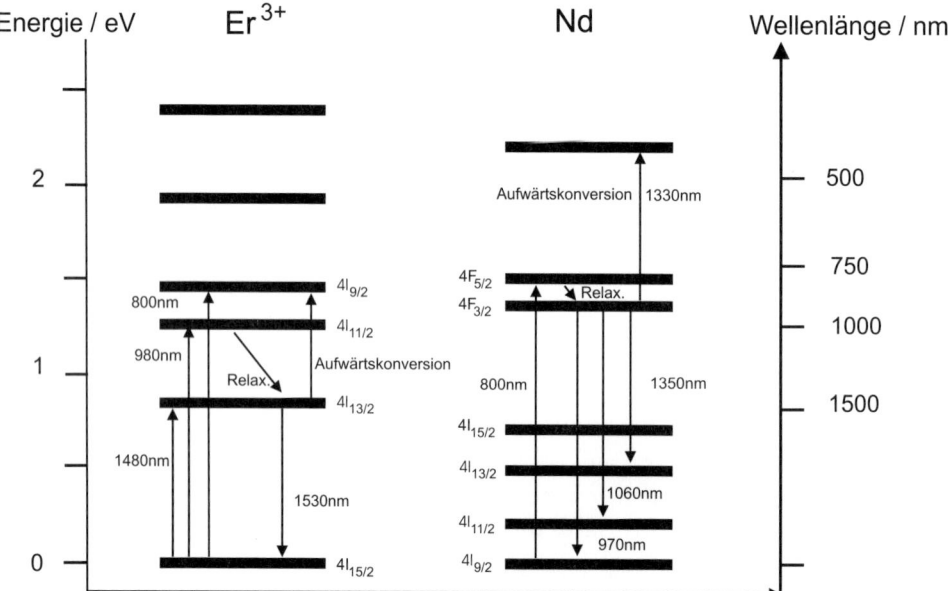

Abb. 8.16 Termschema für Glasfasern, die mit Er-Ionen bzw. Nd-Ionen dotiert sind. Gezeigt sind die atomaren Energieniveaus in eV sowie die Übergangswellenlängen in nm, beides bezogen auf den Grundzustand.

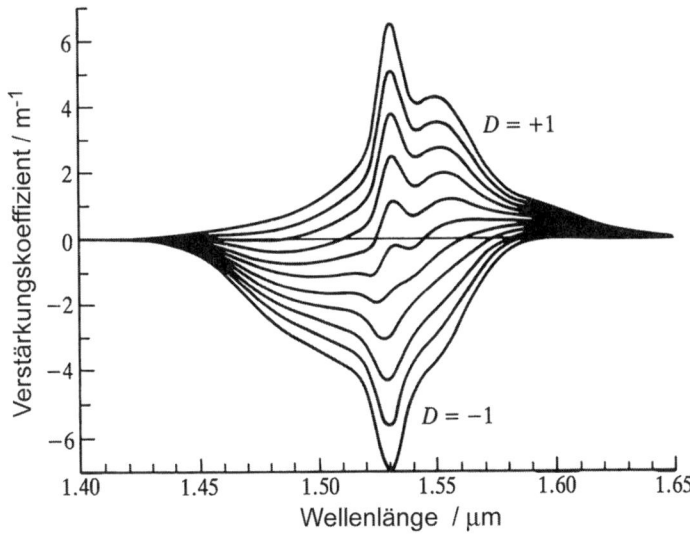

Abb. 8.17 Verstärkungsspektrum einer Er-dotierten Faser bei unterschiedlicher Inversion. Ohne Inversion (unterste Kurve) absorbiert die Faser. Wächst die Inversion, tritt zunächst auf der langwelligen Seite des Übergangs Gewinn auf; bei maximaler Inversion erstreckt sich der Gewinn auf die gesamte Bandbreite des Übergangs. Aus [27] mit freundlicher Genehmigung (John Wiley & Sons, Inc.).

lang ist (10 ms), tritt eine Verstärkungssättigung und damit ein Übersprechen zwischen Kanälen praktisch nicht auf. Die große verfügbare Bandbreite ist damit auch tatsächlich nutzbar; die ungleichmäßige Verstärkung wird zum Teil durch Filter ausgeglichen.

Der Aufbau eines Faserverstärkers besteht aus

- einer Pumpquelle, zumeist einer Dauerstrich-Laserdiode hoher Ausgangsleistung bei 980 nm oder 1480 nm,
- einem wellenlängenabhängigen Koppler, der das Signal der Pumpdiode in den Signalzweig einkoppelt,
- einer passenden Länge Er-dotierter Faser, sowie
- optischen Isolatoren, die zurücklaufendes Licht sperren und damit dafür sorgen, dass sowohl eine Verstärkung spontaner Emission in Rückwärtsrichtung als auch das Auftreten stimulierte Brillouinstreuung (siehe Kap. 9.7.1) unterbunden wird.

Ein typischer Aufbau ist in Abb. 8.19 dargestellt. Derartige Verstärker werden kommerziell angeboten. Sie können in verschiedener Weise eingesetzt werden:

als Nachbrenner (*booster*): zur Nachverstärkung einer leistungsschwachen Lichtquelle am Anfang einer Übertragungsstrecke,

als Zwischenverstärker: zur Kompensation der Leitungsverluste eingefügt auf der Strecke,

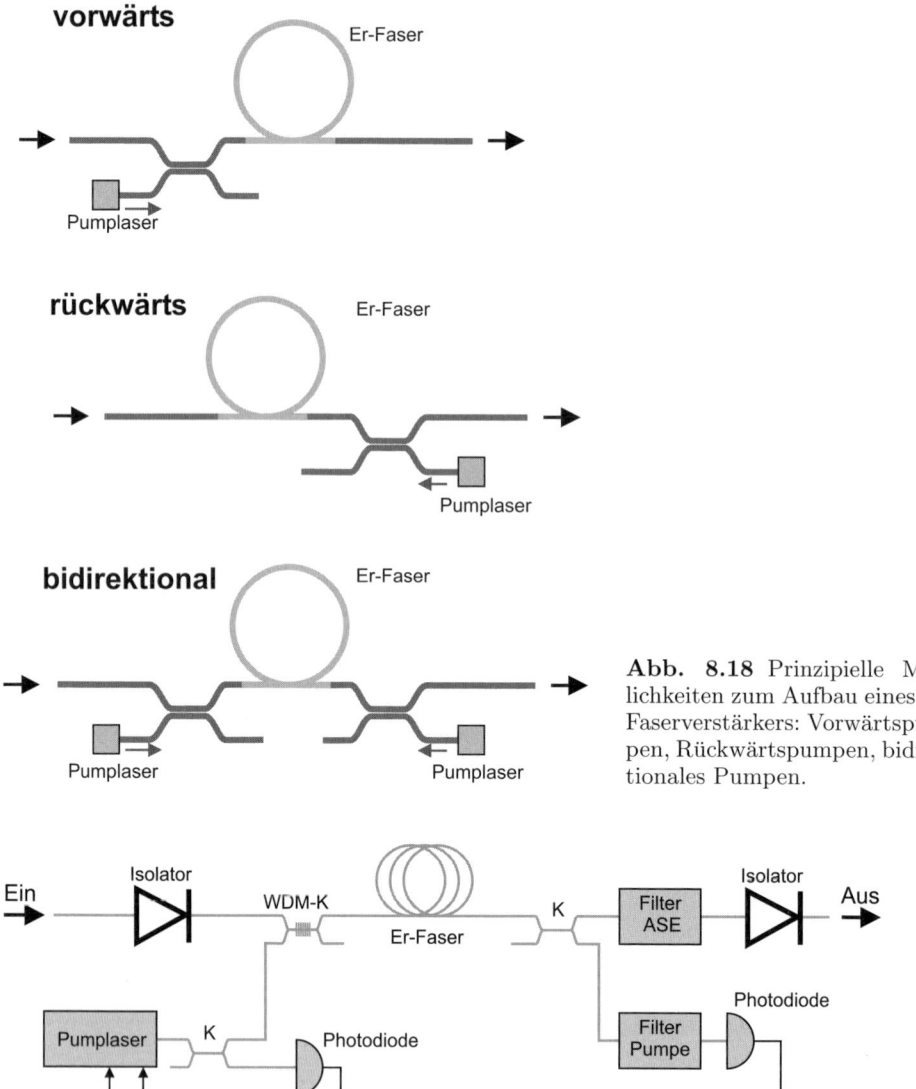

Abb. 8.18 Prinzipielle Möglichkeiten zum Aufbau eines Er-Faserverstärkers: Vorwärtspumpen, Rückwärtspumpen, bidrektionales Pumpen.

Abb. 8.19 Aufbau eines realen Er-Faserverstärkers in Vorwärtspump-Geometrie. K: Koppler (Anzapfung, z. B. 95:5-Koppler), WDM-K: wellenlängenselektiver Koppler (Trennung von Signal- und Pumpwellenlänge). Filter ASE: selektives Filter zur Unterdrückung der verstärkten Spontanemission. Filter Pumpe: selektives Filter zur Unterdrückung des Pumplichts.

als Vorverstärker: zur Steigerung der Empfindlichkeit eines Detektors am Ende
    einer Übertragungsstrecke,

als Verteilerverstärker: zum Ausgleich der Verluste an Verzweigungen einer Übert-
    ragungsstrecke, wenn die verfügbare Leistung auf mehrere Stränge aufgeteilt wird,

als Oszillator: wenn durch eine optische Rückkopplung, evtl. verbunden mit Abstim-
    melementen, der Verstärker zu einem Laser ergänzt wird.

Im zweiten Fenster benutzt man mit Neodym oder Praseodym dotierte Fasern.
Während die Verstärkereigenschaften nicht ganz so perfekt sind, besteht aufgrund
der großen installierten Basis von Systemen, die im zweiten Fenster arbeiten, ein
erhebliches Interesse in diesem Wellenlängenbereich.

Ein Faserverstärker, der in einen optischen Resonator eingesetzt wird, arbeitet als
Faserlaser, siehe dort.

8.8.2   Halbleiterverstärker

In geeigneten Halbleitern mit p-n-Übergang wird durch Stromfluss erreicht, dass
Ladungsträger ins Leitungsband angeregt werden; dann können sie unter Emission
eines Photons rekombinieren und ins Valenzband zurückkehren. Die so erzeugte Inversion zwischen Valenz- und Leitungsband wird in Halbleiterlasern (siehe dort) zur
Lichterzeugung ausgenutzt. Eine ohne Rückkopplung betriebene Laserdiode erreicht
bei ihrem Nennstrom aber nicht die Schwelle für Laseroszillation und arbeitet dann
aufgrund induzierter Emission als Verstärker für eingestrahlte Lichtsignale. Der Vorteil dieser Technik ist die technische Verfügbarkeit und die sehr einfache Energieversorgung. Nachteile liegen in der eher geringen Bandbreite und der mäßigen Linearität
der Verstärkung. Werden mehrere Kanäle (Wellenlängen) zugleich verstärkt, wird die
Inversion mit der Differenzfrequenz (Schwebung) moduliert. Es tritt dann ein spür-
bares Übersprechen zwischen diesen Kanälen auf. Besonders gravierend werden diese
Schwierigkeiten, wenn eine größere Zahl frequenzmäßig äquidistanter Kanäle übertragen werden soll. Daher spielen Halbleiterverstärker bislang eine deutlich geringere
praktische Rolle als Verstärker mit aktiven Fasern.

8.9   Lichtquellen

Viele Arten von Lichtquellen sind denkbar, mit denen man ein faseroptisches System
speisen könnte. Hier ist eine Liste möglicher Kandidaten:

- Glühlampen
- „*bulk*"-Laser
- Lumineszenzdioden (LEDs)
- Laserdioden
- Faserlaser

Dem ist die Liste der Anforderungen gegenüberzustellen:

- Gute Einkoppelbarkeit in Fasern
- Geringer Energiebedarf
- Geringe Kosten
- Lange Lebensdauer
- Kein Wartungsaufwand
- Modulierbarkeit

Die ersten fünf Punkte ergeben sich aus Wirtschaftlichkeitsüberlegungen, denn man muss ja damit rechnen, dass in einem ausgedehnten Fasernetz große Zahlen von Lichtquellen gebraucht werden, die teilweise auch in abgelegenen Lokationen untergebracht sind. Die Forderung nach Modulierbarkeit ergibt sich unmittelbar aus der Anwendung.

Angesichts dieser Forderungen scheiden Glühlampen aus. Die Einkoppeleffizienz ist minimal, die Lebensdauer nicht günstig, und die Modulierbarkeit besteht allenfalls bis zu Frequenzen von ein paar Hertz, aber nicht GHz. Normale Laborlaser („*bulk*"-Laser) wie He-Ne-Laser, Nd:YAG-Laser etc. sind zwar aufgrund der hohen Kohärenz der Strahlung gut einkoppelbar. Leider sprechen Energie- und zum Teil Wartungsbedarf sowie fehlende Modulierbarkeit gegen einen Einsatz außerhalb von Laboratorien.

Es kommen daher nach heutiger Kenntnis nur entweder Halbleiterbauelemente als Lichtquellen infrage – also Lumineszenzdioden (LEDs, für *light emitting diodes*) oder Laserdioden –, oder aber Faserlaser. Auf diese Möglichkeiten werden wir etwas näher eingehen.

8.9.1 Licht aus Halbleitern

Der Mechanismus der Lichterzeugung in Halbleiterelementen wie Lumineszenzdioden oder Laserdioden besteht aus der Rekombination von Ladungsträgerpaaren an einem p-n-Übergang. Durch Stromfluss wird die Energie aufgebracht, die Elektronen werden ins Leitungsband angeregt; bei der Rückkehr ins Valenzband wird die der Bandlücke entsprechende Energie in Form von Strahlung frei. Für einen Halbleiter mit der Bandlücke E_{gap} ergibt sich Emission von Licht mit der Frequenz $\nu \approx E_{\mathrm{gap}}/h$.

8.9.2 Lumineszenzdioden

Diese Rekombinationsstrahlung ist ohne weitere Maßnahmen zunächst nicht räumlich gerichtet. In LEDs (*light emitting diodes*, Lumineszenzdioden) wird weiter kein Einfluss auf die Emissionsrichtung der Rekombination genommen; lediglich durch die Gehäusebauform ist die Emission auf einen Halbraum und in den meisten Bauformen durch linsenförmige Gehäuse auf einen (eher breiten) Kegel eingeschränkt. LEDs erfüllen zwar die oben genannten Forderungen nach geringem Preis, niedrigem Energiebedarf und langer Lebensdauer ohne Wartung optimal. Modulierbar sind LEDs bis in den zweistelligen MHz-Bereich, also für eine Vielzahl von Anwendungen ausreichend. Prinzipbedingt ist aber die Einkoppelbarkeit nicht gut und die einkoppelbare

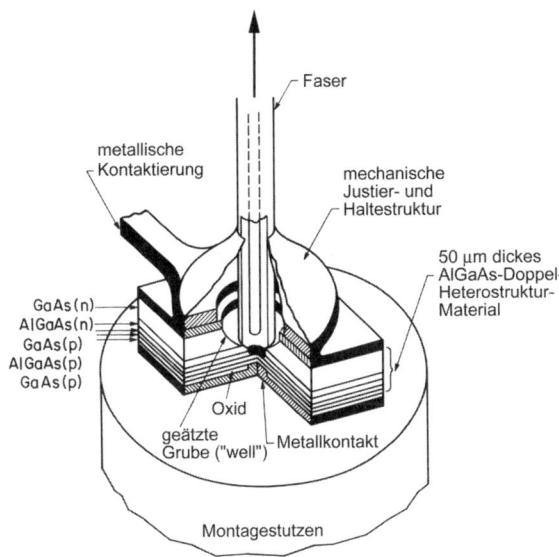

Faser

metallische Kontaktierung

mechanische Justier- und Haltestruktur

50 µm dickes AlGaAs-Doppel-Heterostruktur-Material

GaAs(n)
AlGaAs(n)
GaAs(p)
AlGaAs(p)
GaAs(p)

Oxid

geätzte Grube ("well")

Metallkontakt

Montagestutzen

Abb. 8.20 Schema einer Leuchtdiode (LED) in Burrus-Ausführung, bei der die Faser direkt auf den lichtemittierenden Chip geführt und dort dauerhaft fixiert wird. Aus [105] mit freundlicher Genehmigung (Springer-Verlag).

Leistung ist gering (deutlich unter 1 mW). Aufgrund der besonders geringen Kosten der LEDs finden sie aber doch Anwendungen besonders bei kurzen Strecken (innerhalb eines Gebäudes, LANs (*local area networks*), wo auch die Begrenzung der Modulationsfrequenz nicht stört. Durch spezielle Geometrien des LED-Chips versucht man, bei der Einkoppeleffizienz alles Machbare herauszuholen. Bei der „Burrus-LED" wird die Faser direkt auf die lichtemittierende Schicht aufgesetzt.

8.9.3 Laserdioden

Dasselbe Prinzip der Lichterzeugung kann zu einer Laserdiode verfeinert werden. Dazu gestaltet man den Halbleiter so, dass eine optische Rückkopplung zustande kommt. Dadurch kommt es zu einem stimulierten Prozess und damit zu kohärenter Emission. Kohärente Strahlung lässt sich ungleich besser in ein Faser einkoppeln als inkohärente.

Die ersten Laserdioden bestanden aus nicht viel mehr als einem Halbleiterchip aus p- und n-dotiertem Material und glatt gespaltenen Endflächen, deren natürliche Reflektivität (Fresnel-Reflex) aufgrund des hohen Brechungsindex von Halbleitern wie GaAs von ca. $n = 3,5$ zu völlig ausreichenden Reflektivitäten der Größenordnung von 30 % führt (Abb. 8.21). Die Seitenflächen bleiben rau und bilden deswegen keine guten Spiegel. Die Länge des Chips von ca. 300 μm ist im Wesentlichen durch die erforderliche Verstärkungslänge gegeben. Die Dicke der aktiven Schicht liegt etwa bei 0,5 μm. Aus diesen Abmessungen ergeben sich sofort Schlussfolgerungen für die Modenstruktur des Laserresonators:

Da die Resonatorlänge Hunderte von Wellenlängen beträgt, liegen die Frequenzen der longitudinalen Moden um weniger als ein Prozent auseinander. Bei einer

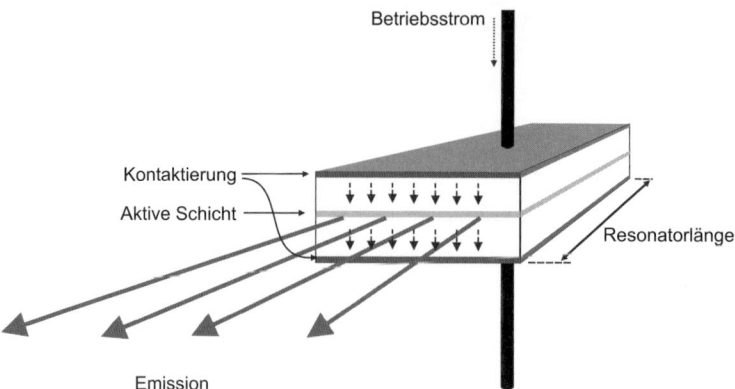

Abb. 8.21 Prinzipaufbau einer Laserdiode. Diese einfachste Bauform wird als *broad area structure* bezeichnet, da die aktive Schicht sehr breit ist. Das führt dazu, dass etliche laterale Moden anschwingen.

Verstärkungsbandbreite im Prozentbereich ist demnach mit der Emission mehrerer longitudinaler Moden zu rechnen. Das kann sogar erwünscht sein, denn dabei kann der Laser durch Modenkopplung kurze Lichtpulse erzeugen. Aufgrund der geringen Dicke der aktiven Schicht kommt in der Raumrichtung senkrecht zur aktiven Schicht nur eine einzelne transversale Grundmode des Feldes zustande. Anders ist es in der lateralen Richtung (senkrecht zur Längsrichtung und parallel zur aktiven Schicht): Es steht im Prinzip die gesamte Breite des Chips im Bereich von 100 μm zur Verfügung; daher ist mit der Anregung zahlreicher lateraler Moden zu rechnen. Obendrein wird die Modenstruktur während des Betriebs nicht zeitlich konstant sein, denn sowohl Betriebserwärmung als auch die Ladungsträgerdichte beeinflussen den Brechungsindex. Insbesondere wird an Positionen, an denen eine oszillierende Mode Inversion abbaut, der Brechungsindex sinken, sodass andere räumliche Moden dann sogar bevorzugt verstärkt werden. Plötzliche Änderungen der Modenstruktur (Modensprünge) sind die Folge.

Gewinnführung

Die erste Verbesserung bestand daher darin, die Geometrie des Stromflusses durch den Chip zu modifizieren. Durch schmale Kontaktstreifen oder auch durch eingebrachte isolierende Zonen wurde dafür gesorgt, dass eine nennenswerte Stromdichte nur in einem sehr schmalen Streifen der aktiven Zone (wenige μm) zustande kommt (siehe Abb. 8.22 a). Dadurch ist Verstärkung nur in einem kleinen Teilbereich der aktiven Zone möglich; man spricht von einer *gewinngeführten* Geometrie (*gain guided*). Es wird a) die Stromdichte an dieser Position erhöht, wodurch die Laserschwelle sinkt, und b) das transversale Modenprofil deutlich eingeschränkt. Dennoch bleibt das Problem der Sprünge zwischen lateralen Moden, leicht erkennbar an Knicken und Sprüngen in der Kurve von Ausgangsleistung über Pumpstrom (so genannte *kinks*). Zur Einkopplung

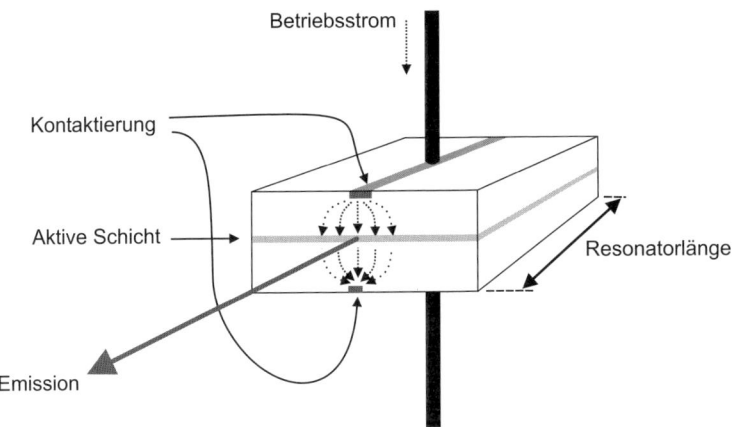

Abb. 8.22 Möglicher Aufbau einer gewinngeführten (*gain guided*) Laserdiode. Durch Oxid-schichten wird die Kontaktierung und damit der Stromfluss auf eine enge Zone eingegrenzt. Nur wo Strom fließt, werden Ladungsträger in die aktive Zone injiziert; die resultierende Brechzahlerhöhung führt das Licht und grenzt die Emission auf eine ebenfalls schmale Zone ein.

in Fasern sind derartige Sprünge der Modenstruktur fatal, denn der Überlapp mit der Fasermode ändert sich dabei drastisch; es kommt also zu erheblichen und kaum vorhersagbaren Leistungsschwankungen.

Indexführung

Als nächstes Verbesserung wurden indexgeführte (*index guided*) Lasergeometrien ein-geführt. Dabei wird in einem deutlich komplizierteren, aber inzwischen routinemäßig beherrschten Herstellungsverfahren dafür gesorgt, dass in der aktiven Schicht Index-sprünge zwischen unterschiedlich dotiertem Material in lateraler Richtung eingebaut sind. Dies ist in Abb. 8.22 b) angedeutet. Selbst schwache Indexführung mit einem Indexsprung der Größenordnung 1 % überwiegt die Indexstörungen durch Änderungen der Ladungsträgerkonzentration deutlich. Durch diese Führung ist es daher möglich, für einen lateralen Einmodenbetrieb zu sorgen.

Verteilte Rückkopplung

Schließlich bleiben noch die longitudinalen Moden übrig. Bei der verbreiteten Geome-trie, bei der die Emission an der Kante des Chips erfolgt, lässt sich die Chiplänge nicht beliebig reduzieren. Daher helfen zur Erzielung eines Einmodenbetriebs nur selektive Mittel. Dies ist das Einsatzfeld von Laserdioden, in deren Struktur longitudinal ein Gitter eingearbeitet ist (siehe Abb. 8.24). Das Gitter bewirkt also eine Rückkopp-lung bei den Frequenzen, die durch seine Bragg-Bedingung favorisiert sind. Dadurch erzielt man eine Selektion einer einzelnen longitudinalen Mode und die bestmögliche

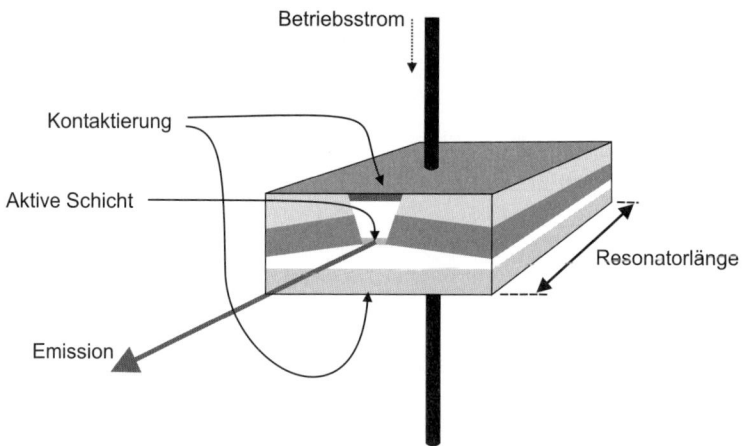

Abb. 8.23 Möglicher Aufbau einer indexgeführten (*index guided*) Laserdiode. Die aktive Zone ist allseits von Material mit höherer Bandlücke umgeben („*buried heterostructure*"). Dadurch entsteht ein lateraler Indexsprung um ca. 0,2, der eine starke Führung des Lichts bewirkt. Durch die verschiedenen Dotierungen wird erreicht, dass auch der Betriebsstrom fast ausschließlich durch die aktive Zone fließt, wodurch sich eine niedrige Schwelle ergibt. Verschiedene Geometrien von *buried-heterostructure*-Lasern sind vorgeschlagen und realisiert worden; die hier gezeigte Version wird als *etched-mesa*-Struktur („herausgeätzter Tafelberg") bezeichnet.

Frequenzstabilität dieser Mode. Dabei kann das Gitter sich über den gesamten Resonator erstrecken; dann spricht man von einem DFB-Laser ("*distributed feedback*")..

In einer Variante sind Gitter nur über kurze Abschnitte der Resonatorlänge an beiden Enden angebracht, in einer Zone, in der keine Verstärkung stattfindet. Das heißt dann DBR-Laser ("*distributed Bragg reflector*"). DFB- und DBR-Laser haben sich zu einem gewissen Standard bei Langstreckenübertragungen entwickelt, weil sie Einmodenbetrieb und sehr gute Frequenzstabilität aufweisen.

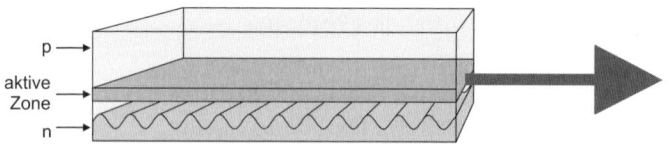

Abb. 8.24 Schematische Darstellung eines Lasers mit verteilter Rückkopplung (DFB-Laser). In der Längsrichtung des Resonators wird über seine gesamte Länge eine periodische Indexstruktur eingeführt, die als Gitter wirkt und eine bestimmte Frequenz selektiert.

VCSELs

In jüngster Zeit werden Laserdioden einer anderen Geometrie diskutiert: so genannte *vertical cavity surface emitting laser* oder VCSEL (sprich „vixel") (siehe Abb. 8.22 d). In diesen Lasern durchläuft das Licht nicht die *Länge*, sondern nur die *Dicke* der aktiven Schicht. Die Lichtausbreitungsrichtung ist also parallel zur Stromflussrichtung. Ober- und unterhalb der aktiven Schicht sind Mehrfachschichten mit wellenlängen-selektiver Spiegelwirkung (DBR) angebracht. Durch diesen Aufbau wird die Resonatorlänge sehr kurz – kaum länger als die Wellenlänge. Das hat den Vorteil, dass ein longitudinaler Einmodenbetrieb erzwungen wird. Das transversale Strahlprofil kann man durch laterale Strukturierung beeinflussen und optimieren. Tatsächlich erzielt man heute mit VCSELn bessere Strahlqualitäten als mit seitlich emittierenden Laserdioden. Wegen ihrer kurzen Verstärkungslänge ist es bislang nicht gelungen, mit VCSELn hohe Ausgangsleistungen zu erzeugen. Andererseits lassen sie sich besonders gut modulieren (deutlich über 10 GHz statt weniger GHz). Es ist denkbar, dass sie sich Anwendungsfelder in der Faseroptik erobern.

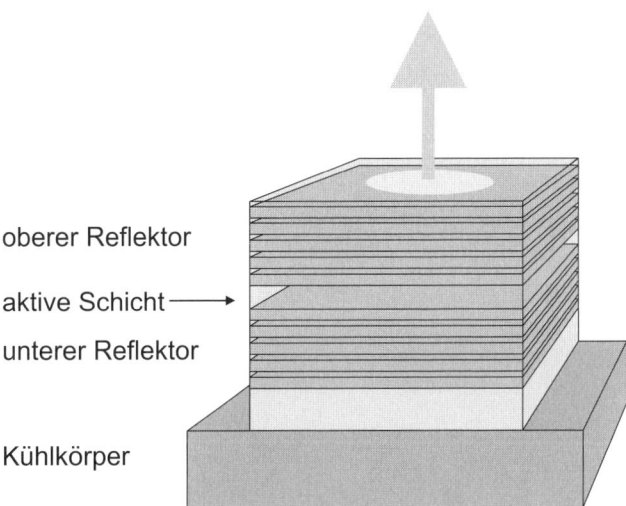

oberer Reflektor

aktive Schicht

unterer Reflektor

Kühlkörper

Abb. 8.25 Prinzipdarstellung eines VCSELs. Die Höhe ist im Verhältnis zur Breite stark übertrieben gezeichnet. Braggreflektoren oberhalb und unterhalb der aktiven Schicht sorgen für Rückkopplung; die aktive Schicht ist nur ungefähr eine Wellenlänge dick.

Laserdioden bieten die optimale Kombination der Eigenschaften von Lasern (Kohärenz, daher gute Einkoppelbarkeit) mit denen der LED: Lebensdauer und Energiebedarf sind sehr vorteilhaft. Die Modulierbarkeit ist bis zu ein paar GHz gegeben und damit gut. Der Preis reicht je nach Ausführung von wenigen € für die einfachsten Ausführungen bis zu einigen Tausend € bei DFB-Lasern und anderen Spezialausführungen; selbst das ist aber in Relation zum Gesamtsystem immer noch wenig. Laserdioden können den besonderen Anforderungen in der Faserübertragungstechnik wie Einmodigkeit und Frequenzkonstanz Rechnung tragen und sind daher der Standard in der Faseroptik. Die Abb. 8.26 zeigt eine übliche Bauform, bei der gleich bei der Herstellung ein Stück Faser (ein *pigtail*) an den Chip angesetzt wurde. Die Einkopplung von Laserdioden in Einmodenfasern erfordert größte Präzision; trotz aller

Abb. 8.26 Ein Halbleiterlaser für Kommunikationszwecke. Dieser Laser ist in einem Gehäuse untergebracht, welches mit dem rechts sichtbaren Flansch an einem Kühlkörper befestigt wird, um Verlustwärme abzuführen. Die elektrischen Anschlüsse sind auf der Unterseite und im Bild nicht sichtbar. Der optische Ausgang erfolgt in einer fest angebrachten Faser (*pigtail*), die hier mit einem kräftigen Schutzmantel aus Plastik umgeben ist.

Bemühungen bleibt die Effizienz aber auf weniger als 50 % begrenzt. Es stellt für den praktischen Einsatz natürlich eine große Erleichterung dar, wenn die schwierige Einkopplung ein für alle Mal beim Hersteller des Lasers durchgeführt wurde.

8.9.4 Faserlaser

Ein Faserlaser entsteht, wenn ein Faserverstärker in einen optischen Resonator eingesetzt wird [27]. Die Energieversorgung muss optisch erfolgen und ist damit deutlich aufwendiger als bei Halbleiterlasern, aber dafür ist die Einkoppelbarkeit in Fasern überhaupt kein Thema. Transversale bzw. laterale Moden treten prinzipbedingt nicht auf. Andererseits haben Faserlaser einen besonders dichten Kamm longitudinaler Moden; wenn allerdings modengekoppelter Betrieb zur Erzeugung kurzer Pulse angestrebt wird, ist das kein Nachteil. Ein klarer Nachteil hingegen ist, dass Faserlaser nicht modulierbar sind: Eine Modulation, die der Pumplichtquelle aufgeprägt ist, erscheint im Ausgangssignal tiefpassgefiltert, wobei die Lebensdauer der Inversion die Zeitkonstante angibt. Im Fall von Erbium-dotierten Fasern liegt diese Zeitkonstante bei $\tau = 10$ ms. Die Grenzfrequenz der Modulation liegt also bei lächerlichen $\nu_{\mathrm{max}} = 1/(2\pi\tau) \approx 16$ Hz! Wie oben erwähnt wird eine externe Modulation bei Laserdioden erst bei extrem hoher Modulationsfrequenz erforderlich, aber bei Faserlasern muss man grundsätzlich extern modulieren. Sie werden sich also schwerlich für wenig anspruchsvolle Anwendungen mit geringen Datenraten durchsetzen.

Erbium- wie Praesodym-Faserlaser werden inzwischen von vielen Forschern untersucht; es wird erwartet, dass sie in naher Zukunft in großem Umfang technisch eingesetzt werden können. Besonders erfolgreich sind Neodym-dotierte Faserlaser, die aber bei einer für die Telekommunikation weniger interessanten Wellenlänge um 1,06 μm emittieren. Sie erfordern eine Pumpwellenlänge von 800 nm, die mit hoher Leistung bei vergleichsweise bescheidenen Kosten mit GaAs-Dioden erzeugt werden kann. Am Rande sei vermerkt, dass es durch Absorption weiterer Pumpphotonen auch zu Aufwärtskonversion kommen kann; daher kann man mit Faserlasern auch kürzerwelliges und sogar sichtbares Licht erzeugen.

8.10 Lichtempfänger

Als Lichtempfänger kommen grundsätzlich infrage:

- Photomultiplier
- Photodioden (PIN)
- Lawinendioden

Photomultiplier scheiden aus, weil für die Wellenlängen des zweiten und dritten Fensters keine Photokathodenmaterialien existieren. Photodioden sind sehr preiswert, klein, schnell und zuverlässig. Sie lassen sich auch gut zusammen mit Vorverstärkern auf einem Chip integrieren. Eine Variante von Photodioden nennt sich Lawinendioden (engl. *avalanche diode*). Lawinendioden verfügen über einen internen Verstärkungsmechanismus und sind daher empfindlicher, aber auch aufwendiger. Daher werden sie nur eingesetzt, wo es auf die äußerste Empfindlichkeit ankommt. Das ist etwa in der neuen Generation von Transatlantikkabeln der Fall.

8.10.1 Prinzip der pn- und pin-Dioden

Jede Photodiode beruht auf einem p-n-Übergang, in den Licht einstrahlen kann. In der Sperrschicht kann ein Photon ein Elektron-Loch-Paar erzeugen, sofern $h\nu > E_{bg}$ ist. Darin ist h die Planck'sche Konstante, ν die Frequenz der Lichtquanten und E_{bg} die Energielücke zwischen Valenz- und Leitungsband des Detektormaterials (der *band gap*). In anderen Worten muss die Photonenenergie größer sein als der Bandabstand. Die erzeugten Ladungen lassen sich als externes elektrisches Signal nachweisen. Die Diodenkennlinie lautet

$$I = I_0 \left(e^{\frac{eU}{mkT}} - 1 \right) - I_p \tag{8.8}$$

mit dem Strom I und Spannung U, einem material- und temperaturabhängigen Reststrom I_0, der Elementarladung e, dem Shockley-Faktor $m \approx 1,5$, der Boltzmannkonstante k und der absoluten Temperatur (in Kelvin) T. Gegenüber einer gewöhnlichen Diode tritt hier zusätzlich der lichtabhängige Term I_p, der Photostrom, auf.

Es gibt grundsätzlich zwei Betriebsarten:

Als Stromquelle: Bei konstanter Vorspannung (null oder in Sperrrichtung) $U = const.$ ist der Photostrom der absorbierten Lichtleistung über viele Zehnerpotenzen proportional und praktisch unabhängig vom Wert der Vorspannung. Eine von

null verschiedene Vorspannung reduziert aber die Diodenkapazität und bewirkt
somit bessere Zeitauflösung.

Als Spannungsquelle: Bei hochohmigem Abschluss hält man den Strom konstant
auf null: $I = 0$. In dieser Betriebsart erzeugt die Diode eine Photospannung, die
dem Logarithmus der absorbierten Lichtleistung proportional ist.

In aller Regel wird wegen der Linearität der Betrieb als Stromquelle vorgezogen.

Nicht jedes Photon erzeugt aber eine freie Ladung, die zum Stromfluss beiträgt.
Der Prozentsatz wird als Quanteneffizienz η bezeichnet und stellt ein wesentliches
Charakteristikum eines Detektors dar. η ist kleiner als eins, weil einige Photonen
gar nicht in den Detektor eindringen (Oberflächenreflektion) oder nicht in der Sperr-
schicht absorbiert werden; auch können einige der erzeugten Ladungen dem äußeren
Stromfluss durch Rekombination verloren gehen.

Um eine möglichst effiziente Absorption des einfallenden Lichts zu ermöglichen,
wird zwischen der p-dotierten und der n-dotierten Schicht meistens eine undotierte
Schicht eingefügt, die nur durch die Eigenleitung des Halbleitermaterials zum Stromfluss beiträgt. Diese Zwischenschicht wird als i-Schicht (von *intrinsic conductivity* für
Eigenleitung) bezeichnet. Der resultierende Detektoraufbau wird dann nach der Dotierung der drei Schichten als pin-Diode bezeichnet. pin-Dioden sind die verbreitetsten
Photodioden. Sie erreichen Quanteneffizienzen von teilweise mehr als 90 %.

Eine wichtige Größe zur Kennzeichnung eines Detektors ist die Empfindlichkeit
(*responsivity* oder *sensitivity*):

$$\mathcal{R} = \frac{I_p}{P_p} = \frac{n_e e}{n_p h\nu} = \frac{\eta e}{h\nu} \quad , \tag{8.9}$$

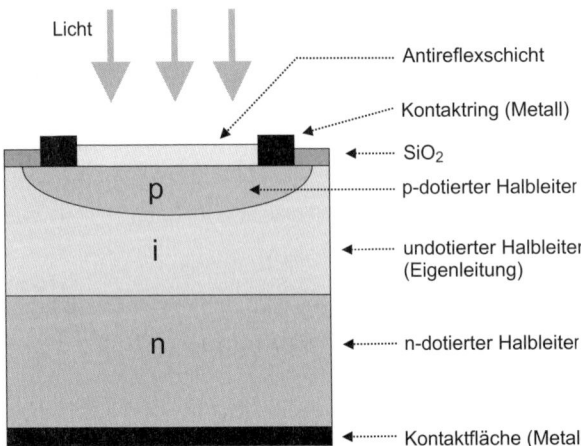

Abb. 8.27 Schematischer Aufbau einer typischen pin-Photodiode. Das Licht tritt durch
eine Antireflexschicht ein, die die Öffnung eines Kontaktringes ausfüllt. Die übrige Chip-
Oberfläche ist mit SiO_2 passiviert. Die Absorption findet hauptsächlich in der i-Schicht statt.

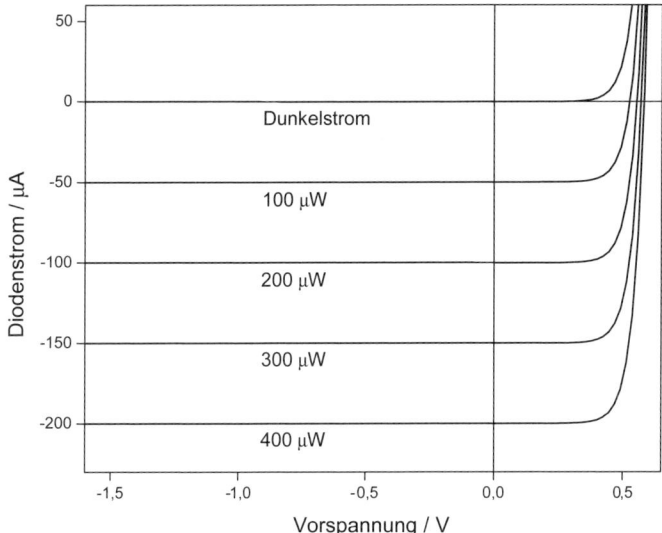

Abb. 8.28 Kennlinie einer Photodiode mit der absorbierten Lichtleistung als Parameter. Als Empfindlichkeit wurde $\mathcal{R} = 0,5\,\frac{\text{A}}{\text{W}}$ angenommen, als Reststrom $I_0 = 100\,\text{pA}$. Bei konstanter Vorspannung, also wenn man die Kurvenschar vertikal durchläuft, besteht der Sperrstrom hauptsächlich aus dem Photostrom, der in weiten Grenzen der absorbierten Lichtenergie proportional und von der Vorspannung unabhängig ist. Bei Leerlaufbetrieb (Strom null) durchläuft man die Kurvenschar entlang der waagerechten Achse; dabei erzeugt die Diode eine Spannung, die logarithmisch von der absorbierten Lichtleistung abhängt.

worin n_e, n_p die Anzahl Elektronen bzw. Photonen pro Sekunde bezeichnet. Falls $\eta \approx 1$, folgt die Zahlenwertgleichung

$$\mathcal{R} = \frac{e}{hc}\,\lambda = \frac{\lambda[\mu\text{m}]}{1,24}\,\left[\frac{\text{A}}{\text{W}}\right] \quad . \tag{8.10}$$

Die Empfindlichkeit liegt also in der Größenordnung von 1 A/W im nahen Infrarot.

8.10.2 Materialien

Die verbreiteten Photodioden aus Silizium, die als Massenprodukt in Fernbedienungen etwa für Fernsehgeräte, Lichtschranken, Supermarktscannern, CD-Spielern etc. eingesetzt werden, eignen sich wegen der Bandkante des Siliziums bei ungefähr 1 μm nur für das erste Fenster der Fasertechnologie. Bei den längeren Wellenlängen des zweiten und dritten Fensters ist Silizium für Licht transparent, und daher findet keine Absorption statt. Germanium (Bandkante 1,7 μm) deckt den gesamten erforderlichen Wellenlängenbereich ab, wird aber zunehmend weniger eingesetzt. Bevorzugt werden demgegenüber Dioden aus Verbindungen wie InGaAs, die einen geringeren Dunkelstrom aufweisen.

8.10.3 Geschwindigkeit

Die grundsätzliche Grenze der Ansprechgeschwindigkeit ist dadurch gegeben, dass die photoerzeugten Ladungsträger die Sperrschicht durchqueren müssen. Es gibt eine maximale Geschwindigkeit, die materialabhängig und durch Streuprozesse limitiert ist. Da aber nicht alle Ladungen in der Sperrschicht erzeugt werden, sondern ein Teil davor oder dahinter in den p- bzw. n-Schichten, tritt ein Beitrag von diesen Ladungen zum Photostrom hinzu. Da in diesen Schichten die Feldstärke gering ist, gelangen diese Ladungen nur durch Diffusion in den Außenstromkreis; sie liefern daher einen langsamen Beitrag. Hinzu kommt die so genannte äußere Zeitkonstante, die von der externen Beschaltung abhängt. Die unvermeidlichen Kapazitäten, sowohl der Diode selbst als auch der Beschaltung, bilden zusammen mit dem Abschlusswiderstand einen Tiefpass. Es werden heute Detektoren mit bis zu 60 GHz Bandbreite kommerziell angeboten.

8.10.4 Rauschen

Die fundamentale Grenze jedes Messprozesses liegt im Rauschen. Bei der Detektion von Licht mit Photodioden tragen mehrere Rauschursachen bei:

Quantenrauschen des Lichts: eine Eigenschaft des Lichts. Licht besteht aus Photonen, die nach einer bestimmten statistischen Verteilung eintreffen. Dies schlägt sich in der Verteilung der erzeugten Ladungsträger nieder und erzeugt einen Rauschanteil des Photostroms.

Dunkelstromrauschen: eine Eigenschaft des Detektors. Der Effekt ist materialabhängig und lässt sich durch den Herstellungsprozess sowie durch Kühlung reduzieren.

Oberflächen-Leckstrom-Rauschen: ebenfalls eine Eigenschaft des Detektors. Dieser Effekt lässt sich ebenfalls durch den Herstellungsprozess sowie evtl. noch durch Kühlung verbessern.

Widerstands- und Verstärkerrauschen: eine Eigenschaft der äußeren Beschaltung. Dieser Effekt kann durch geschickte Schaltungsauslegung minimiert werden.

Speziell das Quantenrauschen als technisch nicht beeinflussbare fundamentale Grenze wird in Abschnitt 11.1.7 näher betrachtet.

8.10.5 Lawinendioden

Lawinendioden, nach dem eglischen Wort für Lawine auch als Avalanche-Diode bezeichnet, sind ein Festkörper-Analogon zum Photomultiplier. Gegenüber normalen Photodioden werden erheblich höhere Vorspannungen angelegt. Aufgrund der höheren Feldstärke werden die Ladungsträger stark beschleunigt; schließlich können sie durch Stoßionisation neue Ladungsträger erzeugen. Der Strom wächst dann lawinenartig an und an den Klemmen der Diode erscheint ein um den Verstärkungsfaktor M größeres Signal.

Allerdings lohnt sich keine beliebige weitere Steigerung der Verstärkung, da diese mit einem eigenen Rauschen einhergeht, welches sogar schneller wächst als M. Daher gibt es für jede Kombination aus Diode und ihrer Beschaltung eine optimale Verstärkung, bei der gerade das Eigenrauschen der ersten nachgeschalteten Verstärkerstufe gegenüber dem Signal keine nennenswerte Rolle mehr spielt.

IV Nichtlineare Phänomene in Glasfasern

Experiment zur Stimulierten Brillouinstreuung in Glasfaser mit sichtbarem Licht (ca. 590 nm). Vgl. Abbildungen 9.24, 9.25, 9.26.

9 Grundlegendes zu den nichtlinearen Prozessen

Aus der Akustik ist wohlvertraut, dass Nichtlinearitäten bei Schwingungen zum Auftreten von Obertönen führt. Das gleiche Phänomen gibt es auch im Bereich der Optik. Der erste experimentelle Nachweis dazu gelang in den frühen Sechzigern [31] mit der Erzeugung der doppelten Frequenz in einem nichtlinearen Kristall. Ursache war die Anharmonizität der Schwingung der Polarisation des Mediums, die durch eine intensive Lichtwelle hervorgerufen wurde. Wenig später wurde auch eine dritte Harmonische einer Lichtwelle nachgewiesen. Seitdem hat sich die nichtlineare Optik zu einem eigenständigen Forschungszweig entwickelt. Man kennt optische Gleichrichtung, parametrische Verstärkung, Selbstfokussierung und Selbstphasenmodulation, um nur ein paar Beispiele zu nennen. Optische Nichtlinearitäten sind am Werk, wenn optische Eigenschaften des Materials intensitätsabhängige Veränderungen zeigen, wenn Lichtwellen bei Frequenzen erzeugt werden, bei denen keine Energie eingestrahlt wird, oder wenn allgemeiner zwischen verschiedenen Fourierkomponenten eines eingestrahlten Lichtfeldes eine Energie-Umverteilung stattfindet. Ganz allgemein werden bei höherer Intensität die nichtlinearen Prozesse stärker. Die Umkehrung ist auch richtig: bei hinreichend geringer Intensität sind nichtlineare Prozesse unmerklich; daher ist die gesamte klassische Optik eine lineare Optik.

9.1 Nichtlinearität in Fasern vs. „in bulk"

Auch in Glasfasern treten optisch nichtlineare Prozesse auf, zum Teil sogar besonders ausgeprägt. Das liegt an zwei Besonderheiten von Glasfasern: der hohen Intensität schon bei mäßiger Leistung, die sich aus der geringen Querschnittsfläche ergibt, sowie der langen Wechselwirkungsstrecke aufgrund der Wellenleitung.

Die Intensität lässt sich zwar bei gegebener Leistung auch ohne Faser durch Fokussierung steigern, aber dann sinkt normalerweise zugleich die Länge der Wechselwirkungszone. Das liegt an den Beugungseigenschaften von Lichtstrahlen. Diese lassen sich am übersichtlichsten durch eine Betrachtung Gauß'scher Strahlen diskutieren, wie sie in der Regel in guter Näherung von Lasern ausgesandt werden (siehe Anhang D).

Bei einem Gauß'schen Strahl ist die so genannte Rayleighlänge diejenige Länge, über die der Strahlradius nahezu konstant bleibt (ganz korrekt: eine Aufweitung gegenüber der Strahltaille erfolgt um höchstens den Faktor $\sqrt{2}$). Damit findet eine nur geringe Reduzierung der Intensität (auf die Hälfte) statt. Die Rayleighlänge ist gegeben durch

$$z_R = \pi w_0^2 / \lambda \quad ; \tag{9.1}$$

andererseits ist die Intensität in der Taille durch die Leistung P_0 und den Ausdruck

$$I_0 = 2P_0 / (\pi w_0^2) \tag{9.2}$$

gegeben (am Ende der Rayleighzone ist $I_R = I_0/2$).

Betrachten wir solche nichtlinearen Wechselwirkungen, die der Intensität proportional sind und sich mit der Ausbreitungsstrecke kumulieren. In diesen Fällen liefert das Produkt aus Intensität und beugungsbegrenzter Wechselwirkungslänge ein Maß für die Stärke der nichtlinearen Effekte. Wir erhalten

$$I_0 z_R = \frac{2P_0}{\pi w_0^2} \pi w_0^2 / \lambda = \frac{2}{\lambda} P_0 \quad . \tag{9.3}$$

Die Stärke der nichtlinearen Wechselwirkung ist damit durch Geometriefaktoren wie besonders raffinierte Abbildungen etc. nicht zu steigern. In Glasfasern tritt diese Begrenzung nicht auf. Weil die Welle durch den speziellen Aufbau der Faser geführt wird, kann sich die Wechselwirkung über im Prinzip beliebig große Längen aufbauen.

Allerdings reduzieren Verluste in der Faser die Intensität der Lichtwelle mit zunehmender Strecke immer mehr. Das erfassen wir durch Aufintegration entlang der Faser:

$$\int_0^L I(z)dz = \int_0^L I_0 e^{-\alpha z} dz = \frac{I_0}{\alpha} \left(1 - e^{-\alpha L}\right) = I_0 L_{\text{eff}} \tag{9.4}$$

mit der effektiven Wechselwirkungsstrecke

$$L_{\text{eff}} = \frac{1}{\alpha} \left(1 - e^{-\alpha L}\right) \quad . \tag{9.5}$$

Diese effektive Wechselwirkungslänge spielt in der nichtlinearen Faseroptik eine große Rolle. Die effektive Länge ist stets kürzer als die tatsächliche Faserlänge. Das trägt dem Umstand Rechnung, dass entlang der Faser die Pumpleistung in Wirklichkeit abnimmt, sodass entfernte Teile der Faser nur noch wenig zum Streuprozess beitragen. Man ersetzt also die allmählich abklingende Pumpleistung durch eine konstante Leistung, die dann aber nur über eine kürzere Strecke wirksam ist. Geht im Extremfall die tatsächliche Faserlänge gegen unendlich, so strebt L_{eff} gegen $1/\alpha$, also bei $0{,}2 \, \text{dB/km}$ gegen $L_{\text{eff,max}} \approx 22 \, \text{km}$.

Um die Intensität in der Faser umzuschreiben in die transmittierte Leistung, brauchen wir noch die effektiv wirksame Querschnittsfläche der Mode. Diese ergibt sich durch Aufintegration des Feldes $E(x,y)$ über die gesamte Fläche und geeignete Normierung zu

$$A_{\text{eff}} = \frac{\left(\int_{-\infty}^{\infty} \int_{-\infty}^{\infty} |E(x,y)|^2 dx dy\right)^2}{\int_{-\infty}^{\infty} \int_{-\infty}^{\infty} |E(x,y)|^4 dx dy} \quad . \tag{9.6}$$

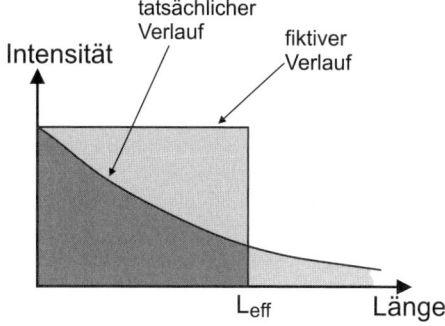

Abb. 9.1 Skizze zur Erläuterung der effektiven Wechselwirkungslänge.

A_{eff} ist die effektiv wirksame Modenfläche; in der Näherung eines Gaußprofils reduziert sie sich auf $A_{\text{eff}} = \pi w^2$.

Wir fassen zusammen: Im Fall der Faser ist die Wechselwirkung ungleich stärker: Dem Wert $\frac{2}{\lambda} P_0$ steht $P_0 L_{\text{eff}}/A_{\text{eff}}$ gegenüber. Dies Verhältnis

$$\frac{\lambda L_{\text{eff}}}{2 A_{\text{eff}}}$$

ist sehr groß: Zum Beispiel für $\lambda = 1\,\mu\text{m}$, $A_{\text{eff}} = 50\,\mu\text{m}^2$ und $L_{\text{eff}} = 20\,\text{km}$ ist es $2 \cdot 10^8$. Daher können selbst geringe Nichtlinearitäten in Fasern bereits große Auswirkungen haben.

9.2 Kerr-Nichtlinearität

Wir haben in Kap. 3 festgestellt, dass der Brechungsindex in der Wellengleichung eine Intensitätsabhängigkeit

$$n = n_0 + n_2 I$$

aufweist. Dies ist der sogenannte optische Kerreffekt. Für Quarzglas ist $n_2 \approx 3 \cdot 10^{-20}\,\text{m}^2/\text{W}$. Die resultierende geringfügige Änderung des Brechungsindex durch den Term mit n_2 beeinflusst die Struktur der Moden nicht, da $n_2 I \ll (n_K - n_M)$. Der Term $n_2 I$ ändert aber die Phase der propagierenden Welle.

Wir betrachten eine Lichtwelle der Leistung P, die in die Faser eingekoppelt wird. Der effektiv wirksame Querschnitt der Mode sei wieder A_{eff}. Generell propagiert eine Welle des Typs

$$\cos(\omega t - kz)$$

so, dass nach der Entfernung $z = L$ die Phase den Wert kL hat. Es ist also

$$\phi = kL = k_0 n L = k_0 \left(n_0 + n_2 I\right) L = \frac{2\pi}{\lambda} \left(n_0 + n_2 P/A_{\text{eff}}\right) L \quad . \tag{9.7}$$

Diese Phase lässt sich aufteilen in einen linearen und einen nichtlinearen Anteil:

$$\phi_{\text{lin}} = \frac{2\pi}{\lambda}\, n_0 L$$

und

$$\phi_{\text{nl}} = \frac{2\pi}{\lambda}\, \frac{n_2}{A_{\text{eff}}}\, PL = \frac{\omega_0 n_2}{c A_{\text{eff}}}\, PL = \gamma P L \quad \text{mit} \quad \gamma = \frac{\omega_0 n_2}{c A_{\text{eff}}} \quad . \tag{9.8}$$

Von dem Nichtlinearitätskoeffizienten γ werden wir ausgiebig Gebrauch machen.

Falls eine Referenzphase vorhanden ist, wird man diese Phasenverschiebung per Interferenz leicht nachweisen können: Setzen wir beispielsweise $\lambda = 1{,}5\,\mu\text{m}$, $n_2 = 3 \cdot 10^{-20}\,\text{m}^2/\text{W}$, $A_{\text{eff}} = 40\,\mu\text{m}^2$, $P = 1\,\text{W}$ und $L = 1\,\text{km}$, so erhalten wir $\gamma = 3{,}14 \cdot 10^{-3}\,\text{W}^{-1}\text{m}^{-1}$ und $\phi_{\text{nl}} = 3{,}14\,\text{rad}$ entsprechend einer halben Wellenlänge.

9.3 Aufstellen der Wellengleichung

Nun werden wir eine Wellengleichung formulieren, in der alle relevanten Effekte berücksichtigt sind. Es zeigt sich, dass es völlig genügt, eine *Hüllkurvengleichung* aufzustellen. Das bedeutet, dass als Variable nicht die elektrische Feldstärke selbst auftritt, sondern nur noch deren Amplitude. Der mit der Lichtfrequenz oszillierende Faktor fällt dabei heraus. Die Berechtigung beruht darauf, dass die Hüllkurve sich meistens sehr viel langsamer ändert als mit Lichtfrequenz, mit anderen Worten, dass Lichtpulse zumeist mindestens mehrere Periodendauern des Lichts lang sind. (Neueste Forschungen stoßen allerdings an die Grenze dieser Annahme.)

9.3.1 Hüllkurvengleichung ohne Dispersion

Zunächst betrachten wir, wie man in einem einfachen Fall eine Hüllkurvengleichung aufstellt. Wir gehen aus von der linearen Wellengleichung

$$\nabla^2 E - \frac{n^2}{c^2}\, \frac{\partial^2 E}{\partial t^2} = 0 \tag{9.9}$$

und benutzen für E den folgenden Ansatz:

$$E(x,y,z,t) = A(x,y,z,t)\, e^{i(\omega_0 t - \beta_0 z)} \quad . \tag{9.10}$$

Das beschreibt eine Welle in positiver z-Richtung mit der Trägerfrequenz ω_0 und der Propagationskonstanten $\beta_0 = \omega_0 n^2/c^2$. Alle anderen Zeit- und Raumabhängigkeiten sind in der *Einhüllenden* oder *Hüllkurve* $A(x,y,z,t)$ zusammengefasst. Wir nehmen an, dass diese Abhängigkeiten sehr viel langsamer veränderlich sind, dass also jede Zeit- oder Ortsableitung von A im Vergleich zur selben Ableitung des exponentiellen Faktors von der Größenordnung $\varepsilon \ll 1$ ist. Physikalisch bedeutet das, dass die Hüllkurve sich während einer Oszillationsperiode bzw. über eine Wellenlänge nicht erheblich ändert. Diese Näherung wird als *slowly varying envelope approximation* bezeichnet [111]; sie ist gerechtfertigt, solange auch sehr kurze Lichtpulse noch mindestens aus mehreren Oszillationen des elektrischen Feldes bestehen.

Zum Zwecke des Einsetzens von Gl. (9.10) in Gl. (9.9) bilden wir zunächst die Ableitungen:

$$\frac{\partial E}{\partial x} = \frac{\partial A}{\partial x}\,\mathrm{e}^{i(\omega_0 t - \beta_0 z)}$$

$$\frac{\partial^2 E}{\partial x^2} = \frac{\partial^2 A}{\partial x^2}\,\mathrm{e}^{i(\omega_0 t - \beta_0 z)}$$

$$\frac{\partial E}{\partial y} = \frac{\partial A}{\partial y}\,\mathrm{e}^{i(\omega_0 t - \beta_0 z)}$$

$$\frac{\partial^2 E}{\partial y^2} = \frac{\partial^2 A}{\partial y^2}\,\mathrm{e}^{i(\omega_0 t - \beta_0 z)}$$

$$\frac{\partial E}{\partial z} = \frac{\partial A}{\partial z}\,\mathrm{e}^{i(\omega_0 t - \beta_0 z)} - i\beta_0 A\,\mathrm{e}^{i(\omega_0 t - \beta_0 z)}$$

$$\frac{\partial^2 E}{\partial z^2} = \left(\frac{\partial^2 A}{\partial z^2} - 2i\beta_0\frac{\partial A}{\partial z} - \beta_0^2 A\right)\mathrm{e}^{i(\omega_0 t - \beta_0 z)}$$

$$\frac{\partial E}{\partial t} = \frac{\partial A}{\partial t}\,\mathrm{e}^{i(\omega_0 t - \beta_0 z)} + i\omega_0 A\,\mathrm{e}^{i(\omega_0 t - \beta_0 z)}$$

$$\frac{\partial^2 E}{\partial t^2} = \left(\frac{\partial^2 A}{\partial t^2} + 2i\omega_0\frac{\partial A}{\partial t} - \omega_0^2 A\right)\mathrm{e}^{i(\omega_0 t - \beta_0 z)} \quad .$$

Nun setzen wir ein:

$$-2i\beta_0\frac{\partial A}{\partial z} + \frac{\partial^2 A}{\partial x^2} + \frac{\partial^2 A}{\partial y^2} + \frac{\partial^2 A}{\partial z^2} - \beta_0^2 A - \frac{n^2}{c^2}\frac{\partial^2 A}{\partial t^2} - 2i\omega_0\frac{n^2}{c^2}\frac{\partial A}{\partial t} + \omega_0\frac{n^2}{c^2}A = 0 \quad .$$

Ersichtlich fällt der Exponentialfaktor überall heraus. *Wir haben jetzt tatsächlich eine Bewegungsgleichung für die Einhüllende!* Die beiden in A linearen Terme heben sich heraus, da $\beta_0 = \omega_0 n^2/c^2$ ist. Die Ableitungen in x- und y-Richtung fassen wir mit dem transversalen Nabla ∇_{xy} zusammen. Dann bleibt stehen:

$$-2i\beta_0\frac{\partial A}{\partial z} + \nabla_{xy}^2 A + \frac{\partial^2 A}{\partial z^2} - \frac{n^2}{c^2}\frac{\partial^2 A}{\partial t^2} - 2i\omega_0\frac{n^2}{c^2}\frac{\partial A}{\partial t} = 0 \quad . \tag{9.11}$$

Da die k-te Ableitung von der Ordnung $\varepsilon^k \ll 1$ ist, bleibt in führender Ordnung davon nur

$$2i\beta_0\frac{\partial A}{\partial z} + 2i\omega_0\frac{n^2}{c^2}\frac{\partial A}{\partial t} = 0$$

bzw.

$$\frac{\partial A}{\partial z} + \frac{n}{c}\frac{\partial A}{\partial t} = 0 \quad . \tag{9.12}$$

Das entspricht einer Einhüllenden, die bei unveränderter Form mit der Geschwindigkeit $v = c/n$ propagiert, also der Phasengeschwindigkeit. Dies Ergebnis ist kein Wunder – wir haben ja sowohl Dispersion als auch Nichtlinearität bislang ausgeschlossen!

Tatsächlich ist die Gleichung *besser* als nur in der ersten Ordnung gültig. In Gl. (9.12) stellen wir fest, dass eine z-Ableitung von A (nicht von E!) bis auf einen Faktor $-n/c$ dasselbe liefert wie eine t-Ableitung. Dasselbe kann man aber auch zweimal machen:

$$\frac{\partial^2 A}{\partial z^2} = \left(-\frac{n}{c}\right)^2 \frac{\partial^2 A}{\partial t^2} \quad .$$

Damit sieht man, dass sich der dritte und vierte Term in Gl. (9.11) wegheben. In der nächsthöheren Ordnung bleibt also stehen:

$$\frac{\partial A}{\partial z} + \frac{n}{c}\frac{\partial A}{\partial t} + \frac{i}{2\beta_0}\nabla^2_{xy} A = 0 \quad . \tag{9.13}$$

Das unterscheidet sich nur durch den Term für die Transversaländerung. In einer Glasfaser wird aber die Beugung gerade durch die Wellenleitung kompensiert, sodass die x- und y-Ableitungen nicht auftreten.

Der Term mit der ersten Zeitableitung kann wegskaliert werden. Dazu führen wir ein mitbewegtes Koordinatensystem

$$\tau = t - \frac{n}{c}z$$

ein und erhalten

$$\frac{\partial A}{\partial z} + \frac{i}{2\beta_0}\nabla^2_{xy} A = 0 \quad . \tag{9.14}$$

Diese Gleichung beschreibt die transversale Beugung eines Wellenpakets. Ohne transversale Änderung ist die Pulsform konstant.

> In einer linearen, dispersions- und verlustfreien Faser propagiert ein Wellenpaket ohne Formänderung mit einer Geschwindigkeit, die gleich der Phasengeschwindigkeit ist.

Nun müssen wir aber in der Wellengleichung noch den Einfluss der Dispersion, Verluste und Nichtlinearität einbauen. Das bedeutet, dass n jetzt von Frequenz (bzw. Wellenlänge) und Leistung (bzw. Amplitude) abhängt und die Amplitude vom Ort (bzw. der zurückgelegten Strecke). Dazu geht man folgendermaßen vor:

9.3.2 Dispersion berücksichtigt durch Fouriertechnik

Die Fouriertransformation vermittelt den Übergang einer Funktion von Zeitbereich zu Frequenzbereich (und ggf. zurück) oder von Ortsraum zu Ortsfrequenz etc. Wir beginnen mit der Zeit-Frequenz-Transformation irgendeiner Funktion $F(t, z)$:

Unter der Abkürzung

$$\tilde{F}(\omega) = \mathsf{FT}\big(F(t)\big)$$

ist zu verstehen:

$$\tilde{F}(\omega) = \int_{-\infty}^{+\infty} F(t)\,e^{i\omega t}\,dt \quad .$$

Dann gilt auch

$$\mathsf{FT}\left(i\frac{\partial}{\partial t}F(t)\right) = \int_{-\infty}^{+\infty} i\,\frac{\partial F(t)}{\partial t}\,e^{i\omega t}\,dt \quad .$$

Dafür findet man mittels partieller Integration:

$$\mathsf{FT}\left(i\frac{\partial}{\partial t}F(t)\right) = ie^{i\omega t}\,F(t)\Big|_{-\infty}^{+\infty} - \int_{-\infty}^{+\infty} iF(t)\,\frac{\partial}{\partial t}e^{i\omega t}dt$$

$$= 0 + \omega \int_{-\infty}^{+\infty} F(t)\,e^{i\omega t}\,dt$$

$$= \omega\,\mathsf{FT}\big(F(t)\big)$$

$$= \omega\,\tilde{F}(\omega) \quad .$$

In der zweiten Zeile haben wir unterstellt, dass $F(t = \pm\infty) = 0$, also dass die Funktion $F(t)$ für weit entfernte Zeiten abklingt.

Dann bedeutet das Ergebnis mit anderen Worten, dass die Fouriertransformation hinausläuft auf eine Ersetzung von

$$\tilde{F}(\omega) \leftrightarrow F(t) \quad ,$$

$$\omega\tilde{F}(\omega) \leftrightarrow i\frac{\partial}{\partial t}\,F(t) \quad ,$$

$$\omega^k\tilde{F}(\omega) \leftrightarrow \left(i\frac{\partial}{\partial t}\right)^k F(t) \quad .$$

Aus einem Faktor ω im Frequenzbereich wird also der Operator $i\frac{\partial}{\partial t}$ im Zeitbereich. Dasselbe funktioniert sinngemäß auch dann, wenn statt des Faktors und Arguments ω überall $\Delta\omega = \omega - \omega_0$ mit festem ω_0 steht.

Ganz ähnlich lässt sich die Orts-Ortsfrequenz-Transformation durchführen, bei der wir zwischen der Koordinate z und der Wellenzahl β transformieren.

$$\tilde{F}(\beta) = \mathsf{FT}\big(F(z)\big) = \int_{-\infty}^{+\infty} F(z)\,e^{-i\beta z}\,dt \quad .$$

Das Vorzeichen im Exponenten steht für eine „nach rechts" (d. h. zu positiven z) laufende Welle. Mit einer analogen Rechnung kommt man auf die Ersetzungstabelle

$$\tilde{F}(\beta) \leftrightarrow \qquad F(z) \quad ,$$

$$\omega \tilde{F}(\beta) \leftrightarrow \qquad -i\frac{\partial}{\partial z} F(z) \quad ,$$

$$\omega^k \tilde{F}(\beta) \leftrightarrow \left(-i\frac{\partial}{\partial z} \right)^k F(z) \quad .$$

Auch dieses funktioniert für $\Delta\beta = \beta - \beta_0$ anstelle des β. Wir wenden diese Erkenntnis nun auf die Reihenentwicklung der Wellenzahl als Funktion der Frequenz an, welche lautet:

$$\beta = \beta_0 + \Delta\omega\beta_1 + \Delta\omega^2 \frac{\beta_2}{2} + \Delta\omega^3 \frac{\beta_3}{6} + \dots \quad . \tag{9.15}$$

Nun gehen wir in den Zeitbereich über, indem wir in dieser Reihenentwicklung die Operatoren einsetzen und auf $A(z,t)$ anwenden:

$$\Delta\beta = \beta_1 \Delta\omega + \frac{\beta_2}{2}\Delta\omega^2 + \frac{\beta_3}{6}\Delta\omega^3 + \dots \tag{9.16}$$

$$-i\frac{\partial}{\partial z}A = i\beta_1 \frac{\partial}{\partial t}A - \frac{\beta_2}{2}\frac{\partial^2}{\partial t^2}A - i\frac{\beta_3}{6}\frac{\partial^3}{\partial t^3}A + \dots \quad . \tag{9.17}$$

Wie erinnerlich ist $1/\beta_1$ gerade die Gruppengeschwindigkeit. Es kann nicht überraschen (aber befriedigen!), dass wir jetzt eine Gleichung vor uns haben, in der die Gruppen- und nicht die Phasengeschwindigkeit (qua n) auftritt.

Oft genügt es, die Reihenentwicklung nach dem Term für die Dispersion der Gruppengeschwindigkeit β_2 abzubrechen. Dann bleibt stehen:

$$\frac{\partial}{\partial z}A + \beta_1 \frac{\partial}{\partial t}A + \frac{i}{2}\beta_2 \frac{\partial^2}{\partial t^2}A = 0 \quad . \tag{9.18}$$

Benutzen wir das mit der Gruppengeschwindigkeit $1/\beta_1$ mitbewegte Koordinatensystem, indem wir $\tau = t - \beta_1 z$ einführen, bleibt

$$\frac{\partial}{\partial z}A + \frac{i}{2}\beta_2 \frac{\partial^2}{\partial t^2}A = 0 \quad . \tag{9.19}$$

Nimmt man weitere Terme in der Reihenentwicklung Gl. (3.18) mit, so treten weitere Terme zu dieser Wellengleichung Gl. (9.19) hinzu, z. B. der Term $-(\beta_3/6)(\partial^3 A/\partial t^3)$ vor dem Gleichheitszeichen für die Dispersion dritter Ordnung. Genauso kann man eine Änderung der Wellenzahl aufgrund von Nichtlinearität erfassen, indem man zum $\Delta\beta$ einen Term $\Delta\beta_{NL} = n_2 I \beta_0$ hinzufügt. Bei komplexer Wellenzahl kann man auch Energieverluste beschreiben, etwa mit $\Delta\beta_{ABS} = i\alpha/2$, worin α der Beer'sche Absorptionskoeffizient ist. Ausführlicher bekommt man also

$$\Delta\beta = \beta_1 \Delta\omega + \frac{\beta_2}{2}\Delta\omega^2 + \frac{\beta_3}{6}\Delta\omega^3 + \beta_0 n_2 I + i\frac{\alpha}{2} \quad , \tag{9.20}$$

$$-i\frac{\partial}{\partial z}A = i\beta_1 \frac{\partial}{\partial t}A - \frac{\beta_2}{2}\frac{\partial^2}{\partial t^2}A - i\frac{\beta_3}{6}\frac{\partial^3}{\partial t^3}A + \beta_0 n_2 I A + i\frac{\alpha}{2}A . \tag{9.21}$$

Der Vorfaktor $\beta_0 n_2 I$ kann auch als $(\omega_0/c)\,n_2(|A|^2/A_{\text{eff}})$ geschrieben werden. Dazu wählt man die Amplitude A als Wurzel aus der Leistung; das ist nicht SI-konform, aber verbreitet üblich. A_{eff} ist die effektive Fläche der Mode in der Faser, über die sich die Leistung $|A|^2$ verteilt, sodass sich die Intensität I ergibt. Dann bleibt stehen

$$\frac{\partial}{\partial z}A + \frac{i}{2}\beta_2\frac{\partial^2}{\partial t^2}A - \frac{\beta_3}{6}\frac{\partial^3}{\partial t^3}A - i\gamma|A|^2A + \frac{\alpha}{2}A = 0 \quad . \tag{9.22}$$

9.3.3 Die kanonische Wellengleichung: „NLSG"

In einem wichtigen Spezialfall vernachlässigt man die Dispersion dritter Ordnung und den Verlustterm. Dann erhält man die *Nichtlineare Schrödingergleichung* (NLSG):

$$\boxed{i\frac{\partial}{\partial z}A - \frac{\beta_2}{2}\frac{\partial^2}{\partial t^2}A + \gamma|A|^2A = 0 \quad .} \tag{9.23}$$

An ihrem Namen ist Erwin Schrödinger unschuldig; er beruht auf der Ähnlichkeit mit der quantenmechanischen Schrödingergleichung

$$i\frac{\partial}{\partial t}\psi - \frac{\partial^2}{\partial z^2}\psi + V\psi = 0 \quad . \tag{9.24}$$

Die Koeffizienten β_2 und γ in Gl. (9.23) lassen sich durch Übergang zu geeigneten Zeit- und Amplitudeneinheiten wegskalieren. Das Wesentliche beim Vergleich ist:

- Das Potenzial hat eine konkrete Form.

> Das Feld selbst erzeugt das Potenzial, welches auf die Feldverteilung einwirkt.

- Orts- und Zeitkoordinaten sind vertauscht.

> Die quantenmechanische Schrödingergleichung beschreibt, wie ein räumlich lokalisiertes Wellenpaket im Lauf der Zeit in seiner räumlichen Breite auseinander fließt.
> Die Nichtlineare Schrödingergleichung der Faseroptik beschreibt, wie ein zeitlich kurzer Lichtpuls bei Propagation über eine Strecke in seiner zeitlichen Dauer auseinander fließt.

Wir fassen noch einmal zusammen: n wird intensitätsabhängig, aber wegen $n_2 I/n_0 \ll 1$ tritt in erster Ordnung kein Einfluss auf Modengeometrie, Feldverteilung usw. auf. Wir können von transversalen Veränderungen in der wellenleitenden Faser daher absehen. Da allerdings die Wellengleichung nicht mehr linear ist, gilt auch das Superpositionsprinzip nicht mehr. Frequenzabhängigkeiten sind daher explizit eingebaut, was mittels einer Fouriertechnik gelang.

Als ausführliche Wellengleichung betrachten wir die Schreibweise

$$i\,\frac{\partial A}{\partial z} = +\frac{1}{2}\beta_2\frac{\partial^2 A}{\partial T^2} - \frac{i}{2}\,\alpha A - \gamma|A|^2 A \quad, \tag{9.25}$$

in der die Änderung der Pulsform (LHS) durch Terme für Dispersion, Verlust und Nichtlinearität (RHS) beschrieben wird. Die Dispersion ist hier nur in führender Ordnung ausgeschrieben. Für die Nichtlinearität ist nur der Kerreffekt geschrieben. Natürlich kann man die Näherung noch weiter treiben; so gibt es jede Menge Arbeiten, in denen z. B. höhere Ordnungen der Dispersion, die Zeitabhängigkeit der Nichtlinearität oder Polarisationseigenschaften betrachtet werden. Aber bereits in der angegebenen Form hält die Gleichung einige Überraschungen bereit. Wir nähern uns mit ein paar Fallunterscheidungen:

9.3.4 Diskussion der Teilbeiträge zur Wellengleichung

Absorption allein

Für $\beta_2 = \gamma = 0$ reduziert sich die Gleichung 9.25 auf

$$\frac{\partial A}{\partial z} = -\frac{\alpha}{2}A \quad, \tag{9.26}$$

was offenbar von

$$A = A_0 \mathrm{e}^{-\frac{\alpha}{2}z} \tag{9.27}$$

gelöst wird. Nach einer charakteristischen Länge $L_\alpha = 1/\alpha$ ist also die Feldstärke auf $\mathrm{e}^{-1/2}$ und damit die Intensität auf $1/\mathrm{e}$ abgefallen. Wie man sieht, ist α der Beer'sche Absorptionskoeffizient.

Dispersion allein

Für $\alpha = \gamma = 0$ lautet die Gleichung

$$i\frac{\partial A}{\partial z} = \frac{1}{2}\beta_2\frac{\partial^2 A}{\partial T^2} \quad. \tag{9.28}$$

Diese Gleichung entspricht formal der paraxialen Wellengleichung für Beugungseffekte in einer Raumrichtung, sofern man β_2 mit dem Wellenvektor k identifiziert. Eine volle formale Lösung gelingt mit Fouriermethoden; einige Ergebnisse haben wir bereits im Kap. 4 diskutiert. Hier genüge es, wenn wir uns nur kurz überzeugen: Setzt man

$$A = A_0 \mathrm{e}^{i(\Omega T + kz)} \quad,$$

so folgt

$$k = \frac{\beta_2}{2}\Omega^2 \quad,$$

und der Wellenvektor wird frequenzabhängig; das ist das Resultat der früher diskutierten Pulsverbreiterung. Auch hier können wir eine charakteristische Länge definieren; wir wählen wie früher $L_D = T_0^2/|\beta_2|$. Wir haben bereits gesehen, dass nach dieser Strecke ein z. B. gaußförmiger Lichtpuls der Länge T_0 auf das $\sqrt{2}$-fache seiner Breite auseinander gelaufen ist.

Nichtlinearität allein

Auch für die Nichtlinearität können wir eine charakteristische Länge definieren. Für $\beta_2 = \alpha = 0$ lautet die Gleichung

$$i\frac{\partial A}{\partial z} = -\gamma |A|^2 A \quad . \tag{9.29}$$

Hierin ist ja stets $A = A(z,t)$. Wir benutzen die Abkürzung $|A(0,t)|^2 = P_0(t)$ für das Intensitätsprofil des Lichtpulses zu Anfang. Nun wird die Gleichung gelöst von

$$A = \sqrt{P_0(t)}\, e^{i\gamma P_0(t)z} \quad . \tag{9.30}$$

An diesem Ausdruck sind mehrere Dinge bemerkenswert. Erstens ändert sich das Intensitätsprofil des Pulses nicht, es bleibt bei $P_0(t)$. Zweitens tritt eine charakteristische Länge auf, die sich zu $L_{\mathrm{NL}} = \frac{1}{\gamma P_0(t)}$ ergibt und damit *intensitätsabhängig* ist: In der Pulsmitte (Maximum von P_0) ist der Wert anders als in der Flanke. Nach dieser charakteristischen Strecke tritt ein Phasenfaktor von e^i auf (also ein Phasenwinkel von 1 rad). Umgekehrt ist also nach einer festen Propagationsstrecke der Phasenfaktor an

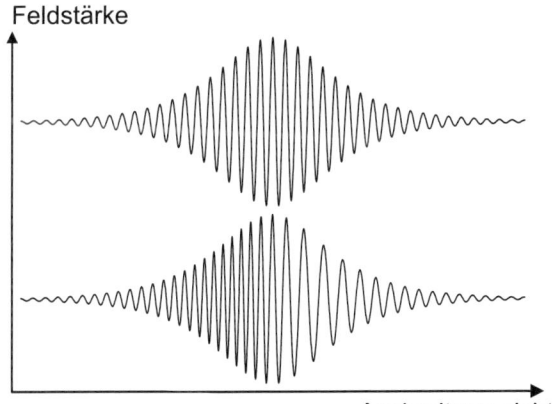

Abb. 9.2 Auswirkung der Selbstphasenmodulation. Oben: In einem Lichtpuls schwingt das elektrische Feld mit einer bestimmten Frequenz; die Einhüllende definiert die Pulsdauer. Ein derartiger Puls werde durch ein Medium geschickt, in welchem Selbstphasenmodulation auftritt. Unten: Nach Durchgang durch dieses Medium sind die Phasen verschoben. In der Pulsmitte wird die Propagation maximal verlangsamt. Daher sind die Wellen in der ansteigenden Flanke (rechts) auseinander gezogen, in der fallenden Flanke (links) hingegen zusammengeschoben.

verschiedenen Stellen im Pulsprofil verschieden: am größten in der Mitte (Pulsspitze), weniger in den Flanken. Der Puls wird also *phasenmoduliert*. Diese Erscheinung ist für alles Weitere von zentraler Bedeutung und wird als *Selbstphasenmodulation* bezeichnet. Wir werden sie noch ausführlicher diskutieren.

Die Selbstphasenmodulation lässt sich auch als Selbstfrequenzmodulation auffassen, da ja Phasen- und Frequenzmodulation eng verwandt sind. Mit der nichtlinearen Phase $\phi_{\mathrm{nl}} = \gamma P L$ wird an einem festen Ort L die nichtlinear erzeugte Frequenzabweichung

$$\Delta\omega = \frac{d\phi_{\mathrm{nl}}}{dt} = \gamma L \frac{dP}{dt} \quad ,$$

was in Abb. 9.3 dargestellt ist. Die Selbstfrequenzmodulation wird auch mit dem englischen Wort *chirp* bezeichnet; man sagt z. B., ein Puls sei „gechirpt".

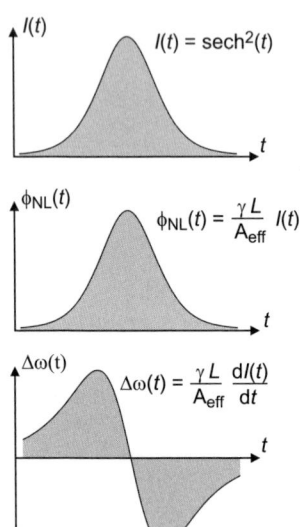

Abb. 9.3 Skizze zum Zusammenhang zwischen Selbstphasenmodulation und Selbstfrequenzmodulation. Oben: Die Intensität habe einen glockenförmigen Zeitverlauf, zum Beispiel $\mathrm{sech}^2(t)$. Mitte: Die nichtlineare Phase folgt dem Verlauf der Intensität. Unten: Die instantane Frequenz ist die Zeitableitung der Phase und folgt daher der Zeitableitung der Intensität.

9.3.5   Dimensionslose NLSG

Wenn nur $\alpha = 0$, gelangen wir zu der besonders interessanten Kombination von Nichtlinearität und Dispersion. Sie ermöglicht unter anderem Pulskompression und Solitonen. Wann diese Kombination auftritt, ergibt eine Gegenüberstellung unserer charakteristischen Längen (wir benutzen $P_0(0) = P_0$):

- $L_\alpha = 1/\alpha$ hängt nur von Fasereigenschaften ab.
- $L_{\mathrm{NL}} = 1/\gamma P_0 = (cA_{\mathrm{eff}})/(n_2\omega_0 P_0)$ hängt von der Faser (nämlich von A_{eff} und n_2 sowie vom Signal (ω_0, P_0) ab. Die Signalabhängigkeit betrifft aber nur den Instantanwert, nicht den zeitlichen Verlauf.
- $L_{\mathrm{D}} = T_0^2/|\beta_2|$ hängt von der Faser ($|\beta_2|$) und vom Signal (T_0) ab. Hier betrifft die Signalabhängigkeit nur den zeitlichen Verlauf, aber nicht die Absolutwerte.

Durch die verschiedenen Abhängigkeiten sind Kombinationen aller Art je nach Umständen denkbar. Durch Vergleich der charakteristischen Längen lässt sich schnell ablesen, welche Effekte wesentlich sind. Dabei wird der Effekt mit der kürzesten Länge den wichtigsten Beitrag liefern. Die Kombination von Nichtlinearität und Dispersion tritt also auf, wenn L_D und L_{NL} vergleichbar, aber viel kürzer als L_α sind. Das ist bei der Propagation kurzer (z. B. Pikosekunden) Lichtpulse der Fall.

Mit den neuen Variablen

$$U = A/\sqrt{P_0}$$
$$\zeta = z/L_D$$
$$\tau = T/T_0$$

wird aus der Wellengleichung mit $\alpha = 0$

$$i\,\frac{\partial U}{\partial \zeta} = \frac{1}{2}\,\mathrm{sgn}\beta_2\,\frac{\partial^2 U}{\partial \tau^2} - \frac{L_D}{L_{NL}}\,|U|^2 U = 0 \quad . \tag{9.31}$$

Das Auftreten der signum-Funktion ergibt sich zwanglos daraus, dass L_D den Betrag $|\beta_2|$ enthält. Der Faktor L_D/L_{NL} lässt sich auch noch wegtransformieren. Dazu benutzen wir $u = NU$ mit

$$N = \sqrt{\frac{L_D}{L_{NL}}} = P_0 T_0^2 \frac{\gamma}{|\beta_2|} \quad . \tag{9.32}$$

Nun nimmt die Gleichung die folgende Gestalt an:

$$i\frac{\partial u}{\partial \zeta} \pm \frac{1}{2}\frac{\partial^2 u}{\partial \tau^2} + |u|^2 u = 0 \quad . \tag{9.33}$$

Dies ist die berühmte *Nichtlineare Schrödingergleichung*, in der dimensionslosen Schreibweise, wie man sie in der Literatur am häufigsten findet. Das Vorzeichen entspricht $-\mathrm{sgn}\beta_2$ und steht für anomale (+) bzw. normale (−) Gruppengeschwindigkeitsdispersion.

Da es zwei Vorzeichenmöglichkeiten gibt, kann man sich hier schon überlegen, dass es zwei Typen oder Klassen von Lösungen geben wird. Innerhalb jeder Klasse haben die Zahlenwerte von Parametern keinen direkten Einfluss; die Lösungen gehen durch Skalenfaktoren auseinander hervor. Lediglich für den sehr speziellen Fall $\beta_2 = 0$ tritt eine besondere Situation auf, doch dazu später.

9.4 Lösungen der NLSG

In diesem Abschnitt betrachten wir Lösungen der Nichtlinearen Schrödingergleichung. Man findet sie mit der Methode der Inversen Streutheorie [137, 46]. Zunächst gibt es die *triviale Lösung*

$$u \equiv 0 \quad . \tag{9.34}$$

9.4.1 Modulationsinstabilität

Interessanter ist die *Dauerstrichlösung*

$$u = \sqrt{u_0}\, e^{iu_0\zeta} \quad . \tag{9.35}$$

Bei dieser Lösung ist es wichtig, die Stabilität zu betrachten. Dies geschieht durch Einbringen einer kleinen Abweichung von der Lösung (*lineare Stabilitätsanalyse*). Stabilität liegt vor, wenn die Störung mit der Zeit wieder abklingt, anderenfalls ist die Lösung instabil.

Die Stabilität der Dauerstrichlösung wechselt mit dem Vorzeichen der Dispersion (siehe z. B. Kap. 5 in [9]). Bei anomaler Dispersion schaukeln Störungen sich auf. Der Begriff *Modulationsinstabilität* weist darauf hin, dass besonders Störungen mit bestimmten Frequenzen schneller anwachsen als andere[1]. Die Frequenzabhängigkeit der Verstärkung ist gegeben durch [9]

$$g_\omega = |\beta_2|\omega\sqrt{\Omega^2 - \omega^2} \tag{9.36}$$

mit

$$\Omega^2 = \frac{4}{|\beta_2|L_{\mathrm{NL}}} = \frac{4\gamma\hat{P}}{|\beta_2|} \quad .$$

Das Maximum der Verstärkung beträgt

$$g_{\mathrm{max}} = 2\gamma\hat{P} \tag{9.37}$$

und tritt bei der Frequenz

$$\omega_{\mathrm{max}} = \frac{1}{2}\sqrt{2}\Omega = \sqrt{\frac{2\gamma\hat{P}}{|\beta_2|}} \tag{9.38}$$

auf. Abb. 9.4 zeigt den spektralen Verlauf der Verstärkung.

---

[1] In der Hydrodynamik wird die entsprechende Instabilität übrigens als Benjamin-Feir-Instabilität bezeichnet [100].

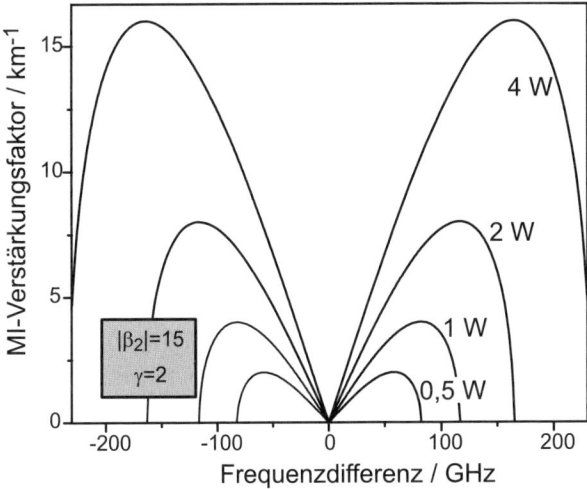

Abb. 9.4 Verstärkungsfaktor der Modulationsinstabilität. Es wurde $\beta_2 = 15\,\mathrm{ps}^2/\mathrm{km}$ und $\gamma = 2\,\mathrm{W\,km}^{-1}$ angenommen. $\hat{P}$ ist als Parameter angegeben.

9.4.2 Das fundamentale Soliton

Eine besonders wichtige Lösung für den Fall anomaler Dispersion hat die Gestalt

$$u = \mathrm{sech}(\tau)\,e^{i\zeta/2} \quad . \tag{9.39}$$

Das ist ein glockenförmiger Puls, der die Schrödingergleichung für $\beta_2 < 0$ löst. Für Wellenlängen, die länger sind als die Nullstelle der Dispersion, gibt es also Lösungen in sech-Form. Diese Pulse sind stabil in dem Sinn, dass eine gewisse Abweichung von der idealen Pulsform sich von selbst wieder ausgleicht. Da es sich um „solitäre" Lösungen der nichtlinearen Wellengleichung handelt, heißen diese Pulse *Solitonen*. Wir haben soeben einen speziellen Vertreter dieser Klasse, das so genannte *fundamentale Soliton* oder $N = 1$-Soliton, kennen gelernt. Es handelt sich also um einen Lichtpuls, der bei der Propagation seine Form nicht verändert, obwohl zugleich sowohl Dispersion als auch Selbstphasenmodulation darauf einwirken. Es liegt auf der Hand, dass solche Pulse für Anwendungen interessant sein müssen.

Wenn wir nun diese dimensionslöse Lösung wieder in realistische Einheiten zurückrechnen, so stellen wir fest: Die Bedingung für das $N = 1$-Soliton lautet

$$L_{\mathrm{D}} = L_{\mathrm{NL}} \quad \Leftrightarrow \quad N = 1 \quad . \tag{9.40}$$

Wegen Gl. 9.32 ist die Spitzenleistung des $N = 1$-Solitons $\hat{P}_1 = |\beta_2|/\gamma T_0^2$. Anders herum gesagt: Alle $N = 1$-Solitonen haben gemeinsam, dass das Produkt aus Spitzenleistung und Pulsdauer zum Quadrat eine nur von Faserdaten abhängige Konstante ist:

$$\hat{P}_1 T_0^2 = \frac{|\beta_2|}{\gamma} \tag{9.41}$$

Zur Bedeutung dieses Produkts merken wir an: Die Energie des Solitons ist das Zeitintegral der Leistung:

$$E_1 = \int_{-\infty}^{+\infty} P(t)\, dt = 2\hat{P} T_0 \quad . \tag{9.42}$$

Damit ist $\hat{P} T_0^2$ so etwas wie das Zeitintegral über die Energie, also das, was in der klassischen Mechanik als *Wirkung* bezeichnet wird. In der Quantenoptik wird das Zeitintegral der Einhüllenden der Amplitude als Pulsfläche bezeichnet [12]; die Wirkung ist also das Quadrat der Pulsfläche.

In einer gegebenen Faser können Solitonen unterschiedliche Dauer, Spitzenleistung und Energie haben. Sie haben aber stets dieselbe Wirkung.

Setzen wir auch die Relationen von T_0 und τ ($\tau = 2\mathcal{Z}T_0$), zwischen β_2 und D ($D = -(\omega/\lambda)\beta_2$) sowie zwischen n_2 und γ ($\gamma = n_2(\omega_0/cA_{\text{eff}})$) wieder ein, so erhalten wir

$$\hat{P}_1 = \mathcal{Z}^2 \frac{\lambda^3}{\pi^2 c} \frac{|D| A_{\text{eff}}}{n_2} \frac{1}{\tau^2} \quad . \tag{9.43}$$

Dabei haben wir die Zahlenkonstante $\mathcal{Z} = \cosh^{-1}\sqrt{2} = 0{,}8813\ldots$ eingeführt. Wenn wir statt der Spitzenleistung $\hat{P}_1$ die mittlere Leistung $\bar{P}_1$ ermitteln wollen, finden wir

$$\bar{P}_1 = \hat{P}_1 \cdot \frac{\tau}{T_{\text{rep}}} \frac{1}{\mathcal{Z}} \quad , \tag{9.44}$$

worin T_{rep} die Repetitionsrate des Experiments bezeichnet. Setzen wir hier noch den Ausdruck für $\hat{P}_1$ ein, so können wir $\bar{P}_1$ explizit durch experimentell gut messbare Größen angeben:

$$\bar{P}_1 = \mathcal{Z} \frac{\lambda^3 |D| A_{\text{eff}}}{\pi^2 c n_2 T_{\text{rep}}} \frac{1}{\tau} \quad . \tag{9.45}$$

Die Energie des Solitons ist damit

$$E_1 = \frac{1}{\mathcal{Z}} \hat{P}\tau \quad . \tag{9.46}$$

Anstatt die Energie in Joule auszudrücken, kann es interessant sein, die Photonenzahl anzugeben, die sich aus $n_{\text{phot}} = E_1/h\nu$ ergibt.

Wir können aus diesen Gleichungen einige Schlüsse ziehen: Offenbar existiert zu jedem τ ein Soliton, dessen Leistung man sich nach den angegebenen Beziehungen leicht ausrechnen kann. Je kürzer die Pulsdauer, desto höhere Leistung erfordert das

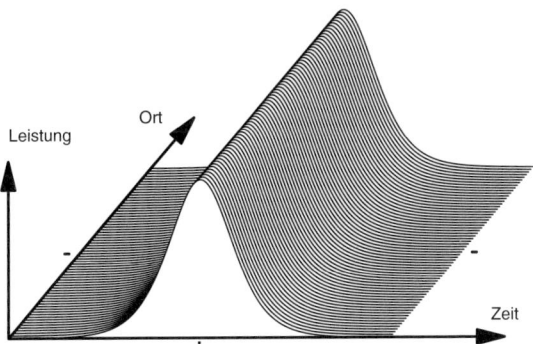

Abb. 9.5 Das fundamentale Soliton in einer Computersimulation: Trotz der Dispersion bleibt die Pulsform erhalten. Parameter in „realen" Einheiten: Pulsdauer $\tau = 1$ ps, $\beta_2 = -18$ ps^2/km, $\beta_3 = 0$, $\gamma = 2,5 \cdot 10^{-3}$ (Wm)$^{-1}$ und $\lambda = 1,5$ μm (vgl. Abb. 4.5). Zu $N = 1$ gehört eine Spitzenleistung von $22,37$ W. Dargestellt ist die Entwicklung über zwei Solitonenperioden ($56,16$ m) in einem Zeitfenster von ± 5 ps.

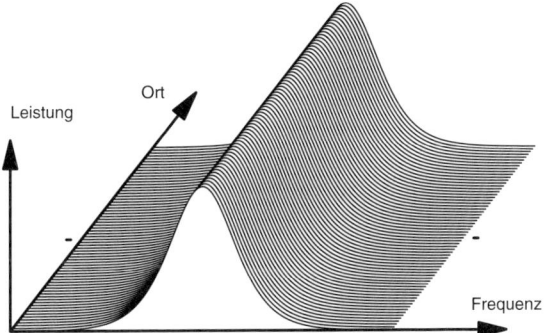

Abb. 9.6 Das Spektrum des fundamentalen Solitons in einer Computersimulation, mit Parametern wie bei Abb. 9.5. Trotz der Nichtlinearität bleibt das Spektrum erhalten.

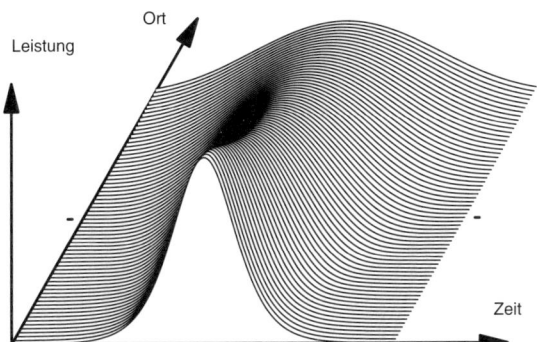

Abb. 9.7 Zum Vergleich die dispersive Verbreiterung eines sech^2-Pulses. Dargestellt ist ein Puls mit einer anfänglichen Dauer (FWHM) von 1 ps, der sich über eine Strecke von 20 m verbreitert. Dabei bleibt natürlich das Spektrum unverändert – wie auch in Abb. 9.6. Die Faserdispersion beträgt $\beta_2 = -18$ ps^2/km und $\beta_3 = 0$.

Tab. 9.1 Typische Größenordnung von Solitonen-Kenngrößen. Unterstellt sind eine Wellenlänge von $1,5\,\mu\text{m}$, eine Faserdispersion von $\beta_2 = -18\,\text{ps}^2/\text{km}$ entsprechend ca. $D = 15\,\text{ps}/(\text{nm}\,\text{km})$ und ein Nichtlinearitätskoeffizient von $\gamma = 2,5 \cdot 10^{-3}\,1/(\text{Wm})$, entsprechend $\gamma = 3 \cdot 10^{-20}\,\text{m}^2/\text{W}$ und $A_{\text{eff}} \approx 50\,\mu\text{m}^2$. Angegeben sind die Spitzenleistung $\hat{P}$, die Solitonenperiode z_0, die Energie und die Photonenanzahl, jeweils gerundet auf drei zählende Ziffern. In allen Fällen ist die Wirkung $W = \beta_2/\gamma = 7,2 \cdot 10^{-24}\,\text{W}\,\text{s}^2$.

τ	$\hat{P}$	z_0	E_1	n_{phot}
1 ns	$22,4\,\mu\text{W}$	$28\,100\,\text{km}$	$25,4\,\text{fJ}$	$1,92 \cdot 10^5$
100 ps	$2,24\,\text{mW}$	$281\,\text{km}$	$254\,\text{fJ}$	$1,92 \cdot 10^6$
10 ps	$224\,\text{mW}$	$2810\,\text{m}$	$2,54\,\text{pJ}$	$1,92 \cdot 10^7$
1 ps	$22,4\,\text{W}$	$28,1\,\text{m}$	$25,4\,\text{pJ}$	$1,92 \cdot 10^8$
100 fs	$2,24\,\text{kW}$	$281\,\text{mm}$	$254\,\text{pJ}$	$1,92 \cdot 10^9$

Soliton. Tabelle 9.1 zeigt typische Größenordnungen. Dabei ist auch gleich noch eine charakteristische Länge z_0 angegeben, die als Solitonenperiode bekannt ist. Sie spielt eine große Rolle bei der Propagation von Solitonen höherer Ordnung ($N > 1$) und errechnet sich sehr einfach zu $z_0 = L_\text{D}\pi/2$. Auch hier rechnen wir um in praktische Einheiten mit

$$z_0 = \frac{1}{(2\mathcal{Z})^2}\,\frac{\pi^2 c \tau^2}{|D|\lambda^2} \quad . \tag{9.47}$$

Bei einem fundamentalen Soliton findet eine Kompensation des linearen Chirps aufgrund der Dispersion und dem nichtlinearen Chirp aufgrund der Selbstphasenmodulation statt. Daher propagieren fundamentale Solitonen ohne Formänderung. Damit ist das fundamentale Soliton das natürliche Bit der optischen Nachrichtenübertragung.

In einer realen Faser treten einige Komplikationen auf, die mit der Nichtlinearen Schrödingergleichung nicht erfasst sind. Insbesondere führt der Energieverlust dazu, dass die Formbeständigkeit des Solitons nicht beliebig weit vorhält. Wir werden darauf in Kap. 11 näher eingehen.

9.4.3 Anregung des fundamentalen Solitons

Was geschieht, wenn man einen Puls in die Faser schickt, der genau einem Soliton entspricht, und dann die Spitzenleistung demgegenüber erhöht oder absenkt? Da das fundamentale Soliton eine stabile Lösung der Wellengleichung ist, wird sich auch in diesem Fall wieder ein Soliton herausbilden. Dazu nimmt es aber eine von den Startwerten verschiedene Dauer und Spitzenleistung an. Eine erhöhte Leistung führt nach einer transienten Phase zu einem kürzeren Puls (siehe Abb. 9.8), eine erniedrigte Leistung entsprechend zu einem längeren Puls (Abb. 9.9). Dies ist gerade die „selbstheilende" Eigenschaft, die Solitonen zu besonders robusten Gebilden macht.

Quantitativ ergibt sich der Endwert der Pulsdauer und Spitzenleistung aus folgender Betrachtung: Aus dem Quotienten von Dispersions- und Nichtlinearitätskoeffizi-

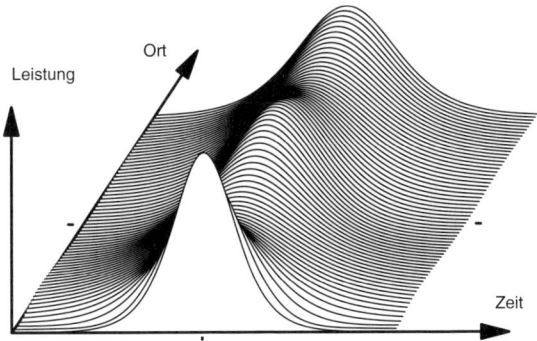

Abb. 9.8 Ein Soliton mit $N = 0,8$ in einer Computersimulation. Parameter wie in Fig. 9.5, aber mit $N = 0,8$ und daher einer Spitzenleistung von $17,9\,\mathrm{W}$.

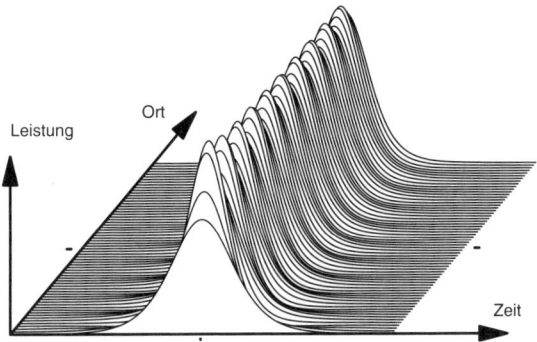

Abb. 9.9 Ein Soliton mit $N = 1,2$ in einer Computersimulation. Parameter wie in Fig. 9.5, aber mit $N = 1,2$ und daher einer Spitzenleistung von $40,27\,\mathrm{W}$.

ent β_2 bzw. γ der Faser ergibt sich diejenige Wirkung $W = |\beta_2|/\gamma$ (das Zeitintegral über die Energie), die jedes Soliton in der gegebenen Faser haben muss. Obwohl der anfängliche Puls wegen der Startbedingung davon abweicht, wird dennoch der schließlich gebildete Puls diesen Wert der Wirkung annehmen. Dazu verändert er zugleich Spitzenleistung $\hat{P}$, Dauer T_0 und Energie E. Die Variation von gleich drei Parametern eröffnet viele Möglichkeiten, zu demselben Ergebnis zu kommen. Diese sind aber nicht unabhängig, da $E = 2\hat{P}T_0$ und $W = ET_0/2$ sind. Es genügt daher eine einzelne weitere Bedingung für eine eindeutige Lösung. Diese Bedingung ergibt sich aus der Energiebilanz:

Bei der Umformung des Anfangspulses in den resultierenden Puls wird im Allgemeinen Energie abgestrahlt. Die Energie des entstehenden Pulses ist gleich der anfänglichen Energie minus der abgestrahlten Energie. Nur bei ganzzahligem N ist die abgestrahlte Energie gleich null. Wir betrachten hier aber eine Startbedingung, die gerade kein ganzzahliges N annimmt: Die Startbedingung laute $\hat{P}_{\mathrm{start}} = (1 + \varepsilon)^2$ bzw. $N_{\mathrm{start}} = 1 + \varepsilon$. Wir fordern dabei, dass $|\varepsilon| < 1/2$.

Die abgestrahlte Energie ist in auf die Solitonenenergie normierten Einheiten gleich

$$E_{\text{rad}} = N^2 - (2N - 1) \quad ;$$

damit ist

$$E_{\text{rad}} = \begin{cases} 0 & : \quad N = 1 \\ 0,25 & : \quad N = 0,5 \\ 0,25 & : \quad N = 1,5 \end{cases} \quad ;$$

für Zwischenwerte von N ergeben sich Werte zwischen 0 und $0,25$. Der Energieverlust kann also direkt angegeben werden. Diese Zusammenhänge sind in Abb. 9.10 grafisch dargestellt." Bis die überschüssige Energie durch Dispersion abgeflossen ist, bildet sie mit dem Soliton Schwebungen, die sich als Oszillation der Solitonenform äußern (vgl. Abbn. 9.8, 9.9).

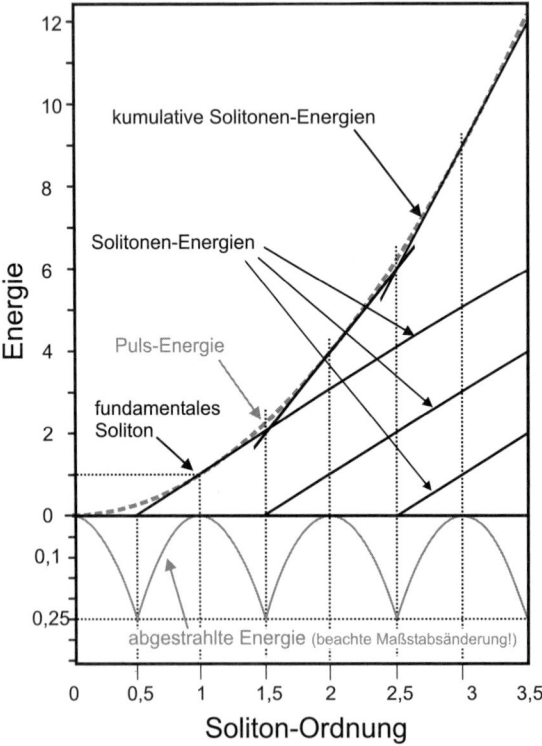

Abb. 9.10 Zur Energie des Pulses und zum Solitonengehalt. Wird für einen Puls mit vorgegebener Dauer die Energie (hier normiert auf die des fundamentalen Solitons) von null aus erhöht, entsteht ab $N = 0{,}5$ ein Soliton, dessen Energie mit wachsendem N linear zunimmt. Ab $N = 1{,}5$ entsteht ein zweites Soliton, ab $N = 2{,}5$ ein weiteres etc. Die Summe der Solitonenenergien ist eine stückweise lineare Funktion. Sie schmiegt sich an die Parabel $E \propto N^2$ (gestrichelt) an und berührt sie bei ganzzahligem N. An diesen Stellen befindet sich die gesamte Energie in den Solitonen. Bei nichtganzzahligem N geht ein Anteil der Energie nicht in die Solitonen, sondern wird abgestrahlt. Er ist gegeben durch die Differenz zwischen der Summe der Solitonenenergien und der Parabel; der größeren Deutlichkeit halber ist dieser Anteil im unteren Teil des Bildes vergrößert dargestellt.

Da Wirkung W und Energie E festgelegt sind, sind auch die verbleibenden Parameter festgelegt:

$$W = |\beta_2|/\gamma \tag{9.48}$$

$$E_{\text{end}} = E_{\text{start}} - E_{\text{rad}} \tag{9.49}$$

$$\Rightarrow T_{\text{end}} = 2\,W/E_{\text{end}} \tag{9.50}$$

$$\Rightarrow \hat{P}_{\text{end}} = E_{\text{end}}/(2\,T_{\text{end}}) \quad . \tag{9.51}$$

Dies ist in Abb. 9.11 grafisch dargestellt: Bei konstanter Wirkung ist $\hat{P} \propto \left(\frac{1}{T_0}\right)^2$ und daher $\log \hat{P} \propto 2\log\frac{1}{T_0}$. Diese Kurve hat im $\log\hat{P} - \log\left(\frac{1}{T_0}\right)$-Diagramm also die Steigung $\dfrac{d\log\hat{P}}{d\log(1/T_0)} = 2$. Bei konstanter Energie hingegen ist die Steigung gleich 1; gezeigt ist eine Auswahl aus dieser Linienschar. Man identifiziert also zunächst die Kurve fester Energie, welche zur Startbedingung gehört und wechselt von dort zu der um die abgestrahlte Energie tiefer liegende Kurve fester Energie des sich bildenden Pulses. Deren Schnittpunkt mit der vorgegebenen Wirkung gibt an, welche Pulsdauer T_{end} und welche Spitzenleistung $\hat{P}_{\text{end}}$ sich ergeben.

Eine interessante Folgerung ist dieses: Schickt man einen Lichtpuls mit $N < 1/2$ in die Faser, so wird sich kein Soliton bilden, da die Energie vollständig in Unter-

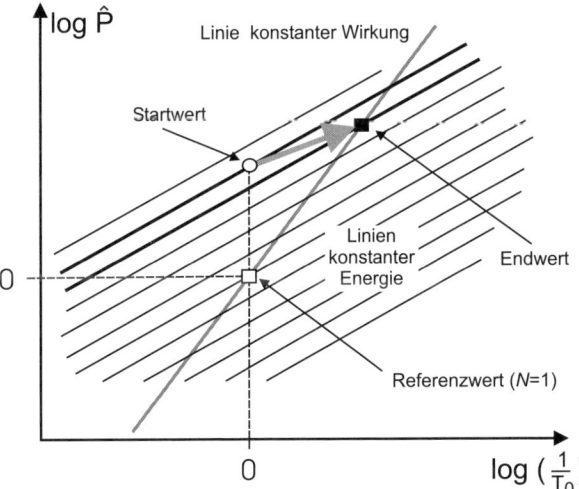

Abb. 9.11 Konstruktion von Energie und Dauer eines Solitons bei nicht genau passendem Startwert. Im $\log(\hat{P})$-$\log(1/T_0)$-Diagramm ist eine Schar von Linien gleicher Energie eingezeichnet. Ferner ist als weißes Quadrat ein Soliton zu einem bestimmten T_0 bzw. $\hat{P}$ markiert. Alle Solitonen in dieser Faser müssen auf der Linie gleicher Wirkung liegen (einzelne steilere Gerade). Die Startbedingung (runder Punkt) habe z. B. eine höhere Energie als zum $N=1$-Soliton gehörig. Nach Abb. 9.10 kalkuliert man zunächst den Energieverlust und wechselt, ausgehend vom Startwert, zu der Kurve der verbleibenden Energie. Deren Schnittpunkt mit der Linie konstanter Wirkung zeigt die neuen Werte für $\hat{P}$ und T_0 an.

grund umgewandelt wird. Auch ein bereits propagierendes Soliton kann man durch ausreichende Abschwächung vernichten: Es genügt, wenn plötzlich N auf Werte kleiner 1/2 gesetzt wird, wenn also die Energie plötzlich um mindestens den Faktor Vier abgeschwächt wird: > 6 dB lokaler Verlust zerstören ein Soliton. Anders ist es, wenn der Energieverlust graduell vonstatten geht. Das sieht man am einfachsten in folgender Überlegung: Schwächt man zunächst um einen Faktor zwischen Eins und Vier ab und lässt dann ausreichende Propagationsstrecke zu, bis der Transient sich abbaut, so bildet sich ein neues Soliton wie eben beschrieben, wiederum mit $N = 1$. Nun kann man erneut um einen Faktor zwischen Eins und Vier abschwächen, und der Vorgang beginnt von Neuem, ohne dass das Soliton zerfällt. Das Soliton überlebt es also, wenn man zweimal um den Faktor Drei abschwächt, aber es überlebt nicht, wenn man auf einmal um den Faktor Neun abschwächt. Bei kontinuierlich entlang der Faser verteiltem Verlust kann das Soliton unter kontinuierlicher Anpassung seiner Form sehr lange existieren.

9.4.4 Kollisionen von Solitonen

Die Ausbreitungsgeschwindigkeit eines Solitons in der Faser hängt wegen der Dispersion von der Mittenfrequenz ab. Schickt man also zwei Solitonen mit etwas unterschiedlicher Mittenfrequenz kurz nacheinander in die Faser, so kann es passieren, dass beide kollidieren. Abb. 9.12 zeigt dies in einer Computersimulation, bei der das Schwerpunktsystem beider Solitonen als Referenzsystem betrachtet wird. Während des Zusammenstoßes treten einige heftige Interferenzspitzen auf, aber nach der Kollision gehen die Solitonen völlig intakt ihrer Wege. Der an ein Elementarteilchen erinnernde Name „Soliton" (Proton, Neutron, . . .) ist durch diese „teilchenartige" Eigenschaft der Solitonen begründet.

Da es sich um ununterscheidbare „Teilchen" handelt, ist es Geschmackssache, ob man sagt, die Solitonen hätten sich durchdrungen oder seien aneinander reflektiert. In jedem Fall bleibt ihre Form und Energie erhalten. Lediglich eine – in der Abbildung nicht sichtbare – Phasenverschiebung bleibt bestehen.

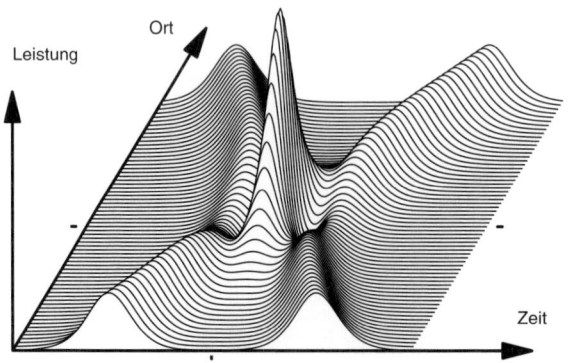

Abb. 9.12 Computersimulation einer Solitonenkollison. Die Kollision lässt beide Solitonen intakt.

In der optischen Übertragungstechnik kann es bei Verwendung vieler Wellenlängen-kanäle (Kap. 11) zu Kollisionen von Solitonen kommen. Dabei hat diese Phasenver-schiebung einen – wenn auch geringen – Einfluss. Ausserdem spielt sie in der Quanten-physik bei sogenannten „*quantum nondemolition*"-Messungen von Bedeutung (siehe z.B. [25]).

9.4.5 Solitonen höherer Ordnung

Erhöht man die Intensität weiter, so schnürt er sich zunächst weiter zusammen. Bei einer viermal größeren Intensität wird bei einer geeigneten Faserlänge aber wieder nahezu die Anfangspulsdauer festgestellt.

Wir begegnen hier dem $N = 2$-Soliton. Allgemein tritt ein N-Soliton bei der N^2-fachen Leistung des $N = 1$-Solitons auf. Alle Solitonen mit $N > 1$ haben die Eigen-schaft, dass ihre Pulsform nicht konstant ist, sondern periodisch. Bei ganzzahligem N beträgt die räumliche Periode gerade z_0. Im Beispiel betrug z_0 etwa 9 m, war also fast, aber nicht ganz genau getroffen – daher die nicht ganz vollkommene Rekonstruktion der Pulsdauer.

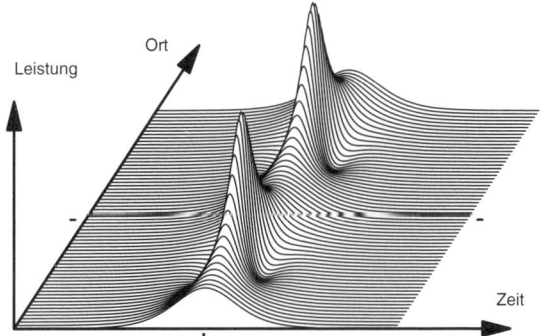

Abb. 9.13 Ein $N = 2$-Soliton in der Computersimulation. Es sind zwei Perioden der Oszillation ge-zeigt: Der Ort läuft von 0 bis $2z_0$.

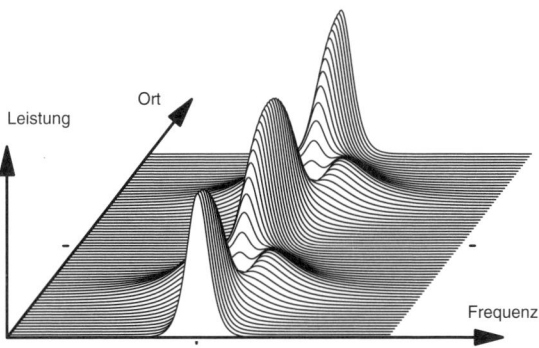

Abb. 9.14 Spektrum des $N = 2$-Solitons in der Computersimula-tion, wieder bis $2z_0$. Man beachte, dass an den Positionen mit kür-zester Zeitdauer (Abb. 9.13) das Spektrum am breitesten ist.

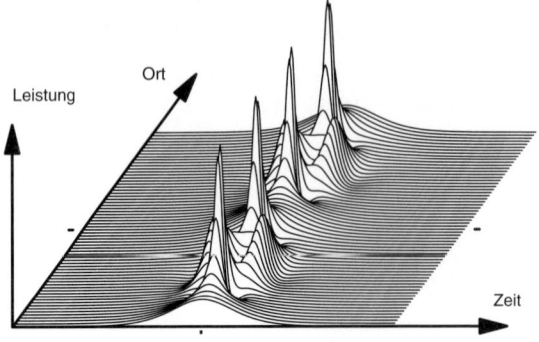

Abb. 9.15 Ein $N = 3$-Soliton in der Computersimulation, gezeigt bis $2z_0$.

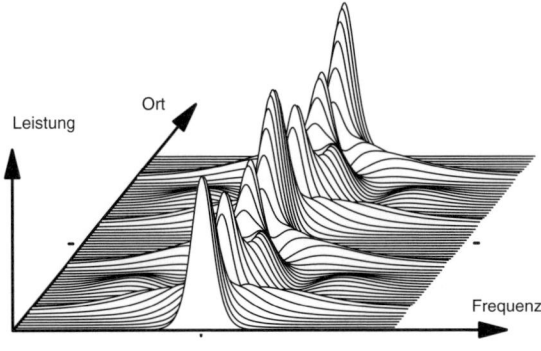

Abb. 9.16 Spektrum des $N = 3$-Solitons in der Computersimulation, korrespondierend zu Abb. 9.15.

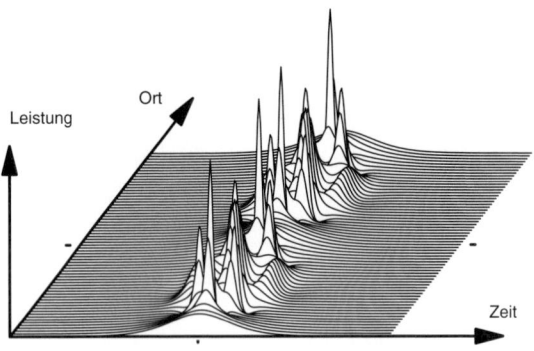

Abb. 9.17 Ein $N = 4$-Soliton in der Computersimulation, ebenfalls bis $2z_0$.

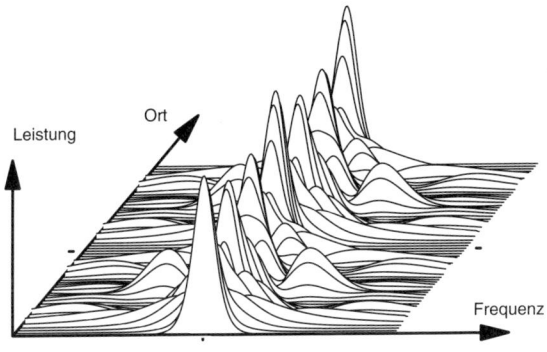

Leistung

Ort

Frequenz

Abb. 9.18 Spektrum des $N = 4$-Solitons in der Computersimulation, korrespondierend zu Abb. 9.17.

9.4.6 Dunkelsolitonen

Eine Lösung der nichtlinearen Schrödingergleichung für den Fall normaler Dispersion ist durch

$$u = \tanh \tau \; e^{i\zeta} \tag{9.52}$$

gegeben. Bei einem Verlauf der Feldstärke wie $\tanh(\tau)$ muss die Intensität wie $\tanh^2(\tau) = 1 - \mathrm{sech}^2(\tau)$ verlaufen; es liegt also eine Dunkelstelle auf einem hellen Hintergrund vor. Dunkelsolitonen sind demnach „Kerben" in einem konstanten Hintergrund, aber mit der Besonderheit, dass in der Pulsmitte ein Phasensprung auftritt.

Experimentell und numerisch lassen sie sich nicht in einem unendlich ausgedehntem Hintergrund, sondern nur in einem deutlich längeren Lichtpuls realisieren. Dennoch muss für den Hintergrundpuls deutlich mehr Energie aufgebracht werden als für ein helles Soliton; daher scheinen Dunkelsolitonen für eine Datenübertragung weniger attraktiv zu sein. Andererseits sind sie gegenüber verschiedenen Störungen noch unempfindlicher als helle Solitonen, sodass einige Autoren sie dennoch favorisieren. In bisherigen Experimenten war es allerdings bereits sehr schwierig, diese Strukturen überhaupt erst mal zu erzeugen.

Die soeben beschriebenen Dunkelsolitonen werden etwas präziser als *schwarze Solitonen* bezeichnet. Der Grund für diese Sprachregelung besteht darin, dass schwarze Solitonen ein Spezialfall einer größeren Klasse von Dunkelsolitonen sind, die sich in der Tiefe des Intensitätsminimums unterscheiden. Dunkelpulse, deren Intensität nicht bis auf null heruntergeht, heißen *graue Solitonen*. Die allgemeine Lösung der Nichtlinearen Schrödingergleichung für Dunkelsolitonen lautet

$$u(\xi, \tau) = A_0 \sqrt{\frac{1}{B^2} - \mathrm{sech}(A_0 \tau)} \; e^{i\left(\varphi(\tau') + \left(\frac{A_0}{B}\right)^2 \xi\right)} \tag{9.53}$$

Leistung

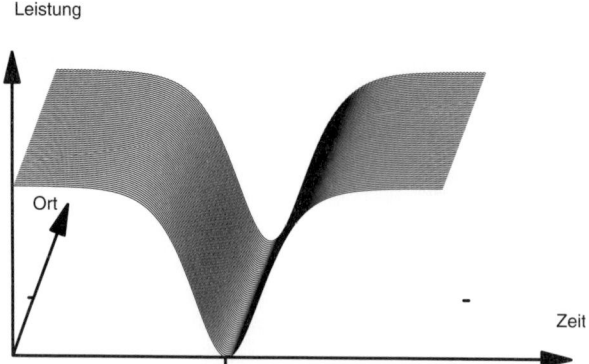

Abb. 9.19 Ein Dunkelsoliton in der Computersimulation. Im Vergleich zu Abb. 9.5 sind alle Parameter gleich belassen; lediglich die Dispersion ist von $\beta_2 = -18\,\mathrm{ps}^2/\mathrm{km}$ auf $\beta_2 = +18\,\mathrm{ps}^2/\mathrm{km}$ verändert.

mit den Abkürzungen

$$\tau' = A_0\tau + \frac{A_0^2}{B}\sqrt{1-B^2}\,\xi$$

und

$$\varphi(t) = \arcsin\frac{B\tanh(t)}{\sqrt{1-B^2\mathrm{sech}^2(t)}}\quad.$$

Der Amplitudenfaktor A_0 legt den Wert des Untergrunds fest und B ist der Grauwert. Im Grenzfall $\lim_{B\to 1}$ wird sozusagen Grau zu Schwarz und Gl. 9.53 reproduziert die Lösung $A_0\tanh(A_0\tau)$. In diesem Fall liegt wie gesagt ein abrupter Phasensprung um π in der Mitte des Solitons vor. In grauen Solitonen ist der Phasenwechsel nicht abrupt, sondern graduell.

9.5 Exkurs: Solitonen in anderen Bereichen der Physik

Solitonen, also nichtlineare Wellen mit besonderen Eigenschaften, existieren keineswegs nur in Glasfasern. Tatsächlich wurde der Begriff gefunden und geprägt durch Beobachtungen in anderen Zweigen der Physik. Die erste überlieferte bewusste Beobachtung eines Solitonenphänomens geht zurück auf den schottischen Wasserbauingenieur John Scott Russell, dem im Jahr 1838 im Union Canal bei Edinburgh eine bemerkenswerte Wasserwelle auffiel. Er berichtete darüber wie folgt [109]:

> *„I was observing the motion of a boat which was rapidly drawn along a narrow channel by a pair of horses, when the boat suddenly stopped – not so the mass of water in the channel which it had put in motion; it accumulated round the prow of the vessel in a state of violent agitation, then suddenly leaving it behind rolled forward with great velocity, assuming the form of a large solitary elevation, a rounded, smooth and well-defined heap of water, which continued its course along the channel apparently without change of form or diminution of speed. I followed it on horseback, and overtook it still rolling on at a rate of some eight or nine miles an hour, preserving its original figure some thirty feet long and a foot and a half in height. Its height gradually diminished, and after a chase of one or two miles I lost it in the windings of the channel.“*

Einen ersten Ansatz der mathematischen Erklärung gab es erst im Jahr 1895, als Korteweg und de Vries eine hydrodynamische Wellengleichung aufstellten. Erst jetzt zeigte sich, dass beim Zusammenspiel von Dispersion und Nichtlinearität solitäre Wellen keineswegs unerwartet sind. Die hydrodynamische Wellengleichung heißt heute Korteweg-de-Vries-Gleichung (KdV-Gleichung). Sie ist von der Nichtlinearen Schrödingergleichung der Fasersolitonen verschieden; daher sind auch die Lösungen im Detail anders. Ein wichtiger Unterschied zur Nichtlinearen Schrödingergleichung besteht darin, dass in der KdV-Gleichung auch die Ausbreitungsgeschwindigkeit amplitudenabhängig wird. Daher bewegen Wasserwellen sich in tiefem Wasser viel schneller als in flachem Wasser. Dieser Umstand hat erhebliche, sogar tragische Konsequenzen bei den gefürchteten *Tsunamis* (jap. Hafenwelle): Durch Seebeben ausgelöste Meereswellen beträchtlicher Energie propagieren im freien Ozean mit großer Geschwindigkeit und haben daher eine sehr lange Wellenlänge und geringe Amplitude. Sie sind daher fast unmerklich, können aber in zwei Tagen den gesamten Pazifik überqueren. Bei Annäherung an ein Ufer, also bei geringer werdender Wassertiefe, bleibt der Energietransport der Welle erhalten. Wegen der nun geringeren Ausbreitungsgeschwindigkeit kommt es aber zu einer Erhöhung der Amplitude, sodass Wellen von 20 m Höhe und mehr entstehen können. Derartige Wellen vernichten in Ufernähe alles, was ihnen in den Weg kommt. Am zweiten Weihnachtstag 2005 wurde dieses in besonders trauriger Weise bestätigt, als ein Seebeben vor Sumatra einen Tsunami im Indischen Ozean auslöste, der zu verheerenden Schäden in Indonesien, Thailand, Sri Lanka und weiter bis nach Ostafrika und einem Verlust von ungefähr einer Viertel Million Menschenleben führte.

1965 betrachteten Zabusky und Kruskal [136] Wechselwirkungen von solitären Wellen und stießen auf deren Teilchencharakter. Er äußert sich darin, dass Solitonen aneinander reflektiert werden können, ohne dabei zu zerfallen. Das Wort Soliton ist so gewählt, dass es an ein Elementarteilchen erinnert.

1971 gaben Zakharov und Shabat [137] ein Lösungsverfahren für die Wellengleichung (Gl. 9.33) an, die die Propagation von Lichtpulsen in Medien mit Dispersion und Kerreffekt beschreibt. Erstmals fanden sie auch hierfür Solitonen. 1973 sagten Akira

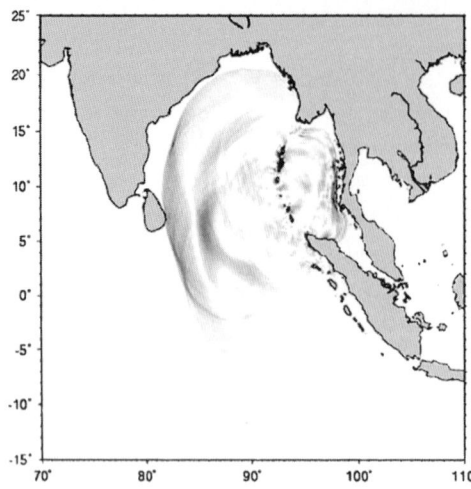

Abb. 9.20 Eine Modellrechnung zur Ausbreitung des Tsunami am 26.12. 2004 im Indischen Ozean. Teilbild einer Animation der Ausbreitung, aus [57] mit freundlicher Genehmigung.

Hasegawa und F. Tappert [47] vorher, dass solche optischen Solitonen experimentell beobachtbar sein sollten und Potenzial für eine optische Nachrichtenübertragung aufweisen. Linn Mollenauer und Mitarbeitern gelang es dann 1980, den experimentellen Nachweis der Existenz von Fasersolitonen zu führen [91]. Nun wurden verschiedene Eigenschaften von optischen Solitonen untersucht. Mitschke und Mollenauer zeigten 1986 den Teilchencharakter von Solitonen durch Nachweis der Wechselwirkungskräfte zwischen Solitonen [86]. In zahlreichen Experimenten wurden inzwischen zahlreiche weitere Einzelheiten bekannt. Einen Übersichtsartikel findet man in Ref. [89].

9.6 Weitere $\chi^{(3)}$-Prozesse

In unserem Ansatz zur Herleitung der Wellengleichung haben wir eine monochromatische Welle angenommen. Dadurch haben wir die Selbstphasenmodulation gefunden, also eine Erscheinung, durch die eine monochromatische Welle oder, in Erweiterung des Konzepts, ein mehr oder weniger schmalbandiger Lichtpuls sich selbst modifiziert. Dies ist nicht die einzige Konsequenz aus der Suszeptibilität dritter Ordnung $\chi^{(3)}$. $\chi^{(3)}$ gibt Anlass zu folgenden weiteren Effekten:

- Kreuzphasenmodulation: Eine Welle der Frequenz $\omega + \Delta$ wird in Anwesenheit einer intensiven Welle der Frequenz ω phasenmoduliert.
- Frequenzverdreifachung: Aus einer Welle der Frequenz ω entsteht eine neue Welle der Frequenz 3ω.
- Vierwellenmischung: Tritt neben einer intensiven Welle der Frequenz ω eine weitere Welle der Frequenz $\omega + \Delta$ auf, so entsteht eine neue Welle bei $\omega - \Delta$.

Die Kreuzphasenmodulation ergibt sich daraus, dass eine Brechungsindexmodifikation *einer* Welle sich auch auf eine *andere* Welle auswirkt. Die Frequenzverdreifachung kann man auf zwei Weisen nachvollziehen: Im *Wellenbild* wird ein auf ein Atom einwirkendes Lichtfeld durch eine Schwingung des Typs $\sin\omega t$ dargestellt. Bei $\chi^{(3)}$-Prozessen wirken zugleich drei Wellen ein. Diese können alle die gleiche Frequenz haben; dann resultiert ein Term $\sin^3(\omega t) = \frac{1}{4}\,(3\sin\omega t - \sin 3\omega t)$. Es tritt also die dreifache Frequenz auf. Im *Teilchenbild* wirken zugleich drei Photonen auf das Atom ein. Dabei absorbiert es also den dreifachen Energiebetrag eines Einzelphotons. Damit dieser Prozess wahrscheinlich ist, muss die Photonendichte genügend groß sein; außerdem muss ein atomarer Energiezustand bei oder in der Nähe von $E = 3\hbar\omega$ existieren.

Bei der Vierwellenmischung kann man entsprechend vorgehen: Im Wellenbild sind die drei Wellen nicht alle von gleicher Frequenz. Falls alle drei verschieden sind, benutzt man eine Beziehung zwischen Winkelfunktionen der Form

$$\sin\omega_1 t \cdot \sin\omega_2 t \cdot \sin\omega_3 t =$$
$$\frac{1}{4}\,\big[\sin(\omega_1 + \omega_2 + \omega_3)t + \sin(-\omega_1 + \omega_2 + \omega_3)t$$
$$+\ \sin(\omega_1 - \omega_2 + \omega_3)t + \sin(\omega_1 + \omega_2 - \omega_3)t\,\big]\quad .$$

Man erhält also vier Kombinationsfrequenzen. Im Teilchenbild hat man drei Photonen, die auf ein atomares Medium einwirken. Dabei kann Absorption oder stimulierte Emission auftreten. Werden alle drei Photonen absorbiert, so speichert das Atom einen Energiebetrag, der der Summe entspricht, und kann auch wieder eine Welle mit dieser Frequenz abstrahlen. Die anderen Kombinationsfrequenzen ergeben sich, wenn eines der Photonen stimulierte Emission hervorruft; der im Atom deponierte Energiebetrag ist dann negativ. Alle Kombinationsfrequenzen können also zu einer neuen – der vierten – Welle führen: daher der Name dieses Prozesses.

Für unsere Zwecke ist noch folgende Anmerkung von Bedeutung: Sind speziell alle ω_i ganzzahlige Vielfache einer gewissen Grundfrequenz ω_0, so gilt dies auch für alle Kombinationsfrequenzen: Wenn mit $k, l, m \in \mathbf{N}$ gilt $\omega_1 = k\omega_0$, $\omega_2 = l\omega_0$ und $\omega_3 = l\omega_0$, so werden die Kombinationsfrequenzen $(k+l+m)\omega_0$, $(-k+l+m)\omega_0$, $(k-l+m)\omega_0$ und $(k+l-m)\omega_0$ und sind damit ebenfalls ganzzahlig Vielfache von ω_0. Bei der *entarteten Vierwellenmischung* sind sogar zwei der drei Frequenzen gleich. Ist z. B. $\omega_1 = \omega_2$ und $\omega_3 = \omega_1 + \Delta\omega$, dann hat die vierte Welle die Frequenz $\omega_4 = \omega_1 - \Delta\omega$.

Diese Betrachtung ist insofern stark vereinfacht, als sie keine Aussage über die Intensität der neu erzeugten Wellen macht. Um das zu beschreiben, muss man folgenden Umstand berücksichtigen:

Nehmen wir an, Energie wird durch einen nichtlinearen Mischprozess von einer Welle in eine andere übertragen. Beide propagieren in derselben Richtung durch das Material. Da ihre Frequenzen im Allgemeinen verschieden sind, haben sie aufgrund der Dispersion im Material eine unterschiedliche Phasengeschwindigkeit. Das bedeutet, dass mit fortschreitender Propagation die relative Phase der beiden Wellen zueinander ändert.

Wie von gekoppelten Oszillatoren bekannt ist, findet ein Energieübertrag am effizientesten statt, wenn die Phase des treibenden Oszillators der des getriebenen Oszillators um 90° voreilt. Energie fließt zwischen gekoppelten Oszillatoren immer von dem in der Phase voreilenden zu dem nacheilenden. Das Prinzip lässt sich auch auf laufende Wellen übertragen.

Zu Beginn der Ausbreitung koppelt Energie der Welle A in die (noch infinitesimal schwache) Welle B. Die Phase der Welle B ergibt sich dabei automatisch so, dass ein Energieübertrag gewährleistet ist. Eine gewisse Strecke weiter haben sich die Phasen der beiden Wellen zueinander um 90° gegenüber dem Anfang verschoben; nun wird keine Energie mehr übertragen. Noch etwas weiter eilt dann sogar die Phase der Welle B vor und der Energieübertrag erfolgt zurück!

Dieser periodische Energieaustausch tritt an die Stelle eines unbegrenzten Anwachsens der Welle B. Das unbegrenzte Anwachsen ist beendet, wenn die Phase sich zum ersten Mal um 90° gedreht hat. Will man möglichst effizienten Energietransfer erzielen, muss man die Strecke bis zu diesem Punkt lang machen; das geht am besten durch Verringerung der Dispersion. Man spricht von einer *Phasenanpassung* (engl. *phase matching*) der beiden Wellen. Will man umgekehrt den Energieübertrag verhindern, sorgt man für starke Dispersion. Darauf werden wir in Abschnitt 11.2.3 zurückkommen.

9.7 Inelastische Streuprozesse

Eine wichtige Klasse von nichtlinearen Prozessen in Fasern sind Streuprozesse. Dabei wird das Licht am Medium (Glas) entweder elastisch oder inelastisch gestreut. Bei elastischer Streuung bleibt die Energie der Lichtquanten unverändert und somit die Frequenz erhalten. Es handelt sich also um lineare Optik. Wir haben bereits die *Rayleighstreuung* kennen gelernt; dabei erfolgt die Abstrahlung nach allen Richtungen und es tritt ein linearer Verlust auf, d. h. ein Verlust an Photonen proportional zur Zahl der vorhandenen Photonen.

Bei inelastischen Streuprozessen tritt eine Frequenzverschiebung $\delta\nu$ auf. Da $\delta\nu = \delta E/h$ ist, muss das Medium eine Energiedifferenz δE entweder aufnehmen oder abgeben. Man unterscheidet zwei Typen von inelastischen Streuprozessen, die in Fasern auftreten: Die *Brillouinstreuung* und die *Ramanstreuung*. Es handelt sich um Streuung am akustischen (Brillouinstreuung) oder optischen (Ramanstreuung) Phononenzweig. Bei beiden kann im Prinzip sowohl eine Abwärts- wie eine Aufwärtsverschiebung der Frequenz auftreten. Man spricht dann von der Stokeswelle bzw. der Antistokeswelle; die eingestrahlte Welle heißt Pumpwelle.

Es ist fast immer die Abwärtsverschiebung (Stokes) bevorzugt. Das Medium besteht ja meistens aus Atomen im Grundzustand oder in einer durch eine Boltzmannverteilung beschriebenen Besetzungsverteilung und kann daher eher Energie aufnehmen als bereitstellen.

Die Rate der spontan gestreuten Photonen ist bei beiden Prozessen gering. Allerdings tritt ab einer gewissen Mindestintensität ein stimulierter Streuprozess auf. Man spricht dann von stimulierter Ramanstreuung (SRS) bzw. stimulierter Brillouinstreuung (SBS). Stimuliert kann der Prozess werden, wenn bereits ausreichend spontan entstandene frequenzverschobene Photonen vorhanden sind, die sich mit dem eingestrahlten Lichtfeld überlagern. Dadurch wird die Polarisierung des Mediums angetrieben und oberhalb der erwähnten Schwelle baut sich der Prozess exponentiell auf. Natürlich kann die Intensität der Stokes- bzw. Antistokeswelle nicht beliebig weiter anwachsen, vielmehr werden schließlich Sättigungsvorgänge das weitere Anwachsen bremsen.

Um einen quantitativen Begriff zu bekommen, kann man sich leicht das folgende Ratengleichungsmodell überlegen: Sei N_s die Zahl der Stokesphotonen, N_p die Zahl der Pumpphotonen. Dann gilt im stimulierten Fall

$$\frac{dN_s}{dz} = const. \, N_p(N_s + 1) \quad .$$

Die „1" in der Klammer steht für die spontane Rate, ohne die der Prozess nicht starten kann (ganz ähnlich wie im Laser). Ist die Startphase vorüber, ist sie aber gegenüber N_s zu vernachlässigen. Dann lautet eine Lösung

$$N_s(z) = N_s(0) \exp(gIz) \quad ,$$

worin g einen Verstärkungskoeffizienten bedeutet.

Durch dieses exponentielle Wachstum kann selbst aus einem einzelnen Photon, welches durch die spontane Streuung hervorgerufen ist, sehr schnell eine makroskopische Lichtwelle werden. Makroskopisch heißt hier, dass das Wachstum so lange weitergeht, bis der Energievorrat der Pumpwelle spürbar verringert wird. Dann kommt es zur Grenze des Wachstums, allerdings keineswegs unbedingt zu einem stationären Gleichgewicht. Im Gegenteil wurde gerade für die Brillouinstreuung in Fasern gezeigt, dass die Stokeswelle tiefe und unregelmäßige Fluktuationen aufweist, welche als Signatur des stochastischen Startvorgangs erhalten bleiben.

Der stimulierte Streuprozess kann also ganz erhebliche Auswirkungen auf die in der Faser propagierende Lichtwelle haben, die auf keinen Fall zu vernachlässigen sind. Andererseits müssen diese Auswirkungen nicht immer nur negativ sein, sondern können gegebenenfalls auch nützliche Dienste leisten. Dies werden wir im Folgenden noch sehen.

Für Streuprozesse gelten selbstverständlich der Energiesatz und der Impulssatz, die sich hier schreiben lassen als

$$\sum_{\text{ein}} \omega = \sum_{\text{aus}} \omega \tag{9.54}$$

$$\sum_{\text{ein}} \vec{k} = \sum_{\text{aus}} \vec{k} \quad . \tag{9.55}$$

Auf der linken Seite stehen alle in die Wechselwirkung hineingehenden, auf der rechten alle davon hinausgehenden Wellen.

9.7.1 Stimulierte Brillouinstreuung

Zunächst betrachten wir den Fall der Brillouinstreuung, bei dem eine akustische Welle erzeugt wird.

$$\omega_p = \omega_s + \omega_a \tag{9.56}$$

$$\vec{k_p} = \vec{k_s} + \vec{k_a} \quad . \tag{9.57}$$

Die Indizes p, s und a bezieht sich auf die Pump-, Stokes- und akustische Welle.

Pump- und Stokeswelle schwingen mit optischen Frequenzen. Die akustische Welle liegt in ihrer Frequenz erheblich niedriger. Daher werden die Wellenvektoren für Pump- und Stokeswelle ähnlich sein im Vergleich zur akustischen Welle; wir können also die Näherungen machen, dass $|\vec{k_p}| \approx |\vec{k_s}|$ und $|\vec{k_a}| \ll |\vec{k_p}|, |\vec{k_s}|$. Damit lässt sich anhand Abb. 9.21 schreiben:

$$|\vec{k_a}| = 2|\vec{k_p}| \sin \frac{\Theta}{2}$$

mit Θ dem Winkel zwischen Ausbreitungsrichtung der Pump- und Stokeswelle. Da sich die Pumpwelle längs der Faser ausbreitet, ist dies zugleich der Winkel zur Faserachse für die Stokeswelle.

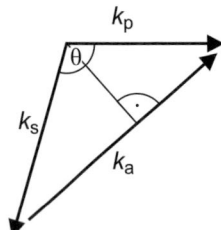

Abb. 9.21 Skizze zum Zusammenhang der drei Wellenvektoren und dem Winkel Θ. Da ein gleichschenkliges Dreieck vorliegt, halbiert das Lot sowohl $|\vec{k_a}|$ als auch Θ. Somit gilt $|\vec{k_a}|/2 = |\vec{k_p}| \sin \Theta/2$.

Da die Wellenzahl gleich Kreisfrequenz durch Geschwindigkeit ist, gilt

$$\omega_a = v_a|\vec{k_a}| = v_a 2|\vec{k_p}| \sin \frac{\Theta}{2}$$

v_a bedeutet die Schallgeschwindigkeit, die in der Faser 5960 m/s beträgt.

Die Stokes-Verschiebung ω_a hängt also vom Winkel Θ ab und verschwindet in Vorwärtsrichtung ($\Theta = 0$). Das gibt Schwierigkeiten mit dem Energiesatz, außer wenn die Energie der gestreuten Welle in Vorwärtsrichtung verschwindet. In Rückwärtsrichtung wird die Frequenzverschiebung hingegen maximal. Eine physikalische Deutung lässt sich angeben als Dopplereffekt der Welle, die an einem mit Schallgeschwindigkeit laufenden Gitter gestreut wird. Andere Richtungen als vorwärts und rückwärts spielen in Fasern, insbesondere Einmodenfasern, keine Rolle. (Ganz genau genommen verschwindet die SBS in Vorwärtsrichtung nicht hundertprozentig; unter der Bezeichnung GAWBS (*guided acoustic wave Brillouin scattering*) tritt eine geringe Vorwärtsstreuung auf, die aber um viele Zehnerpotenzen schwächer ist als die Rückwärtsstreuung [113].)

Geht man von Kreisfrequenzen zu natürlichen Frequenzen über, ist der Index „B"
(wie „Brillouin") üblich. Die Brillouinverschiebung ist also gegeben durch

$$\nu_B = \frac{\omega_a}{2\pi} = \frac{2v_a|\vec{k}_p|}{2\pi} = 2v_a\frac{n}{\lambda_p} \quad ,$$

denn $|\vec{k}_p| = 2\pi n/\lambda_p$. Mit $n = 1{,}46$ und $\lambda_p = 1{,}55\,\mu$m erhält man z. B. $\nu_B = 11{,}2\,$GHz.
SBS führt also zu Frequenzverschiebungen von der Größenordnung 10 GHz (relative
Verschiebung 10^{-4}).

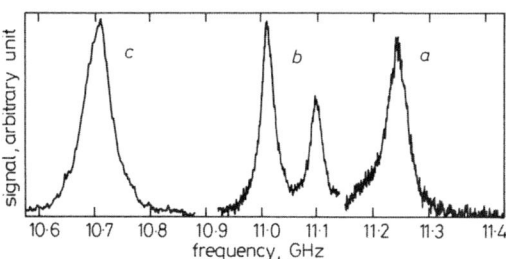

Abb. 9.22 Brillouin-Streuspektrum für drei unterschiedliche Fasern. a) undotierter Silikat-Kern, b) *depressed-clad*-Faser, c) dispersionsverschobene Faser. Die Verschiebung liegt in allen Fällen in der Nähe von 10 GHz. Aus [130] mit Genehmigung.

Die Änderung der Stokeswelle mit der Faserstrecke lässt sich beschreiben als

$$\frac{dI_s}{d(-z)} = gI_pI_s - \alpha_sI_s \quad . \tag{9.58}$$

Die Indizes beziehen sich weiterhin auf die Stokes- und die Pumpwelle. Die Ablei-
tung nach dem Ort ist hier nach $(-z)$ durchgeführt, da bei SBS die Streuung in
Rückwärtsrichtung erfolgt. Da die Frequenz der akustischen Welle sehr viel kleiner
ist als die optischen Frequenzen, dürfen wir $\omega_p/\omega_s \approx 1$ und $\alpha_s \approx \alpha_p$ annehmen. Der
Verstärkungsfaktor g beträgt für SBS etwa $g_B = 20\,$pm/W; das ist etwas weniger als
Silikatglas „*in bulk*", wo man eher $g_B \approx 50\,$pm/W findet.

Die entsprechende Gleichung für die Pumpwelle lautet

$$\frac{dI_p}{dz} = -\frac{\omega_p}{\omega_s}gI_pI_s - \alpha_pI_p \quad . \tag{9.59}$$

Man überzeugt sich leicht, dass für den verlustfreien Fall ($\alpha_s = \alpha_p = 0$) herauskommt:

$$\frac{d}{dz}\left(\frac{I_s}{\omega_s} - \frac{I_p}{\omega_p}\right) = 0 \quad .$$

Dies zeigt die zu erwartende Erhaltung der Photonenzahl.

In Gl. 9.58 bedeutet der erste Term der rechten Seite die Verstärkung, der zweite
den Verlust. Entsprechend ist in Gl. 9.59 der erste Term die Sättigung, der zweite der
Verlust. Wir fragen nach dem Schwellwert der Pumpleistung, ab dem der stimulierte
Effekt auftritt. Da dicht bei der Schwelle die Stokeswelle noch schwach sein wird,

erhalten wir einen brauchbaren Ausdruck für die Schwelle, wenn wir annehmen, dass keine Sättigung auftritt. So finden wir:

$$\frac{dI_p}{dz} = -\alpha_p I_p$$

$$I_p(z) = I_{p0}\, \mathrm{e}^{-\alpha_p z}$$

$$\frac{dI_s}{d(-z)} = gI_s I_{p0}\, \mathrm{e}^{-\alpha_p z} - \alpha_s I_s$$

$$= I_s\left(gI_{p0}\, \mathrm{e}^{-\alpha_p z} - \alpha_s\right) \quad .$$

Beim Integrieren erhalten wir beim ersten Term in der Klammer

$$\int_0^L I_{p0}\, \mathrm{e}^{-\alpha_p z}dz = \frac{I_{p0}}{\alpha_p}\left(1 - \mathrm{e}^{-\alpha_p L}\right) = I_{p0}L_{\mathrm{eff}} \quad .$$

Nun lösen wir

$$I_s(0) = I_{sL}\exp\left(gI_{p0}L_{\mathrm{eff}} - \alpha_s L\right) \quad .$$

Nach Übereinkunft ist ein sinnvolles Kriterium für die Schwelle, dass (ohne Sättigung) $I_{s,\mathrm{max}} = I_{p,\mathrm{min}}$ gilt. Als Startwert der Stokeswelle hat man sich ein am Anfang bzw. Ende eingespeistes Photon aus spontaner Streuung oder Emission vorzustellen. Das Bild zeigt, auf welche Orte sich die Angaben beziehen.

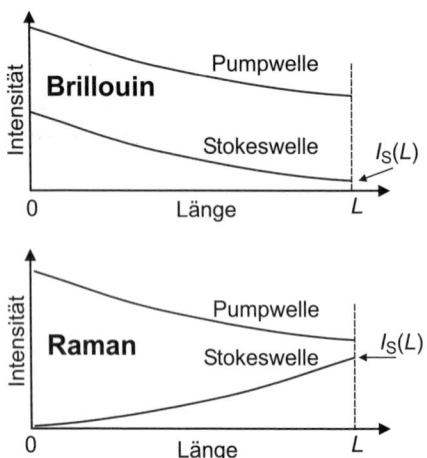

Abb. 9.23 Skizze zum räumlichen Verlauf von Pump- und Stokeswelle bei der stimulierten Brillouinstreuung (oben). Zum Vergleich ist darunter das korrespondierende Bild für die stimulierte Ramanstreuung gezeichnet; siehe Abschnitt 9.7.2.

Für den Verstärkungsterm lässt sich ein typischer Wert angeben, in den bei genauer Rechnung noch die spektrale Linienform eingeht, ebenso der Polarisationszustand beider Wellen etc. Wir dürfen $gI_{p0}L_{\mathrm{eff}} \approx 20$ veranschlagen. Setzt man die oben angegebenen Werte für g sowie $L_{\mathrm{eff,max}}$ ein, so erhält man für die Schwellleistung in einer Faser mit $50\,\mu\mathrm{m}^2$ Modenquerschnitt einen Wert von $2{,}5\,\mathrm{mW}$. Stimulierte Brillouinstreuung tritt also bereits bei sehr geringfügiger Leistung auf – mit nachhaltigen Konsequenzen für die Fähigkeit der Faser, Energie zu transportieren.

Aufgrund der geringen Schwelle ist SBS bei Dauerstrichanwendungen der führende nichtlineare Prozess. Er bewirkt z. B. eine Begrenzung der transmittierten Leistung, da der die Schwelle übersteigende Teil in die Stokeswelle umgesetzt wird, welche zur Quelle zurückläuft. Dies hat z. B. in der Materialbearbeitung erhebliche Auswirkungen.

In Abb. 9.24 ist ein experimentelles Resultat gezeigt, welches diesen Sachverhalt illustriert. Dauerstrichlicht regelbarer Leistung aus einem Farbstofflaser wird in eine Einmodenfaser eingekoppelt. Am Faserende, nach etwa 100 m Faser, registriert ein Detektor die transmittierte Leistung. Die in der Faser zurückgestreute Leistung wird am Faseranfang mit einem Strahlteiler abgetrennt und einem weiteren Detektor zugeführt. Man sieht deutlich, dass der lineare Zusammenhang zwischen eingestrahlter und transmittierter Leistung bereits bei – in diesem Beispiel – etwa 20 mW endet. Die darüber hinausgehende Leistung wird zurückgestreut und erscheint auf dem Detektor für die rücklaufende Welle.

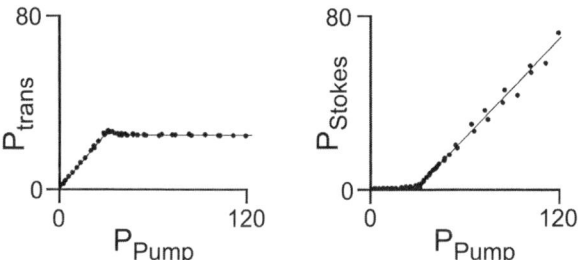

Abb. 9.24 Experimentelle Beobachtung der stimulierten Brillouinstreuung in Glasfaser. Alle Leistungsangaben in mW. Links: Ab der Schwelle der stimulierten Brillouinstreuung wächst die durch die Faser transmittierte Leistung eines Dauerstrichlasers nicht mehr weiter an. Rechts: Die in Transmission „fehlende" Leistung erscheint in der zurückgestreuten Stokeswelle. Aus [26].

Hierzu noch einige ergänzende Bemerkungen:

Erstens sinkt die Schwelle noch weiter, wenn durch Reflektion an den Faserenden einerseits die Pumpleistung „recycelt" wird, andererseits – und dies ist der entscheidendere Punkt – bereits eine kohärente Ausgangswelle anstelle eines spontanen Photons bereitsteht. Es ist gezeigt worden, dass bereits ein Zehntel der natürlichen Fresnelreflektion an den Faserenden eine erhebliche Auswirkung hat [26].

Zweitens ist der zeitliche Verlauf der rückgestreuten Welle keineswegs konstant; vielmehr ist sie unregelmäßig, aber tief durchmoduliert (siehe Abbn. 9.25 und 9.26). Hier schlägt sich letztlich der stochastische Charakter der spontanen Streuung nieder. In Anwesenheit einer optischen Rückkopplung durch Reflektion an den Faserenden entsteht ein Resonator, der eine bestimmte Frequenz auszeichnet – nämlich seine

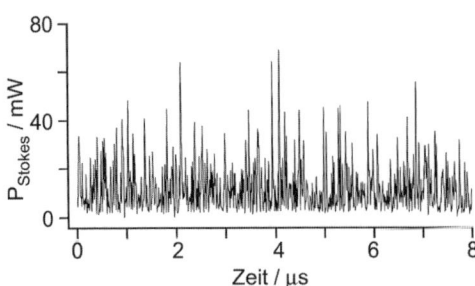

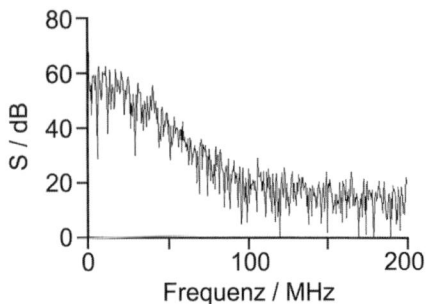

Abb. 9.25 Die rückgestreute Welle (die Stokeswelle) ist zeitlich tief durchmoduliert, ein Zeugnis des Ursprungs der Stokeswelle in spontanen Streuprozessen. Aus [26].

Abb. 9.26 Fourierspektrum zu Abb. 9.25. Die Modulation der Stokeswelle erstreckt sich bis zu einigen zehn MHz. Diese Bandbreite hängt mit der Dämpfung der akustischen Welle im Nanosekundenbereich zusammen. Aus [26].

Umlauffrequenz. In diesem Fall geht die Modulation in eine periodische Schwankung mit ungefähr dieser Frequenz über [26].

Ohne Rückkopplung erstreckt sich die unregelmäßige Modulation im Frequenzraum bis hinauf zu ungefähr 100 MHz. Dieser Wert hängt zusammen mit der Dämpfung der Phononen, die im Nanosekundenbereich liegt und die auch die spektrale Breite der Stokeswelle bestimmt. Die Brillouinbreite ist daher etwa $\Delta\nu_B \approx 10$ MHz, das entspricht einer relativen Breite von 10^{-3}.

Drittens: Bei breitbandigen Pumpsignalen (Bandbreite $\Delta\nu_p$) reduziert sich die wirksame Verstärkung wie

$$\tilde{g}_B = g_B \frac{\Delta\nu_B}{\Delta\nu_B + \Delta\nu_p} \quad .$$

Bei kurzen Lichtpulsen ist die Schwelle deshalb höher, insoweit der Puls spektral breiter ist als die SBS-Linienbreite. Dadurch geht bei kurzen und damit breitbandigen Pulsen die Schwelle hinauf und liegt bei Pikosekundenpulsen viel höher als die Schwelle für die SRS. In diesem Fall spielt SBS keine Rolle mehr.

Der Brillouin-Verstärkungsprozess ist keineswegs nur störend: er lässt sich z. B. zum Bau eines Brillouinlasers heranziehen. Ferner gibt es Brillouinsensoren, bei denen man z.B. die Temperaturabhängigkeit der Brillouinstreuung für eine Temperaturmessung ausnutzt. Zusammen mit Laufzeiteffekten gelingt sogar eine ortsaufgelöste Messung. Ein Übersichtsartikel findet sich in [83].

9.7.2 Stimulierte Ramanstreuung

Die Frequenzverschiebung bei der SBS liegt im Bereich von $10\,\mathrm{GHz}$. SRS führt hingegen zu Frequenzverschiebungen in der Größenordnung von $10\,\mathrm{THz}$, das entspricht einer relativen Verschiebung von 10^{-1}. Die bei SBS gemachte Näherung $\omega_p/\omega_s \approx 1$ ist hier also nicht zulässig.

Wenn wir ansonsten analog zur obigen Beschreibung die Änderung der Intensität der Stokeswelle mit der Faserstrecke für die SRS beschreiben, erhalten wir

$$\frac{dI_s}{dz} = gI_pI_s - \alpha_sI_s \quad . \tag{9.60}$$

Der Verstärkungsfaktor g beträgt etwa $g_R = 0,1\,\mathrm{pm/W}$. Die entsprechende Gleichung für die Pumpwelle lautet

$$\frac{dI_p}{dz} = -\frac{\omega_p}{\omega_s}gI_pI_s - \alpha_pI_p \quad . \tag{9.61}$$

Auch hier überzeugen wir uns, dass im verlustfreien Fall ($\alpha_s = \alpha_p = 0$) die Photonenzahl erhalten ist:

$$\frac{d}{dz}\left(I_s + \frac{\omega_s}{\omega_p}I_p\right) = 0 \quad .$$

Analog zu oben finden wir die Schwelle aus

$$\frac{dI_p}{dz} = \alpha_pI_p$$
$$I_p(z) = I_{p0}\,\mathrm{e}^{-\alpha_pz}$$
$$\frac{dI_s}{dz} = gI_sI_{p0}\,\mathrm{e}^{-\alpha_pz} - \alpha_sI_s$$
$$= I_s\left(gI_{p0}\,\mathrm{e}^{-\alpha_pz} - \alpha_s\right) \quad .$$

Durch Integrieren erhalten wir daraus

$$\int_0^L I_{p0}\,\mathrm{e}^{-\alpha_pz}dz = \frac{I_{p0}}{\alpha_p}\left(1 - \mathrm{e}^{-\alpha_pL}\right) = I_{p0}L_{\mathrm{eff}}$$

mit der bereits oben eingeführten effektiven Wechselwirkungsstrecke L_{eff}. Nun lösen wir

$$I_s(L) = I_{s0}\exp\left(g_RI_{p0}L_{\mathrm{eff}} - \alpha_sL\right) \quad .$$

Die Schwelle ist wieder dann gegeben, wenn ohne Sättigung $I_{s,\mathrm{max}} = I_{p,\mathrm{min}}$ gilt. Der Verstärkungsterm ist für SBS wie SRS etwa gleich und beträgt $gI_{p0}L_{\mathrm{eff}} \approx 20$. Setzt man die oben angegebenen Werte für g_R bzw. g_B sowie $L_{\mathrm{eff,max}}$ ein, so erhält man für die Schwellleistung in einer Faser mit $50\,\mu\mathrm{m}^2$ Modenquerschnitt für SRS etwa $500\,\mathrm{mW}$, also ein Vielfaches des Wertes für die SBS. Für hinreichend kurze Pulse, für die die Schwelle der Brillouinstreuung bereits erheblich angehoben ist, ist die Ramanstreuung der dominierende Streuprozess; dies ist etwa ab Pulsen von $10\,\mathrm{ps}$ Dauer der Fall.

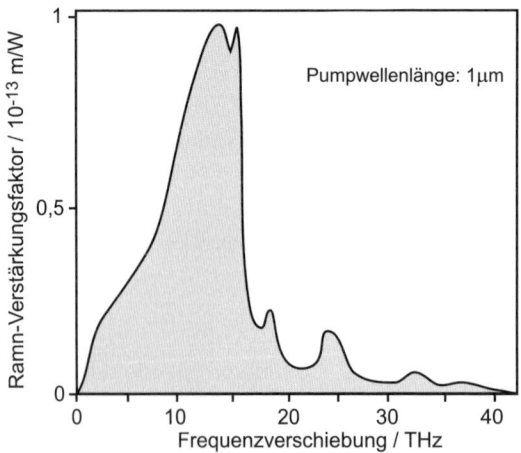

Abb. 9.27 Die Frequenzabhängigkeit der Ramanverstärkung. Das Maximum ist bei einer Verstimmung von etwa 13 THz erreicht, aber bereits bei geringer Verstimmung gibt es eine messbare Verstärkung. Nach [122] mit freundlicher Genehmigung.

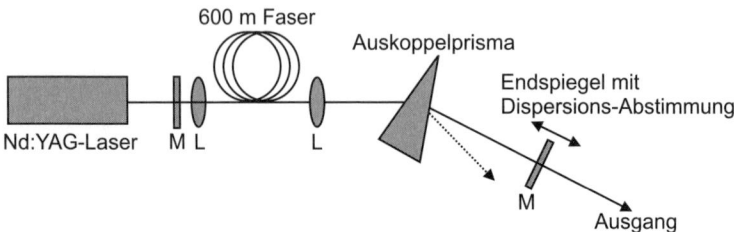

Abb. 9.28 Der erste abstimmbare Ramanlaser 1977 bestand aus einer Faser, die von einem modengekoppelten Nd:YAG-Laser (1064 nm) mit Pulsen von 200 ps Dauer gepumpt wurde. Die mittlere Pumpleistung lag bei 1,1 W, die Wiederholrate bei 100 MHz. Ein Prisma dient zur Trennung von Pump- und Signalwelle, ein verschiebbarer Endspiegel dient der Abstimmung. Der Abstimmbereich erstreckte sich von 1101 nm bis 1125 nm, wobei eine mittlere Leistung bis zu 20 mW erzeugt wurde. Die Schwellpumpleistung lag bei 0,7 W, die Slope-Effizienz bei 60 %. Nach [71] mit freundlicher Genehmigung.

Die Frequenzabhängigkeit der Ramanverstärkung wurde zuerst in [122] gemessen (siehe Abb. 9.27). Später wurde auch seine Aufteilung auf unterschiedlich schnelle zeitliche Anteile betrachtet [123, 124].

Auch mit SRS kann man Verstärker und Laser bauen; diese heißen dann Faser-Ramanverstärker bzw. -laser. Die Abb. 9.28 zeigt ein Experiment, in dem ein abstimmbarer Ramanlaser realisiert wurde [71].

In mehreren Experimenten wurde die Energie eines Pumplichtfeldes zur Verstärkung einer Signalwelle um zum Beispiel 30 dB eingesetzt. Ein wesentlicher Gesichtspunkt ist der Frequenzversatz zwischen beiden Wellen, der durch das Raman-Verstärkungsspektrum von Fasern gegeben ist. Den maximalen Wert erreicht die Verstärkung bei einer Differenz von 13 THz. Für einen Nd:YAG-Laser, der bei 1,06 μm oder 1,32 μm emittieren kann, liegen die günstigen Signalwellenlängen dann bei 1,12 μm bzw. 1,40 μm, also nicht gerade bei idealen Werten.

Die Stokeswelle kann bei ausreichender Intensität ihrerseits wiederum als Pumpwelle für einen weiteren Streuprozess auftreten; auf diese Weise kann eine weitere Ordnung der Streuung entstehen – oder sogar mehrere. In Abb. 9.29 ist ein Fall gezeigt, in dem immerhin fünf Stokesordnungen auftreten [23]. Dies kann in einem Raman-Kaskadenlaser der Abb. 9.30 zur Frequenzumsetzung über deutlich größere Frequenzdifferenzen ausgenutzt werden (siehe z. B. [28]).

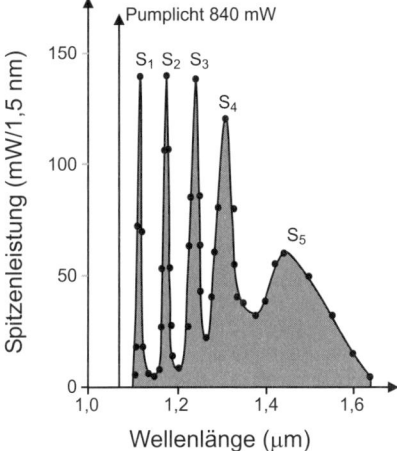

Abb. 9.29 Dieses Raman-Streuspektrum wurde mit einem Nd:YAG-Laser bei 1064 nm erzeugt. Die Stokeswelle dient jeweils als Pumpwelle für die Stokeswelle der nächsten Ordnung. Auf diese Weise werden hier fünf Ordnungen der Ramanstreuung erzeugt. Aus [23] mit freundlicher Genehmigung.

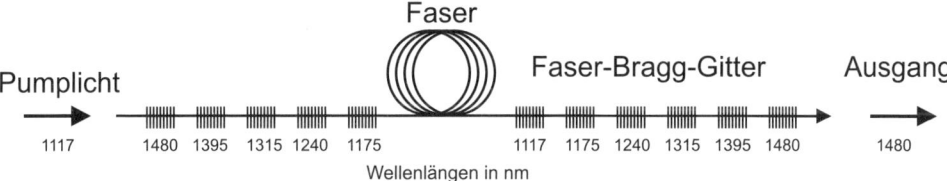

Abb. 9.30 Ein Ramanlaser, bei dem eine Kaskade mehrerer Ramanordnungen ausgenutzt wird, um gegenüber dem Pumplicht deutlich langwelligeres Licht zu erzeugen, wird mit mehreren selektiven Reflektoren (Faser-Bragg-Gitter) ausgestattet. Die Zahlen im dargestellten Beispiel beziehen sich auf den in [45] geschilderten Fall, bei dem per Streuung der fünften Ordnung aus einer Pumpwelle von 1117 nm Emission bei 1480 nm zu erzeugen. Nach [45] mit freundlicher Genehmigung.

Um Verstärkung bei der gewünschten Signalfrequenz zu erhalten, braucht man offenbar eine Pumplichtquelle ausreichender Leistung, die eine gerade um 13 THz höhere Frequenz emittiert. Immerhin lässt sich im Prinzip jede gewünschte Frequenz erreichen, da der Prozess nichtresonant ist. Bei den bereits erwähnten aktiven Fasern (Erbiumfasern etc.) ist dies nicht gegeben; daher sind diese nicht so universell. Da heute bei steigenden Übertragungsraten die mit mindestens 5 THz gewaltige Bandbreite der Verstärkung von Erbiumfasern bereits zu schmal wird, erfahren Ramanverstärker neuerdings wieder einen Zuwachs an Interesse. Kürzlich wurde berichtet, dass der Ramanverstärkungskoeffizient durch geeignete Dotierungen dramatisch erhöht werden kann [106].

10 Ein Katalog nichtlinearer Prozesse

10.1 Normale Dispersion

10.1.1 Spektrale Verbreiterung

Die Selbstphasenmodulation erzeugt eine Verbreiterung des Frequenzspektrums. Erreicht die nichtlineare Phase Maximalwerte von weniger als ungefähr π, dann ist dieser Effekt nicht sehr stark. Bei wenigen π entsteht eine starke Welligkeit des Spektrums, wie in Abb. 10.1 gezeigt.

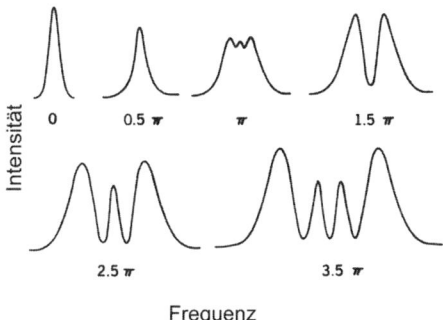

Abb. 10.1 Berechnete spektrale Verbreiterung durch SPM mit dem angegebenen Maximalwert der Phasenverschiebung. Aus [121] mit freundlicher Genehmigung.

Diese anhand der Nichtlinearen Schrödingergleichung berechneten Vorhersagen werden im Experiment gut bestätigt, wie in Abb. 10.2 gezeigt. Bei Lichtpulsen hoher Spitzenleistung in ausreichend langer Faser ist es aber möglich, Spitzenwerte der nichtlinearen Phase von $\gg \pi$ zu erzielen. In diesem Fall nimmt das Spektrum nahezu Rechteckform an (Abb. 10.3). Hier schlägt sich der im Wesentlichen lineare Chirp im zentralen Teil des Pulses nieder.

Die spektrale Verbreiterung kann erwünscht sein, um daraus mit Filtern verschiedene Wellenlängen auszufiltern. Manchmal ist auch ein spektrales Kontinuum über einen gewissen Spektralbereich gefragt. Uns interessiert hier aber besonders, dass ein breites Spektrum die Voraussetzung für einen kürzeren Puls ist. Spektrale Verbreiterung ist also der erste Schritt zur Pulsverkürzung oder Pulskompression.

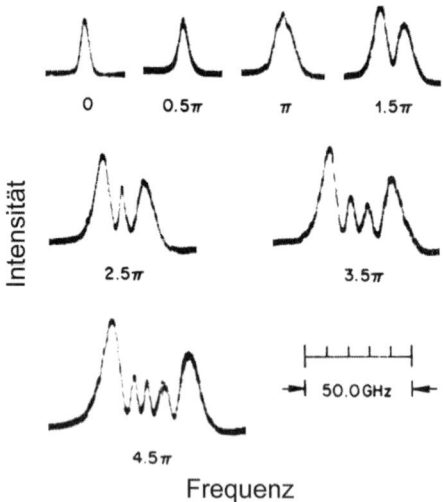

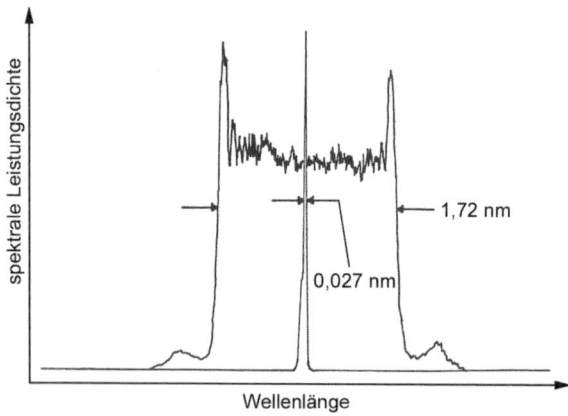

Abb. 10.2 Beobachtete spektrale Verbreiterung durch SPM mit dem angegebenen Maximalwert der Phasenverschiebung. Aus [121] mit freundlicher Genehmigung.

Abb. 10.3 Die spektrale Verbreiterung durch Selbstphasenmodulation führt im Extremfall zu einem nahezu rechteckigen Spektrum. Die Pulse stammen aus einem frequenzverdoppelten Nd:YAG-Laser (532 nm) und waren 35 ps lang. Nach [60] mit freundlicher Genehmigung.

10.1.2 Pulskompression

Nehmen wir an, ein Puls habe durch Selbstphasenmodulation ein breites Frequenzspektrum erhalten. Im zeitlichen Verlauf hat er dann einen ausgeprägten Chirp.

Selbst geringe Beiträge normaler Dispersion führen dann dazu, dass die verschiedenen Frequenzanteile zeitlich nennenswert auseinander gezogen werden. Dadurch wird der Puls auch in seinem zeitlichen Verlauf nahezu rechteckförmig. Der Verlauf der Selbstfrequenzmodulation steilt sich auf: der zentrale Bereich resultiert in einem fast linearen Chirp (bei nahezu konstanter Leistung), die außen liegenden Flanken werden steil.

Mit einem Gitter lässt sich eine entgegengesetzte (anomale) Dispersion erzeugen, die den derart verzerrten Puls wieder zeitlich richtig zusammenschiebt. Die Kombi-

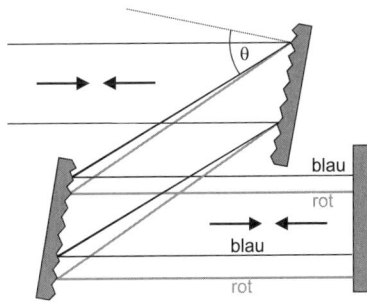

Abb. 10.4 Schematische Darstellung der Dispersion eines Gitterpaares. Kürzerwelligeres Licht („blau") läuft einen kürzeren Weg als längerwelliges („rot").

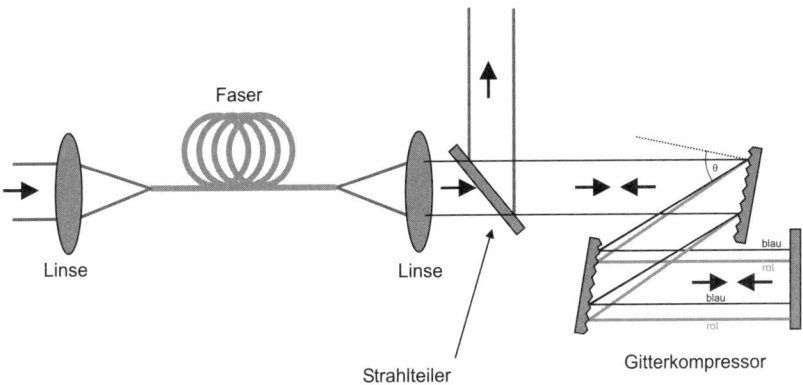

Abb. 10.5 Kompression mittels Faser und Gitterpaar. Die Faser erzeugt durch Selbstphasenmodulation stark „gechirpte" Pulse, die dann durch eine passend gewählte Dispersion der Gitteranordnung komprimiert werden. Gezeigt ist eine Anordnung mit zweimaligem Durchlauf durch das Gitterpaar und Auskopplung an einem Strahlteiler (teilreflektierendem Spiegel).

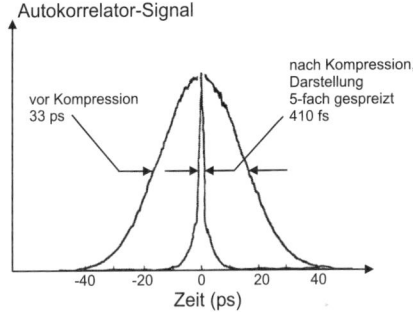

Abb. 10.6 Experimentelles Resultat mit Faser-Gitter-Kompressor: Hier wurden Pulse von anfänglich 33 ps Dauer auf 410 fs komprimiert. Aus [59] mit freundlicher Genehmigung.

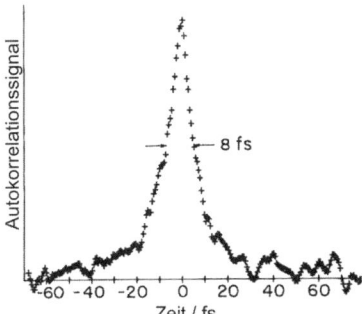

Abb. 10.7 Extreme Pulskompression auf 8 fs. Diese Pulse stellten für einige Zeit die kürzesten Pulse der Welt dar. Entnommen aus [65] mit freundlicher Genehmigung.

nation von Faser und Gitter zur Kompression von Pulsen bei normaler Dispersion ist kommerziell erhältlich und dient z. B. der Kompression von Pulsen aus Farbstofflasern oder Nd:YAG-Lasern.

10.1.3 „Gechirpte" Verstärkung

Es gibt heute Lasersysteme, die enorm hohe Spitzenleistungen von über einem Petawatt erzeugen können. Dabei macht man von einem Oszillator-Verstärker-Konzept Gebrauch: Die vom Oszillator abgegebenen Pulse werden durch Nachverstärkung bis in den Terawattbereich gebracht. Derartige Lichtquellen sind für die physikalische Grundlagenforschung von Bedeutung.

Die Schwierigkeit besteht darin, dass die optischen Komponenten des Verstärkers dem Risiko der Zerstörung aufgrund der außerordentlich hohen Intensitäten ausgesetzt sind. Man umgeht dies durch „gechirpte" Verstärkung (*chirped pulse amplification* [104], einer aus der Radartechnik entlehnten Methode, die große Spitzenleistungen auf empfindlichen Bauteilen vermeidet. Dazu wird vor dem Verstärker ein dispersives Element (eine Faser oder ein Gitterpaar) eingefügt, die eine kräftige Dispersion erzeugen und dadurch den Puls zeitlich in die Länge ziehen. Die spektralen Bestandteile des Pulses treten nun nicht mehr zugleich, sondern nur nacheinander auf. Im Verstärker treten daher nur noch um den Expansionsfaktor reduzierte Intensitäten auf; das kann mehrere Größenordnungen ausmachen. Diese Reduktion der Spitzenleistung vermeidet die Gefahr eines Schadens im Verstärker. Nach der Verstärkung werden alle Fourierkomponenten wieder „zusammengeschoben", indem man den Puls durch ein weiteres dispersives Element leitet. Dieses muss eine betragsgleiche, aber umgekehrte Dispersion haben wie das erste. Das Verfahren ist für das Beispiel einer Faser vor und einem Gitterpaar nach dem Verstärker in Abb. 10.8 gezeigt.

Mit CPA wird heute in mehreren Laboratorien weltweit eine Spitzenleistung von mehr als einem Petawatt erzeugt. (Zum Vergleich beträgt die Elektrizitätserzeugung in den USA unter einem Terawatt). Allerdings wird diese gewaltige Leistung nur über ein paar hundert Femtosekunden aufrechterhalten. Im Pionierexperiment am Lawrence Livermore Laboratory [104] erzielte man 1999 Pulse mit $\geq 1\,\mathrm{PW}$ und $680\,\mathrm{J}$ Energie bei einer Dauer von $440\,\mathrm{fs}$. Dazu wurden die Pulse vor der Verstärkung $25\,000$fach gedehnt. Die Rekompression musste im Vakuum erfolgen, da die Feldstärken um drei Zehnerpotenzen oberhalb der typischen Feldstärken lagen, mit denen Elektronen an Atomkerne gebunden sind; jedes Material würde also sofort zerstört. Im Fokus erreichte man eine Intensität von $10^{25}\,\mathrm{W/m}^2$ und eine Energiedichte von $30\,\mathrm{PJ/m}^2$, erheblich mehr als im Inneren von Sternen.

Dabei wurde zur Pulsdehnung allerdings keine Faser, sondern eine Kombination von Gittern eingesetzt. Mit einer Faser erzielt man zwar stärkere Dispersion. Andererseits ist die Pulsverbreiterung schwerer vollständig zu kompensieren, da Dispersion höherer Ordnung und Selbstphasenmodulation auftreten. Fasern findet man daher weniger in Systemen, die die ultimative Hochleistung erzielen sollen, sondern eher

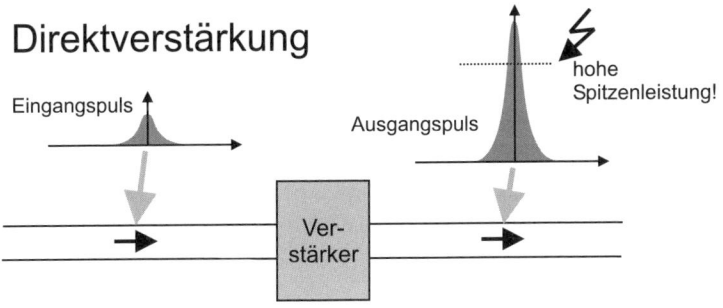

Direktverstärkung

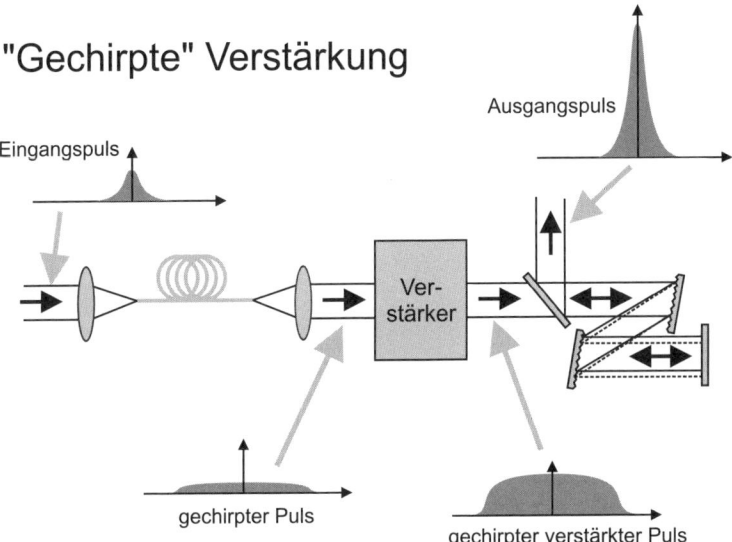

"Gechirpte" Verstärkung

Abb. 10.8 Oben: Bei der Verstärkung eines Lichtpulses auf hohe Energien treten Spitzenintensitäten auf, die zur Zerstörung des Verstärkermediums führen können. Unten: Dies umgeht man durch Pulsverbreiterung mittels einer dispersiven Vorverzerrung des Pulses vor der Verstärkung, die am Ende durch Kompression wieder rückgängig gemacht wird. Die Dehnung kann mit einer Faser wie in Abb.10.5 oder mit Gittern erfolgen; für die Kompression werden regelmäßig Gitter eingesetzt.

in solchen, bei denen eine kompakte Bauform im Vordergrund steht. Es gibt bereits kommerziell erhältliche CPA-Lasersysteme.

10.1.4 Optisches Wellenbrechen

Im Fall normaler Dispersion und in Anwesenheit starker Selbstphasenmodulation tritt ein nahezu rechteckiger Puls mit nahezu linearem Chirp auf. Wird die Selbstphasenmodulation noch weiter erhöht, kommt es zu einer Erscheinung, die als optisches

Wellenbrechen bezeichnet wird[131]. Dabei fällt der Anteil mit der höchsten Frequenz zeitlich hinter den Untergrund (in der Pulsflanke) zurück, während der Anteil mit der niedrigsten Frequenz den Untergrund überholt. An diesen Stellen „schlägt die Welle über", und es kommt zu Interferenzstreifen [108].

Dieser Extremfall tritt auf, wenn die Flanken des Rechteckpulses überschlagen; d. h. wenn sich Frequenzkomponenten zeitlich überholen. Dann treten im Zeitbild in den steilen Flanken des nahezu rechteckigen Pulses Oszillationen auf; im Frequenzraum gibt es Nebenmaxima.

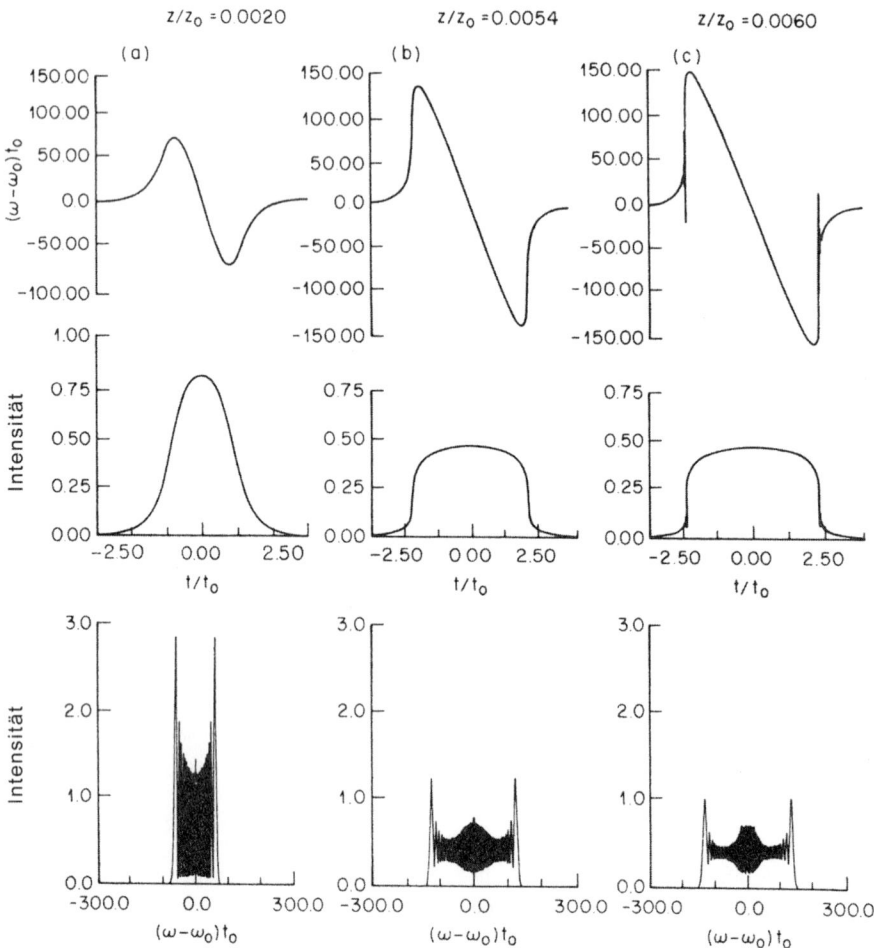

Abb. 10.9 Optisches Wellenbrechen. Obere Reihe: Entwicklung des Verlaufs der instantanen Frequenz. Es tritt ein erheblicher nahezu linearer Chirp auf. Mittlere Reihe: Entwicklung des Intensitätsprofils. Die Pulsform wird nahezu rechteckig. Untere Reihe: das jeweils zugehörige Leistungsspektrum. Nach hinreichend langer Entwicklung (rechte Spalte) „schlägt die Welle über"; es werden Interferenzstreifen beobachtet. Aus [131] mit freundlicher Genehmigung.

10.2 Anomale Dispersion

10.2.1 Modulationsinstabilität

Die Verstärkung von Störungen bei bestimmten Frequenzabständen lässt sich zur Erzeugung von Signalen bei eben diesen Frequenzen heranziehen. Im Frequenzbereich in der Größenordnung von 1 THz sind andere Verfahren zur Erzeugung rar. Abb. 10.10 zeigt den ersten experimentellen Nachweis, dass Seitenbänder aus dem Rauschen herauswachsen; in diesem Fall wurde eine Oszillation von ca. 460 GHz erzeugt [127]. In Faserlasern kann mit demselben Prinzip heute eine kontinuierliche Erzeugung der Seitenbänder bewirkt werden [35].

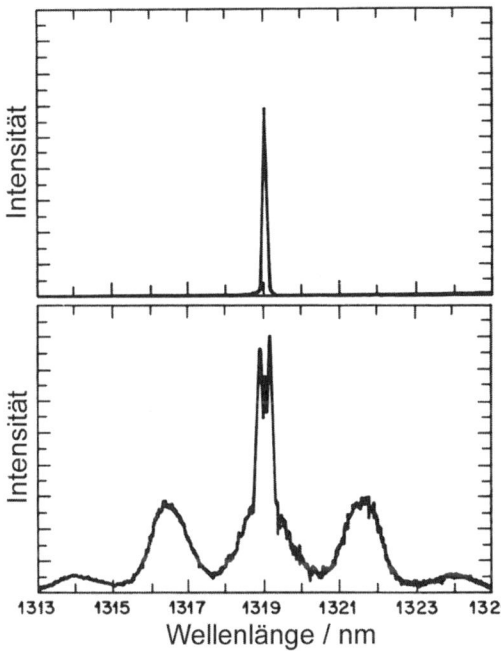

Abb. 10.10 Die erste Beobachtung der Erzeugung von THz-Signalen durch Modulationsinstabilität [127]. Eine Folge von 100 ps-Pulsen aus einem Nd:YAG-Laser wird mit einer mittleren Leistung von 7,1 W in eine Faser von 1 km Länge eingekoppelt. Gezeigt sind die Leistungsspektren der Pulsfolge am Faseranfang (oben) und am Faserende (unten). Die neu entstandenen Seitenbänder sind 2,6 nm oder ca. 450 GHz entfernt. Aus [127] mit freundlicher Genehmigung.

10.2.2 Fundamentale Solitonen

Solitonen existieren aufgrund ihrer gleichzeitigen Wechselwirkung mit Dispersion der Gruppengeschwindigkeit und Kerr-Nichtlinearität. Dazu kann man ein sehr einfaches Experiment durchführen: Über einen variablen Abschwächer werden Pulse fester Pulsdauer (im Beispiel 560 fs) und Wellenlänge (hier 1,5 µm) in eine Faser eingekoppelt. Die Pulsform und -dauer am Ende der Faser wird beobachtet. Bei sehr geringer Leistung spielt die Nichtlinearität noch keine Rolle. Durch Dispersion fließen die Pulse auf ca. 50 ps, also rund das Hundertfache ihrer anfänglichen Breite auseinander. Bei allmählicher Erhöhung der Intensität beobachtet man eine deutliche Verringerung der Ausgangspulsdauer. Bei ca. 6 mW mittlerer Leistung reproduziert sich die anfängliche Pulsform. Bei dieser Leistung breitet sich der Puls unverändert aus. Die Pulsform ist also stabil; sie ist sogar in dem Sinn stabil, dass sie nach kleinen Abweichungen oder Störungen wiederhergestellt wird.

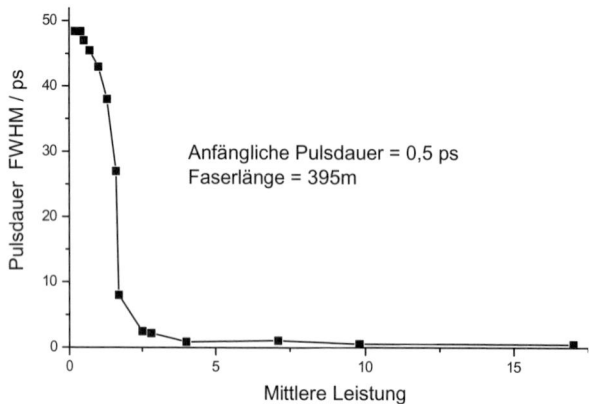

Abb. 10.11 Beobachtung der Pulsverbreiterung durch Dispersion und der Einschnürung durch Nichtlinearität. Eine Folge von anfangs 0,5 ps langen Lichtpulsen wird durch eine 395 m lange Glasfaser geschickt, wo sie sich bei geringer Leistung auf ca. 50 ps dispersiv verbreitern. Wird die Leistung der Pulse erhöht, sorgt die Nichtlinearität für eine Kompensation dieser Verbreiterung. Bei ca. 6 mW mittlerer Leistung ist die anfängliche Pulsdauer am Faserende reproduziert; tatsächlich wird unter den hier verwendeten Parametern bei eben diesem Wert die Leistung des fundamentalen Solitons erwartet.

Steigert man die Leistung weiter, so ist der Puls am Faserende sogar schmaler als anfänglich; es kommt also zu einer Überkompensation der dispersiven Verbreiterung. Allerdings fällt die Pulsdauer nicht monoton. Insbesondere wenn die Faserlänge gerade ein ganzzahlig Vielfaches von z_0 ist, tritt bei der vierfachen, neunfachen, sechzehnfachen etc. Leistung des fundamentalen Solitons erneut die anfängliche Pulsdauer auf. Diese Wiederkehr aufgrund Solitonen höherer Ordnung sind experimentell nicht ganz einfach sauber zu beobachten, da eine Vielzahl von Effekten ein genaues Wiederkehren der ursprünglichen Pulsdauer verhindern. Die Wiederkehr der Anfangspulsform und -dauer beim fundamentalen Soliton ist hingegen recht robust und lässt sich ohne weiteres beobachten.

10.2.3 Solitonenkompression

Solitonen höherer Ordnung haben, wie oben bereits gesagt, eine oszillierende Pulsbreite und -form. Diese Tatsache kann man sich zur zeitlichen Kompression eines Pulses zunutze machen. Dazu schickt man einen Puls in eine Faser mit einer Leistung derart, dass er sich als Soliton z. B. zweiter Ordnung ausbilden kann. Hat er anfangs einigermaßen genau die Form eines sech, so wird er nach der Strecke $L = z_0/2$ eine auf nur noch 23 % verringerte Halbwertsbreite aufweisen. Abb. 10.12 zeigt ein Beispiel. Bei Solitonen noch höherer Ordnung ist die Kompression noch stärker. Allerdings ist der resultierende Puls nicht fourierlimitiert; in vielen Fällen kommt es aber nur auf die reine zeitliche Dauer an. Im Gegensatz zur Kompression bei normaler Dispersion übernimmt also hier die Faser sämtliche Funktionen; weitere Gitter etc. sind nicht erforderlich.

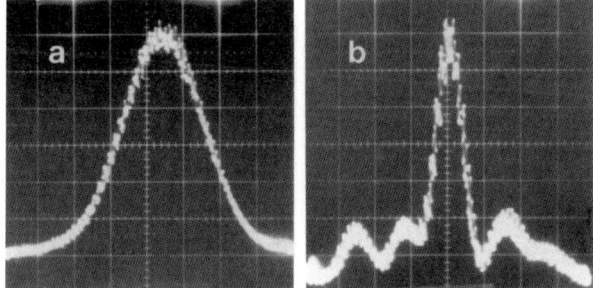

Abb. 10.12 Kompression von Pulsen bei anomaler Dispersion: „Solitonenkompression". Ein Puls von 60 fs Halbwertsbreite wird in einer Faser der Länge $z_0/2$, hier entsprechend etwa 50 cm, auf 19 fs Halbwertsbreite komprimiert. Entnommen aus [87].

10.2.4 Solitonenlaser und Additiv-Puls-Modenkopplung

Bei der Erzeugung kurzer Lichtpulse geht man heute Wege, bei denen optische Nichtlinearitäten unmittelbar eingesetzt werden. Mitte der Achtzigerjahre gab es einen Vorläufer heutiger Systeme, bei dem an den normalen Laserresonator ein weiterer Resonator angekoppelt war, welcher eine Glasfaser enthielt. Die Leistung in dieser Faser wurde so eingestellt, dass sich Solitonen ergaben. Nur diese konnten eine Stationaritätsbedingung erfüllen, sodass sich ein stabiler Pulszug ergab. Die Pulsdauern, die so erreicht wurden, waren für ihren Wellenlängenbereich damals ein Rekord: Bis hinab zu 60 fs konnten direkt aus dem „Solitonenlaser" entnommen werden; mit externer Solitonenkompression wurden 19 fs erreicht.

Wegen der Interferenz der Pulse aus beiden Resonatoren ist es erforderlich, die Längendifferenz der beiden Resonatoren zueinander auf Bruchteile der Wellenlänge stabil zu halten. Dies gelingt nur mit einer aktiven Regelung, wie sie zuerst in [84] angegeben wurde. Die mittlere Leistung im Faserresonator wird an einem sonst ungenutzten Ausgangsstrahl detektiert, elektronisch aufbereitet und einem Piezo-Aktuator zugeführt, der die Resonatorlänge verstellt. Die Aufbereitung besteht aus Subtraktion eines passend gewählten mittleren Wertes und Verstärkung mit der aus der Regelungstechnik bekannten I- oder PID-Charakteristik.

Es zeigte sich später, dass das Prinzip sogar allgemeiner ist. Wesentlich für die Pulsformung ist der Einfluss der Nichtlinearität, die einen Chirp erzeugt. Bei der Interferenz wird der Chirp dann in eine Pulsdaueränderung (zumeist Verkürzung) umgesetzt; die Dispersion spielt eine eher geringe Rolle. Mit dieser Vorstellung konnten unter der Bezeichnung *„additive pulse modelocking"* (APM), manchmal auch *„interferential modelocking"* oder *„coupled cavity modelocking"*, etliche verschiedene Lasertypen zur Erzeugung sehr kurzer Pulse eingesetzt werden [88].

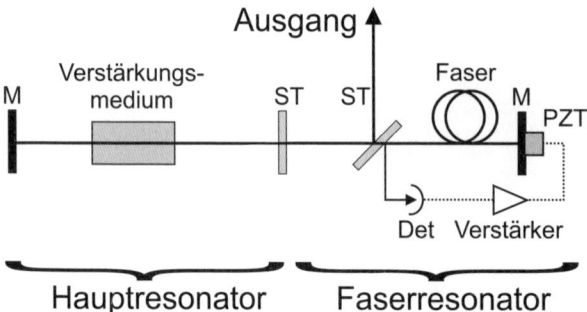

Abb. 10.13 Schema eines Solitonenlasers oder auch APM-Lasers. M: Spiegel, ST Strahlteiler (teilreflektierende Spiegel). Die beiden Resonatoren werden durch sorgfältige Abstimmung synchron gemacht. Die Regelschleife aus dem Fotodetektor Det, dem Verstärker Amp und dem Piezo-Translator PZT hält diese Abstimmung dann interferometrisch stabil.

10.2.5   Pulswechselwirkung

Das Besondere an Solitonen ist ja gerade, dass sie sich in der Faser eine Brechungsindexstörung selbst induzieren, die gerade so stark ist, dass sie nicht auseinander laufen, sondern ihre Form bewahren. Wenn mehr als ein Puls in einer Faser propagiert, kann jeder dieser Pulse – je nach Abstand zwischen ihnen – die durch den Nachbarpuls induzierte Brechungsindexänderung noch als kleine Störung bemerken. Diese wirkt dann aber nicht symmetrisch, sondern einseitig. Es kommt darauf an, ob die elektrischen Wellen, die beide Pulse ausmachen, im Überlappbereich konstruktiv, destruktiv oder mit irgendeinem Zwischenwert der Phase interferieren. Bei konstruktiver Interferenz erhöht sich die Intensität in der Mitte; damit sehen beide Pulse eine Brechungsindexmodulation, die nicht mehr auf ihnen selbst zentriert ist, sondern etwas zum gemeinsamen Schwerpunkt verschoben ist. Als Ergebnis bewegen sich die Pulse etwas aufeinander zu. Bei Gegenphase ist es umgekehrt; die Pulse entfernen sich voneinander. Dieser Effekt wurde aufgrund einer theoretischen Vorhersage in [38] zuerst in [86] nachgewiesen.

Das Resultat wirkt also wie Kräfte zwischen den Lichtpulsen, die je nach Phase zu einer Anziehung oder einer Abstoßung führen. Die Abhängigkeit der Kraft von der Phase ist sinusförmig; mit wachsendem Abstand der Pulse nimmt sie exponentiell ab. Sind die Pulse mehr als fünf oder sieben Pulsbreiten voneinander entfernt, wird die Kraft vernachlässigbar gering.

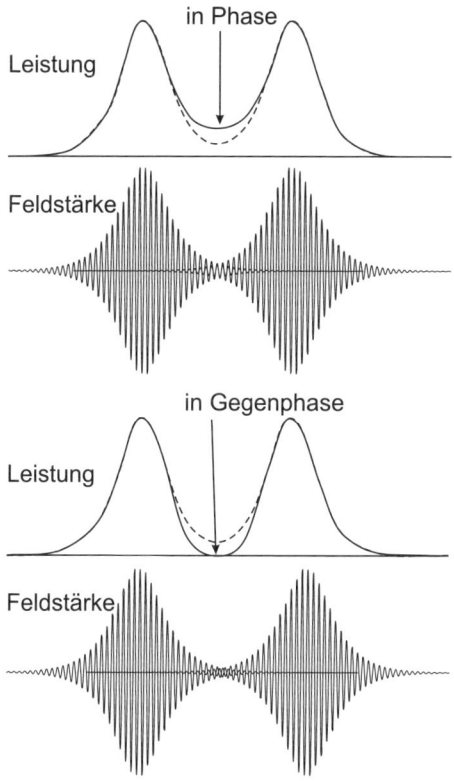

Abb. 10.14 Schema zur Wechselwirkung zwischen kopropagierenden Lichtpulsen. Im oberen Teil ist der Fall zweier Pulse dargestellt, die miteinander in Gleichphase sind. Konstruktive Interferenz der Flanken führt zu einer Erhöhung des Intensitätsprofils in der Mitte (gegenüber dem Fall, dass der andere Puls nicht da ist). Im unteren Teil ist der Fall gegenphasiger Pulse dargestellt; hier bewirkt destruktive Interferenz eine Absenkung des Intensitätsprofils in der Mitte. Da die Pulse zum Ort hoher Leistung hingezogen werden, bedeutet Phasengleichheit eine anziehende Wirkung, Gegenphase hingegen eine Abstoßung.

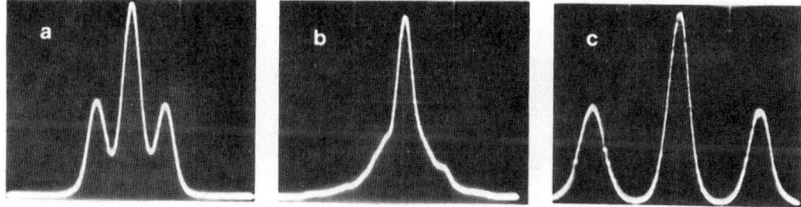

Abb. 10.15 Experimenteller Nachweis von Puls-Wechselwirkungen. Die Autokorrelationsspur des ursprünglichen Pulspaares (a) zeigt einen Doppelpuls, bestehend aus zwei gleichen 0,9 ps weiten Pulsen im Abstand von 2,33 ps. (Zur Autokorrelation siehe Anhang F). Sind die Pulse in Gegenphase, so haben sie sich nach 340 m Faser deutlich auseinander bewegt; sind sie in Phase, so sind sie nach derselben Faserstrecke ineinander gelaufen. Entnommen aus [86].

Der erste experimentelle Nachweis[86] ist in Abb. 10.15 wiedergegeben. Eine Zeitmessung funktioniert auf diesen kurzen Skalen nur mittels des Verfahrens der Autokorrelation (siehe Anhang F). Die Wechselwirkung war in diesem Experiment klar messbar. Es zeigte sich aber auch, dass es bei anziehender Kraft nicht zu der Kollision kommt, die die Nichtlineare Schrödingergleichung vorhersagt. Aufgrund von Effekten höherer Ordnung werden die Pulse bei Beginn der Kollision gestört, sodass sie dann doch auseinander fliegen [66].

10.2.6   Selbstfrequenzverschiebung

Eine naive Vorstellung der Pulsausbreitung in Glasfasern könnte folgendermaßen aussehen: Die Pulsform mag durch Einflüsse wie Dispersion und Selbstphasenmodulation verzerrt werden, aber die optische Mittenfrequenz des Pulses sollte erhalten bleiben. Die Realität zeigt, dass das genaue Gegenteil dieser Vorstellung zutrifft: Dispersion und Selbstphasenmodulation wirken gerade so zusammen, dass jedenfalls bei Solitonen die Pulsform erhalten bleibt. Die optische Mittenfrequenz jedoch verändert sich. Dies wurde zunächst experimentell gefunden [85], lässt sich aber durch den Einfluss des Ramaneffekts zwanglos erklären [39]:

Das Verstärkungsspektrum der Ramanstreuung ist breit und beginnt, wie aus Abb. 9.27 ersichtlich ist, bereits bei sehr geringen Frequenzdifferenzen. Daher findet auch schon innerhalb der Bandbreite eines einzelnen Pulses ein Raman-Selbstpumpen statt: Die jeweils höheren Frequenzanteile wirken als Pumpwelle für die jeweils niederfrequenteren Anteile. Das Ergebnis ist, dass der spektrale Schwerpunkt des Pulses sich kontinuierlich zu längeren Wellenlängen hin verschiebt. Bei Solitonen ist die Formstabilität so groß, dass sie als Ganzes zusammen bleiben; weniger formstabile Pulse würden um so schneller zerfließen.

Das Ausmaß der Verschiebung hängt stark von der Pulsdauer ab: Mit kürzer werdender Pulsdauer wächst die Spitzenleistung quadratisch und die spektrale Breite linear an. Die Ramanverstärkungskurve selbst wächst bei kleinen Frequenzabständen

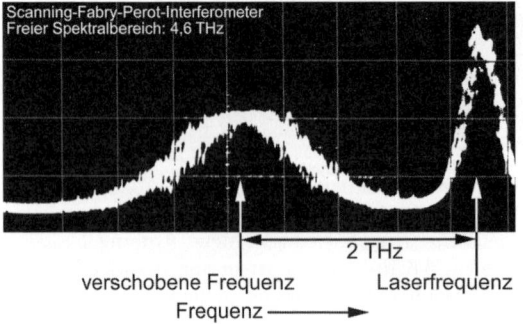

Abb. 10.16 Erste Beobachtung einer Selbstfrequenzverschiebung. Dargestellt ist das Leistungsspektrum am Ende einer Faser, in die kurze Laserpulse eingespeist werden. Das Soliton ist im Spektrum durch seine Breite zu erkennen. Gegenüber der Laserfrequenz (bei der spektral deutlich schmalere Strahlung zu sehen ist) ist das Soliton um mehrere THz ins Langwellige verschoben. Der Betrag der Verschiebung schwankt mit der Laserleistung, da die resultierende Breite des Solitons davon abhängt (vgl. die Diskussion in Abschnitt 9.4.3); Leistungsfluktuationen während der Aufnahme führten zu einem „flachen Dach" des Solitons.

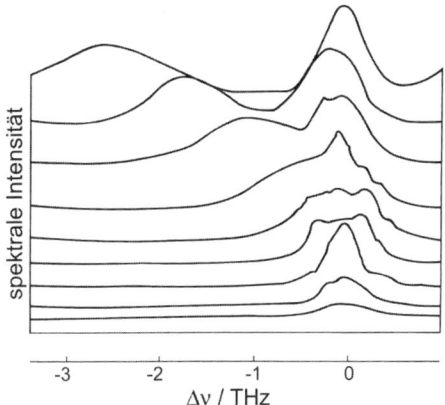

Abb. 10.17 Selbstfrequenzverschiebung als Funktion der eingestrahlten Leistung. Hier wurde die Leistung über einen größeren Bereich variiert. Man sieht, dass die spektrale Breite der Solitonen mit wachsender Leistung zunimmt, dass sie aber erst ab einer gewissen Mindestleistung sichtbar werden.

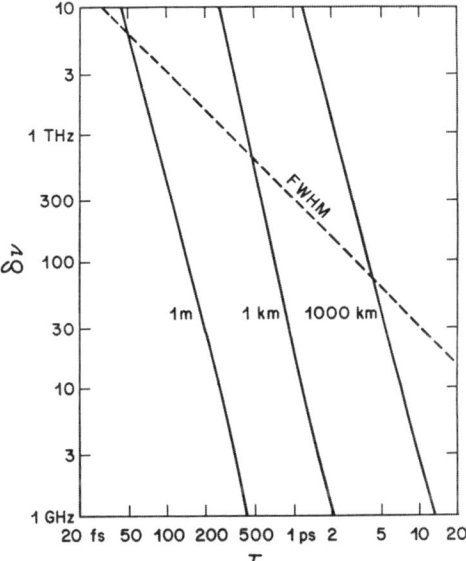

Abb. 10.18 Erwarteter Verlauf der Selbstfrequenzverschiebung: Im Wesentlichen skaliert die Frequenzverschiebung mit der inversen vierten Potenz der Pulsdauer. Aus [39] mit freundlicher Genehmigung.

ebenfalls annähernd linear mit dem Frequenzabstand (siehe Abb. 9.27). Insgesamt resultiert daher für die Frequenzverschiebung ein Skalierungsverhalten mit der inversen vierten Potenz der Pulsdauer [39]. Bei 1 ps ist der Effekt erst bei sehr langen Strecken nachweisbar, bei 10 ps zu vernachlässigen. Bei Subpikosekundenpulsen hingegen kann dieser Mechanismus alle anderen Phänomene überdecken. Ein Puls von weniger als 100 fs wird schon nach nur 1 m Strecke erheblich in seiner Frequenz verschoben sein. Die Verschiebung kann insgesamt einen erheblichen Bruchteil der optischen Frequenz ausmachen; wird die Wellenlänge zu lang, arbeitet die Faser nicht mehr als verlustarmes Medium und die Voraussetzungen für eine Fortsetzung des Vorgangs entfallen.

10.2.7 Langstreckenübertragung mit Solitonen

Fundamentale Solitonen sind die natürlichen Einheiten („bits") für die Übertragung von Signalen über optische Fasern. Sie sind formbeständiger als jeder andere Puls. Sie existieren bei anomaler Dispersion; da trifft es sich günstig, dass im Wellenlängenbereich der geringsten Faserverluste ebenfalls anomale Dispersion vorliegt. Daher bieten sie sich zur Langstreckenübertragung geradezu an. Im Kap. 11 werden wir auf diesen Aspekt näher eingehen.

V Technologische Anwendungen der Glasfasern

Die Verlegung von Glasfaserkabeln – hier in Sichtweite des Wohnhauses des Autors – ist weniger spektakulär als die Leistungsfähigkeit der Faser im Betrieb.

11 Anwendungen in der Telekommunikation

11.1 Grundzüge der Nachrichtentechnik

Zunächst geben wir eine Kurzdarstellung der wesentlichen Begriffe und Zusammenhänge der Nachrichtentechnik, soweit sie für die folgende Diskussion erforderlich sind.

11.1.1 Signale

Zunächst betrachten wir den Begriff des *Signals*. Im allgemeinsten Fall werden darüber keine weiteren Annahmen gemacht, außer dass es sich um eine skalare, reellwertige Funktion der Zeit handelt. Wir unterstellen, dass das Signal eine Information enthält, die von einem Sender zu einem Empfänger übermittelt werden soll. Eine physikalische Größe wie z. B. eine elektrische Spannung, die Position eines Zeigers oder eine Helligkeit einer Lichtquelle repräsentiert das Signal, indem ihr Wert in jedem Augenblick proportional zum Signal ist.

Zunächst ist es zweckmäßig, zu unterscheiden zwischen *zeitkontinuierlichen* und *zeitdiskreten* Signalen. Zeitdiskrete Signale haben Werte nur zu bestimmten Zeitpunkten, bestehen also mathematisch aus einer Folge von Diracstößen (Deltafunktionen) mit Gewichtsfaktoren entsprechend dem Wert. Aus einem zeitkontinuierlichen Signal kann man ein zeitdiskretes gewinnen, indem man es abtastet; in den meisten Fällen erfolgen die Abtastungen äquidistant, mit anderen Worten: mit einer festen Taktfrequenz. Im Weiteren werden wir stets von einer festen Taktfrequenz ausgehen.

Grundlegend ist die Unterscheidung zwischen *analogen Signalen* und *digitalen Signalen*. Ein Analogsignal ist wertkontinuierlich, kann also in seinem Wertebereich jeden Zwischenwert annehmen. Beispielsweise gibt ein dynamisches Mikrofon ein zeitkontinuierliches Analogsignal ab.

Ein Digitalsignal hingegen hat einen endlichen Wertevorrat, der als sein *Alphabet* bezeichnet wird. Digitalsignale treten oft zeitdiskret auf. Bei den Digitalsignalen spielen *binäre* Signale eine besondere praktische Rolle: Hier besteht das Alphabet aus genau zwei Werten, welche je nach Kontext als „null und eins'", als „wahr und falsch" oder als „plus und minus" bezeichnet werden.

11.1.2 Modulation

Nur in den einfachsten Fällen wird das Signal so übertragen, wie es ist. Es hat viele
Vorteile, das Signal einer *Trägerwelle* aufzuprägen, wie es aus der Rundfunküber-
tragung bekannt ist. Am Empfänger wählt man die Trägerfrequenz des gewünschten
Programms. Auf diese Weise können mehrere Programme zugleich und voneinander
unabhängig übertragen werden.

Das Aufprägen wird als „Modulation" bezeichnet. Modulation kann in verschiedener Weise geschehen. Wenn – wie häufig der Fall – als Träger eine strikt periodische
Zeitfunktion

$$A = A_0 \, \cos(\Omega t + \varphi) \tag{11.1}$$

mit der Amplitude A_0 und der Kreisfrequenz Ω gewählt wird, so kann man entweder
A_0, Ω oder die Phasenlage φ durch das Signal beeinflussen. Auf diese Weise erhält
man Amplitudenmodulation, Frequenzmodulation oder Phasenmodulation.

Amplitudenmodulation

Zunächst wollen wir unterstellen, dass der Wertebereich des Signals $S(t)$ auf das
Intervall $-1 \leq S(t) \leq +1$ normiert ist. Zur Amplitudenmodulation kann man dann
$A_0 = \hat{A} \, (1 + S(t))$ setzen.

Wir verfolgen den Vorgang, indem wir das denkbar einfachste Signal betrachten,
nämlich einen einfachen Sinuston der Kreisfrequenz ω: $S(t) = \sin \omega t$. Wir schreiben
nun $A_0 = \hat{A} \, (1 + M \sin \omega t)$, worin $0 \leq M \leq 1$ den Modulationsgrad bedeutet. Setzen
wir dies in Gl. 11.1 ein, so erhalten wir

$$A = \hat{A} \, (1 + M \sin \omega t) \, \cos(\Omega t + \varphi) \quad , \tag{11.2}$$

woraus wir unter Benutzung des bekannten Additionstheorems

$$\sin x \cos y = \frac{1}{2} \left[\sin(x - y) + \sin(x + y) \right]$$

erhalten:

$$
\begin{aligned}
A &= \hat{A} \left[\cos(\Omega t + \varphi) + M \sin \omega t \cos(\Omega t + \varphi) \right] \\
&= \hat{A} \Big[\cos(\Omega t + \varphi) \\
&\qquad + \frac{M}{2} \left[\sin(\omega t + \Omega t + \varphi) + \sin(\omega t - \Omega t - \varphi) \right] \Big]
\end{aligned} \tag{11.3}
$$

Dieser Ausdruck enthält Terme bei drei verschiedenen Frequenzen: Der erste Term
bei Ω entspricht dem Träger. Der zweite und dritte Term liegen bei den Frequenzen
$\Omega \pm \omega$. Die Modulation erzeugt also neue Frequenzkomponenten, die vom Träger den
Frequenzabstand der Signalfrequenz haben. Sie werden als *Seitenbänder* des Trägers
bezeichnet; speziell der Term bei der Summenfrequenz heißt das *obere Seitenband* und
der bei der Differenzfrequenz das *untere Seitenband*.

Ein realistisches Signal besteht wohl nicht einfach nur aus einem Sinuston. Aber auch ein komplizierteres Signal kann nach Fourier immer noch als Superposition verschiedener Sinustöne aufgefasst werden. Bei der Amplitudenmodulation erscheint dann das Spektrum des Signals als oberes Seitenband und seitenverkehrt als unteres Seitenband. Erst jetzt ergibt der Begriff „Band" einen Sinn, da es sich nun um ein Frequenzintervall mit von null verschiedener Breite handelt. Die *Band-Breite* eines Signals wird uns auch im Weiteren noch beschäftigen.

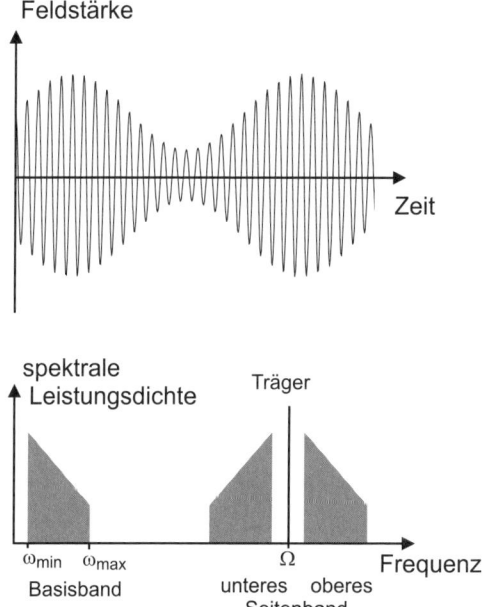

Abb. 11.1 Schematische Darstellung zur Amplitudenmodulation. Oben: Gezeigt ist die Modulation eines Trägers der Frequenz Ω mit einem Signal $\omega = 0{,}05\,\Omega$ bei einem Modulationsgrad von $M = 0{,}5$. Unten: Die Modulation erzeugt zwei Seitenbänder oberhalb und unterhalb des Trägers im Abstand der Modulationsfrequenz. Angedeutet ist ein Signal im Band $\omega_{min} \leq \omega \leq \omega_{max}$ (Basisband). Entsprechend liegen die beiden Seitenbänder; man beachte, dass das untere Seitenband „seitenvertauscht" (invertiert) ist.

Die Kombination aus Träger und zwei Seitenbändern ist für die Signalübertragung redundant: Jedes Seitenband trägt dieselbe Information und der Träger enthält gar keine Nutzinformation. Daher gibt es Varianten zur Amplitudenmodulation (AM), bei denen im Extremfall nur ein Seitenband übertragen wird, während das andere Seitenband und der Träger unterdrückt werden. Diese Einseitenbandtechnik (SSB, wie *single side band*) ist in der kommerziellen Funktechnik gang und gäbe; sie überträgt dieselbe Information bei geringerem Bedarf sowohl an Bandbreite als auch an Leistung wie die gewöhnliche AM. In der Rundfunktechnik wird SSB hingegen nicht eingesetzt, weil die Empfänger speziell für SSB eingerichtet sein müssten.

Winkelmodulation

Macht man in Gl. 11.1 entweder Ω oder φ signalabhängig (die jeweils andere Größe und A_0 bleiben konstant), so liegt eine Frequenz- bzw. Phasenmodulation vor. Da in beiden Fällen der Phasenwinkel des Trägers beeinflusst wird, fasst man diese Fälle auch zur Winkelmodulation zusammen. Mathematisch tritt in beiden Fällen ein Term der Form

$$\sin\left(a + b\sin(\Omega t)\right) \quad (a, b \text{ Konstanten}) \tag{11.4}$$

auf, und „Sinus von Sinus" führt auf Besselfunktionen (siehe Anhang C).

Auch bei der Winkelmodulation entstehen Seitenbänder; allerdings werden schon im Fall eines rein sinusförmigen Signals jeweils mehrere obere und untere Seitenbänder gebildet, die im Frequenzabstand des ganzzahlig Vielfachen der Signalfrequenz vom Träger liegen. Die Amplitude der Seitenbänder ist durch Berechnung der Besselfunktion zu ermitteln. Wir gehen hier auf die Winkelmodulation nicht weiter ein, sondern verweisen auf Lehrbücher der Nachrichtentechnik (z. B. [78]).

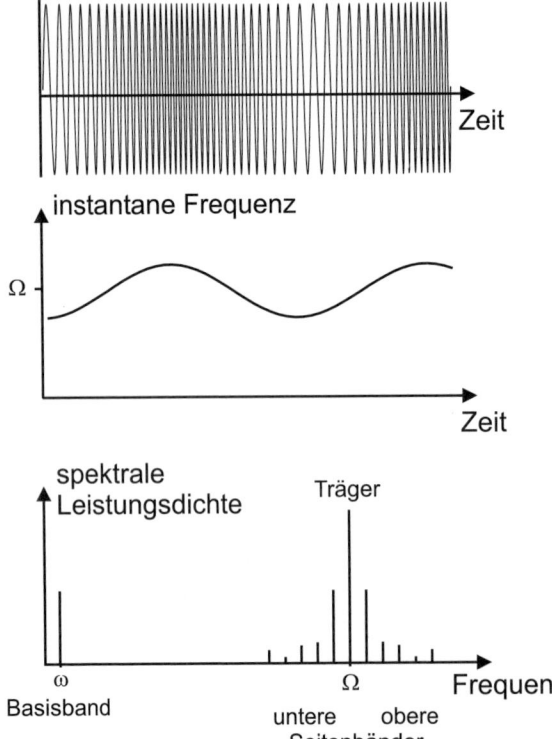

Abb. 11.2 Frequenzmodulation. Oben: Zeitverlauf der frequenzmodulierten Schwingung. Mitte: Der Zeitverlauf der instantanen Frequenz zeigt den Verlauf des Signals. Unten: Es entstehen mehrere Seitenbänder oberhalb und unterhalb des Trägers.

Intensitätsmodulation

Die vorgenannten Modulationsarten sind anwendbar, wenn ein monochromatischer Träger zur Verfügung steht. Zur Erzeugung einer als Träger geeigneten monochromatischen Lichtwelle kommen nur Laser infrage.

Leider ist aber nur in Spezialfällen sichergestellt, dass die Emission ausschließlich bei einer einzelnen Frequenz stattfindet. Dies ist nur bei Einmodenbetrieb des Lasers der Fall, und je nach Lasertyp ist Einmodenbetrieb mehr oder weniger schwierig sicherzustellen. Bei den in der Telekommunikation eingesetzten Laserdioden gelingt es nur bei besonderen Bauarten und ist keineswegs die Regel. Wenn aber ein Laser auf einem Gemisch mehrerer Moden arbeitet, lassen sich die oben genannten Modulationsformate nicht einsetzen.

Es sei noch hinzugefügt: Selbst wenn ein Laser im Einmodenbetrieb läuft, ist genau genommen die Emission nicht monochromatisch, sondern überdeckt ein – wenn auch schmales – Frequenzband. Die *Linienbreite* eines Einmodenlasers ist durch mehrere Faktoren bedingt. Dazu gehören technische Faktoren wie Schwankungen von Laserparametern (Vibration von Komponenten, Temperaturschwankungen); diese lassen sich zwar im Prinzip, aber nicht praktisch beseitigen. Darüber hinaus gibt es auch fundamentale Grenzen, die durch die spontane Emission im Lasermedium gegeben sind; jeder solcher Emissionsakt bewirkt eine Phasenstörung des Lichtfeldes. Dies führt zu einer endlichen Linienbreite, die von A. Schawlow und C. Townes, Pionieren der Lasertechnik, formuliert wurde [126]. In realen Lasern ist sie sehr klein: es kann sich um Millihertz handeln; technische Störungen überwiegen fast immer um etliche Zehnerpotenzen. Das Ausgangssignal eines Lasers enthält demnach bereits prinzipiell eine Phasenmodulation mit einem Zufallssignal. Da zur Dekodierung einer Phasenmodulation eine Referenzphase erforderlich ist, ist Phasenmodulation von Laserlicht nicht unproblematisch. Zwar haben auch radiotechnische Oszillatoren eine endliche Linienbreite, und zwar aus denselben Gründen. Weil die Energie der Quanten der spontanen Emission aber zur Frequenz proportional sind, spielt die fundamentale Grenze in der Hochfrequenztechnik praktisch keine Rolle.

Die Schwierigkeiten, die mit der spektralen Zusammensetzung des Trägers zusammenhängen, lassen sich vollständig umgehen, indem man zur so genannten *Intensitätsmodulation* übergeht. Dabei wird die Gesamtintensität beeinflusst, was auch bei Lichtquellen mit beliebigem Spektrum möglich ist. Blinksignale, die sich Kinder mit der Taschenlampe zusenden, sind ebenfalls eine Form der Intensitätsmodulation.

Intensitätsmodulation ist also unkompliziert und daher weit verbreitet. Bei Laserdioden, aber auch Leuchtdioden (LEDs), kann sie besonders einfach durch Modulation des Betriebsstroms vorgenommen werden. Dass dabei durch dynamische Temperaturänderung des Laserchips noch eine zusätzliche Frequenzmodulation eingeführt wird, stört nicht, solange die Frequenzinformation gar nicht betrachtet wird.

Für Anwendungen, bei denen höchste Datenraten und/oder lange Strecken gefordert sind, spielt die spektrale Zusammensetzung des Lichts allerdings eine Rolle, weil davon die dispersive Verbreiterung abhängt. In solchen Fällen wird man daher auf Einmodenlaser zurückgreifen. Im Interesse stabilen Einmodenbetriebs mit fester Frequenz wird der Betriebsstrom dann konstant gehalten und nicht zur Modulation herangezogen. Eine Modulation wird in solchen Fällen durch externe Modulatoren vorgenommen.

11.1.3 Abtastung

Heute spielen binäre digitale Übertragungsformate mit Abstand die größte Rolle. Das zu übertragende Signal wird durch Abtastung mit einer gewissen festen Abtastrate zunächst auf eine endliche Zahl Werte reduziert. Mathematisch geschieht dies durch Multiplikation des Signals mit einer Folge („Lattenzaun") von Deltafunktionen. Der kontinuierliche Signalverlauf wird also durch eine Folge von Deltafunktionen mit entsprechenden Gewichten ersetzt.

Die richtige Wahl der Abtastfrequenz ist dabei ein wesentlicher Schritt. Es leuchtet unmittelbar ein, dass die Abtastfrequenz höher sein muss als die höchste gewünschte Signalfrequenz; mit weniger als einem Abtastpunkt pro Periode kann man eine Schwingung schwerlich wiedergeben. In Abb. 11.3 wird deutlich, dass durch den Abtastvorgang Frequenzkomponenten entstehen, die im Ausgangssignal nicht vorhanden waren: Die gewichtete Folge von Deltafunktionen hat ein Spektrum, welches außer den Frequenzen des Ausgangssignals auch Mischprodukte mit der Abtastfrequenz enthält[1], also insbesondere Anteile bei der Differenzfrequenz zwischen Signalanteilen und der Abtastfrequenz. Diese „falschen" Signalanteile heißen *Aliasing*-Signale.

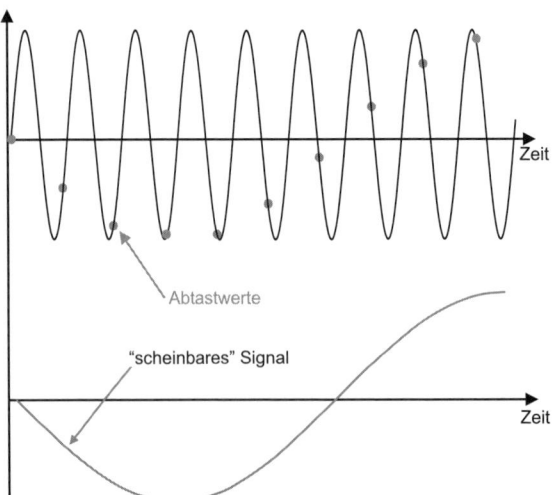

Abb. 11.3 Ist die Abtastrate nur wenig schneller als die Signalfrequenz, so geben die Abtastwerte die Schwebung (Differenzfrequenz) zwischen Signal- und Abtastfrequenz wieder. Dieser „falsche" Frequenzanteil heißt *Aliasing*-Signal.

---

[1] Gemäß dem Faltungstheorem ergibt sich das Spektrum als eine unendliche Oberwellenreihe, die von der Deltafunktion stammt, und bei jeder Harmonischen jeweils ein oberes und ein unteres Seitenband entsprechend dem Signal.

Eine Störung des nach der Übertragung rückgewandelten Signals durch Aliasing-Signale vermeidet man durch folgendes Vorgehen:

1. Die Signalbandbreite wird durch steilflankige Tiefpassfilter rigoros auf einen bestimmten Maximalwert begrenzt, der entsprechend der geforderten Übertragungsgüte gewählt wird. Bei hochwertigen Musikaufnahmen für CDs legt man die Grenzfrequenz auf 20 kHz, also dem höchsten Wert, den ein menschliches Ohr günstigstenfalls hören kann. Für Telefonübertragung legt man 4 kHz fest (wegen der endlich breiten Filterflanke setzt der Tiefpass schon etwas tiefer ein), weil bei dieser Grenzfrequenz bereits eine sehr gute Sprachverständlichkeit gewährleistet ist.

2. Die Abtastfrequenz wählt man dann gemäß dem *Abtasttheorem* [141], wonach sie mindestens gleich dem Doppelten der Grenzfrequenz sein muss. Dadurch ist gewährleistet, dass kein Überlapp zwischen Signalband und Aliasingband auftritt (siehe Abb.11.4). Im Fall von hochwertigen Musiksignalen im CD-Format beträgt die Abtastfrequenz 44,1 kHz, bei Telefonsignalen 8 kHz.

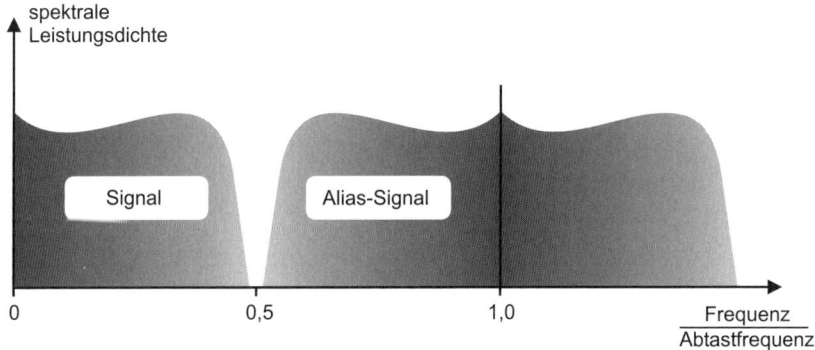

Abb. 11.4 Schwebungen zwischen Fourierkomponenten des Signals und der Abtastfrequenz erzeugen Seitenbänder zur Abtastfrequenz, die Alias-Signalbänder. Begrenzt man vor dem Abtasten die Signalbandbreite mit einem Tiefpassfilter auf Frequenzen unterhalb der halben Abtastrate, können Signalband und Aliasingband nicht überlappen. Dies ist eine Voraussetzung für fehlerfreie Rekonstruktion des Signals.

Jeder Abtastwert wird dann durch Digitalisierung in eine Binärzahl endlicher Ziffernzahl (Auflösung) umgesetzt. Die Wahl der Anzahl von Binärstellen (die Bit-Auflösung) wird durch die geforderte Übertragungsqualität gegeben. Bei hochwertigen Musikaufnahmen wählt man mindestens 16 bit, also einen Wert aus 65 536; Tonstudios gehen sogar bis zu 24 bit. Für Telefonsignale wählt man 8 bit (also einen Wert aus 256), da damit bereits eine sehr gute Sprachverständlichkeit erreicht wird.

Auf diese Weise wird das ursprüngliche Signal durch eine Folge von Einsen und Nullen dargestellt, die ein zeit- und amplitudendiskretes Abbild des Signals enthalten. Die Bitrate ergibt sich aus Abtastrate und Bit-Auflösung. Bei einer Abtastung mit 8 kHz und 8 bit ergeben sich 64 kbit/s; in jedem Zeitfenster von 15,625 µs Dauer

(„time slot") wird daher ein Bit übertragen. Auf diesen Wert sind Telefonanlagen weltweit ausgelegt. Für Musik im CD-Format braucht man 44 100-mal pro Sekunde mindestens 16 bit für jeden der beiden Stereokanäle; dazu kommen noch Prüfbits und Zusatzinformationen wie Tracknummern etc. Tatsächlich werden im SPDIF-Format (digitaler Datenausgang bei CD-Spielern) für jede Abtastung sogar 64 bit übertragen, woraus sich eine Datenrate von 2,8224 Mbit/s ergibt.

11.1.4 Codierung

Das abgetastete Signal, also eine Folge von Einsen und Nullen, kann im Prinzip jetzt übertragen werden. Auf der Empfangsseite muss dann aus der empfangenen Bitsequenz zunächst die Taktrate regeneriert werden; erst danach kann entschieden werden, an welcher Position Einsen und Nullen stehen.

Damit das eindeutig gelingt, ist es vorteilhaft, die Bitsequenz noch umzucodieren. Dadurch erreicht man, dass

- keine langen Ketten immer gleicher Symbole auftreten können. In einer langen Folge von Nullen wird es schwierig, empfängerseitig die Taktfrequenz zu erkennen.
- die Anzahlen der übertragenen Nullen und Einsen sich möglichst schnell ausgleichen. Das hat den Vorteil, dass das demodulierte Signal keinen Gleichanteil erhält; dadurch wird die Konstruktion des Empfängers erheblich einfacher.
- die Empfindlichkeit gegenüber Störungen reduziert wird. Dazu kann man unter anderem Prüfbits mit übertragen, die eine Paritätskontrolle und eine Fehlerkorrektur ermöglichen.

Beispielsweise wird bei der so genannten 5B/6B-Codierung anhand einer Codetabelle jeder Block von 5 bit durch einen von 6 bit ersetzt. Die Tabelle ist so konstruiert, dass maximal drei Nullen aufeinander folgen. Damit ist der Gleichanteil gering und die Regenerierung des Taktes unkompliziert. Das zusätzliche Bit ermöglicht eine Paritätskontrolle und dient damit der Fehlerkorrektur. Allerdings ist durch die Erhöhung der Datenrate um den Faktor 6/5 = 1,2 auch entsprechend mehr Bandbreite erforderlich.

Beim CMI-Verfahren (*coded mark inversion*) wird jede Eins durch die Folge Null-Eins ersetzt, eine Eins abwechselnd durch Eins-Eins und Null-Null. Offensichtlich wird dadurch der Gleichanteil zu null gemacht und Ketten gleicher Symbole sind ausgeschlossen. Allerdings kostet das den Preis einer doppelt so hohen effektive Taktrate, erfordert also die doppelte Bandbreite.

11.1.5 TDM und WDM

Keine Datenquelle kann die heute möglichen Übertragungsraten einer einzelnen Faser im Bereich von Terabit pro Sekunde erzeugen; derartige Datenraten entstehen erst, wenn die Bitströme vieler Quellen, womöglich eines ganzen Landes, zusammengefasst werden. Dazu gibt es zwei grundsätzliche Möglichkeiten:

TDM: Beim *time division multiplex* werden die Bitströme zeitlich ineinander verschachtelt. Das ist für Langstreckenübertragung bis 2,5 Gbit/s längst Standard
und 10 Gbit/s ist kommerziell weithin eingeführt. Eine weitere Steigerung auf
40 Gbit/s ist beabsichtigt, bislang aber kommerziell noch nicht umgesetzt. Der
Grund liegt darin, dass bei diesen Raten Fehler durch Polarisationsmodendispersion sehr spürbar werden; es ist bislang noch nicht gelungen, diese hinreichend zu
beherrschen.

WDM: Das *wavelength division multiplex* ist im Prinzip jedermann vom Radio
bekannt: Verschiedene Programme werden auf Trägerwellen verschiedener Wellenlänge aufmoduliert und lassen sich am Empfänger durch Selektion leicht wieder voneinander trennen. Mit WDM können mehrere Bitströme parallel in eine
Faser eingespeist werden, sodass der verfügbare Spektralbereich guter Transmission einigermaßen ausgenutzt werden kann. WDM ist aber teuer: Für jeden WDM-
Kanal ist ein kompletter Satz Hardware einschließlich Laserdioden etc. erforderlich. Daher besteht weiterhin ein finanzieller Anreiz, zunächst die Bitraten so weit
wie möglich mit TDM zu steigern, was „nur" etwas schnelle Elektronik erfordert.

In der Abbildung sind beide Varianten gegenübergestellt. Im rechten Teil der Abbil-
dung ist schematisch dargestellt, welches Spektrum sich für das Signalgemisch ergibt.
Im Endergebnis benutzen TDM und WDM gleich viel Spektrum, um eine gegebene
Datenrate zu übertragen.

Technisch üblich ist heute, mehrere Telefonkanäle elektronisch mit TDM bis in
den Mbit/s-Bereich zusammenzufügen. Dabei ergeben sich Taktraten von geringfügig

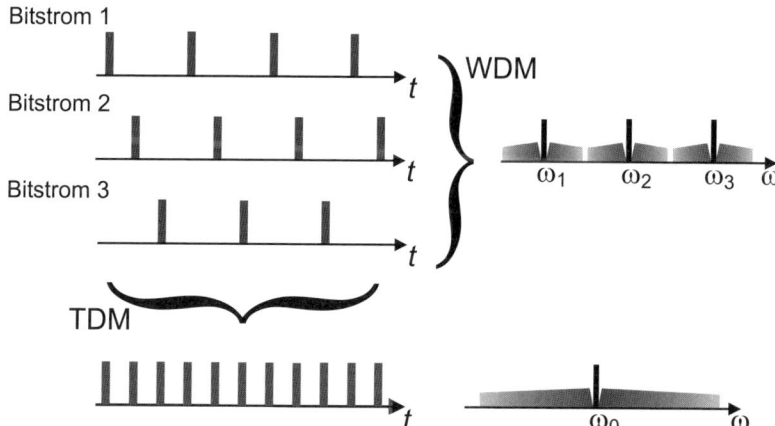

Abb. 11.5 Gegenüberstellung von Zeitmultiplex (TDM) und Wellenlängenmultiplex
(WDM). Bei TDM werden mehrere Bitströme zeitlich ineinander verschachtelt; es resul-
tiert eine Bitrate, die der Summe der beteiligten Bitraten entspricht. Bei WDM wird jeder
Bitstrom auf einen Träger aufmoduliert. In der rechten Bildhälfte ist die spektrale Zusam-
mensetzung des Resultats angedeutet; im Beispiel ist Amplitudenmodulation angenommen.
Im Endergebnis verbrauchen beide Verfahren gleich viel Frequenzraum.

mehr als einem Vielfachen von 64 kbit/s durch zusätzliche Bits, die zur Steuerung
der Decodierung erforderlich sind. Leider wurden zunächst in verschiedenen Ländern
unterschiedlich viele Telefonkanäle per TDM zusammengefasst (in den USA 24, in
Europa 30), sodass sich auf den Leitungen unterschiedliche Datenraten ergaben. Um
internationale Telefonate reibungslos abwickeln zu können, wurde eine Standardisie-
rung der Datenraten erforderlich.

Zunächst entstand in den USA ein Standard namens SONET, für *synchronous
optical network*. Die Basis-Taktrate beträgt 51,48 Mbit/s und wird als OC-1 bezeichnet (von *optical carrier*). Es können ohne weiteres Taktraten von ganzzahligen Vielfachen der OC-1-Rate eingesetzt werden. Verbreitet sind das OC-3-Signal bei der
dreifachen Rate, also 155,52 Mbit/s, und das OC-12-Signal mit $12 \cdot 51{,}84$ Mbit/s $=$
622,08 Mbit/s.

Durch internationale Normung entstand dann SDH oder *synchronous digital hier-
archy*. Die Basisrate beträgt 155,52 Mbit/s; entsprechende Datenpakete werden als
STM-1 bezeichnet (*synchronous transport module*). Man beachte, dass OC-3 und
STM-1 den gleichen Takt haben.

Auf sehr langen Strecken ist inzwischen das OC-48-Signal (STM-16) mit ca.
2,5 Gbit/s Standard und etliche kommerzielle Systeme arbeiten mit OC-192 (STM-
64) bei ca. 10 Gbit/s. Der Schritt zu OC-768 bzw. STM-256 mit ca. 40 Gbit/s wird
derzeit heftig diskutiert: Einerseits kann man dadurch die vierfache Datenrate bei
etwa zweieinhalbfachem Preis der Hardware bekommen und spart gegenüber vier
OC-192-Systemen auch noch Platz. Andererseits treten bei 40 Gbit/s bislang fast ver-
nachlässigte Dispersionsprobleme, insbesondere Polarisationsmodendispersion, mas-
siv auf. Entscheidend für die Spürbarkeit dieser Effekte ist nämlich die relative Laufzeitstreuung, also die Laufzeitstreuung *in Einheiten der Taktzeit*. Kürzere Pulse haben
ein proportional breiteres Spektrum und spüren die Dispersion daher proportional
mehr. Andererseits schrumpft das Zeitfenster für ein einzelnes Bit umgekehrt proportional zur Taktrate. Die relative Laufzeitstreuung wächst daher quadratisch mit der
Taktrate und ist daher bei OC-768 sechzehnmal so stark wie bei OC-192. Polarisationsmodendispersion äußert sich als zufällige Schwankung des Polarisationszustands
des empfangenen Lichtsignals, die sich als Pegelschwankungen niederschlagen; nur
eine aufwendige Kompensation kann die Betriebssicherheit gewährleisten. Erste kommerzielle Kompensatoren kommen gerade auf den Markt.

11.1.6 RZ und NRZ

Die optische Darstellung der Bitfolge geschieht meistens durch Intensitätsmodulation
eines Lichtsignals. Hierzu gibt es zwei verschiedene Wege; seit Jahren werden die Vor-
und Nachteile heftig diskutiert.

Zeitdiskrete Signale sind durch ihre Taktrate geprägt, die bestimmte Zeitinter-
valle oder Zeitfenster für das einzelne Bit festlegt („*time slot*"). Zur Zuordnung eines
binären Wertes (Intensität null oder eins) zu einem Zeitfenster kann man entweder

- die Intensität während des gesamten Zeitfensters auf null bzw. eins setzen oder
- innerhalb des Zeitfensters entweder einen oder keinen Lichtpuls setzen.

Die Grafik vergleicht die beiden Varianten: Im ersten Fall kehrt die Intensität einer Eins während des gesamten Zeitfensters, und im Extremfall sogar während einer ganzen Kette mehrerer aufeinander folgender Einsen, nicht auf Null zurück. Im anderen Fall kehrt die Intensität in jedem Fall am Ende des Zeitfensters auf null zurück. Daher rühren die Bezeichungen *no return to zero* oder NRZ und *return to zero* oder RZ.

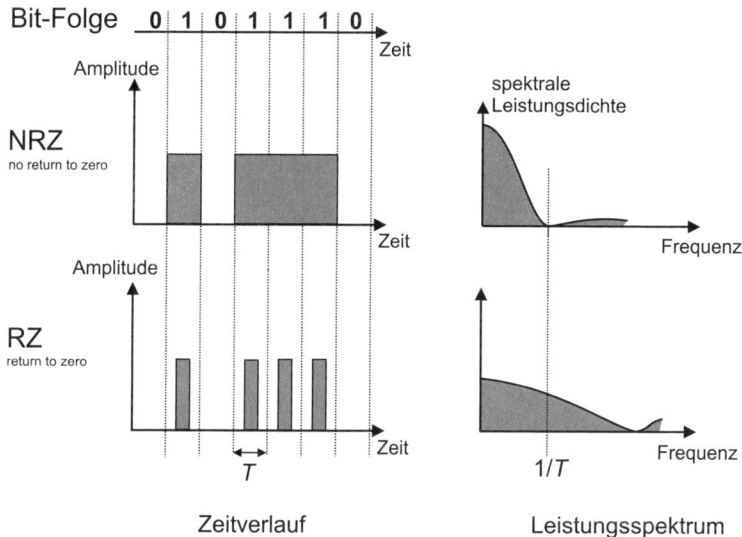

Abb. 11.6 Vergleich der Codierung binärer Daten im NRZ- und RZ-Format. Bei NRZ nehmen die Pulse das volle Zeitfensters T ein, bei RZ nur einen (im Prinzip beliebig kleinen) Teil des Intervalls (hier etwa die Hälfte). Aufgrund der kürzeren Pulse bei RZ belegt dieses Format eine größere Bandbreite.

Es ergeben sich zwei deutliche praktische Unterschiede: Bei Vorliegen eines statistisch auf null und eins verteilten Signals ist der Mittelwert bei NRZ gleich 1/2, bei RZ hingegen näher bei null. Das spielt in der Empfängertechnik eine Rolle, bei der gern eine AC-Kopplung von Verstärkerstufen vorgenommen wird, um Immunität gegenüber 1/f-Rauschen und Drift zu gewinnen.

Vielleicht noch bedeutender ist die unterschiedliche Ausnutzung der Bandbreite: RZ benutzt ein Maximum an Bandbreite, geht mit dieser nicht erneuerbaren Ressource also üppig um. Andererseits ist leicht einzusehen, dass eine starke spektrale Komponente bei der Taktrate auftritt; das macht die Taktregenerierung einfach. Bei NRZ ist der Bandbreitebedarf etwas geringer, dafür tritt aber bei der Taktrate gerade eine Nullstelle im Spektrum auf. Das ist wiederum leicht zu verstehen, denn für jede aufwärtsgehende Flanke gibt es ja im Mittel auch eine abwärtsgehende; die Fourierkomponente bei der Taktrate setzt sich also gerade aus Anteilen zusammen, die sich gegenseitig aufheben.

Es bereitet daher größere Schwierigkeiten, die Taktrate zu regenerieren. Man geht so vor, dass man das Signal zunächst differenziert (um die Positionen der Flanken zu betonen), und das Resultat dann gleichrichtet (um Pulse nur einer Polarität zu erhalten); das Ergebnis hat dann wieder eine starke spektrale Komponente bei der Taktrate.

11.1.7 Störungen

Unter *Störungen* werden alle äußeren Einwirkungen zusammengefasst, die die Signalübertragung beeinträchtigen können. Dazu gehören künstliche (*man-made*), natürliche und fundamentale Störungen.

Die künstlichen Störungen bestehen aus Emissionen von Maschinen und Geräten, die ihren Weg in die Übertragung finden. Wohl jeder hat schon einmal erlebt, dass der Radioempfang durch Prasseln gestört sein kann, wenn ein schlecht entstörtes Automobil vorbeifährt. Im Fall einer Vielkanal-Übertragung können Nachbarkanäle die Rolle der Störquelle spielen; der Techniker spricht dann von Kanal-Übersprechen bzw. mangelnder Übersprechdämpfung.

Die natürlichen Störungen wirken ähnlich und werden beispielsweise durch Gewitter, Solarstürme etc. hervorgerufen.

Die fundamentalen Störungen beinhalten das thermische Rauschen in jeder Elektronik: Bei jeder Temperatur oberhalb des absoluten Nullpunktes vollführen sämtliche Bestandteile der Materie, und damit auch alle elektrischen Ladungsträger, eine Zufallsbewegung, die in jedem reellen Widerstand als Rauschspannung bzw. Rauschstrom wirksam wird.

Außerdem gehören dazu die Störungen aufgrund der quantenhaften Natur jeder ein Signal repräsentierenden physikalischen Größe. Ein elektrischer Strom beispielsweise besteht aus einer gewissen Zahl von Elektronen pro Sekunde; diese Zahl unterliegt statistischen Schwankungen. Ebenso besteht eine optische Leistung aus einer gewissen Anzahl von Photonen pro Sekunde, deren Zahl ebenfalls einer gewissen Statistik unterliegt.

Der Zusammenhang wird durch die Planckverteilung hergestellt: Die räumliche spektrale Leistungsdichte (Leistung pro Frequenzintervall pro Volumenelement) in einem eindimensionalen perfekten Strahler („schwarzen Körper") der Temperatur T als Funktion der Frequenz ν (in Hertz) gehorcht dem Ausdruck[2]

$$I_\nu d\nu = \frac{2h\nu}{e^{\frac{h\nu}{kT}} - 1}\, d\nu \quad . \tag{11.5}$$

[2] Die Planckverteilung wird meistens für dreidimensionale Strahler angegeben; für den Übergang zum elektronischen Rauschen brauchen wir hier aber den eindimensionalen Fall.

Hierin ist c die Vakuum-Lichtgeschwindigkeit. Die Boltzmannkonstante $k = 1{,}38 \cdot 10^{-23}$ J/K konvertiert die Temperatur in Energieeinheiten. $h = 6{,}6256 \cdot 10^{-34}$ Js ist die Planck'sche Konstante, mit $h\nu$ der Energie eines einzelnen Photons.

Im „radiotechnischen Grenzfall" ist die Quantenenergie sehr viel kleiner als die thermische Energie: Mit $h\nu \ll kT$ wird aus der Verteilung einfach

$$I_\nu d\nu = 2kT d\nu \quad ;$$

daraus folgt das thermische Rauschen nach Nyquist mit seinem „weißen" Spektrum

$$\tilde{P} = 4kTB \quad , \tag{11.6}$$

worin $\tilde{P}$ das Produkt aus Leerlaufspannung und Kurzschlussstrom darstellt, welche ein Rauschen der Bandbreite B hervorruft.

Oberhalb der Frequenz, bei der $h\nu = kT$ ist, gilt die Nyquistformel nicht mehr. Bei der Standardtemperatur von 300 K liegt die Grenze im Ferninfrarot. In der Hochfrequenztechnik wird daher nur thermisches Rauschen nach Nyquist betrachtet; Quantenrauschen darf ignoriert werden. Geht man aber zum optischen Bereich über, so gewinnt das Quantenrauschen gegenüber dem thermischen Rauschen die Oberhand und Quanteneffekte werden zu sehr realen technischen Limitierungen.

Eines ist aber beiden Grenzfällen gemeinsam: Praktisch hat man es bei nicht zu schwachen Signalen zumindest näherungsweise mit gaußverteiltem weißen Rauschen zu tun, wobei „weiß" hier dafür steht, dass die Korrelationszeit kurz ist gegen alle Korrelationszeiten des Signals.

Fundamentale Rauschgrenzen

Im günstigsten Fall, nämlich wenn alle anderen Rauschquellen vernachlässigbare Beiträge liefern, bleibt das Quantenrauschen des Lichts als Limitierung der Übertragung bestehen. Auf dieser Grundlage führen wir eine Abschätzung der maximal zu überbrückenden Strecke durch. Wir unterstellen binäre Codierung. Die Abschätzung bezieht sich ausdrücklich nur auf die ultimativen physikalischen Grenzen, nicht auf technisch realistische oder übliche Werte.

Offenbar kann keinerlei Signal detektiert werden, wenn *nicht ein einziges Photon* am Empfänger eintrifft. Die Photonenenergie ist $E = h\nu$ und beträgt im nahen Infrarot ca. $6{,}6 \cdot 10^{-34}$ Js $\cdot 200 \cdot 10^{12}$ Hz $\approx 10^{-19}$ J. Andererseits kann man Licht nicht mit viel mehr als 1 W mittlerer Leistung in die Faser einkoppeln, da sie sonst beschädigt wird; das entspricht etwa 10^{19} Photonen pro Sekunde. Damit in einer Sekunde im Mittel mindestens ein einzelnes Photon ankommt, ist eine Abschwächung auf der Strecke von maximal $1/10^{19}$ oder 190 dB zulässig. (Bei dieser Abschätzung reduzieren wir also die Datenrate auf 1 bit/s und akzeptieren überdies, dass angesichts der statistischen Natur des Photonenflusses im Einzelfall auch mal null Photonen eintreffen, was einen Übertragungsfehler bedeutet.)

Bei einer Faser mit 0,2 dB/km führt dieser maximal zulässige Verlust auf eine maximale Strecke von 950 km.

Durch den Energieverlust sind Glasfasern in ihrer Reichweite quantenlimitiert. Selbst bei unrealistisch großzügiger Abschätzung ist die Grenzentfernung weniger als 1000 km.

Es sei noch einmal betont, dass die heute realisierbaren Entfernungen weit kürzer sind; daher die Notwendigkeit von Verstärkern.

Nun ist die Detektion eines Signals aus einem einzigen Photon wohl kaum fehlerfrei möglich, denn Photonen werden statistisch erzeugt und absorbiert. Gibt man eine maximale Bitfehlerwahrscheinlichkeit vor, so kann man die pro Lichtpuls mindestens erforderliche Photonenzahl berechnen. Für die Verteilung der Photonenzahl können wir eine Poissonstatistik annehmen. Bei dem Mittelwert N ist die Wahrscheinlichkeit, den Wert n vorzufinden (keine Verwechslung mit dem Brechungsindex n!), gegeben durch:

$$p(n) = N^n \, \mathrm{e}^{-N}/n! \quad .$$

Dann ist die Wahrscheinlichkeit dafür, fälschlich eine Eins zu messen, wenn eine Null gesendet wurde:

$$p(1) = 0^1 \, \mathrm{e}^{-0}/1! = 0 \quad .$$

Nullen werden also fehlerfrei detektiert. Das kann nicht verwundern, da null Photonen gesendet werden und da wir andere Rauschquellen wie Detektorrauschen etc. hier gerade ausgeschlossen haben. Anders ist es bei den Einsen: Die Wahrscheinlichkeit, eine Null zu messen, wenn in Wirklichkeit eine Eins vorliegt, ist gegeben durch

$$p(0) = N^0 \, \mathrm{e}^{-N}/0! = \mathrm{e}^{-N} \quad .$$

Wir setzen nun als maximal zulässige Bitfehlerrate den in der Telekommunikation üblichen Wert von 10^{-9} ein und lösen nach N auf. Da im Mittel gleich viele Einsen wie Nullen vorkommen, die Nullen aber fehlerfrei übertragen werden, dürfen wir einen Fehler von $2 \cdot 10^{-9}$ bei den Einsen zulassen. Dann folgt

$$N_{\mathrm{min}} = \ln 2 \cdot 10^{-9} = 20{,}03 \quad .$$

Im Idealfall genügen also für eine Eins 20 Photonen:

Zur Detektion mit weniger als einem Fehler pro 10^9 Bits ist es aus Gründen der Photonenstatistik erforderlich, dass jedes logische Symbol im Mittel mit mindestens 10 Photonen dargestellt wird.

Da in der Praxis weitere Rauschquellen beitragen, brauchen heute die allerbesten Detektoren noch mindestens das Zehnfache davon und typische gute Detektoren eher das Hundertfache. Besonders schnelle Detektoren für höchste Datenraten liegen noch ungünstiger.

11.1.8 Übertragung und Kanalkapazität

Eine Signalquelle liefert ein Signal in einem der oben beschriebenen Formate. Dieses Signal wird einem Empfänger zugeleitet. Dies geschieht meist über eine bestimmte Entfernung und in jedem Fall durch ein geeignetes Medium wie z. B. ein Kabel.

Das Medium wird als *Kanal* bezeichnet. Störungen wirken auf den Kanal ein, sodass am Empfänger ein Gemisch aus Signal und Störungen ankommt. Die Aufgabe des Empfängers ist, das ursprüngliche Signal ohne Fehler zu rekonstruieren. Inwieweit dies möglich ist, ist Gegenstand der Kommunikationstheorie, die von C. Shannon begründet wurde [112].

Aus Shannon's Arbeit ergibt sich, dass die Bandbreite der Übertragung eine wichtige Rolle spielt. Stellt der Kanal eine Bandbreite B zur Verfügung, so kann eine Übertragung mit der Rate R stattfinden, solange R kleiner ist als die *Kanalkapazität* C, welche durch

$$C = B \cdot \log_2\left(1 + \frac{S}{N}\right) \tag{11.7}$$

definiert ist. Dabei ist S die Leistung des Signals und N die Leistung der Störung, die hier als gaußverteiltes weißes Rauschen angenommen ist. Solange $R < C$, lässt sich eine Codierung finden, sodass die Fehlerrate beliebig klein gemacht werden kann. Es kann sein, dass bei Annäherung von R an C die erforderliche Codierung immer komplexer wird und somit der Aufwand steigt. Sobald aber eine Übertragung mit $R > C$ versucht wird, lässt sich die Fehlerrate nicht mehr beherrschen.

Offenbar wird die Kapazität des Kanals von seiner Bandbreite dominiert. Man könnte meinen, dass man bei beliebig großer Bandbreite beliebig viel Information übertragen kann. Dies scheitert daran, dass die Rauschleistung von der Bandbreite abhängt. Betrachtet man der Einfachheit halber weißes Rauschen, bei dem die Rauschleistung proportional zur Bandbreite ist, kann man schreiben $N = N_0 B$, mit $N_0 = const.$ der spektralen Rauschleistungsdichte. Lässt man nun im Grenzfall die Bandbreite nach unendlich gehen ($\lim_{B\to\infty} C$), so wird dabei die Kanalkapazität keineswegs unendlich groß: Unter Verwendung der Regel von de l'Hospital ergibt sich, dass

$$\lim_{B\to\infty} C = \frac{S}{N_0} \cdot \log_2 e \quad .$$

Tatsächlich ist die zur Verfügung stehende Bandbreite aber nicht unendlich groß. Im Fall der Übertragung durch ein Glasfaserkabel entspricht der Wellenlängenbereich des dritten Fensters von rund gerechnet $1400\ldots1600\,$nm einem Frequenzintervall von $214\ldots188\,$THz, also einer Bandbreite von $26\,$THz. Mit den besten Fasern kann man einen größeren Wellenlängenbereich von optimistisch geschätzt etwa $1250\ldots1650\,$nm nutzen; dies entspricht dem Bereich von $240\ldots180\,$THz und damit einer Bandbreite von $60\,$THz. Allerdings sind die weit außen liegenden Teile dieses Intervalls wegen der bereits spürbar höheren Verluste weniger wertvoll für Langstreckenbetrieb, sodass diese Abschätzung eher schon zu optimistisch ist. Realistische Abschätzungen führen auf Bandbreiten in der Größenordnung von 50 THz.

Die *spektrale Effizienz*

$$\eta = \frac{R}{B} \qquad \text{bits/s/Hz} \tag{11.8}$$

gibt an, wie gut die Datenrate die vorhandene Bandbreite ausnutzt.

Für Binärsignale werden lediglich zwei Amplitudenwerte genutzt, nämlich Null und ein Wert, der jedenfalls größer ist als das Rauschen. Formal kann dies dadurch eingeführt werden, dass wir $S = N$ setzen; dann reduziert sich Gl. 11.7 auf

$$C = B \qquad \text{Kanalkapazität für Binärsignale.} \tag{11.9}$$

Mit anderen Worten: Bei binärer Übertragung liegt die Grenze bei 1 Bit pro Sekunde in einem Hertz Bandbreite.

11.2 Nichtlineare Übertragung

Bei Übertragung über lange Strecken macht sich die Nichtlinearität der Faser unweigerlich bemerkbar. Anders als zu Dispersion und Dämpfung gibt es bei elektrischen Kabeln keine direkte Entsprechung zur Kerr-Nichtlinearität. Daher war die Nichtlinearität Ingenieuren der Nachrichtentechnik lange nicht geheuer und wurde als großes Ärgernis gesehen. Einige wenige Forscher wiesen jedoch schon in den Achtzigern darauf hin, dass die Nichtlinearität sogar eine besondere Chance bietet, den Einfluss der Dispersion zu reduzieren und damit die Leistungsfähigkeit der Übertragung zu erhöhen.

Tests werden zunächst natürlich nicht auf tatsächlichen Langstreckenkabeln durchgeführt, sondern in geschlossenen Faserringen, die sich komplett in einem Labor aufbauen lassen. Die Degradation des Signals mit zunehmender Strecke ist damit sehr leicht zu erfassen. Die Abbildung zeigt schematisch ein derartiges „Karussell".

Das Paradigma der Übertragung in Anwesenheit von Kerr-Nichtlinearität ist das fundamentale (d. h. $N = 1$) optische Soliton. Solitonen sind die natürlichen Einheiten (*bits*) für die Übertragung von Signalen über optische Fasern. Sie sind formbeständiger als jeder andere Puls. Es trifft sich günstig, dass sie bei anomaler Dispersion existieren; dies ist der Wellenlängenbereich der geringsten Verluste in der Faser.

Nach heutigem Stand erzielt man die besten Resultate nicht mit *reinen* Solitonen, sondern mit gewissen Verallgemeinerungen des Solitonenkonzepts, bei denen es Geschmackssache ist, ob man sie noch als Soliton bezeichnet. Das liegt an eine Reihe subtiler Effekte, die bei Übertragung über wirklich lange Strecken (Tausende km) zu beachten sind. Einige dieser Effekte wirken schon auf einen einzelnen Wellenlängenkanal, andere erst bei WDM.

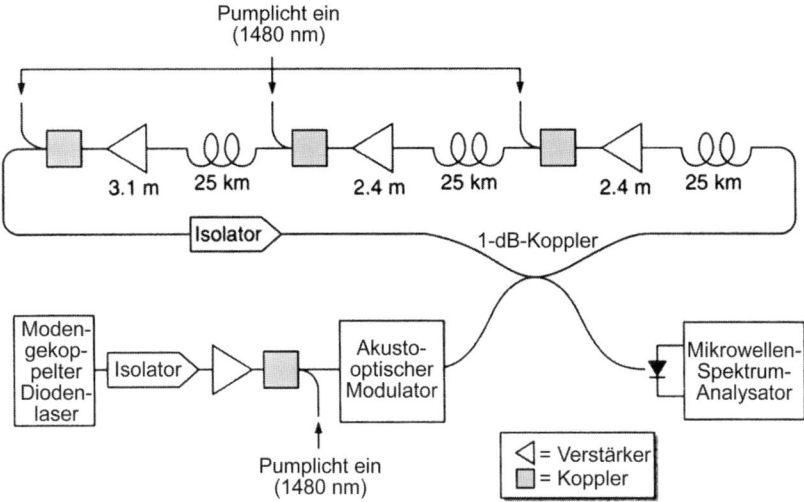

Abb. 11.7 Ein typisches Laborexperiment zur Langstreckenausbreitung, bei dem eine lange Strecke durch Mehrfachumlauf in einem Faserring simuliert wird. In diesem Beispiel hat der Ring 75 km Umfang und enthält drei Verstärker. Aus [95] mit freundlicher Genehmigung.

11.2.1 Ein einzelner Wellenlängenmultiplex-Kanal

Trotz ihrer ausgeprägten Stabilität leben Solitonen nicht ewig: Störungen durch Energieverluste, Ramanstreuung und Wechselwirkungen der Pulse miteinander (siehe oben) zerstören schließlich auch Solitonen. Energieverluste lassen sich durch optische Verstärker (Ramanverstärker oder besser Erbiumfasern) ausgleichen – zumindestens im Mittel. Dabei ist zunächst zu fragen, in welchen Abständen L_{amp} man die Verstärker anordnet, denn die periodische Energieänderung kann die Solitonen stören. Es stellt sich heraus, dass die Bedingung $z_0 \gg L_{amp}$ eingehalten werden muss, da anderenfalls eine Resonanz mit den Solitonen möglich wird, die sie zerstört. Diese Bedingung lässt sich am besten bei verringerter Dispersion erfüllen, da die Pulsdauern im Bereich einiger zehn Pikosekunden aus anderen Gründen vorgegeben ist und damit z_0 bei Standard-Dispersionswerten bei wenigen bis zu wenigen zehn Kilometern liegt. Reduziert man die Dispersion auf $2\,\tilde{p}s/nm\,km$, so wird z_0 zu vielen zehn bis einigen hundert Kilometern, was Verstärkerabstände im Bereich von ein paar zehn Kilometern ermöglicht. Als nützlicher Nebeneffekt wird dadurch die Energie der Solitonen geringer, was bei der Erzeugung hilfreich ist; allerdings soll man dies auch nicht übertreiben, da sonst der Signal-Rausch-Abstand bei der Detektion zu gering wird.

Gordon-Haus-Effekt

Verstärker bedingen jedoch ein zusätzliches Rauschen aufgrund spontaner Emission, welches wiederum in subtiler Weise die Übertragung stört, da es die Pulsenergie, seine Mittenfrequenz, seine Phase und seine zeitliche Position modifiziert. Die Amplituden-Phasen- und Positionsänderungen der Solitonen sind nicht weiter bedenklich. Frequenzänderungen treten durch asymmetrische Anteile des Rauschens relativ zur spektralen Pulsmitte auf (siehe Abb. 11.8). Diese Frequenzänderungen führen wegen der Dispersion der Faser nach langer Laufstrecke zu zufälligen Abweichungen der Ankunftszeiten. Derartige zeitliche Schwankungen werden mit dem englischen Wort „*jitter*" (Zittern) bezeichnet. Wird der Jitter zu groß (z. B. von der Größenordnung der Pulsabstände), lässt das Signal sich nicht mehr einwandfrei decodieren. Diese Erscheinung wird nach den Entdeckern James P. Gordon und Hermann A. Haus als Gordon-Haus-Jitter bezeichnet [40]. Der Gordon-Haus-Jitter skaliert mit der dritten Potenz der Strecke.

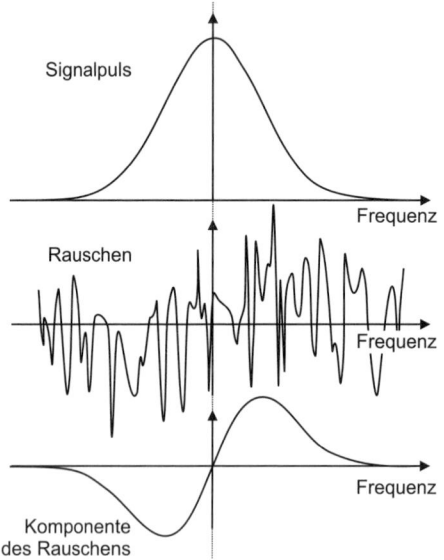

Abb. 11.8 Mit Bezug zum Spektrum eines Pulses (oben) kann das Rauschen (Mitte) asymmetrische Komponenten enthalten (unten). Die Überlagerung hat dann eine Verschiebung der spektralen Mitte (eine Frequenzänderung) erfahren, die wegen der Dispersion der Faser zu veränderten Ankunftszeiten führen kann. Die zufällige Schwankung der Ankunftszeit heißt Gordon-Haus-Jitter.

Experimentell wurde die Existenz des Gordon-Haus-Jitters glänzend bestätigt. Aufgrund der verwendeten Nachweistechnik, die über viele Pulse mittelte, erschien durch den Jitter die Pulsdauer verbreitert. Das scheinbare Anwachsen der Pulsbreite folgt genau der erwarteten Streubreite des Jitters [92].

Dieser Befund hat dazu geführt, dass in den Kabeln TAT-12/13 zwar dispersionsverschobene Fasern und Erbiumverstärker, aber keine Solitonen eingesetzt werden.

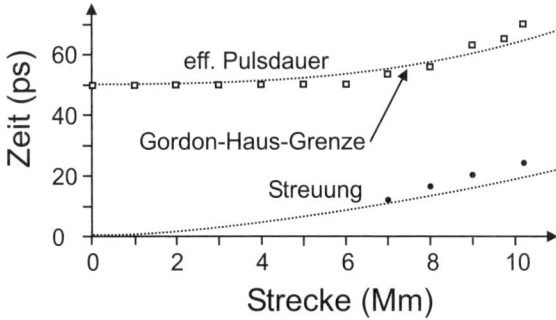

Abb. 11.9 Gordon-Haus-Limitierung im Experiment: Die scheinbare Zunahme der Pulsdauer nach sehr langer Strecke ist durch den Gordon-Haus-Jitter bestens erklärt. Aus [92] mit freundlicher Genehmigung.

Filter auf der Strecke

Wenig später fand man aber Abhilfe: Wellenlängenselektive Filter reduzieren die Frequenzschwankungen, da sie das Soliton stets zur Mitte des Spektrums „zurücktreiben". Im Übrigen werden im Fall des Wellenlängenmultiplex-Betriebs (WDM) Unterschiede der Verstärkung von einer Wellenlänge zur anderen eingeebnet, da ein „zu starker" Puls durch Selbstphasenmodulation ein etwas breiteres Spektrum bekommt, im Filter also größere Verluste erleidet [93].

Allerdings sind die räumlichen Abstände der Filter entlang der Strecke ähnlich (bzw. gleich) zu wählen wie die Verstärkerabstände; es werden auf einer transozeanischen Strecke also viele Filter kaskadiert. Der resultierende Gesamtfrequenzgang

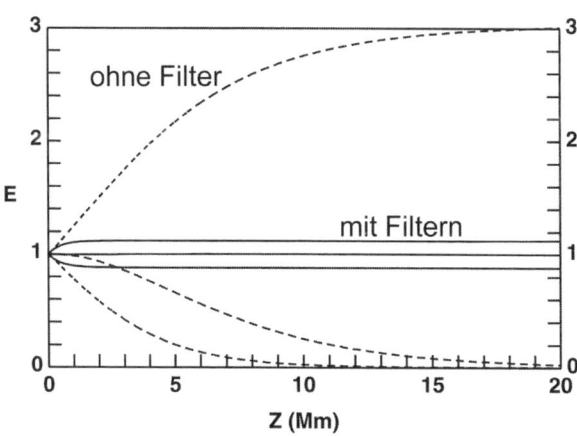

Abb. 11.10 Computersimulation zum Ausgleich von Leistungsschwankungen der Solitonen durch Filter. Ein Puls mit zu viel Leistung ist kürzer und hat ein breiteres Spektrum; daher erfährt er stärkere Verluste. Im Beispiel sind drei Wellenlängenkanäle angenommen. Nur mit Filter kommt es zu einer stabilen Propagation. Aus [62] mit freundlicher Genehmigung.

weist ein sehr schmales Maximum auf, in welchem Rauschen der spontanen Emission sich immer noch ungestört aufbauen kann (für lineare Signale ist bekanntlich der Gesamtfrequenzgang gleich dem Produkt der Einzelfrequenzgänge).

Die Abhilfe hierfür wiederum ist geradezu raffiniert: Man gibt nicht etwa allen Filtern die gleiche Mittenfrequenz, sondern staffelt diese Mittenfrequenzen gleitend entlang der Strecke. Dann gibt es keine einzige Wellenlänge, bei der Rauschen durch das Gesamtsystem durchlaufen kann: Für lineare Systeme ist ein „*sliding-filter*"-System opak. Anders das Soliton: Als wesentlich nichtlineares Gebilde kann es sich bei jedem Filter der neuen Mittenfrequenz anpassen und damit die gesamte Strecke durchlaufen. Eine derartige Trennung von Rauschen und Signal hat in linearen Systemen keine Entsprechung!

11.2.2 Mehrere WDM-Kanäle

Da die Übertragungsrate des einzelnen Kanals durch die Geschwindigkeit der verfügbaren elektronischen Komponenten begrenzt ist, lässt sich eine Steigerung, die erheblich über 10 Gbit/s hinausgeht, nur durch Parallelbetrieb auf vielen Wellenlängen realisieren, also durch Wellenlängenmultiplex (WDM). Zunächst ist zu klären, welchen Abstand voneinander die Kanäle haben sollen und ob sie äquidistant liegen sollen.

Für Äquidistanz spricht, dass

- dies übersichtlicher ist,
- dies dem Usus im Rundfunk- und Fernsehbereich entspricht,
- Filter mit äquidistanten Transmissionsfrequenzen sehr leicht zu bauen sind (Fabry-Perot-Filter).

Dagegen spricht, dass Vierwellenmischung in diesem Fall am heftigsten stört, denn alle neu entstehenden Frequenzen fallen genau auf vorhandene Kanäle (siehe Abschnitt 9.6). Dies ist in Abb. 11.11 gezeigt.

Dennoch hat man sich inzwischen auf ein Kanalraster von festen 100 GHz geeinigt. Die ITU-Standardisierung sieht eine Referenzfrequenz von 193 100 GHz (das entspricht einer Vakuum-Wellenlänge von ca. 1552,5 nm) vor. Davon ausgehend liegen WDM-Kanäle auf einem Raster von 100 GHz Weite. Es können auch Zwischenkanäle durch Unterteilung des Rasters in 50 GHz-Schritte bzw. 25 GHz-Schritte benutzt werden.

Vierwellenmischung und Phasenanpassung

Das Ausmaß der Störungen durch Vierwellenmischung wird dann noch wesentlich durch den Grad der Phasenanpassung bestimmt, den die erzeugte Mischwelle vorfindet. In einer dispersionsfreien Faser wäre jederzeit die Phasenanpassung garantiert und die Störungen würden ein Maximum erreichen. In diesem Zusammenhang ist Dispersion also sogar hilfreich. Bereits eher geringe Werte der Dispersion führen zu einer spürbaren Reduktion der Effizienz der störenden Vierwellenmischung.

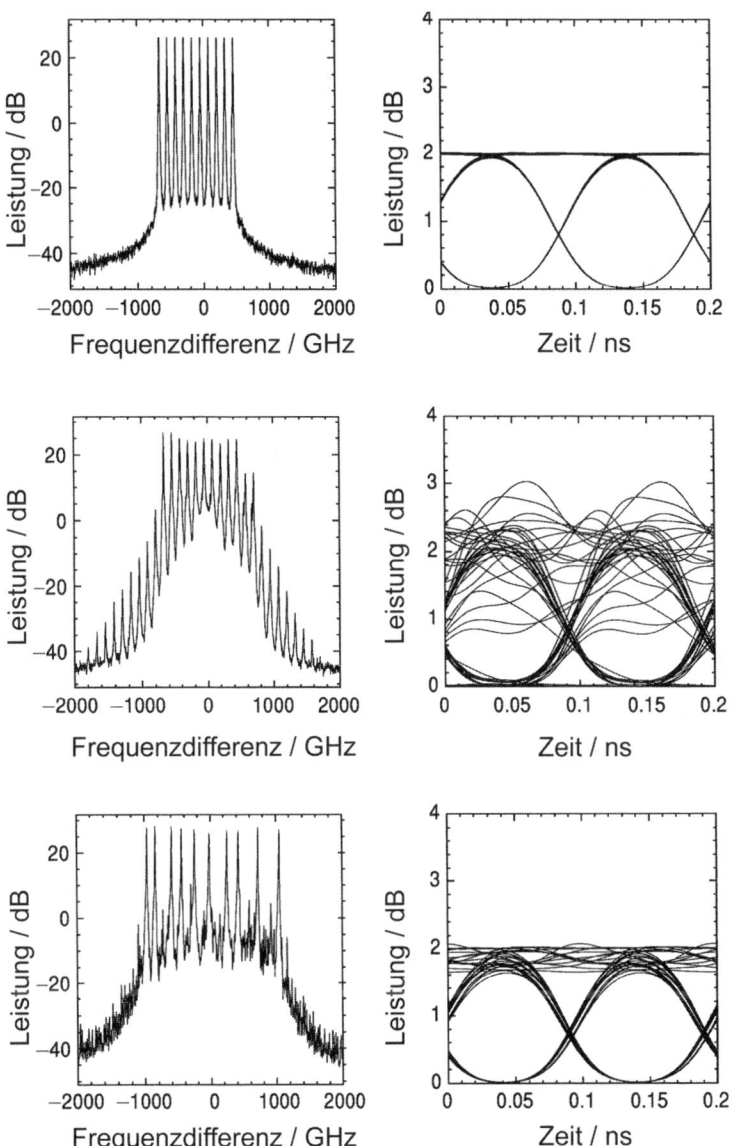

Abb. 11.11 Experiment zur Auswirkung der Vierwellenmischung in einem WDM-System. Links: Spektren, rechts: Augendiagramme (siehe Abschnitt 11.3.2). Obere Reihe: 10 Kanäle mit gleichen Frequenzabständen werden in eine Faserstrecke eingespeist. Mittlere Reihe: Am Streckenende sind zahlreiche Mischprodukte entstanden; das Augendiagramm zeigt stark degradierte Signale. Untere Reihe: Werden ungleiche Kanalabstände gewählt, so treten wesentlich weniger Mischprodukte auf und im Augendiagramm (siehe Abschnitt 11.3.2) ist das „Auge" vollständig geöffnet. Aus [30] mit freundlicher Genehmigung.

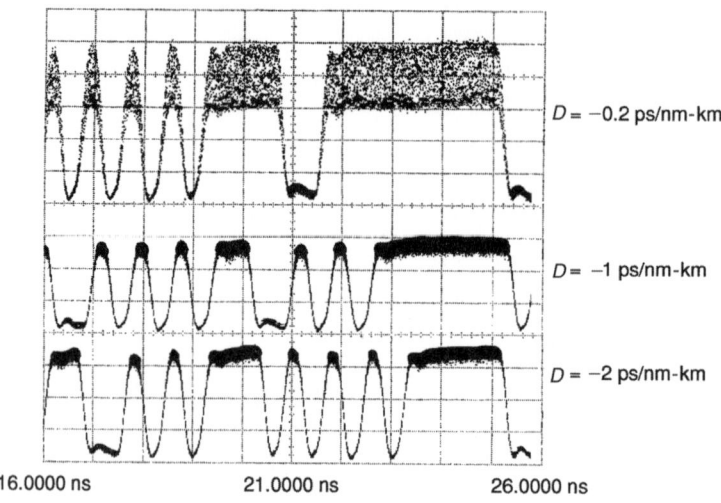

16.0000 ns   21.0000 ns   26.0000 ns

Abb. 11.12 Einfluss von Vierwellenmischung auf eine Bitfolge bei unterschiedlichen Dispersionswerten. Je geringer die Dispersion, desto stärker gestört ist das Signal. Aus [30] mit freundlicher Genehmigung.

11.2.3   Alternierende Dispersion („Dispersionsmanagement")

Eine Erfindung, die eigentlich anders gemeint war, hilft hier weiter: Die ursprüngliche Idee war, Dispersionsverzerrungen dadurch zu vermeiden, dass die mittlere Dispersion der Strecke zu null kompensiert wird, indem Faserstücke mit anderem Dispersionsvorzeichen eingefügt werden. Es zeigt sich, dass eine Kompensation genau auf null gar nicht optimal ist. In (unvermeidlicher) Anwesenheit der Nichtlinearität ist eine gewisse Restdispersion sogar hilfreich.

Um durch Phasenfehlanpassung die Vierwellenmischung stark zu reduzieren, genügt es, lokal hohe Dispersion zu haben (siehe Abschnitt 9.6); durch periodischen Wechsel zwischen Fasern verschiedener Dispersion lässt sich der Mittelwert wieder auf den einen geringen Wert ziehen. Insgesamt ergibt sich die Vorstellung, durch geschickte Wahl („*management*") des Verlaufs der Dispersion entlang der Strecke (*dispersion map*) die Übertragung zu optimieren; dies heißt heute *dispersion management* (DM).

Dispersionsparameter β_2

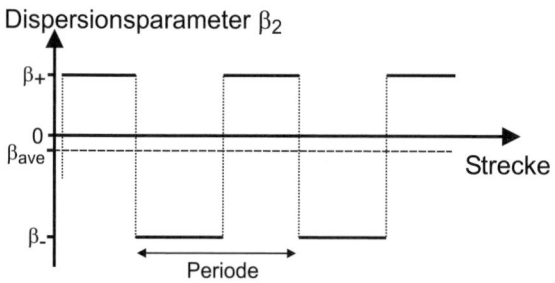

Abb. 11.13 Skizze zum Dispersionsmanagement. Die Faserstrecke ist aus abwechselnden Stücken von Faser mit positiver und negativer Dispersion zusammengesetzt. Dadurch ist der Streckenmittelwert der Dispersion weit geringer als der Betrag des lokalen Werts.

Es ist keineswegs selbstverständlich, dass in einer DM-Faser Solitonen-artige Pulse existieren. Schließlich stellt der periodische Wechsel der Dispersion eine kräftige Störung dar, die sicherlich auch durch Störungsrechnung in der Nichtlinearen Schrödingergleichung nicht behandelt werden kann. Lichtpulse in DM-Fasern variieren im Verlauf einer DM-Periode stark in ihrer Pulsdauer. Es zeigt sich aber, dass dennoch Pulse existieren, welche sich durch die Wirkung der Nichtlinearität stabilisieren [98, 101]. Diese Stabilisierung ist so zu verstehen, dass die ursprüngliche Pulsform und -Dauer nach einer DM-Periode wiederkehrt. Bei einer „stroboskopischen" Darstellung, bei der immer nur die Pulsform an einer bestimmten Position der DM-Periode gezeigt ist, erhält man wieder das Bild einer stabilen Propagation. In einer gewissen Verallgemeinerung des Begriffs des Solitons werden solche Pulse als *DM-Solitonen* bezeichnet. Ihre Pulsform unterscheidet sich von der sech-Form konventioneller Solitonen, wie man aus Abb. 11.14 erkennen kann: Insgesamt ist die Form eher einer Gaußfunktion ähnlicher, aber in den Flanken treten Nebenminima auf.

Leistung

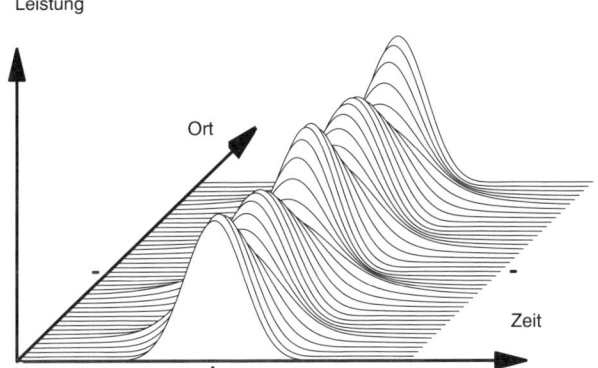

Abb. 11.14 Ein DM-Soliton in einer Computersimulation. Gezeigt sind zwei Perioden des Dispersionsverlaufs.

Der Wechsel der Dispersion bringt weitere Vorteile: Aufgrund der dadurch „atmenden" Pulsdauer des Solitons reduzieren sich Pulswechselwirkungen. Aufgrund der auf einem Teil der Strecke reduzierten Spitzenleistung reduziert sich die effektiv wirksame Nichtlinearität, sodass das Soliton zum Ausgleich eine höhere Energie besitzt als das ungestörte Soliton bei einer Faser mit konstanter Dispersion, die dem Mittelwert der Dispersion entspricht [117]. Das bringt Vorteile beim Detektionsrauschen, aber auch beim Gordon-Haus-Jitter [125].

Wegen des Verlaufs der Dispersion mit der Wellenlänge in jeder beteiligten Faser „sehen" verschiedene Kanäle insgesamt verschiedene Dispersion, und zwar sowohl in den Faser-Teilstücken als auch im Streckenmittel. Für verschiedene WDM-Kanäle ist der Streckenmittelwert der Dispersion also etwas verschieden. Abb. 11.15 verdeutlicht, wie benachbarte WDM-Kanäle unterschiedliche Dispersion „sehen".

Eine Folge dieser Feststellung ist, dass in den verschiedenen WDM-Kanälen Pulssequenzen mit unterschiedlicher Leistung propagieren. Nimmt man das ungestörte

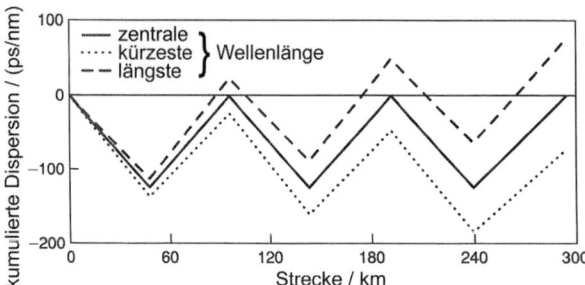

Abb. 11.15 Akkumulation der Dispersion in einer Faser mit Dispersionsmanagement für den zentralen Wellenlängenkanal sowie die spektral am weitesten außen liegenden Kanäle. Aus [30] mit freundlicher Genehmigung.

Soliton der Nichtlinearen Schrödingergleichung, so ermittelt sich seine Energie zu

$$\hat{P}_1 = \frac{|\beta_2|}{\gamma T_0^2} \quad \text{und} \quad E_1 = 2\hat{P}_1 T_0 = \frac{2|\beta_2|}{\gamma T_0} \quad .$$

Die Energie ist also zur Dispersion proportional. Wie man aus Abb. 11.16 abliest, gilt derselbe Zusammenhang auch zwischen der Energie und dem Streckenmittel der Dispersion bei DM-Solitonen [94]. Spezielle Fasern mit umgekehrtem Verlauf der Dispersion werden inzwischen propagiert, um einen flachen Verlauf der resultierenden Dispersion zu erzielen und die Pegelunterschiede damit auszugleichen.

In ähnlicher Weise muss übrigens auch die Verstärkung ausgeglichen werden, da der Verlauf der Verstärkung über der Wellenlänge bei Erbiumfasern keineswegs flach ist. Bei Benutzung spezieller Fasern hat man bereits einen flachen Bereich über 80 nm realisiert. Eine breitbandige Alternative stellt Verstärkung durch den Ramaneffekt dar; siehe z. B. [102].

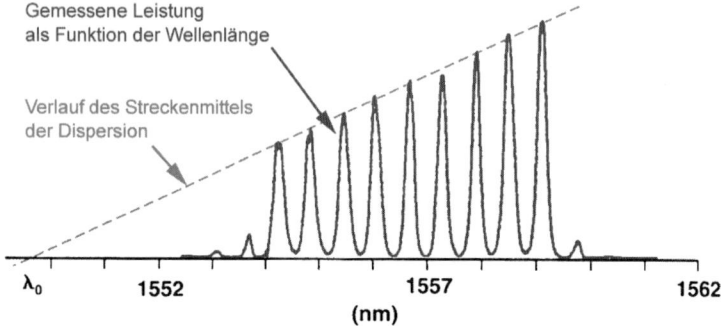

Abb. 11.16 9 WDM-Kanäle eines DM-Systems werden mit Signalen bei gleicher Bitrate betrieben. Nach einer ausreichenden Propagationsstrecke stellt sich die Leistung in den einzelnen Kanälen entsprechend dem Streckenmittelwert der Dispersion ein. Das ist dasselbe Skalierungsverhalten wie bei „gewöhnlichen" Solitonen. Aus [94] mit freundlicher Genehmigung.

Zum Jahrtausendwechsel gelang bereits die Übertragung von mehreren Tbit/s über eine einzelne Faser. Ingenieure beschreiben diese Systeme als *„chirped RZ"*, d. h., sie erkennen den Chirp, den ein Soliton in einem *dispersion management*-System notwendig hat, vermeiden aber, von Solitonen zu reden. Hier treffen zwei Kulturen aufeinander, die dasselbe meinen, es aber verschieden nennen.

Die rasanten Fortschritte bei der Steigerung der Übertragungsraten, die der Markt fordert, führen notwendig zu Konzepten, die die Nichtlinearitäten akzeptieren und einbinden. Dies ist die Kernidee des Solitons. Ob man es so nennt oder nicht: Solitonen bestimmen die Zukunft der optischen Telekommunikation, und möglicherweise werden in nicht ferner Zukunft die Kinder in der Schule lernen, was es mit Solitonen auf sich hat!

11.3 Technisches

11.3.1 Betriebsüberwachung

Zur permanenten Kontrolle der Integrität der Faser bei laufendem Betrieb dient folgendes Verfahren: Am Ort der Zwischenverstärker wird zusätzlich ein so genanntes *loopback*-Modul (Rücksprechmodul) eingefügt, welches aus vier Faserkopplern besteht, wie in Abb. 11.17 dargestellt. Im Signalgemisch wird zusätzlich ein Pseudozufallssignal untergebracht. Für beide Richtungen gilt, dass der größte Teil des Signals passieren kann. Ein kleiner Teil des Signals wird aber abgezweigt und um 45 dB abgeschwächt in die Gegenrichtung umgelenkt. Dieses recht schwache Signal stört den übrigen Betrieb nicht. Durch Korrelationsmessung mit dem bekannten Pseudozufallssignal kann aber der Pegel des zurückkommenden Signals erfasst werden; dies erlaubt es, am Anfang der Faser Zusatzverluste durch Alterung oder Beschädigung zu erkennen. Die einzelnen Repeater entlang der Strecke können dabei aufgrund der unterschiedlichen Laufzeiten unterschieden werden.

Zusätzlich kann dank der *loopback*-Module durch Rayleighstreuung zurücklaufendes Licht die Verstärker umgehen und in der Gegenrichtung propagieren, sodass auch OTDR-Messungen möglich sind. Für extrem lange Strecken verbindet man OTDR

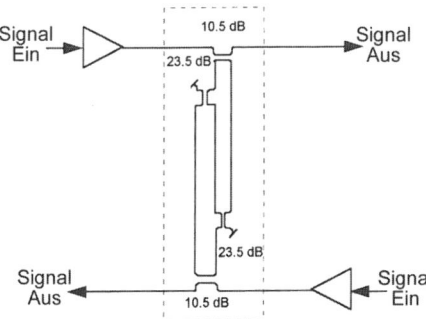

Abb. 11.17 Ein so genanntes *loopback*-Modul dient der Überwachung einer Faserstrecke bei laufendem Betrieb. Aus [138] mit freundlicher Genehmigung.

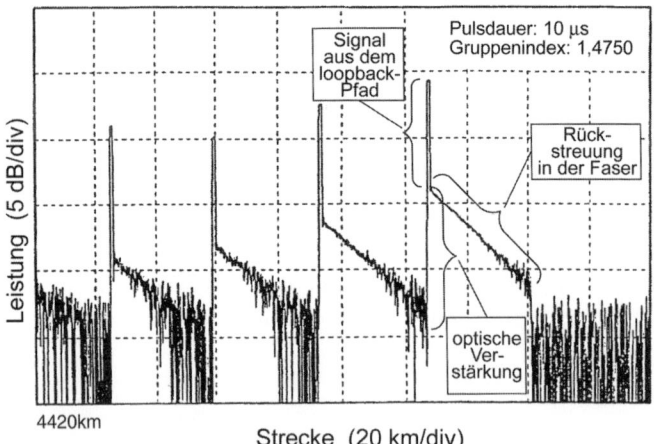

Abb. 11.18 OTDR-Messung an einer sehr langen Strecke mit mehreren Verstärkern. Aus [29] mit freundlicher Genehmigung.

mit kohärenter Detektion zur Empfindlichkeitssteigerung. Dann kann – am besten während einer Unterbrechung des Normalbetriebs – die gesamte Strecke überwacht werden. Abb. 11.18 zeigt ein Beispiel, bei dem eine Faser über mehr als 4400 km geprüft wurde [63].

11.3.2 Augendiagramm

Eine Kontrolle der Übertragungsgüte geschieht in der einfachsten Form durch das so genannte Augendiagramm. Das ist eine Oszilloskopdarstellung, bei der der Bitstrom über der Zeit mit einer zum Takt synchronen Horizontaldarstellung aufgetragen wird. Verschliffene Flanken, ungenau getroffene Pegel und verschiedene andere Störungen führen dazu, dass das in der Mitte sichtbare „Auge" zuläuft. Hieraus ergibt sich sofort ein Kriterium für das Ausmaß der Störungen.

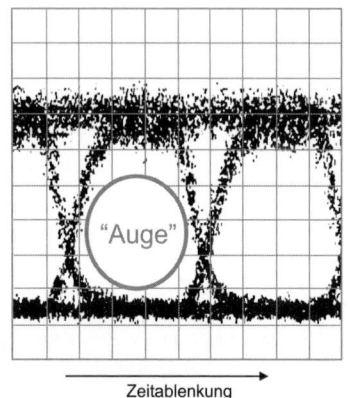

Abb. 11.19 Ein Augendiagramm entsteht durch Darstellung des Bitstromsignals mit einer Zeitablenkung, die synchron zur Datenrate eingestellt ist. Der untere und obere Pegel sowie die Steilheit der Flanken sind gut zu beurteilen. Wenn das „Auge" frei ist, ist mit ungestörtem Empfang zu rechnen.

Bei endlicher Bandbreite, die nicht erheblich höher ist als die Taktrate, wird es zu Verformungen der Impulse kommen, deren Flanken dann in das Zeitfenster der Nachbarpulse hineinragen und dort die Augen schließen. Außer durch dieses Bitnebensprechen kann auch Rauschen oder Jitter zur Schließung des Auges führen.

11.3.3 Filterung mit Begrenzung des Bitnebensprechens

Durch geschickte Beeinflussung des Frequenzgangs lässt sich übrigens die Störung durch Bitnebensprechen weitgehend eliminieren. Die Idee geht davon aus, dass viele – und besonders steilflankige – Filter eine nicht-monotone Sprungantwort aufweisen. Wählt man nun die Filtercharakteristik gerade so, dass die Nullstellen der verzerrten Pulsform im Abstand von ganzzahligen Vielfachen der Taktzeit T auftreten, so werden die Nachbarpulse praktisch nicht mehr gestört. Zum Beispiel erfüllt ein Filter mit einer Impulsantwort

$$u(t) = \frac{\sin(\pi t/T)}{\pi t/T} = \mathrm{sinc}(t/T) \tag{11.10}$$

diese Forderung.

Allerdings erfordert es einen Frequenzgang:

$$U(f) = \begin{cases} T & : & f < 1/2T \\ 0 & : & f > 1/2T \end{cases} .$$

(Der Wert T erklärt sich aus der Normierung auf $\int_{-\infty}^{+\infty} U(f) = 1$). Ein derartiges Filter mit rechteckigem Sprung im Frequenzgang („Küpfmüllerfilter", engl. *brick wall filler*) und zeitsymmetrischer Sprungantwort ist praktisch nicht zu realisieren. Der senkrechte Sprung im Frequenzgang erfordert unendlich viele selektive Elemente und die Zeitsymmetrie der Sprungantwort erfordert die Verletzung der Kausalität (Wirkung stets *später* als Ursache).

Das ist schade, denn erstens würde ein derartiges Filter erlauben, tatsächlich mit der minimalen nach Nyquist möglichen Bandbreite zu operieren; andererseits ließe das Filter auch nur in diesem Band Rauschen passieren. Der Gewinn an Rauschabstand durch Verzicht auf die obere Hälfte des Bandes ist verlockend.

Die Sprungantwort eines akausalen Filters lässt sich gut approximieren, wenn man auf Verarbeitung in Echtzeit verzichtet und eine Verzögerung in Kauf nimmt, die aber nur wenige Taktzyklen lang sein muss. Die unendliche Flankensteilheit vermeidet man mit dem so genannten „*raised cosine*"-Filter, einer Verallgemeinerung der Rechteckfunktion mit verrundeten Sprüngen.

Mit dem Frequenzgang

$$U(f) = \begin{cases} T & : & 0 \le |f| \le \dfrac{1-\beta}{2T} \\[2ex] \dfrac{T}{2}\left[1 + \cos\left(\dfrac{\pi T}{\beta}f - \pi\dfrac{1-\beta}{2\beta}\right)\right] & : & \dfrac{1-\beta}{2T} \le |f| \le \dfrac{1+\beta}{2T} \end{cases} \tag{11.11}$$

hat es die Impulsantwort

$$u(t) = \frac{\sin(\pi t/T)}{\pi t/T}\, \frac{\cos(\beta \pi t/T)}{1 - (2\beta t/T)} \quad , \tag{11.12}$$

ihrerseits eine Verallgemeinerung der sinc-Funktion. Mit dem Parameter β lässt sich die Schärfe des Übergangs steuern. Derartige Filter lassen sich in guter Näherung realisieren und ermöglichen es, den Frequenzgang definiert zu begrenzen, damit das Rauschen zu limitieren und zugleich Bitnebensprechen zu minimieren.

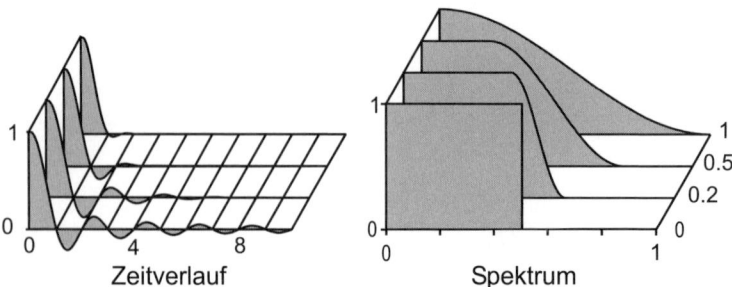

Abb. 11.20 Zur Wirkung des „*raised cosine*"-Filters. Der Parameter β (nach hinten aufgetragen) regelt die Schärfe des Übergangs vom Durchlass- zum Sperrband. Dabei bleiben die Nulldurchgänge des Zeitverlaufs an den Positionen der Nachbar-Bits, wodurch Symbolnebensprechen minimiert wird.

11.4   Telekommunikation: Eine Wachstumsbranche

Das Zusammenwachsen der Welt lässt sich an nichts so deutlich ablesen wie am ständig wachsenden Bedarf für Weitstrecken-Telefonverbindungen. Seit langer Zeit wächst der Bedarf jedes Jahr um 20 ... 30 %. Da man mit Telefonleitungen auch gut Geld verdienen kann, stellt dieser Umstand einen erheblichen Antrieb für technischen Fortschritt dar. Wir skizzieren die Entwicklung der Technik bis heute.

11.4.1   Historische Entwicklung

1851: Das erste Unterseekabel wird in Betrieb genommen. Es verläuft von Dover nach Cap Gris Nez und wird 24 Jahre lang funktionieren.

1858: Das erste Transatlantikkabel wird in Dienst gestellt. Es hält nur einen Monat.

1927: Die erste Übersee-Telefonverbindung wird eröffnet. Es handelt sich um eine Funkstrecke (SSB-Betrieb) von New York nach London.

1956: Das erste transatlantische Telefonkabel („TAT-1") geht in Betrieb. Es handelt sich um ein Koaxialkabel, auf dem in *analoger* Technik 48 Telefonkanäle simultan übertragen werden. Die Verstärker sind mit Elektronenröhren bestückt, denn die wenige Jahre zuvor erfundenen Transistoren waren noch nicht genügend ausgereift. Mit einem raffinierten System werden sogar die natürlichen Pausen einer jeden Konversation genutzt, um andere Gespräche einzuschieben (TASI = *time-assignment speech interpolation*). Da diese neue Technik außerordentlich erfolgreich ist, folgen nach einigen Jahren weitere Kabel in dieser Technik, mit allmählicher Erhöhung der Zahl der Kanäle. Das siebte davon (TAT-7) ist das letzte dieser Art. Es wird 1983 in Dienst gestellt und überträgt bereits 4200 Telefonkanäle. TAT-1 wird 1978 abgeschaltet, TAT-7 im Jahr 1994.

1962: Telstar I, der erste aktive Fernsprechsatellit, wird gestartet.

1965: Intelsat I („Early Bird"), ein erheblich verbesserter Fernsprechsatellit, wird gestartet.

1966: Kao und Hockham sagen die Möglichkeit voraus, Fasern mit Verlusten von nicht mehr als 20 dB/km herzustellen.

1970: Die Vorhersage hat sich bewahrheitet: Die erste Faser mit einer Dämpfung von unter 20 dB/km wird vorgestellt. Schon wenige Jahre später werden sogar 0,2 dB/km unterschritten.

1976: Zu einem ersten kommerziellen Einsatz einer Glasfaser-Übertragungsstrecke kommt es 1976 in einem Pilotsystem, welches von den Bell Laboratories und der Western Electric Co. in Atlanta installiert wird. Zwei Stränge von je 640 m Länge mit je 144 Fasern werden durch normale Kabelschächte verlegt. Eine einzelne Faser kann bei 44,7 Mbit/s 672 Telefonkanäle Übertragen. Trotz der damit verbundenen rauen Behandlung durch Ziehen und Biegen, sicher eine härtere Belastung als bei Laborversuchen, zerbricht keine der Fasern, und es wird auch nichts „vom Winde verweht". Die zahlreichen Fasern können durch Verbindungen zu einer Gesamtlänge von bis zu 70 km zusammengefügt werden, was den Einsatz von 11 Zwischenverstärkern (*repeater*) erforderlich macht. Im Betrieb mit simuliertem städtischen Nachrichtenverkehr funktioniert tatsächlich alles fast fehlerfrei.

1977: Der erste entsprechende Versuch in Deutschland findet 1977 in Berlin statt: In Kooperation der Firmen AEG-Telefunken, Standard Elektronik Lorenz, Siemens und TeKaDe wird ein Glasfaserkabel auf der 4,3 km langen Strecke von der Assmannshauser Straße zur Uhlandstraße verlegt. Im gleichen Jahr finden auch in England und Japan ähnliche Versuche statt.

1985: Das erste faseroptische Unterseekabel verbindet Teneriffa und Gran Canaria (Optican 1). Anfangs treten Probleme mit der Zerstörung des Kabels aufgrund von Haifischbiss auf; nach deren Behebung durch Einbringung zusätzlicher Stahlarmierungen verlief der weitere Betrieb störungsfrei.

1988: Mit TAT-8 beginnt die Ära der *optischen* transatlantischen Nachrichtenübertragung. Dieses Kabel arbeitet bei 1,3 μm (im zweiten Fenster) und überträgt Signale erstmals *digital*. Es hat eine Kapazität von 280 Mbit/s, was 40 000 Telefonkanälen entspricht, und senkt damit die Kosten pro Kanal um zwei Größenordnungen. Über einen Stahlmantel des Kabels wird elektrische Ener-

gie zur Versorgung der Relaisstationen („repeater") transportiert. Bei einem
Konstantstrom von 1,6 Ampere erfordert das eine Spannung von 7500 Volt.
Die Rückleitung geschieht durch das Wasser des Ozeans. In derselben Technik
folgen im Jahr darauf auch das Transpazifikkabel TPC-3 und die Verbindung
zwischen dem US-Festland und Hawaii, HAW-4. Diese Kabel bilden die erste
Generation faseroptischer Interkontinentalkabel.

1991: Faseroptische Kabel überholen Fernsprechsatelliten in der Zahl der übertragenen Gespräche. Insgesamt sind 33 Millionen Faserkilometer verlegt. Praktisch
die Hälfte davon, 16 Millionen km, befindet sich in den USA. Europa bringt
es auf 9 Millionen km, der „*Pacific Rim*" auf 8 Millionen km.

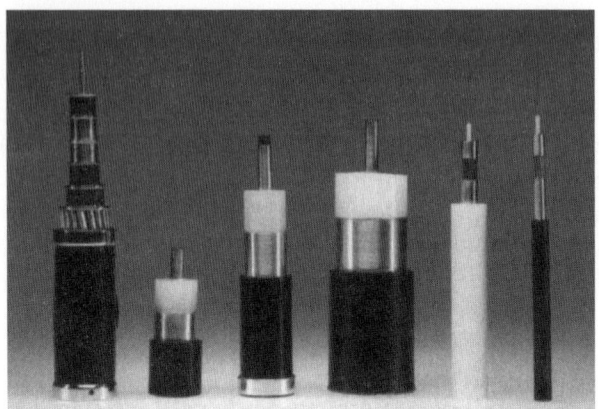

Abb. 11.21 Sechs Generationen von Nachrichtenkabeln: In den Fünfzigerjahren
konnte ein Kabel (ganz links) 36 Telefonkanäle übertragen, das Glasfaserkabel aus
den frühen Neunzigern (ganz rechts) schafft bereits 40 000. Ohne große äußerliche
Veränderung der Kabel transportieren sie heute bereits mehrere Millionen Telefonkanäle pro Faser. Aus [107].

1992: Das erste Kabel der zweiten Generation, TAT-9, geht im März in Betrieb. Die
Wellenlänge ist jetzt 1,55 µm (drittes Fenster), und es werden fortgeschrittene
Bauelemente als Sender (DFB-Laser) und Empfänger (APD-Dioden) eingesetzt. Als Übertragungsformat wird nur noch das NRZ-Format eingesetzt.
Mit 560 Mbit/s werden 80 000 Telefonkanäle zugleich übertragen. Das Kabel
ist 9310 km lang, kostete 450 Millionen US$ und gehört einem Konsortium
aus 35 internationalen Fernmeldegesellschaften. Es verbindet die USA und
Kanada einerseits mit England, Frankreich und Spanien andererseits. Für Spanien stellt es das erste optische Direktkabel in die USA dar; vorher gab es hier
nur TAT-5 mit 845 Telefonkanälen. Über Spanien sind auch Italien, Griechenland, die Türkei und Israel angeschlossen.
Im Pazifik folgt 1992/93 in dieser Technik TPC-4. Bei den folgenden TAT-
10 (Verbindung USA mit Deutschland und den Niederlanden) und TAT-11
wird erstmals eine neue Topologie angewendet: statt der linearen Punkt-zu-

Punkt-Verbindung setzt man nun auf „Netze", bei denen beim Ausfall eines Teils der Leitung eine Umleitung geschaltet werden kann. Diese Sicherungsmaßnahme wird angesichts der enormen Übertragungskapazität, mit der ja auch ein großer Verlust im Schadensfall einhergeht, für zukünftige Systeme übernommen werden.

1994: In Deutschland hat die Vereinigung einen besonderen Bedarf hervorgerufen, denn in der DDR waren Telefone selten. Während Mitte der Achtzigerjahre der Postminister der Bundesrepublik noch voll auf Kupferkabel setzte und Deutschland im Vergleich zu anderen Industrienationen beim Einsatz von Fasern zurücklag, wurden ab Ende der Achtziger erhebliche Anstrengungen im Aufholen gemacht. Nach der Wende wurde beschlossen, den Osten gleich mit der modernsten verfügbaren Technologie auszustatten. Mitte 1994 hatte die Deutsche Telekom bereits das dichteste Glasfasernetz der Welt. Mit 80 000 km Ausdehnung war es bereits länger als das Netz der Autobahnen und Bundesstraßen. Dazu trägt bei, dass die Telekom als erste Gesellschaft begonnen hat, Fasern bis zum Endteilnehmer zu verlegen. Dies ist die Stunde für neue Akronyme: FTTH steht für *fiber to the home*, FTTC für *fiber to the curb* (*Faser bis zur Bordsteinkante*) und FTTP für *fiber to the premises* (*Faser bis zum Grundstück*).

1995: Die dritte Generation wird mit TAT-12 eingeleitet. Es folgen TAT-13 (Ende 1996) sowie TPC-5 und TPC-6. Abermals sind wichtige technische Verbesserungen eingeführt. Es wird dispersionsverschobene Faser eingesetzt und mithilfe von Erbium-Faserverstärkern wird der Abstand zwischen Relaisstationen erheblich erhöht. Jetzt wird doch wieder das RZ-Übertragungsformat eingesetzt. Es resultiert eine Übertragungsrate von 5 Gbit/s, was eine Übertragung des Äquivalents von 1 228 800 Telefonkanälen entspricht. Sicher wird ein guter Teil dieser Kapazität aber nicht für Sprachübertragung, sondern für den Datenverkehr zwischen Rechenanlagen eingesetzt werden. Die Kosten pro Telefonkanal sind gegenüber TAT-8 abermals um mehr als eine Größenordnung gesunken. Die Kabel TAT-8 bis TAT-11 werden 2002 und 2003 außer Betrieb genommen. Sie funktionieren zwar noch bestens, aber neuere Kabel sind um so vieles leistungsfähiger, dass ihr weiterer Betrieb sich kommerziell nicht mehr lohnt. Einige der außer Dienst gestellten Kabel stehen heute der Forschung zur Verfügung.

2001: Im Mai geht das transatlantische Kabel TAT-14 in Betrieb. Es hat 1,5 Milliarden US$ gekostet und kann 640 Gbit/s (entsprechend 8 Millionen Telefonaten) transportieren. Im Oktober folgt, ebenfalls auf der Nordatlantikroute, Flag Atlantic-1, welches über sechs Faserpaare zusammen 4,8 Tbit/s transportieren kann. Die Branche hat sich an kurze Zeiten für *return on investment* und sehr hohe Wachstumsraten gewöhnt. Daher sind zahlreiche Wettbewerber am Markt, welche Leitungen verlegen und betreiben. Nun geht die Rechnung erstmalig nicht auf: Zum ersten Mal in der Geschichte der Telekommunikation kommt es zu einem Überangebot an Leitungskapazität: Das Angebot hat erstmalig die Nachfrage überholt! In der Folge brechen die Preise für Leitungs-nutzung ein, und die Gewinne sowohl der Kabelverleger, -betreiber als auch der Zulieferindustrie in der Branche fallen dramatisch, dass es zu einer ganzen Reihe spektakulärer Bankrotte kommt (2002: Global Crossing, WorldCom). Zur gleichen Zeit, zu der die Internet-Euphorie der späten Neunziger zerplatzt, verfliegen auch allzu kühne Träume im Telekommunikationsgeschäft.

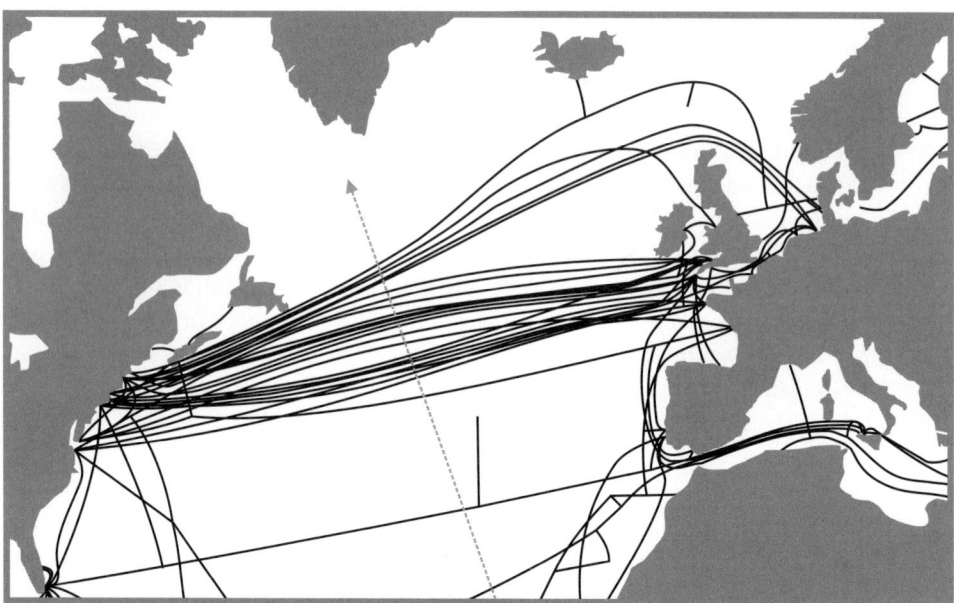

Abb. 11.22 Zahlreiche Kabel sind in den Meeren der Welt verlegt; besonders viele über-queren den Nordatlantik. Die gepunktete Hilfslinie kreuzt von Süd nach Nord (Pfeilrichtung) die Kabel mit den Namen Columbus-2, Columbus-3, TAT-9, TAT-8, Apollo (Südroute), Flag Atlantic 1 (Südroute), TAT-14, Flag Atlantic 1 (Nordroute), TAT-13, TyCo Global Network Transatlantic (Südroute), TAT-11, Gemini (Südroute), Atlantic Crossing 1 (Südroute), TAT-12, Apollo (Nordroute), Atlantic Crossing 2, PTAT-1, Hibernia (Südroute), Gemini (Nor-droute), TyCo Global Network Transatlantic (Nordroute), TAT-10, TAT-14, AC-1 (Nord-route), Hibernia (Nordroute) und Cantat-3. Näheres zu diesen Kabeln ist z. B. unter [5, 6] verfügbar. Die Abbildung gibt den Stand im Mai 2005 wieder.

Trotz der Krise, die mehrere Jahre anhält, wird die Industrie wieder Fuß fassen. Weiterhin werden neue Kabel in Betrieb genommen (z. B. die Transatlantikverbin-dung „Apollo" 2003). Dennoch sind ganze Teile der Welt kaum erschlossen, was die Anbindung an die weltweiten Glasfaserkabelnetze betrifft. Das betrifft Südostasien, aber noch extremer Afrika: Das erste afrikanische Kabel liegt ringförmig um den schwarzen Kontinent herum; in das Innere gehen nur wenige Leitungen. Auf die Dauer wird auch hier eine Nachfrage entstehen, die bedient werden wird. Ein weiteres Anzei-chen für die nur vorübergehende Natur der Krise ist, dass die Forschungsaktivitäten zwar – angesichts der Kassenlage der Industrieunternehmen – etwas reduziert sind, aber keineswegs ganz zurückgefahren wurden. Die Markteinführung eines Systems des Telekommunikationsausrüsters „Lucent Technologies", welches Solitonen in DM-Fasern benutzt, massives WDM einsetzt und für 4000 km Entfernung spezifiziert ist (im Labor hat es 7000 km überbrückt), wird allerdings zunächst weiter aufgeschoben.

Die gewaltigen Zuwächse an Übertragungsraten sind durch eine Vielzahl von Verbesserungen möglich geworden: Erbium-Verstärker, Dispersionsmanagement-Faser, massiver Multiplexbetrieb, Ausnutzung nichtlinearer Effekte (Solitonen, nichtlinearer Chirp). Verschiedene Quellen werden mit TDM zu Bitströmen von 2,5 Gbit/s oder 10 Gbit/s zusammengefügt. Als nächste Steigerung ist 40 Gbit/s geplant. Die kommerzielle Einführung geht jedoch langsam voran, da hierdurch erhebliche Probleme mit Polarisationsmodendispersion auftreten. Zahlreiche derartige Bitströme werden dann per Wellenlängenmultiplex zusammengeführt und auf die Faser gegeben. Um zu betonen, dass eine wirklich große Zahl (Größenordnung Hundert) von Wellenlängenkanälen eingesetzt wird, ist die Bezeichnung MDWM (*massive wavelength division multiplex*) aufgekommen.

11.4.2 Die Grenzen des Wachstums

Der gegenwärtige Rekord bei den Datenraten einer Übertragung über eine einzelne Faser steht bei 11 Tbit/s. Spektrale Effizienzen mit Werten um 0,4 bit/s/Hz sind üblich.

Angesichts einer Bandbreite von ca. 50 THz folgt nach Shannon für digitale Binärsignale eine Kanalkapazität von 50 Tbit/s – eine spektrale Effizienz von 1 bit/s/Hz vorausgesetzt. Offensichtlich ist die Grenze nahezu erreicht, insbesondere wenn man beachtet, dass in den Jahren vor der gegenwärtigen Krise die Rekordwerte ein jährliches Wachstum um etwa den Faktor Drei aufwiesen.

Mehrere Gründe sprechen dafür, dass das Shannon-Limit nicht ganz wörtlich zu nehmen ist:

1. Im Gegensatz zur Intensitätsmodulation ermöglichen Einseitenband-Amplitudenmodulation (SSB) oder Phasenmodulation mit kohärenter Detektion (PSK) eine Steigerung um den Faktor Zwei.
2. Eine Glasfaser trägt zwei Polarisationsmoden, wodurch sich ebenfalls eine Steigerung um den Faktor Zwei ergibt.
3. Das Shannon-Theorem gilt für einen *linearen* Kanal, während die Faser eine Nichtlinearität aufweist.

Und schließlich könnte man von der binären Codierung abgehen und in einem Zeitfenster mehr als ein Bit übertragen.

Ad 1. Bei den neuesten Übertragungstests wird zum Teil bereits von QPSK (*quaternary phase shift keying*) Gebrauch gemacht, bei der die Phase vier jeweils um 90° verschobene Werte annehmen kann. Damit ist die binäre Codierung zugunsten einer quaternären Codierung bereits aufgegeben.

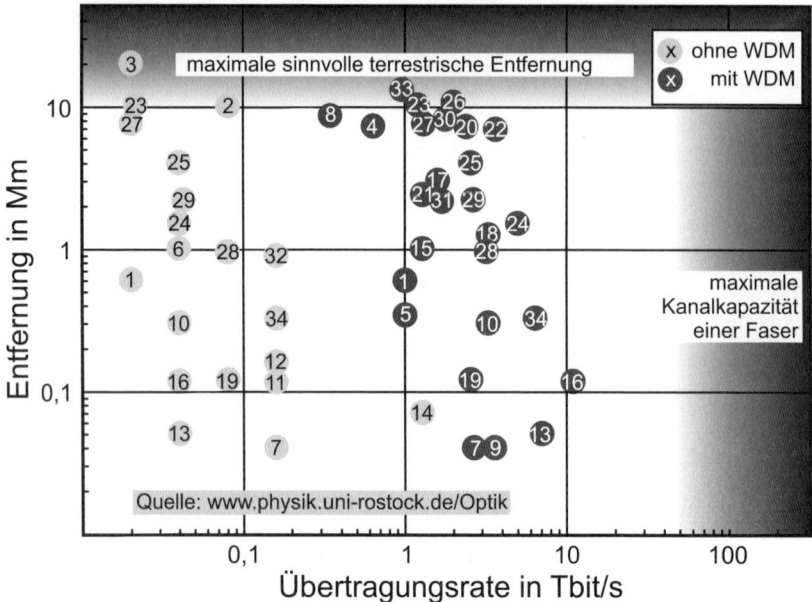

Abb. 11.23 Rekord-Experimente zur Hochgeschwindigkeits-Datenübertragung über eine einzelne Faser. Für die Legende mit Einzelheiten zu allen Datenpunkten siehe [8]. Diese Kompilation wird betrieben von Dr. Michael Böhm, Rostock. Der hier gezeigte Stand ist der vom Mai 2005.

Ad 2. Die Polarisationsmoden sind nicht voneinander völlig unabhängig, sondern haben ein gegenseitiges Übersprechen. Daher ist der theoretisch mögliche Faktor Zwei praktisch nicht voll zu realisieren. Die neuesten Übertragungsversuche machen allerdings bereits von alternierender Polarisation Gebrauch, wobei verschiedene Wellenlängenkanäle abwechselnd zueinander orthogonal polarisiert sind. Dadurch vermindert sich das Kanalübersprechen, die Kanäle lassen sich enger zusammenlegen und die spektrale Effizienz steigt. Auf diese Weise wurde ein Rekordwert von 1,6 bit/s/Hz erzielt [119].

Ad 3. Die Nichtlinearität führt zu erhöhtem Kanalübersprechen, sobald man versucht, pro Zeitfenster mehr als ein Bit zu übertragen. Mehr Amplitudenwerte bedingen nämlich eine Erhöhung der mittleren Leistung, da der geringste von Null verschiedene Amplitudenwert aus Rauschgründen nicht abgesenkt werden kann. Dann tritt jedoch verstärkt Vierwellenmischung auf. In Simulationen fanden Mitra und Stark [90], dass eine Steigerung allenfalls auf 4 bit/s/Hz möglich ist. Zu ähnlichen Ergebnissen kommt, mit einem etwas anderen Ansatz, auch J. Tang [129]. Auch Winkelcodierung leidet an ähnlichen Problemen und führt nicht weiter [54].

Falls es nicht gelingt, eine ganz andere Codierung zu finden, die diese Engpässe überwindet, wird in wenigen Jahren die Grenze des Wachstums erreicht sein. Es gibt

Überlegungen, gewisse gebundene Solitonenzustände heranzuziehen, aber zurzeit ist es noch zu früh für Spekulationen.

Während es bislang immer noch gelang, die Leistungsfähigkeit der Faser – auch rückwirkend bereits verlegter Faser! – zu steigern, wird dann mehr Faser verlegt werden müssen, um weiteren Zuwachs an Bedarf decken zu können. Das ist die teure Variante, denn das Verlegen – insbesondere der Erwerb von Wegerechten – war bislang schon teurer als das Auswechseln der Technik. Dennoch bleibt die Faser das leistungsfähigste Transportmedium: Freistrahloptik durch die Atmosphäre ist durch höhere und vor allen Dingen witterungsabhängig schwankende Dämpfung auf relativ kurze Entfernungen begrenzt und hat reduzierte Zuverlässigkeit. Allenfalls im freien Weltraum dürfte optische Freistrahlübertragung für Langstreckenübertragung infrage kommen. Auf diese Weise stünde sogar mehr Bandbreite zur Verfügung als in Glasfaser. Aber das ist noch Zukunftsmusik.

12 Faseroptische Sensoren

Die Entwicklung der Technologie der Lichtleitfasern wurde wesentlich durch die Erfordernisse der Telekommunikation angetrieben. Dennoch darf man keineswegs übersehen, dass die Telekommunikation keineswegs der einzige Anwendungsbereich von optischen Fasern ist. Der andere große Einsatzbereich liegt in der Messtechnik.

12.1 Warum Sensoren? Warum faseroptisch?

Früher befanden sich Messgeräte in größeren Maschinen oder Anlagen an denjenigen Stellen, an welchen die zu messende Information anfällt: ein Thermometer am Kessel, ein Drehzahlmesser an der Welle etc. Das Bedienungspersonal konnte dann dort hingehen und die Werte ablesen. Inzwischen ist ein starker Trend dahin zu beobachten, dass Messung und Anzeige des Messergebnisses räumlich getrennt werden. Als Beispiel diene ein Flugzeug: Die Messung der Außentemperatur mit einem außen angebrachten Quecksilberthermometer ist ebenso wenig vorstellbar wie die Drehzahlmessung durch Beobachtung eines Fliehkraftanzeigers an der Turbine oder die Tankfüllstandsanzeige mit einem Schauglas am Tank. Stattdessen werden alle Messwerte vor Ort mit Sensoren erfasst, die Information über Leitungen übertragen, und dann an zentraler Stelle auf Anzeigeeinheiten (engl. *display*) dargestellt. In unserem Beispiel wäre das im Cockpit, wo der Pilot alle Anzeigen im Blick hat.

Auch bei industriellen Anlagen hat man heute eine Leitwarte, auf der alle Informationen zusammenlaufen. Man erspart dadurch nicht nur Zeit, weil das Personal nicht herumlaufen muss, sondern minimiert auch Risiken durch Ablesung von Instrumenten z. B. an schwer zugänglichen Orten: in Kraftwerksschloten, in Hochspannungsanlagen oder Kernkraftwerken.

Drei Zutaten werden für ein solches Konzept benötigt:

- erstens: Sensoren, die jede zu erfassende physikalische Größe, z. B. Temperatur, Druck, Abstand, Füllstand, Drehzahl, Kraft usw., in eine übertragbare Größe umsetzen.
- zweitens: Leitungen, die diese Übertragung vornehmen.
- drittens: Anzeigen, die diese übertragenen Größen in eine mit Sinnesorganen (Auge, Ohr, ...) wahrnehmbare Darstellung umsetzen.

Bislang gilt es meistens als ausgemacht, dass die Übertragung mittels einer elektrischen Größe stattfindet: Meistens wird eine elektrische Spannung, bei einer verbreiteten Schnittstellennorm auch ein elektrischer Strom übertragen. Die Übertragungsleitungen sind dann in aller Regel Kupferkabel. Das hat den Vorteil, dass eine große Palette an Komponenten und Lieferanten genauso zur Verfügung steht wie eine große Zahl von Ingenieuren und Technikern, die mit derlei Technik vertraut sind und sie also adäquat einsetzen können.

An dieser Stelle kommt die Glasfaser ins Spiel. Zunächst einmal kann man auf die Idee kommen, im Sensor die Messgröße nicht durch eine elektrische Größe wiederzugeben, sondern durch eine optische – also z. B. durch eine Lichtintensität. Die nachfolgende Umwandlung in eine Anzeige bereitet keine Schwierigkeiten, da man am empfangsseitigen Ende leicht aus der Intensität zunächst (mit einem Photodetektor) ein elektrisches Signal gewinnen kann, welches dann mit Standardmethoden weiterverarbeitet wird. Allerdings stellt sich die Frage: Wenn man schließlich doch in ein elektrisches Format zurückwandelt, warum dann das Ganze?

Der Unterschied besteht darin, dass *auf der Übertragungsstrecke* das Signal noch im optischen Format vorliegt. Auf der Strecke kann eine Vielzahl von Einflüssen auf das Signal einwirken. Besonders störend bei elektrischen Kabeln sind Einstreuungen aufgrund elektromagnetischer Felder. Deswegen sind in der Regel mehr oder weniger aufwendige Abschirmungsmaßnahmen erforderlich. Lichtleitfasern hingegen sind für diese Art der Störung praktisch immun.

Einige andere Eigenschaften von Glasfasern, die in diesem Zusammenhang vorteilhaft sein können, haben wir bereits an anderer Stelle kennen gelernt: Sie sind klein und leicht. Die dadurch erzielte Platz- und Gewichtsersparnis kann besonders in Fahrzeugen, zum Beispiel in Flugzeugen oder gar Raumfahrzeugen, von großer Bedeutung sein. Auch ist die Temperaturbeständigkeit von Glasfasern besser als von Kupferkabeln und dasselbe gilt für die chemische Beständigkeit in aggressiven Medien. Schließlich gewährleistet eine Glasfaser auch eine vollkommene Potenzialtrennung, was zum Beispiel in petrochemischen Anlagen geschätzt wird.

Eine derartige Technik könnte also bei einigen Einsatzgebieten große Vorteile aufweisen. Erfreulicherweise stehen heute auch die Sensoren bereit, die die ursprünglich zu messende Größe in ein optisches Format bringen: Es gibt kaum eine physikalische Größe, für die nicht ein faseroptischer Sensor existiert. Zunehmend gilt dies auch für chemische und andere Größen.

Dabei sind zwei große Klassen von faseroptischen Sensoren zu unterscheiden: Erstens sind da diejenigen Sensoren, die vor, an oder bei der Faser angebracht werden, die zu messende Größe erkennen und ein optisches Signal in die Faser einspeisen. Die Faser ist also eine reine Leitung; diese Sensoren heißen *extrinsisch*. Bei *intrinsischen* Sensoren ist die Faser selbst oder ein Teilstück von ihr unmittelbar der Messaufnehmer, auf den die zu messende Größe einwirkt. Hier ist die Faser also zugleich Sensor und Leitung. Für beide Typen wollen wir Beispiele kennen lernen.

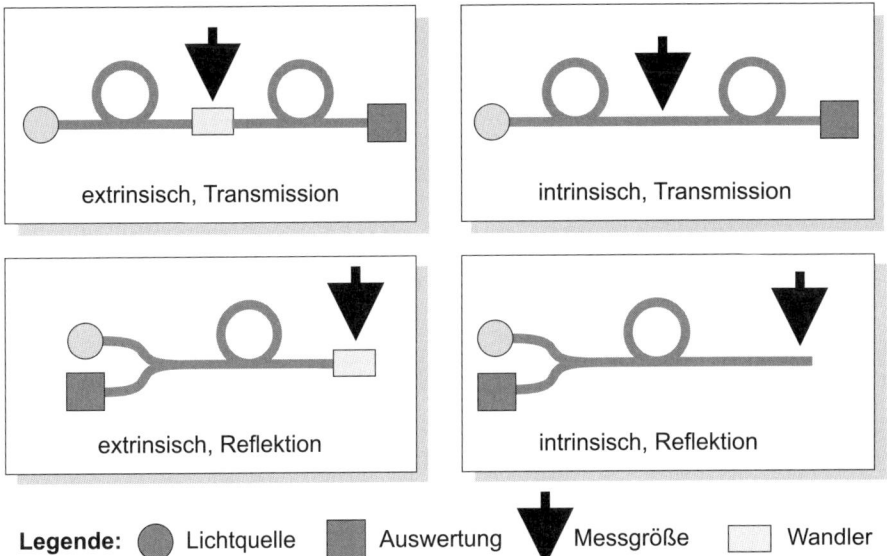

Abb. 12.1 Zur Unterscheidung von Sensortypen. Bei extrinsischen Sensoren (linke Spalte) setzt ein Wandler die Messgröße in ein optisches Signal um; bei intrinsischen Sensoren (rechte Spalte) ist die Faser selbst der Wandler. Man unterscheidet ferner Transmissionssensoren (obere Reihe) und Reflektionssensoren (untere Reihe). Erstere sind einfacher im Aufbau, da kein Koppler hin- und rücklaufendes Licht trennen muss. Letztere sind aber bequemer in der Anwendung, da nur ein Ende der Faser zugänglich sein muss.

12.2 Lokale Messungen

12.2.1 Druckmessung

Ein Drucksensor in einfachster Form ist in Abb. 12.2 dargestellt. Eine Faser wird zwischen zwei waschbrettartig gewellten Platten durch Druckeinwirkung deformiert; dadurch steigen die Biegeverluste. Nach geeigneter Kalibration lässt sich aus dem Transmissionsverlust der Druck ermitteln. Es handelt sich also um einen intrinsischen Transmissionssensor.

12.2.2 Hydrophon

Sehr häufig macht man bei faseroptischen Sensoren von interferometrischen Anordnungen Gebrauch, da diese eine außerordentliche Empfindlichkeit ermöglichen. Im in Abb. 12.3 gezeigten Beispiel handelt es sich um ein Mach-Zehnder-Interferometer, bei dem ein Lichtstrahl auf zwei Arme aufgespalten und nach Durchlauf durch zwei Wegstrecken wieder vereinigt wird. Änderungen der Wegstreckendifferenz äußern sich als Schwankungen des Interferenzsignals, wobei eine Änderung um nur eine halbe Wel-

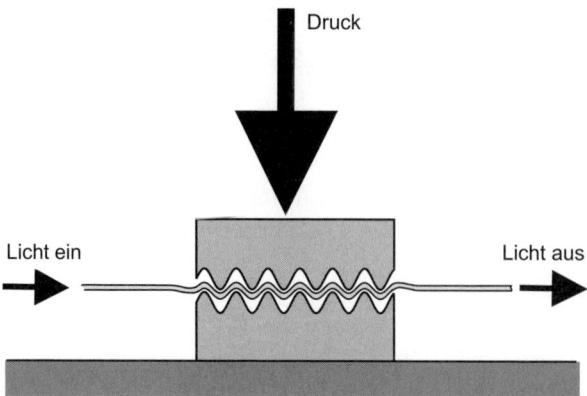

Abb. 12.2 Ein einfacher faseroptischer Drucksensor. Mit zunehmendem Druck wachsen die Biegeverluste der Faser; dies lässt sich anhand der reduzierten transmittierten Intensität nachweisen.

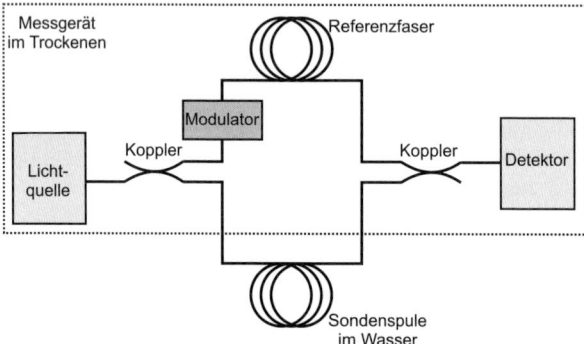

Abb. 12.3 Ein faseroptisches Mach-Zehnder-Interferometer ist geeignet, um geringste Weglängenunterschiede nachzuweisen. In diesem Beispiel wird es als Hydrophon eingesetzt: Eine Faserspule ist den Druckschwankungen im Meerwasser ausgesetzt, die andere davon isoliert. Bereits Bruchteile einer Wellenlänge Wegunterschieds-Änderung können sicher detektiert werden; daher können derartige Konstruktionen weit empfindlicher sein als herkömmliche Mikrofone.

lenlänge bereits einen 100%igen Interferenzunterschied ausmacht. Im Beispiel besteht ein Arm des Interferometers aus einer vor Umwelteinwirkungen geschützten Faser, während im anderen Arm eine Faser auf eine hohle Trommel gewickelt ist, die im Meerwasser hängt. Schallwellen, also Druckschwankungen im Wasser, dehnen diesen Zylinder und damit die Faser. Auch hier ist die Faser selbst das Sensorelement; es handelt sich also um einen intrinsischen Sensor. Insofern der Zylinder keine mechanischen Resonanzen aufweist, ist das Ausmaß der Dehnung unabhängig von der Schallfrequenz. Die Empfindlichkeit lässt sich durch eine lange Faser sehr hoch wählen, denn bei gleicher *relativer* Dehnung der Faser durch die Schallwelle wächst die *abso-*

lute Dehnung mit der Faserlänge. Ein solches Unterwassermikrofon (Hydrophon) ist für Unterwasserortung, etwa bei U-Booten, sehr wichtig. In der Empfindlichkeit ist die faseroptische Version denen in anderer Technologie weit überlegen [20].

12.2.3 Temperaturmessung

Wir wenden uns einem Beispiel für einen extrinsischen Sensor zu. Bei dem in Abb. 12.4 gezeigten Beispiel ist die Spitze einer Faser mit Magnesium-Fluorgermanat belegt, die nach Beleuchtung durch einen Lichtblitz ein Phosphoreszenz-Nachleuchten aufweist. Dieses Leuchten klingt zeitlich exponentiell ab, wobei die Zeitkonstante ein gutes Maß für die Temperatur ist. Hier müssen also nicht absolute Intensitäten ausgewertet werden, sondern nur Verhältnisse; dadurch sind Schwankungen der Helligkeit der Lichtquelle, variierende Verluste in Steckverbindern etc. irrelevant. Temperatursensoren in dieser Technologie sind kommerziell erhältlich; für verschiedene Anwendungsfälle kann die Sonde wie in Abb. 12.4 gezeigt in verschiedener Weise ausgeführt sein.

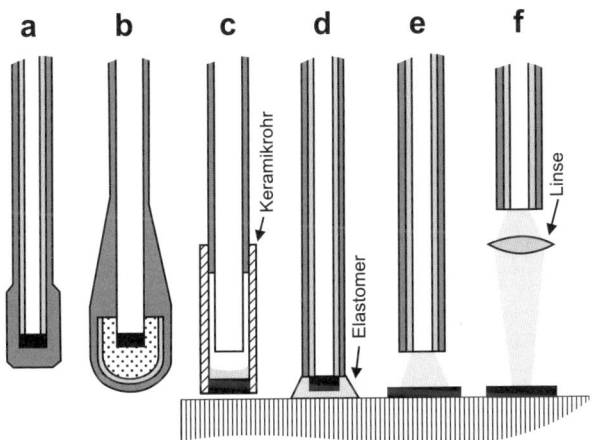

Abb. 12.4 Verschiedene Ausführungen von faseroptischen Temperatursonden, die auf dem Prinzip der temperaturabhängigen Lumineszenz-Abklingzeit beruhen. Das phosphoreszierende Material – der „Phosphor" – (schwarz) befindet sich in der Standardversion a) auf der Faserspitze; das Ganze ist zum Schutz mit einem widerstandsfähigen Überzug (grau) versehen. b) ist auf Chemikalien- und Ölbeständigkeit optimiert; der Phosphor sitzt in einer schützenden Glashülle (hellgrau), die mit Vergussmasse (gepunktet) gefüllt ist. In c) wird die Faser auf den letzten 10 cm in ein Rohr aus Aluminiumoxid-Keramik (schraffiert) eingebettet. Der Phosphor wird von einem Glastropfen getragen; dahinter verbleibt ein Luftraum, der die Faser vor hohen Temperaturen schützt. Die elastische Sondenspitze in d) soll besonders guten Wärmekontakt mit Oberflächen sicherstellen. e) und f) dienen zur berührungslosen Messung, bei denen der Phosphor von der Faser abgesetzt direkt auf dem Werkstück angebracht ist. Das Licht geht entweder direkt oder – bei größerem Abstand – mit einer Linsenabbildung zur Faser. Nach [55] mit freundlicher Genehmigung.

Der besondere Vorteil einer Temperaturmessung mit einer faseroptischen Sonde liegt außer beim geringen Platzbedarf und der geringen Verfälschung der Wärmeverteilung aufgrund der geringen Wärmeleitung und Wärmekapazität der Sonde besonders in dem Umstand, dass die Sonde vollkommen dielektrisch ist; es sind daher Messungen in Gegenwart starker elektrischer und magnetischer Felder ohne weiteres möglich. Mit elektrischen Temperaturfühlern wäre eine entsprechende Messung nahezu ausgeschlossen. Die Abb. 12.5 demonstriert eine Messung zum Aufwärmverhalten eines Fertigmenüs in einem Mikrowellenherd.

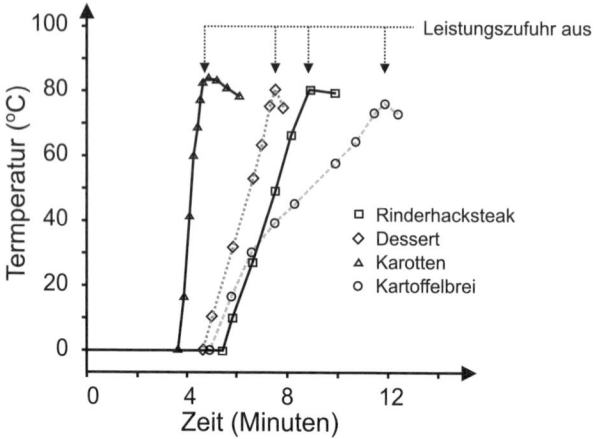

Abb. 12.5 Beispiel einer Anwendung, bei der faseroptische Temperatursensoren anderen Sensoren überlegen sind: Temperaturmessung im Mikrowellenherd während des Betriebs. Dargestellt ist das Aufwärmverhalten der Komponenten eines Fertigmenüs. Endlich ist es bewiesen, dass das Dessert schon fast kocht, während der Kartoffelbrei noch lauwarm ist! Nach [55] mit freundlicher Genehmigung.

Alternativ lässt sich eine Faser auch zur Temperaturmessung heranziehen, indem ihre thermische Ausdehnung ausgenutzt wird. Dazu kann man beispielsweise ein Faser-Fabry-Perot-Filter oder ein Faser-Bragg-Gitter einsetzen und die Verschiebung der Wellenlänge des Maximums messen. Auch eine Mach-Zehnder-Anordnung mit einer Referenzfaser bei fester Temperatur ist möglich. Die thermische Ausdehnung von Fasern liegt im Bereich von $30\dots40\,\mathrm{ppm/K}$ [135, 69].

12.2.4 Dosimetrie

Schließlich betrachten wir noch das Beispiel einer Faser, welche einer Einwirkung ionisierender Strahlung ausgesetzt ist. Es entstehen in dem Glas Fehlstellen, die eine zusätzliche Absorption verursachen. In Transmission ist dieser Effekt nachweisbar. Da die Schädigung kumulativ ist, eignet sich eine solche Faser als Dosimeter, also als integrierender Messfühler für die gesamte in einem Zeitraum auftretende Strahlungsleistung. Faseroptische Dosimeter weisen einen größeren Linearitätsbereich auf als andere Konstruktionen; zudem ist die Anzeige auch deswegen überdurchschnittlich genau, weil nach Ende der Bestrahlung eine „Selbstheilung" nur in geringem Umfang auftritt. Bei den meisten anderen Dosimetertypen geht die Anzeige deutlich zurück, wenn die Auswertung erst nach einer gewissen Zeit vorgenommen wird.

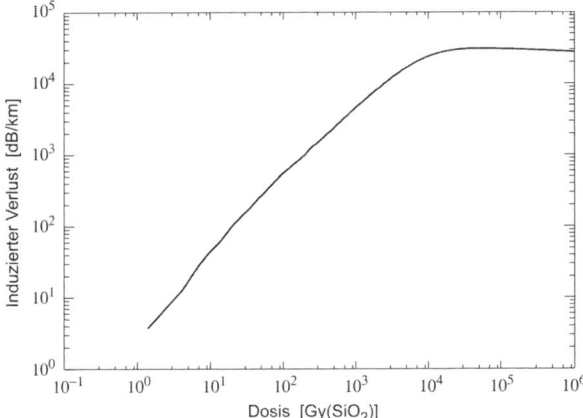

Abb. 12.6 Kalibrierkurve eines faseroptischen Dosimeters. Gemessen wurde der Zusatzverlust bei $\lambda = 829$ nm bei Raumtemperatur während einer Bestrahlung mit ^{60}Co-Strahlung mit einer Dosisrate von 1,43 Gy(SiO2)/s. Der lineare Bereich erstreckt sich über vier Zehnerpotenzen. Entnommen aus [52] mit freundlicher Genehmigung durch H. Henschel.

12.3 Verteilte Messungen

In letzter Zeit zeichnet sich eine Entwicklung ab, die speziell den Einsatz intrinsischer Sensoren weit über das hinaus treiben wird, was mit elektrischen Sensoren überhaupt vorstellbar war. Das Entscheidende ist: Ein elektrischer Sensor misst an einem Punkt, also gewissermaßen nulldimensional. Eine Faser ist ausgedehnt und misst entlang einer Linie, also eindimensional. Solange man nur an Messwerten von einzelnen Punkten (also auf einer nulldimensionalen Mannigfaltigkeit) interessiert ist, hat diese Überlegung nur wenig Konsequenzen. Ganz anders ist das, wenn man ein mehrdimensionales Gebiet erfassen will. Beispiele für eindimensional verteilte Messungen gibt es bei der Überwachung von Leitungen aller Art, also Pipelines für Gas, Öl oder Wasser, Überlandleitungen für Elektrizität, Telefonleitungen etc. Hier strebt man eine permanente Überwachung von Temperaturerhöhungen, mechanischen Spannungen, Erschütterungen etc. an. Der Aufwand der Installation vieler punktförmiger Sensoren in kurzen Abständen, zuzüglich der erforderlichen Leitungen, wäre aber sehr hoch. Mit Faseroptik benötigt man nur eine einzelne Faser.

Geht man zu höheren Dimensionen, so erkennt man leicht: Eine Faser kann man auf einer Fläche im Zickzack verlegen. Einzelsensoren hingegen müsste man auf einem Gittermuster verteilen und die Stückzahlen (und damit die Kosten) gingen enorm nach oben. Für Volumina lässt sich der Gedanke fortführen.

Es gibt derartige „verteilte" Sensoren sogar mit Ortsauflösung, was über Laufzeiten optischer Pulse realisiert wird. Damit trifft an der Kopfstation einer Pipeline nicht nur die Information ein, dass irgendwo eine bedenkliche mechanische Spannung aufgetreten ist, sondern sogar die Position lässt sich angeben – u. U. auf Zentimeter genau. Damit lässt sich oft das Problem beheben, ehe es zum Schaden kommt.

Aufgrund der geringen Kosten von Glasfasermaterial hört man zunehmend davon, dass Fasern in Bauwerken mit eingegossen werden. Sie sind damit nicht mehr zugänglich und können nicht ausgewechselt werden, sind in diesem Sinn also „verloren". Dennoch können sie über Belastungszustände des Bauwerks Auskunft geben. Es liegt nahe, diese Idee bei Brücken, Staudämmen anzuwenden und in zahlreichen Fällen ist das bereits realisiert [82]. Im US-Bundesstaat Vermont gibt es einen Staudamm mit Wasserkraftwerk, den Winoosky Dam [32], in dem über 6 km Fasern eingebettet wurden. Gleich bei den ersten Testläufen wurde eine auffällige Resonanz im Vibrationsspektrum einer der Turbinen entdeckt: Die Resonanzfrequenz lag bei 168 Hz statt der erwarteten 174 Hz. Mit diesem Hinweis konnte der Hersteller der Turbine den Fehler schnell beheben: Aufgrund eines fehlerhaften Bauteils lag die Effizienz dieser Turbine statt bei 92 % bei nur 81 %! Somit wurde eine kostspielige spätere Reparatur während des Betriebs abgewendet und die Fasern hatten sich schon bezahlt gemacht [133].

Inzwischen hört man auch häufiger von Anwendungen bei zweidimensionalen Problemen: Besonders bei Flugzeugen ist eine Überwachung der strukturellen Integrität der Außenhaut und ganz speziell der Tragflächen von großer Bedeutung. Durch ein engmaschiges Netz von Fasern entsteht kaum zusätzliches Gewicht, aber eine gute Diagnosemöglichkeit. Eine solche mit „high tech" ausgestattete Außenhaut bezeichnet man als *smart skin*.

An diesem Punkt treffen wieder zwei Umstände zusammen. Eine Vielzahl von Informationen, wie sie bei einer *smart skin* anfallen, bedarf der gezielten Weiterleitung. Kaum ein Medium ist dafür so prädestiniert wie die Glasfaser, welche ja ein exzellentes Medium für Kommunikation ist. Das gleiche Netz, welches die Bordkommunikation überträgt und daher ohnehin vorhanden ist (und zwar bei Neukonstruktionen in Glasfasertechnik!), kann gleich noch Information über mechanische Spannungen, Temperaturwerte und weitere technische Daten transportieren. Letztlich ist das auch eine Kommunikation; nur reden nicht mehr nur Kapitän und Maschinist miteinander, sondern zugleich auch noch die Turbine und der Bordcomputer. Besonders das Militär gehört hier zu den Auftraggebern und Neubauten von Flugzeugen, Schiffen und Unterseebooten werden bereits mit dieser Technik ausgerüstet.

Fehlertoleranz, also das Weiterfunktionieren trotz einer aufgetretenen Störung, ist dabei eine zentral wichtige Forderung. Gerade aber durch die Vernetzung gibt es im Fall einer lokalen Beschädigung immer einen Weg für die Datenströme um das Hindernis herum. Dieselbe Philosophie wird von Elektrizitätsversorgungsunternehmen ebenso gepflegt wie von Telefongesellschaften. Das Musterbeispiel eines vernetzten Systems ist wohl das Internet, welches ja bekanntlich als militärisches Projekt gestartet wurde. Die Netzarchitektur ist die einzige Struktur, die gegebenenfalls sogar bei einem atomaren Ernstfall funktionsfähig bleiben könnte. Tatsächlich ist sie so robust, dass sie sich heute völlig verselbstständigt hat, und es tummeln sich auch einige zwielichtige Leute im Internet. Man kann das bedauern, auch verfluchen; das Internet lahm zu legen oder zu kontrollieren sind keine Optionen. Es stellt sich heraus, dass es gerade aufgrund seiner anarchischen Struktur nicht totzuschlagen ist.

Das Haupthindernis beim Einsatz faseroptischer Sensorensysteme besteht darin, dass zwar vielleicht die Physiker, aber kaum die Techniker und noch weniger die Leute vom Bau bereit sind, auf gewisse Besonderheiten Rücksicht zu nehmen. Wenn man eine Faser in ein Bauteil einbettet oder eingießt, muss man dort, wo die Faser herauskommt, sehr vorsichtig sein, um sie nicht abzubrechen. Das ist auf einer Baustelle leichter gesagt als durchgehalten.

Dennoch sind faseroptische Sensoren ein großer Markt: Insgesamt werden damit ganz grob 200 Millionen € /Jahr umgesetzt, mit steigender Tendenz.

VI Anhänge

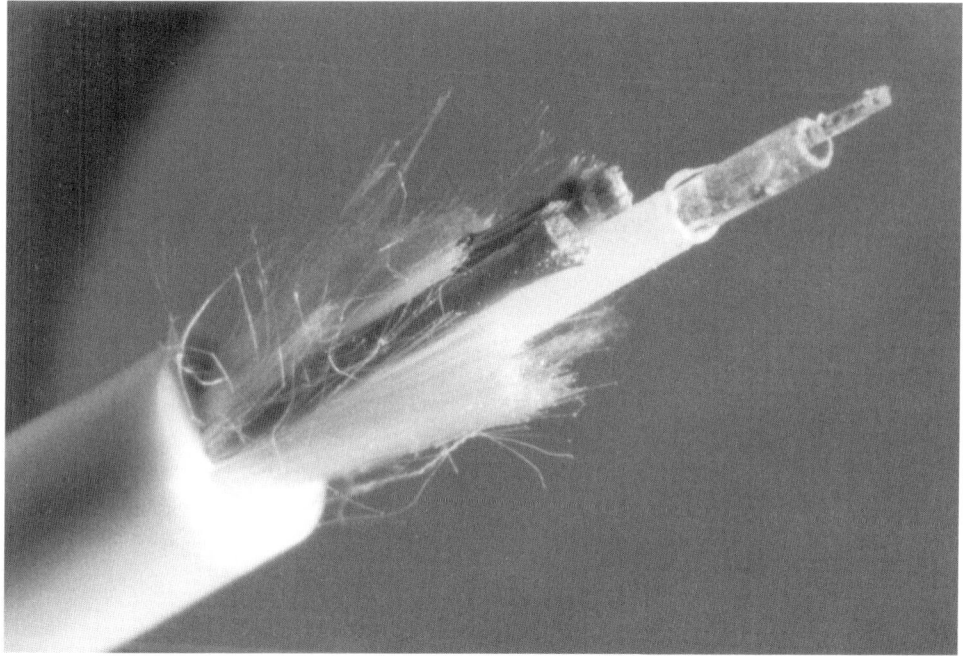

Ein Faserkabel enthält neben der eigentlichen Faser einen komplexen Aufbau aus mechanisch schützenden und entlastenden Bestandteilen. Erkennbar ist das Röhrchen, welches die Faser direkt umschließt; nicht zu sehen ist die Gel-Befüllung. Ferner sind Zugentlastungsfäden aus Kevlar zu sehen, einer Faser, aus der auch schusssichere Westen hergestellt werden.

A Das Dezibel

Die Maßeinheit „Dezibel" ist in der Elektrotechnik universell verbreitet; der Umgang mit ihr wird sowohl von Physikern wie Ingenieuren verlangt. Es handelt sich um ein logarithmisches Maß, mit dem Verstärkungsfaktoren, Abschwächungen etc. bezeichnet werden. Der Vorteil liegt darin, dass in einer Übertragungskette stets mehrere derartige Prozesse nacheinander stattfinden; das Addieren der Dezibelwerte ist dann einfacher als das Multiplizieren der gewöhnlichen Zahlenwerte.

A.1 Definition

Das Dezibel ist der zehnte Teil eines Bel. Der Name geht zurück auf Alexander Graham Bell; aus historischen Gründen wird der Name zu „Bel" verkürzt. Ein Bel bezeichnet eine Zehnerpotenz des Verhältnisses zweier Größen, die die Dimension einer Leistung haben und die wir mit P_1 und P_0 bezeichnen wollen:

$$\delta[\text{Bel}] = \log_{10} \frac{P_1}{P_0} \quad .$$

Es ist ebenfalls üblich, diese Definition auch auf Größen anzuwenden, die eine lineare Funktion einer Leistung bedeuten, also z. B. eine Energie, Arbeit, Energiedichte oder Intensität (Leistung pro Fläche). Selbstverständlich können nur zwei gleichartige Größen eingesetzt werden, damit das Argument des Logarithmus dimensionslos ist.

Abweichend vom üblichen Gebrauch im SI-Einheitensystem ist die Einheit Bel selbst sowie ihre Kombination mit Präfixen wie Milli-, Mikro- etc. völlig ungebräuchlich; lediglich das Dezibel wird verwendet und mit dB abgekürzt. Man wird also eher von einem Hundertstel Dezibel sprechen als von einem Millibel. Das Dezibel ist definiert als der zehnte Teil des Bel, also

$$\delta[\text{dB}] = 10 \log_{10} \frac{P_1}{P_0} \quad .$$

Setzt man etwa für P_1 die Leistung am Ausgang eines Verstärkers, für P_0 diejenige am Eingang, so bedeutet $\delta[\text{dB}]$ den Verstärkungsfaktor. Negative Verstärkungen bedeuten dann Abschwächung.

Es ist zweckmäßig, sich ein paar runde Zahlenwerte zu merken: 10 db bedeuten einen Faktor Zehn, 20 dB dann einen Faktor Hundert. 3 dB entspricht ziemlich genau einem Faktor Zwei und entsprechend 6 dB dem Faktor Vier.

A.2 Absolutwerte

Bis hierher haben wir die Verwendung des dB als relative Einheit geschildert. Es lässt sich auch als absolute Einheit angeben, wenn für P_0 ein fester Referenzwert verabredet wird. Besonders verbreitet ist der Wert von $1\,\text{mW}$. Immer wenn die Leistung in Bezug auf $1\,\text{mW}$ gemeint ist, setzt man dem dB einen Kennbuchstaben hinzu und spricht von dBm:

$$\delta[\text{dBm}] = 10\log_{10}\frac{P}{1\,\text{mW}} \quad .$$

Zum Beispiel wird bei Verstärkern häufig die Ausgangsleistung bei Vollaussteuerung in dBm angegeben.

A.3 Mögliche Irritationen

Bei der Verwendung der dB-Einheit gibt es erfahrungsgemäß zwei Quellen für Verwirrung.

Amplitudenverhältnisse

Die erste liegt darin, dass man nicht immer Leistungen verwendet. Besonders in der Elektrotechnik erfasst man messtechnisch typischerweise nicht unmittelbar die Leistung, sondern meistens eine Spannung U oder auch eine Stromstärke I. Entsprechend muss man immer angeben, ob mit einem Verstärkungsfaktor nun die Spannungsverstärkung oder die Leistungsverstärkung gemeint ist. Diese Unterscheidung verschwindet bei Benutzung des dB-Maßes.

An einem bestimmten Lastwiderstand R ist mit dem Ohm'schen Gesetz

$$P = UI = U^2/R \quad .$$

Ähnlich ist in der Optik die Leistung eines Lichtsignals proportional dem Quadrat der elektrischen Feldstärke in der Lichtwelle. Auch hier muss man angeben, ob eine Verstärkung/Abschwächung der Feldstärke oder der Leistung gemeint ist.

Weil

$$\log\frac{U_1^2}{U_0^2} = 2\log\frac{U_1}{U_0}$$

ist, lässt sich das Dezibel ohne Konflikt mit der obigen Definition benutzen, wenn

$$\delta[\text{dB}] = 20\log_{10}\frac{A_1}{A_0}$$

verwendet wird; hierin bedeutet A eine „amplitudenartige Größe", wie eine Spannung, Feldstärke o. Ä., die proportional zur Wurzel einer Leistung oder daraus abgeleiteten Größe (s. oben) ist.

Beispiel

Ein Verstärker hebe ein Eingangssignal von $1\,\mathrm{mV}$ auf $20\,\mathrm{mV}$ an; Quell- und Lastimpedanz seien gleich. Bei der Angabe des Verstärkungsfaktors muss man unterscheiden zwischen der Spannungsverstärkung und der Leistungsverstärkung: $V_\mathrm{Amplitude} = 20$, $V_\mathrm{Leistung} = 400$. Im Dezibelmaß beträgt der Verstärkungsfaktor

$$\delta = 20 \log_{10} \frac{20\,\mathrm{mV}}{1\,\mathrm{mV}} = 26\,\mathrm{dB}$$

bzw.

$$\delta = 10 \log_{10} \frac{400\,\mathrm{mV}^2/R}{1\,\mathrm{mV}^2/R} = 26\,\mathrm{dB} \quad .$$

Zwei verschiedene Zahlenwerte werden also im Dezibelmaß durch die Angabe einer einzigen Zahl ersetzt – jedenfalls solange am Eingang und am Ausgang dieselbe Impedanz vorausgesetzt wird, was in der Hochfrequenztechnik aber die Regel ist. Das ist für Studenten manchmal zunächst irritierend, im praktischen Gebrauch aber allemal eine Vereinfachung.

Auch hier ist die Angabe von Absolutwerten üblich: Die Abkürzung „dBµV" bedeutet dB bezogen auf eine Referenzspannung von einem Mikrovolt.

Einzelne Autoren benutzen das dB für so ziemlich alle Arten von Größen; so ist auch das Verhältnis zweier Widerstände schon in dB angegeben worden. Von derartigen Praktiken ist abzuraten.

Elektrische und optische dB

Die zweite Verwirrung tritt nur bei der Umwandlung von Licht in ein elektrisches Signal auf. Wie im Kap. 8.10 beschrieben wurde, setzen die meisten üblichen Lichtdetektoren, wie zum Beispiel Photodioden, die eintreffende Lichtleistung in einen dazu proportionalen elektrischen Strom um. Die elektrische Leistung, die der Detektor abgibt, ist also proportional zum Quadrat der detektierten optischen Leistung! Bei Angaben wie zum Beispiel dem Dynamikumfang der Detektion (Leistung bei Vollaussteuerung im Vergleich zur geringsten nachweisbaren Leistung) muss man daher dazu sagen, ob man die optische oder die elektrische Leistung meint. Ein „dB$_\mathrm{opt}$" entspricht zwei „dB$_\mathrm{elekt}$".

A.4   Lichtabsorption in dB

Beim Eindringen von Licht in ein absorbierendes Medium gilt für das Abklingen der Leistung $P(L)$ mit wachsender Tiefe L das bekannte Beer'sche Absorptionsgesetz:

$$P(L) = P_0\,\mathrm{e}^{-\alpha L} \quad .$$

Die Größe α heißt Beer'scher Absorptionskoeffizient; ihr Kehrwert ist diejenige Tiefe, in der die anfängliche Leistung P_0 auf den Bruchteil $1/e \approx 37\ \%$ abgeklungen ist.

Durch Logarithmieren erhält man sofort

$$\alpha L = - \frac{1}{\log_{10} e}\ \ \log_{10} \frac{P}{P_0}\ \ .$$

Andererseits können wir mit der Definition des Dezibel schreiben

$$\alpha_{\mathrm{dB}} L = 10\ \log_{10} \frac{P}{P_0}\ \ .$$

Durch Vergleich folgt daraus die Umrechnungsformel

$$\alpha_{\mathrm{dB}} = -\alpha\ \ 10 \log_{10} e \approx -4{,}34\ \ \alpha\ \ .$$

B Skineffekt

Bei Stromdurchfluss durch einen Leiter ist die Stromdichte nicht über den Leiterquerschnitt konstant. Wenn $J(0)$ die Stromdichte an der Leiteroberfläche bedeutet, gilt für die Stromdichte in der Tiefe x unter der Oberfläche

$$J(x) = J(0) \, \mathrm{e}^{-x/\delta} \, \mathrm{e}^{-ix/\delta} \quad .$$

Darin ist δ die charakteristische Eindringtiefe, also diejenige Tiefe, in der die Stromdichte auf $1/\mathrm{e} \approx 37\,\%$ des Oberflächenwertes abgefallen ist. Zugleich tritt in dieser Tiefe eine Phasendrehung von $1\,\mathrm{rad}$ auf. Die Eindringtiefe ist gegeben durch

$$\delta = \sqrt{\frac{2\varrho}{\omega\mu_0\mu_r}} \quad .$$

Hierin wiederum ist $\mu_0 = 4\pi 10^{-7}\,\mathrm{Vs/Am}$ die Permeabilität des Vakuums, μ_r die relative Permeabilität des Materials, ϱ der spezifische Widerstand des Materials in $\Omega\mathrm{m}$ und ω die Kreisfrequenz des (Wechsel-)Stromes.

Wie man leicht erkennt, besteht in der Tiefe von $\pi\delta$ eine Phasendrehung von 180 Grad. Das heißt, dass in dieser Tiefe der Strom zu dem in der Oberfläche gegenphasig ist. Dieser Umstand ist für den gesamten Stromdurchfluss durch den Leiter natürlich kontraproduktiv und äußert sich als effektive Widerstandserhöhung. Es kommt zu der zunächst erstaunlich anmutenden Feststellung, dass ein *massiver* Leiter, z. B. ein Volldraht, schlechter leitet als ein *hohler* Leiter (z. B. ein Rohr) gleichen Außendurchmessers!

Der effektive Widerstand ist gegeben durch

$$R = \frac{l\varrho}{\delta s}$$

(l: Länge, s: Umfang des Leiters), was mit dem üblichen Wert für den Gleichstromwiderstand

$$R = \frac{l\varrho}{A}$$

(A ist der Leiterquerschnitt) verglichen werden sollte. Man kann also so tun, als ob nur eine Oberflächenschicht der Dicke ϱ am Stromfluss beteiligt wäre.

Setzt man den obigen Ausdruck für δ hier ein, so resultiert

$$R(\omega) = \varrho \, \frac{l}{s} \sqrt{\frac{\omega\mu_0\mu_r}{2\varrho}} \quad .$$

Wichtig ist hier hauptsächlich der Zusammenhang

$$R(\omega) \propto \sqrt{\omega} \quad .$$

Mit wachsender Frequenz wird der Widerstand also immer höher.

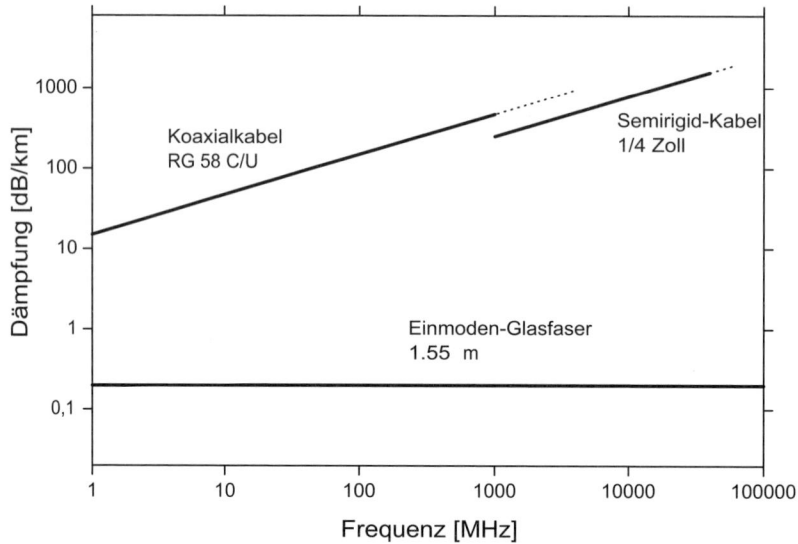

Abb. B.1 Der Skineffekt bewirkt ein Ansteigen der Dämpfung elektrischer Kabel mit wachsender Frequenz. Insbesondere bei hohen Frequenzen ist Glasfaser bezüglich des Dämpfungsverhaltens ungleich besser.

C Besselfunktionen

Die Bessel'sche Differentialgleichung lautet

$$x^2 \frac{d^2y}{dx^2} + x\frac{dy}{dx} + (x^2 - m^2)y = 0 \quad .$$

Uns interessieren hier nur die Lösungen für ganzzahlige m. Diese werden bezeichnet mit J_m, N_m und $H_m^{1,2}$.

Die modifizierte Besselsche Differentialgleichung lautet

$$x^2 \frac{d^2y}{dx^2} + x\frac{dy}{dx} - (x^2 + m^2)y = 0 \quad .$$

Die Lösungen für ganzzahlige m werden bezeichnet mit I_m und K_m.

C.1 Bezeichnungen der verschiedenen Funktionen

	J_m	Besselfunktion	Zylinderfunktion 1. Art
Bessel'sche	N_m, Y_m	Besselfunktion	Zylinderfunktion 2. Art
Gleichung		2. Gattung	Weber'sche Funktion
			Neumannfunktion
	$H_m^{1,2}$	Besselfunktion	Zylinderfunktion 3. Art
		3. Gattung	Hankelfunktion
Modifizierte	I_m	Modifizierte Bessel-	
Bessel'sche		Funktion 1. Gattung	
Gleichung	K_m	Modifizierte Bessel-	Modifiz. Hankelfunktion
		Funktion 2. Gattung	McDonald'sche Funktion

C.2 Zusammenhänge zwischen diesen Funktionen

$$N_m(x) = \lim_{k \to m} \frac{J_k(x)\cos(k\pi) - J_{-k}(x)}{\sin(k\pi)}$$

$$H_m^{1,2}(x) = J_m(x) \pm i N_m(x)$$

$$I_m(x) = i^{-m} J_m(ix)$$

$$K_m(x) = \lim_{k \to m} \frac{\pi}{2} \frac{I_{-k}(x) - I_k(x)}{\sin(k\pi)}$$

C.3 Rekursionsformeln

Mit Z_m einer Zylinderfunktion des Typs J_m, N_m, H_m, I_m oder K_m und mit $Z_m'(x)$ der Ableitung von $Z_m(x)$ nach dem Argument x gilt

$$xZ_m'(x) = mZ_m(x) - xZ_{m+1}(x)$$

$$xZ_m'(x) = -mZ_m(x) + xZ_{m-1}(x) \quad .$$

C.4 Eigenschaften der J_m und K_m

Die Funktionen J_m beschreiben Stehwellen. J_0 „sieht aus wie" Kosinus, J_1 wie Sinus. Asymptotisch (für sehr große x) gelten die Näherungen:

$$J_0(x) = \sqrt{\frac{2}{\pi x}} \, \cos(x - \pi/4)$$

$$J_1(x) = \sqrt{\frac{2}{\pi x}} \, \sin(x - \pi/4)$$

$$J_m(x) = \sqrt{\frac{2}{\pi x}} \, \cos(x - \pi/4 - n\pi/2 + \mathcal{O}(\frac{1}{x}))$$

Funktionen mit negativem Index sind definiert als

$$J_{-n}(x) = (-1)^n \, J_n(x) \quad .$$

Es besteht ein Zusammenhang mit Winkelfunktionen der Form

$$\cos(\alpha + \beta \sin \gamma) = \sum_{n=-\infty}^{+\infty} J_n(\beta) \, \cos(\alpha + n\gamma) \quad ,$$

der im Zusammenhang mit der Frequenzmodulation (siehe Kap. 11.1.2) wichtig ist.

Die Funktionen K_m beschreiben abklingende Zylinderwellen und „sehen aus wie" abklingende Exponentialfunktionen. Asymptotisch (für sehr große x) gelten für alle m die Näherungen:

$$K_m(x) = \sqrt{\frac{\pi}{2x}} \, \mathrm{e}^{-x} \left(1 + \mathcal{O}(\frac{1}{x})\right) \quad .$$

Für Werte des Arguments größer als 2 ist der Fehler unter 5 %.

C.5 Nullstellen von J_0, J_1 und J_2

J_0	J_1	J_2
2,4048	0,0000	0,0000
5,5201	3,8317	5,1356
8,6537	7,0156	8,4172
11,7915	10,1735	11,6198
14,9309	13,3237	14,7960
...	...	...

C.6 Abbildung der gängigsten Funktionen

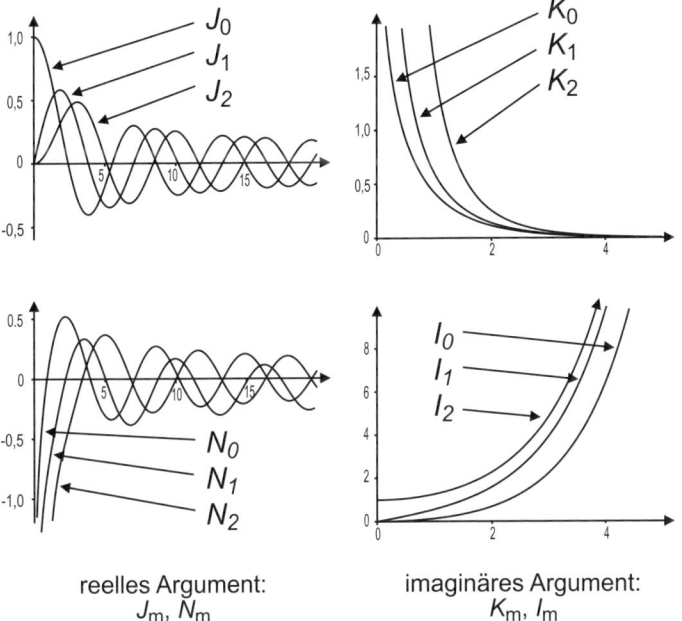

reelles Argument: J_m, N_m

imaginäres Argument: K_m, I_m

Abb. C.1 Skizze der Besselfunktionen der Typen J, K, N und I, jeweils für den Index $1 \ldots 3$.

D Optik mit Gauß'schen Strahlen

Der Laie stellt sich einen Laserstrahl vor als ein Lichtbündel, welches ohne Änderung des Durchmessers beliebige Entfernungen zurücklegt und daher stets dieselbe Leistungsdichte transportiert. Einen derartigen Strahl gibt es nicht: Die Gesetze der Beugung erzwingen, dass jeder auf einen endlichen Durchmesser begrenzte Strahl bei Propagation breiter wird; je breiter der Strahl anfangs ist, desto geringer ist allerdings dieser Effekt.

D.1 Warum Gaußstrahlen?

Eine quantitative Beschreibung geschieht am besten durch Betrachtung eines Gauß'-schen Strahls, d. h. eines Lichtstrahls mit einer transversalen Intensitätsverteilung, die einer Gauß'schen Glockenkurve gehorcht. Derartige Strahlen sind in der Lasertechnik sehr verbreitet, da das Gaußprofil regelmäßig die Grundmode eines Lasers beschreibt; wird der Strahl dann in den freien Raum ausgekoppelt, so hat man automatisch einen Gaußstrahl vor sich. Die erste, immer noch lesenswerte zusammenhängende Darstellung über Gaußstrahlen findet sich in [67]; für eine besonders lesbare Darstellung siehe [111] oder [103].

Einen Gaußstrahl kann man sich folgendermaßen entstanden denken: Aus einer transversal unendlich ausgedehnten ebenen Wellenfront wird mittels einer Amplitudenmaske, die radial einen gaußartigen Verlauf hat, eine Intensitätsverteilung mit der Form einer Gaußglocke herausgeschnitten.

Hat ein Strahl einmal ein Gaußprofil, so behält er es auch bei. Propagation durch den freien Raum ändert die Abmessungen, also insbesondere Breite, nicht aber die funktionale Form. Dabei ist die Eigenschaft der Gaußfunktion von Bedeutung, dass ihre Fouriertransformierte wiederum eine Gaußfunktion ist. Bekanntlich ist das Beugungsbild einer Spaltfunktion im Fernfeld gerade die Fouriertransformierte der Spaltfunktion. Im speziellen Fall der Gaußfunktion bleibt diese Form erhalten – nicht nur in den Grenzfällen Nah- und Fernfeld, sondern sogar auch im Bereich der Fresnelbeugung dazwischen. Der Gaußstrahl ist also ein beugungsbegrenzter Strahl – mehr noch: Unter allen beugungsbegrenzten Strahlen ist es derjenige mit der geringsten Formänderung.

In Analogie zur quantenmechanischen Unschärferelation kann man die transversale Lokalisierung – den Strahlradius – mit dem transversalen Photonenimpuls – einem

Maß für die Strahldivergenz – multiplizieren; das Produkt kann nicht beliebig klein werden. Der Gaußstrahl erfüllt gerade die Bedingung des Minimalprodukts.

Wird ein Gaußstrahl durch optische Elemente – Linsen, gekrümmte Spiegel – verformt, so behält er ebenfalls seine Gaußform bei (jedenfalls in dem Idealfall, dass die Linsen zentriert sind, etc.). Erst bei stärkeren Eingriffen wird das Gaußprofil aufgehoben: Nichtaxialsymmetrische Elemente wie Zylinderlinsen deformieren es in eine ellipsoide Verallgemeinerung; absorbierende Elemente wie Blenden etc. können das Gaußprofil ganz zerstören.

D.2 Formeln für Gaußstrahlen

Als Strahlradius w (wie *width*) bezeichnet man verabredungsgemäß denjenigen Abstand von der Achse, bei dem die Feldstärke auf $1/e$ des axialen Wertes abgefallen ist; das ist zugleich der Radius, bei dem die Intensität auf $(1/e)^2$ des axialen Wertes abgefallen ist[1].

An dem Ort, an dem die transversale Ausdehnung des Strahls minimal ist, spricht man von der *Strahltaille* (engl. *beam waist*); sie spielt als Bezugspunkt eine wichtige Rolle. Die Ausbreitungsrichtung sei die z-Richtung; der Nullpunkt der Zählung liege bei der Strahltaille. Dann gilt für den Strahlradius:

$$w(z) = w(0) \sqrt{1 + \left(\frac{z}{z_0}\right)^2} \quad .$$

Hierin ist z_0 eine charakteristische Länge namens *Rayleighlänge* (engl. *Rayleigh range*). Sie beschreibt die Entfernung, nach der der Strahlradius um $\sqrt{2}$ angewachsen ist. Die Rayleighlänge markiert den Übergang vom Nahfeld zum Fernfeld: Bei Entfernungen $z \ll z_0$ propagiert der Strahl näherungsweise ohne Durchmesseränderung, bei $z \gg z_0$ wächst der Radius proportional zur Entfernung, also mit konstantem Winkel. Dieser Divergenzwinkel Θ ergibt sich zu

$$\Theta = \arctan \frac{z}{z_0} \quad .$$

Die Abbildung D.1 illustriert die Zusammenhänge.

Wenn ein Gaußstrahl sich bei Propagation verbreitert, bleibt die Wellenfront nicht plan, sondern krümmt sich. Wir geben an, wie der Krümmungsradius der Wellenfronten auf der Achse sich mit z ändert:

$$R(z) = z \left[1 + \left(\frac{z_0}{z}\right)^2\right] \quad .$$

---

[1] In alten Texten findet man verwirrenderweise auch andere Konventionen, z. B. Intensitätsabfall auf $1/e$.

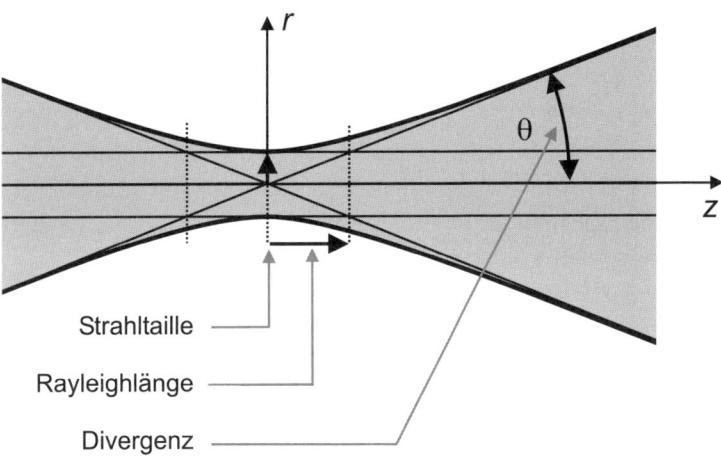

Abb. D.1 Die Kontur eines Gaußstrahls beim Achsabstand $r = w(z)$ erreicht am Ort der Strahltaille ($z = 0$) ihre geringste Breite w_0. Im Fernfeld divergiert $w(z)$ mit dem festem Winkel Θ, der Strahldivergenz.

Ersichtlich ist

$$\lim_{z \to 0} R(z) = \infty \quad \text{und}$$

$$\lim_{z \to \infty} R(z) = z \quad .$$

In der Strahltaille ist die Wellenfront demnach eben; bei sehr großer Entfernung entstehen Wellenfronten in der Form von Kugelsegmenten, deren Krümmungsmittelpunkt im Zentrum der Amplitudenmaske liegt. Bei $z = z_0$ ist $R(z) = 2z$.

Es bleibt noch, den Wert der charakteristischen Länge z_0 explizit anzugeben:

$$z_0 = \frac{\pi w_0^2}{\lambda} \quad .$$

Wie man erwarten durfte, ist z_0 auf die einzige in der Wellenausbreitung relevante Länge bezogen, nämlich die Wellenlänge λ. Man sieht ferner, dass für feste Wellenlänge $z_0 \propto w_0$ ist: Ein Strahl mit großer Taille weitet sich weniger schnell aus.

Beispiel

Welchen Radius wird der Fleck auf der Mondoberfläche haben, wenn wir den Strahl eines HeNe-Lasers ($\lambda = 633\,\text{nm}$) zum Mond ($z = 384\,000\,\text{km}$) schicken?

Bei $w_0 = 1\,\text{mm}$ folgt $z_0 = 4,96\,\text{m}$ und $w_{\text{Mond}} = 77,4\,\text{km}$; bei $w_0 = 1\,\text{m}$ folgt $z_0 = 4,96 \cdot 10^6\,\text{m}$ und $w_{\text{Mond}} = 5,99\,\text{m}$. Ohne Aufweitung mit einem Teleskop verliert sich der Strahl also völlig (fast 80 km), aber mit einem Teleskop kann man einen vernünftigen Fleck von 6 m beleuchten (und damit z. B. einen Retroreflektor treffen).

D.3 Gaußstrahlen und Glasfasern

In üblichen Glasfasern liegt der Fall *schwacher Führung* der Welle vor, bei dem der Brechzahlsprung zwischen Kern und Mantel nur sehr gering ist. In diesem Fall hat das Modenprofil *nahezu* die Gestalt einer Gaußfunktion. (Entfiele die Führung durch den geringen Brechzahlsprung, lägen Verhältnisse wie im freien Raum vor.) Gegenüber der exakten Beschreibung mittels zusammengesetzten Besselfunktionen ist diese Beschreibung drastisch vereinfacht und daher populär.

Koppelt man einen Lichtstrahl in eine Faser ein, so hat man gewöhnlich das Anpassungsproblem eines Gaußstrahls im Freiraum auf das nicht exakt gaußförmige Modenprofil. Durch die Abweichung ergibt sich eine Grenze der Einkoppeleffizienz, die selbst im Fall perfekter Linsen (keine sphärische Aberration!) nicht zu überschreiten ist [99].

Koppelt man Licht aus einer Faser aus, so weicht die Intensitätsverteilung im Fernfeld nur geringfügig von einer Gaußverteilung ab. Die kleinen Abweichungen können dazu dienen, das Modenprofil zu vermessen (siehe auch Abschnitt 7.4.2).

In beiden Fällen geht man gewöhnlich davon aus, dass in der planen Stirnfläche der Faser die Wellenfronten plan sind, dass also die Stirnfläche der Faser als Strahltaille behandelt werden kann. Auch dies ist *nicht exakt!* Aufgrund der Unterschiede der Brechzahl in Kern und Mantel sind die Wellenfronten bereits in der Faser-Stirnfläche etwas verbogen.

E Beziehungen für Sekans Hyperbolicus

Die Funktion Sekans Hyperbolicus ist definiert durch:

$$\operatorname{sech}(x) = \frac{2}{e^x + e^{-x}} \quad .$$

Wir definieren den Zahlenfaktor

$$\mathcal{Z} = \cosh^{-1}(\sqrt{2}) \approx 0{,}881373587$$
$$2\mathcal{Z} = \cosh^{-1}(3)$$
$$= \ln(3 + \sqrt{8}) \approx 1{,}762747174 \quad .$$

Mit $\cosh^{-1}$ ist die inverse Funktion arcosh gemeint, nicht das Inverse der Funktion. Es ergeben sich folgende spezielle Werte:

$$\operatorname{sech}(0) = 1$$
$$\operatorname{sech}(1) \approx 0{,}6480542737$$
$$\operatorname{sech}(2) \approx 0{,}2658022288$$
$$\operatorname{sech}(\mathcal{Z}) = \frac{1}{2}\sqrt{2} \quad .$$

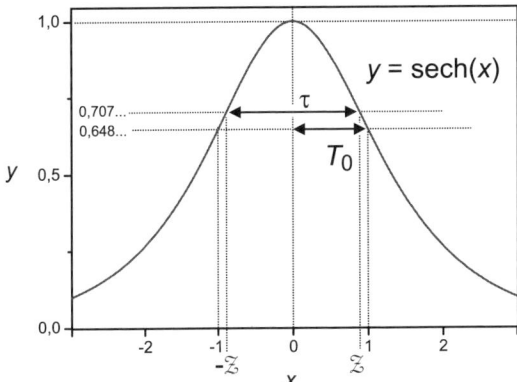

Abb. E.1 Die Funktion $y = \operatorname{sech}(x)$.

Ein Lichtpuls der Einhüllenden $U(t) = \hat{U}\operatorname{sech}(t/T_0)$ weist das Leistungsprofil $P(t) = \hat{P}\operatorname{sech}^2(t/T_0)$ auf. Dafür gelten die speziellen Werte

$$\operatorname{sech}^2(1) \approx 0{,}4199743416$$
$$\operatorname{sech}^2(\mathcal{Z}) = \frac{1}{2} \quad .$$

Die volle Halbwertsbreite (FWHM) dieses Pulses beträgt

$$\tau = 2\mathcal{Z}T_0 \quad .$$

Die Energie dieses Pulses ist

$$E = \int_{-\infty}^{\infty} P(t)\,dt = \hat{P}\int_{-\infty}^{\infty}\operatorname{sech}^2\left(\frac{t}{T_0}\right)dt$$
$$= 2\hat{P}T_0$$
$$= \frac{1}{\mathcal{Z}}\hat{P}\tau \quad .$$

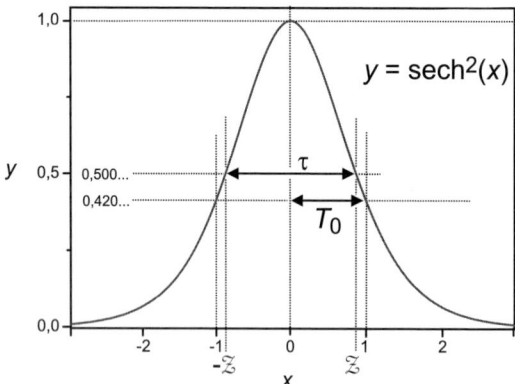

Abb. E.2 Die Funktion $y = \operatorname{sech}^2(x)$.

F Autokorrelationsmessung

F.1 Messung ultrakurzer Zeiten

Eine Messung der Pulsform und -dauer wäre einfach, wenn ein Detektor mit einer Zeitauflösung zur Verfügung stünde, die deutlich kürzer ist als die Pulsdauer selbst.

Die schnellsten Photodioden sind jedoch auf Zeitauflösungen im Bereich einiger Pikosekunden begrenzt. Eine erhebliche Steigerung durch technischen Fortschritt ist so schnell nicht zu erwarten, denn die begrenzte Beweglichkeit der Ladungsträger im Halbleiter setzt der Reaktionsgeschwindigkeit eine Grenze.

Daher ist im Bereich von Femtosekunden eine andere Technik üblich, deren Charme darin besteht, dass sie einen kurzen Puls *mit sich selbst* referenziert. Diese Technik nennt sich Autokorrelationsmessung.

Dass der Baron von Münchhausen sich am eigenen Schopf aus dem Sumpf zog, war gelogen. Die Messung eines Pulses mit sich selbst funktioniert hingegen tatsächlich – allerdings um den Preis, dass man *nicht die vollständige Information* über die Pulsform erhält. Um sie zu verstehen, betrachten wir zunächst das aus der Mathematik stammende Konzept der Autokorrelationsfunktion und der Korrelation zwischen Funktionen im Allgemeinen.

F.1.1 Korrelation

Das Wort Korrelation beschreibt eine „Ähnlichkeit". Wenn A etwas tut und B tut zur gleichen Zeit dasselbe, sind A und B korreliert. Tut B immer das Gegenteil von A, so sind sie antikorreliert. Handelt B unabhängig von A, so sind beide unkorreliert.

Spezifischer gesagt, vergleichen wir hier zwei reelle Funktionen der Zeit, $f(t)$ und $g(t)$. Wie stellt man Ähnlichkeit fest?

Zunächst bildet man das Produkt aus beiden Funktionen, also $f(t) \cdot g(t)$. Es ist offensichtlich, dass das Produkt dann immer positiv ist, wenn beide Funktionen zu jeder Zeit das gleiche Vorzeichen haben – unabhängig davon, welches. Das Produkt ist hingegen immer dann negativ, wenn beide Funktionen verschiedene Vorzeichen haben – wiederum unabhängig davon, welche von beiden positiv und welche negativ ist.

Handelt es sich bei $f(t)$ und $g(t)$ beispielsweise um zwei unabhängige Zufallsfunktionen, die zu zufälligen Zeiten das Vorzeichen wechseln und im Mittel gleich oft positiv wie negativ sind, so sind die Fälle gleichen oder verschiedenen Vorzeichens auf die

Dauer gesehen auch gleich wahrscheinlich. Die Korrelation wird also erst durch eine Langzeitbetrachtung des Produkts deutlich:

$$\text{Korr} = \int_{-\infty}^{+\infty} f(t)g(t)\,dt \quad .$$

Diese Größe wird bei unkorrelierten Funktionen zu null.

Was passiert bei korrelierten Funktionen? Maximal korreliert sind $f(t)$ und $g(t)$, falls sie identisch sind – mehr geht nicht! Dann nimmt Korr einen positiven Maximalwert an. Falls hingegen $f(t) = -g(t)$, nimmt Korr denselben Wert an, nur mit negativem Vorzeichen. Das entspricht der maximalen Antikorrelation.

F.1.2 Autokorrelation

Zur Autokorrelation (aus dem Lateinischen: Korrelation mit sich selbst) kommen wir, wenn beide Funktionen *bis auf eine zeitliche Verschiebung* gleich sind:

$$\text{Autokorr}(\tau) = \int_{-\infty}^{+\infty} f(t)f(t+\tau)\,dt \quad .$$

Zunächst gehen wir noch zu der normierten Version über, die wir durch Divison mit dem Integral für $\tau = 0$ erhalten:

$$AKF(\tau) = \frac{\int_{-\infty}^{+\infty} f(t)f(t+\tau)\,dt}{\int_{-\infty}^{+\infty} f(t)^2\,dt} \quad .$$

$AKF(\tau)$ hat folgende Eigenschaften:

- $AKF(0) = 1$ für jede Funktion $f(t)$; das liegt an der Normierung.
- $-1 \leq AKF(t) \leq +1$ für alle t und jede Funktion; der Fall $AKF(t) > 1$ ist für alle t ausgeschlossen.
- $AKF(T) = AKF(-T)$: Die AKF ist symmetrisch.
- Falls $f(t) = const.$, folgt $AKF(t) = 1$ für alle t, unabhängig vom Wert der Konstanten.
- Falls $f(t) = f(t+T)$, folgt $AKF(T) = 1$: Periodische Funktionen haben eine periodische Autokorrelationsfunktion mit derselben Periode. Die Phaseninformation geht in die AKF nicht ein.

Wir betrachten die AKF für verschiedene Musterfunktionen:

Sinusfunktion Falls $f(t) = A\sin(\omega t + \varphi)$, ist $AKF(\tau) = \cos(\omega t)$. Dieses Resultat ist unabhängig von φ. Es gilt also auch bei $\varphi = \pi/2$, also für Cosinus statt Sinus.

Rauschen Für jede beliebige Funktion ist $AKF(0) = 1$; andererseits haben wir oben festgestellt, dass für ein Zufallssignal $AKF(\tau) = 0$ gilt. Das ist kein Widerspruch. Bei $\tau = 0$ ist die AKF eines Rauschsignals gleich 1 und fällt dann bei wachsendem τ schnell gegen null. Der Bereich von τ, über den die AKF abklingt, gibt die

Korrelationszeit des Rauschens an. Jedes physikalische Rauschen hat eine von null verschiedene Korrelationszeit.

Das Inverse der Korrelationszeit ist die Bandbreite des Rauschens; physikalisch gibt es kein Rauschen mit unendlicher Bandbreite oder Korrelationszeit null. Dessenungeachtet rechnen Theoretiker gern mit diesem Extremfall (δ-korreliertes weißes Rauschen), weil es mathematisch leichter handhabbar ist. Physikalisch verstößt weißes Rauschen mit unendlicher Bandbreite aber gegen den Energiesatz.

Gaußpuls Ein Zeitsignal mit der Form einer Gaußglocke (ein Gaußpuls) führt auf eine AKF, die wiederum gaußförmig ist, aber mit einer um den Faktor $\sqrt{2}$ größeren Breite. Das räumliche Analogon ist uns in Kap. 7.4.1 begegnet: Die Messung des Modenprofils mit der Transversalversatzmethode bestimmt eigentlich die AKF des Modenprofils. Nähert man dessen Form als Gaußfunktion an, kann man die gefundene Breite einfach durch den Faktor $\sqrt{2}$ dividieren und erhält den Modenradius.

F.1.3   Autokorrelationsmessungen

Das technische Verfahren, die Autokorrelationsfunktion eines Pulses zu messen, ist einfach zu verstehen. Im Autokorrelator wird der Lichtstrahl an einem teilreflektierenden Spiegel mit $R = 50\ \%$ aufgeteilt; in jedem Arm läuft also eine „Kopie" der zu messenden Pulse. Diese werden über einen variablen Umweg in einem nichtlinearen Kristall wieder zusammengeführt. Der Kristall ist geeignet, die zweite Harmonische zu erzeugen ($\chi^{(2)}$-Effekt). Wie in Gl. 3.18 gezeigt, tritt in derartigen Fällen ein Term auf, der das Produkt aus zwei elektrischen Feldstärken enthält. Beide Teilstrahlen bilden je für sich das Produkt mit sich selbst, also das Quadrat ihrer Feldstärke $|E_1|^2$ und $|E_2|^2$; außerdem tritt ein Mischterm mit dem Produkt aus beiden Teilstrahlen $E_1 E_2$ auf. Das Raffinierte bei der untergrundfreien Autokorrelationsmessung ist, dass man diese drei Signale geometrisch trennt und nur den Mischterm auf einen Detektor gibt.

Dort wird schließlich noch die zeitliche Integration durchgeführt. Praktisch erstreckt sie sich natürlich nicht über eine unendlich lange Zeit; es genügt aber, wenn die Integrationszeit sehr lang gegen die Pulsdauer ist. Hier ist also ein langsamer Photodetektor nicht nur gut genug, sondern sogar Voraussetzung!

Der einlaufende Strahl wird an einem Strahlteiler mit 50 % Reflexion in zwei gleiche Teile aufgespalten. Beide Teilstrahlen legen ähnliche Wege zurück, bevor sie sich im Fokus einer Linse, im Inneren eines Verdopplerkristalls wieder treffen. Der genaue Weglängenunterschied kann durch eine variable Umwegleitung fein eingestellt werden. Jeder Teilstrahl für sich erzeugt in dem Kristall ein frequenzverdoppeltes Signal, welches in Geradeausrichtung durch den Kristall läuft und schließlich an einer Blende vernichtet wird. Nur wenn beide Pulse zugleich im Kristall eintreffen, kann auch ein Mischterm mit dem Produkt aus beiden Strahlen auftreten, der dann aus Gründen der Impulserhaltung auf der Winkelhalbierenden zwischen den anderen Strahlen aus

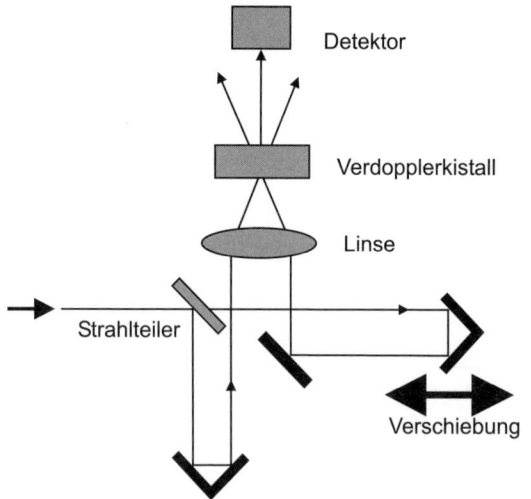

Abb. F.1 Prinzip eines optischen Autokorrelators. Zwei Replikas des zu messenden Pulses gelangen auf unterschiedlichen Wegen zum Verdopplerkristall. Nur wenn beide gleichzeitig am Kristall eintreffen, erreicht nennenswert Leistung der zweiten Harmonischen den Detektor. Durch Verändern der Weglänge lässt sich das Intensitätsprofil des Pulses daher abtasten.

dem Kristall tritt. Nur dieser Teilstrahl ist für die Messung interessant; er wird einem Detektor zugeführt.

Die Messung geht nun so vonstatten, dass der Gangunterschied durchgefahren wird und gleichzeitig das Detektorsignal registriert wird. Ein zum Gangunterschied proportionales Signal wird auf den X-Eingang eines Oszilloskops gegeben, das Detektorsignal auf den Y-Eingang. Praktisch wird der Gangunterschied periodisch mit etwa 30 Hz variiert, sodass eine Oszilloskopdarstellung des Detektorsignals ein praktisch stehendes Bild der Autokorrelationsspur ergibt.

F.1.4 Katalog von Autokorrelationsformen

Für einige Pulsformen ist tabellarisch in Tab. F.1 und anhand von Symbolbildern in Abb. F.2 die Zuordnung zur *AKF* angegeben:

Tab. F.1 Tabelle einiger ausgewählter Pulsformen und ihrer Autokorrelationsfunktionen.

Pulsform	Autokorrelation dazu
Rechteckfunktion, Breite ± 1	Dreieckfunktion, Fußpunktbreite ± 2
Gaußfunktion, Breite T	Gaußfunktion, Breite $\sqrt{2}\,T$
$\mathrm{sech}^2(t)$	$3\,\dfrac{t\cosh(t)-\sinh(t)}{\sinh^3(t)}$
Doppelpuls aus gleichen Pulsen im Abstand T	Dreifachstruktur mit Abständen T, seitliche Komponenten halb so hoch wie die mittlere. Breite der Komponenten AKF der Ursprungspulse.

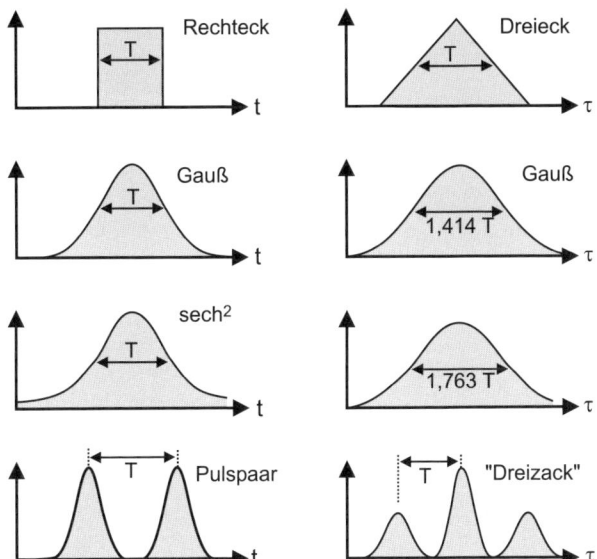

Abb. F.2 Schematische Übersicht über Autokorrelationssignale für verschiedene Pulsformen. Die AKF eines sech^2-Pulses ist in Tabelle F.1 angegeben. Für ein Pulspaar zeigt ein Autokorrelator einen „Dreizack" an; dabei haben die Nebenmaxima die halbe Höhe des mittleren Maximums.

Wichtig ist es, die folgenden Punkte festzuhalten: Autokorrelationsmessungen erlauben die Erfassung von Pulsdauern bis in den Bereich von wenigen Femtosekunden; die fundamentale Grenze mag noch kürzer sein. Das ist um Größenordnungen schneller als mit direkter Detektion.

Andererseits liefern Autokorrelationsmessungen eben gerade nicht die Pulsform, sondern deren Autokorrelation. Daraus lässt sich die Pulsform nicht eindeutig rekonstruieren. Insbesondere die Phase des Pulses geht nicht ein, auch dann nicht, wenn sie einen zeitlichen Verlauf (Chirp) aufweist.

Da die Pulsform nicht eindeutig bestimmt wird, kann auch die Pulsdauer, also zum Beispiel die FWHM, nicht eindeutig bestimmt werden. Man behilft sich meistens damit, dass man eine einigermaßen plausible Pulsform unterstellt; dann kann man aus der FWHM der *AKF* auf die Pulsdauer zurückrechnen. Es handelt sich dabei zwar eher um eine Schätzung als um eine objektive Messung; das ist im Prinzip fragwürdig, allerdings oft alternativlos. Es gehört selbstverständlich zum wissenschaftlichen Anstand, bei der Veröffentlichung von Daten auf ein solches Vorgehen deutlich hinzuweisen. Es sollte auch klar sein, dass weitergehende Schlüsse aus einem Wert, der auf eine solche Weise erhalten wurde, nur mit großer Vorsicht zu ziehen sind.

Glossar

Autokorrelator (S. 279) engl. *autocorrelator*: Vorrichtung zur Messung der Dauer ultrakurzer Pulse bis hinunter in den Bereich von 1 fs. Das Lichtsignal wird in zwei Teile aufgespalten; diese werden mit variabler Verzögerungszeit in einem nichtlinearen Medium wieder zusammengeführt. Das resultierende Signal als Funktion der Verzögerungsdifferenz erlaubt eine Beurteilung der Pulsdauer.

Avalanche-Diode (S. 152): Eingedeutschte Version der → Lawinendiode

Bandbreite (S. 215) engl. *bandwidth*: Frequenzbereich, in dem ein gewisses Signal Energie enthält. Gibt die Differenz zwischen höchster und niedrigster Frequenz an.

Bragg-Effekt (S. 128) engl. *Bragg effect*: Eine periodische Anordnung von Störstellen (ein Gitter im weitesten Sinn) vermag eine Welle zu reflektieren, wenn bestimmte Relationen zwischen Gitterperiode (Gitterkonstante) und Wellenlänge vorliegen. Bennant nach William Henry Bragg und William Lawrence Bragg (Vater und Sohn), die 1915 gemeinsam einen Nobelpreis erhielten.

Brechungsindex (S. 52) engl. *index of refraction*: Eine in der Optik vielbenutzte Größe zur Charakterisierung eines Materials. Der Brechungsindex ist eine komplexe Funktion der Wellenlänge. Der Realteil gibt an, um wieviel die Lichtausbreitung gegenüber dem Vakuum verlangsamt ist, er ist wesentlich für den Brechungswinkel beim Durchgang von Lichtstrahlen durch eine Grenzfläche. Der Imaginärteil beschreibt die Dämpfung der Lichtwelle. Da die Dämpfung oft vernachlässigt werden kann, wird der Begriff Brechungsindex dann manchmal für den Realteil allein verwendet; andere Autoren nennen diesen auch „Brechzahl". Aus der Frequenzabhängigkeit des Brechungsindex resultiert u. a. die → Materialdispersion.

Chirp (S. 168): Englische Bezeichnung (etwa „Zwitschern" oder „Zirpen") für einen zeitlichen Verlauf der Momentanfrequenz in einem Lichtpuls, für die keine verbindliche deutsche Entsprechung vorliegt.

Cutoff (S. 42) (eigentlich *cutoff wavelength*): Englische Bezeichnung der → Grenzwellenlänge.

Dispersion (S. 10, 51) engl. *dispersion*: Wellenlängenabhängigkeit einer optischen Materialkenngröße; z. B. Indexdispersion eines Glases oder Winkeldispersion eines Prismas. In der Faseroptik ist damit zumeist die Dispersion der Gruppengeschwindigkeit (engl. *group velocity dispersion*) in der Faser gemeint.

Doppelbrechung (S. 52) engl. *birefringence*: Erscheinung in anisotropen Materialien, bei der auf Licht verschiedener linearer → Polarisation unterschiedliche Werte des → Brechungsindex wirken.

Einmodenfasern (S. 8) engl. *single mode fiber*: Faser, die Licht in einer einzigen → Mode führt. Ganz genau genommen ist diese Mode noch zweifach entartet aufgrund von Polarisationseffekten. Einmodenfasern sind besonders bei langen Strecken oder hohen Datenraten erforderlich.

Fabry-Perot-Interferometer (S. 124) engl. *Fabry-Perot interferometer*: Anordnung, bei der Licht zwischen zwei Spiegeln hin- und herläuft. Ist die Umlaufstrecke gleich einem ganzzahligen Vielfachen der Wellenlänge, so tritt eine Resonanz auf. Fabry-Perot-Interferometer werden vielfach zur Selektion bestimmter Wellenlängen eingesetzt, so z. B. im Laserresonator. Der Name geht zurück auf A. Fabry und Ch. Pérot (1897).

Faserlaser (S. 148) engl. *fiber laser*: Nur der zweite Teil des Wortes wird englisch ausgesprochen. → Laser, dessen → Verstärker aus einer mit aktiven Substanzen dotierten Faser besteht. In der optischen Nachrichtentechnik sind besonders Erbium-dotierte Fasern verbreitet.

Gaußstrahl (S. 271) engl. *Gaussian beam*: Lichtstrahl, der eine einzige räumliche → Mode enthält. Er ist gekennzeichnet durch ein transversales Intensitätsprofil, welches durch eine Gaußsche Glockenfunktion beschrieben ist. Gaußstrahlen sind beugungsbegrenzt, d.h. haben eine minimale Aufweitung. Sie entstehen häufig in Lasern. Die Grundmode einer Faser ist in gewisser Näherung als Gaußstrahl aufzufassen.

Glasfaser (S. 6) engl. *glass fiber* oder üblicher *optical fiber*, im Britischen Englisch ist die Schreibweise *fibre*: Biegsamer fadenförmiger Glaskörper, der Licht zu leiten vermag.

Gradientenprofil (S. 22) engl. *gradient index profile*: Einige Fasern haben einen radialen Verlauf des → Brechungsindex im → Kern, welcher nicht wie bei der → Stufenindexfaser stufenförmig, sondern entsprechend einer glatten Kurve ausgebildet ist – zumeist ungefähr in Form einer Parabel. In → Vielmodenfasern reduziert ein solches Profil die → Modendispersion.

Grenzwellenlänge (S. 42) engl. *cutoff wavelength*: Die kürzeste Wellenlänge, bei der eine Faser gerade noch einmodig ist. Wird gelegentlich auch für die Grenze des Existenzbereichs anderer → Moden verwendet.

holey fiber (S. 72) deutsch „löcherige (oder durchlöcherte) Faser"; eine allgemein akzeptierte deutsche Übersetzung gibt es noch nicht. Der → Mantel dieser Fasern wird längs von Hohlräumen durchzogen; dadurch ist im Mittel der → Brechungsindex des Mantels reduziert. Auf diese Weise wird das Lichtfeld stärker im → Kern konzentriert und geführt.

Isolator (S. 130) engl. *isolator*: In der Optik eine Anordnung, die Lichtstrahlen in einer Richtung passieren lässt, in der anderen Richtung aber stark dämpft.

Kanal (Übertragungs-) (S. 227) engl. *channel, transmission channel*: Allgemeiner Begriff für ein beliebiges Übertragungsmedium wie Kabel, Richtfunkstrecke, etc., welches eine bestimmte → Bandbreite zur Verfügung stellt. Daraus resultiert eine gewisse → Kanalkapazität.

Kanal (Frequenz-) (S. 221) engl. *channel, frequency channel*: Als Kanal wird auch das Frequenzband bezeichnet, welches einem Signal im Frequenzraum zugewiesen ist. Mit mehreren Kanälen können zugleich mehrere Signale (z. B. Radio- und Fernsehprogramme) übertragen werden. In der Faseroptik würde man einen Kanal in diesem Sinn des Wortes auch als → WDM-Kanal bezeichnen.

Kanalkapazität (S. 227) engl. *channel capacity*: Nach einem Theorem von Shannon gibt es eine maximale Rate, mit der über einen gegebenen → Kanal Information übertragen werden kann; diese wird als Kanalkapazität bezeichnet.

Kern (S. 17) engl. *core*: Beim Aufbau einer Glasfaser die innerste Zone. Bei → Einmodenfasern hat sie einen Radius von wenigen µm. Der größte Teil des Lichts wird im Kern geführt.

Kerreffekt (S. 159) engl. *Kerr effect*, auch als „quadratischer elektrooptischer Effekt" bezeichnet. Benannt nach John Kerr (1875). Beim Kerr-Effekt ändert sich der → Brechungsindex eines Materials proportional zum Quadrat der Stärke eines angelegten elektrischen Feldes. In Glasfasern spielt der „optische Kerr-Effekt" eine Rolle, bei dem das

Lichtfeld selbst die Rolle des äußeren Feldes übernimmt. Dadurch ändert sich der Brechungsindex proportional zur Intensität des Lichtes.

Laser (S. 5) (im Deutschen englisch ausgesprochen): Eine Lichtquelle, die kohärentes Licht emittiert. Das Laserprinzip beruht auf dem Prozess der induzierten Emission in einem als optischem → Verstärker genutzten Material. Dem Material muss dazu Energie zugeführt werden; bei → Diodenlasern geschieht dies durch elektrischen Stromfluss.

Laserdiode (S. 143) engl. *laser diode*: Laser, dessen → Verstärker aus einem Halbleiterelement (Diode) besteht. Die Energiezufuhr erfolgt durch Stromfluss.

Lawinendiode (S. 152) engl. *avalanche diode*: Spezielle Bauform einer → Photodiode, bei der durch eine angelegte hohe Vorspannung die Ladungsträger so weit beschleunigt werden, dass sie ihrerseits weitere Ladunsgträger hervorrufen. In einem lawinenartigen Effekt tritt so eine Verstärkung des ursprünglichen Photostroms auf.

LED (S. 142): Akronym für engl. *light emitting diode* oder → Lumineszenzdiode.

Lumineszenzdiode (S. 141) auch Leuchtdiode, engl. *luminescent diode* oder *LED* für *light emitting diode*: Leuchtmittel aus einem Halbleiterelement, welches bei Stromdurchfluss nahezu inkohärentes Licht aussendet. Wird verbreitet als Anzeige- und Signallampen etc. in elektronischen Geräten aller Art eingesetzt, dürfte aber in Zukunft auch verstärkt in die Beleuchtungstechnik eindringen.

Mantel (S. 17) engl. *cladding*: Die den Kern umgebende Zone im Aufbau einer Glasfaser. Bei den meisten handelsüblichen Fasern hat der Mantel einen Außendurchmesser von $125\,\mu m$.

Materialdispersion (S. 51) engl. *material dispersion*: Erscheinung aufgrund der Frequenzabhängigkeit des → Brechungsindex, die dazu führt, dass kurze Lichtpulse bei der Propagation in einem Material ihre zeitliche Form verändern.

Modendispersion (S. 20) engl. *modal dispersion*: In → Vielmodenfasern propagieren verschiedene → Moden verschieden schnell; dadurch kommt es zu einer Streuung der Ankunftszeiten am empfängerseitigen Faserende. Dieses „Auseinanderziehen" wird als Modendispersion bezeichnet und typischerweise in ps/km gemessen.

Mode (S. 35) engl. *mode*: In der Physik spielen die elementaren Schwingungen, die als Moden bezeichnet werden, eine wichtige Rolle. Konkret haben Resonatoren mit festgelegter Geometrie bestimmte Moden, die sich aus den Randbedingungen ergeben: Eine Violinsaite hat z. B. eine Grundschwingung und Oberschwingungen; dazu gehört jeweils eine charakteristische Frequenz und ein charakteristisches Schwingungsmuster. In Glasfasern werden durch die Randbedingungen bestimmte Feldverteilungen mit bestimmten Propagationskonstanten ausgezeichnet, die als die Moden der Faser bezeichnet werden. Man unterscheidet zwischen → Einmoden- und → Vielmodenfasern.

Modenkopplung, transversal (S. 24) engl. *mode coupling*: Insbesondere an Biegungen und anderen Störungen der idealen Geometrie einer Mehrmodenfaser kann Energie zwischen den Moden ausgetauscht werden.

Modenkopplung, longitudinal (S. 144) engl. *mode locking*: Eine Verkopplung der Phasen der longitudinalen Moden eines Lasers. Wirkungsvollstes Verfahren zur Erzeugung sehr kurzer Lichtpulse.

Modulation (S. 214) engl. *modulation*: Die gezielte Beeinflussung von Amplitude, Phase, Frequenz oder Polarisation einer Welle mit dem Ziel, ihr eine Information aufzuprägen, die dann durch diese Welle transportiert werden kann.

Modulationsinstabilität (S. 170) engl. *modulational instability*: Erscheinung in Materialien mit → Nichtlinearität, bei der ein konstantes Signal in ein periodisch moduliertes Signal zerfällt. In der Faseroptik kann dies durch Zusammenwirken von → Kerr-Effekt und anomaler → Dispersion auftreten.

Multimodefaser (S. 8): Siehe → Vielmodenfaser

Nichtlinearität (S. 155) engl. *nonlinearity*: In der Übertragungstechnik wie in der Optik die Erscheinung, dass die Eigenschaften eines Materials, welche auf ein durchgehendes Signal Einfluss haben, noch vom Wert des Signals selbst abhängen. In der Faseroptik spielt eine besondere Rolle, dass der → Brechungsindex intensitätsabhängig ist (→ Kerr-Effekt).

Normierte Brechzahldifferenz (S. 19) engl. *normalized index step*: Eine Maßzahl für die Differenz der → Brechungsindizes in Kern und Mantel. Bei den meisten Fasern liegt sie zwischen 0,001 und 0,01. Bei größeren Werten sind Biegeverluste geringer.

NRZ (S. 222) Akronym engl. *no return to zero*: Beschreibt ein Übertragungsformat, bei dem während eines gesamten Zeittaktes die Lichtintensität konstant bleibt. Siehe → RZ.

Numerische Apertur (S. 18) engl. *numerical aperture*: Ein Maß für den Akzeptanzwinkel einer Faser, also dem Öffnungswinkel des Kegels, innerhalb dessen Licht in die Faser eingekoppelt werden kann, bzw. für den Öffnungswinkel des Lichtkegels, mit dem Licht die Faser verlässt.

OTDR (S. 117) Akronym für engl. *optical time domain reflectometry*: Optisches Messverfahren, welches die Laufzeit auswertet, nach der bestimmte Reflektionen aus einer Faser zurückkommen, um daraus die Position von Störstellen zu ermitteln.

Photodiode (S. 149) engl. *photo diode*: Halbleiterbauelement zur Detektion von Licht. Der Photoeffekt ruft in der Photodiode freie Ladungsträger hervor; diese bewirken einen Stromfluss, der nachgewiesen wird.

photonic crystal fiber (S. 72) deutsch „Faser mit Photonischer-Kristall-Struktur"; eine allgemein akzeptierte deutsche Übersetzung gibt es noch nicht. Ähnlich wie bei der → „holey fiber" durchziehen Hohlräume den → Mantel dieser Fasern in Längsrichtung. Sie sind aber mit großer geometrischer Regelmäßigkeit periodisch angeordnet, so dass sie wegen des → Bragg-Effekts als Reflektor wirken. Dadurch wird die Führung des Lichts im → Kern so stark, dass dieser sogar einen *geringeren* → Brechungsindex als der Mantel haben kann, ohne dass die Lichtführung beeinträchtigt wird.

PMD (S. 68) Akronym für engl. *polarization mode dispersion*: Polarisationsmodendispersion. In → doppelbrechenden Fasern propagieren Signalanteile mit unterschiedlicher → Polarisation unterschiedlich schnell; dadurch wird das Signal verzerrt.

Polarisation (S. 51) engl. *polarization*: Schwingungszustand einer Welle. Die Schwingungsrichtung kann longitudinal (etwa bei Schallwellen in Luft) oder transversal (bei Licht) sein. Im Fall der transversalen Polarisation gibt es mehrere Möglichkeiten für Vorzugsrichtungen: linear (zwei Richtungen und ihre Linearkombinationen) oder zirkular (zwei Drehrichtungen und ihre Linearkombinationen). Gewöhnliches Lampen- oder Sonnenlicht wird als „unpolarisiert" bezeichnet; hier wechselt die Polarisation extrem schnell und nimmt im Lauf der Zeit alle Möglichkeiten mit gleicher Wahrscheinlichkeit ein.

Polarisationserhaltende Faser (S. 70) engl. *polarization maintainig fiber*: Eine Faser, die durch absichtlich erhöhte → Doppelbrechung linear polarisiertes Licht ohne Änderung des Polarisationszustands überträgt. Dazu ist erforderlich, dass die Polarisationsrichtung mit einer der Achsen der → Doppelbrechung der Faser übereinstimmt.

Polarisator (S. 130) engl. *polarizer*: Anordnung, die aus einem Lichtstrahl mit beliebiger → Polarisation die Komponente mit einer bestimmten Schwingungsrichtung herausfiltert.

Polarisierung (S. 27) engl. *polarization*: Unter der Einwirkung des elektrischen Feldes einer Lichtwelle unterliegen die Elektronen in den Atomen eines Materials Coulombkräften. Dadurch werden die Orbitale verzerrt. Häufig wird die Polarisierung unpräzise auch als „Polarisation" bezeichnet, was zu Verwechslungen (→ Polarisation) Anlass geben kann.

Preform (S. 93): Eingedeutschte englische Bezeichnung für die Vorform, aus der Fasern gezogen werden.

Quarzglas (S. 92) engl. *fused silica*: Auch Kieselglas oder Silikatglas. Chemisch Silizium-Dioxid, aber anders als beim Kristall gleicher chemischer Zusammensetzung (Quarz, engl. *quartz*) mit unregelmäßiger Anordnung der Atome.

Richtkoppler (S. 133) engl. *directional coupler*: Koppelelement zwischen zwei Fasern (in der Elektronik auch Koaxialkabeln oder Hohlleitern), bei dem der Koppelgrad richtungsabhängig ist.

RZ (S. 222) Akronym engl. *return to zero*: Beschreibt ein binäres Übertragungsformat, bei dem Lichtpulse zur Darstellung einer logischen EINS dienen, die kürzer sind als der zugehörige Zeittakt. Vor und nach jedem Puls ist also die Intensität in jedem Fall Null. Der Begriff dient zur Unterscheidung von → NRZ, bei dem für eine logische EINS die Intensität während des gesamten Zeittaktes konstant bleibt und daher im Fall einer nachfolgenden weiteren EINS zwischendurch nicht nach Null zurückkehrt.

Selbstphasenmodulation (S. 168) engl. *self phase modulation*: Prozess in Glasfasern, bei dem durch → Nichtlinearität, speziell den → Kerr-Effekt in Lichtpulsen ein → Chirp hervorgerufen wird.

Sensor (S. 249) engl. *sensor*: Fühlerelement, welches eine physikalische (oder auch chemische, etc.) Größe erfasst und in ein gut messbares Format umsetzt, z. B. eine elektrische Spannung. Zunehmend spielen faseroptische Sensoren eine wichtige Rolle.

Soliton (S. 168) engl. *soliton*: Ein Lichtpuls, der bei gleichzeitiger Anwesenheit von → Dispersion und → Kerr-Effekt (Intensitätsabhängigkeit des Brechungsindex) formstabil bleibt.

Spleiß (S. 125) engl. *splice*: Bezeichnet eine verlustarme Verbindung zweier Fasern. Am weitesten verbreitet sind Schmelzspleiße (engl. *fusion splice*), bei denen die Fasern mit ihren Stirnflächen unter Erhitzung bis zum Aufschmelzen aneinander gefügt werden.

Stufenindexfaser (S. 17) engl. *step index fiber*: Faser, die aus → Kern und → Mantel aufgebaut ist, wobei jede der beiden Zonen einen festen → Brechungsindex hat. Daraus ergibt sich ein radialer Verlauf des Brechungsindex mit einer Stufe.

TDM (S. 220) Akronym für engl. *time division multiplex*, Zeitmultiplex: Übertragungsformat, bei dem mehrere Datenströme zeitlich ineinandergeschachtelt sind.

Totalreflektion (S. 15) engl. *total internal reflection*: Vorgang an einer Grenzfläche zwischen zwei Medien mit unterschiedlichem → Brechungsindex. Das Medium mit dem höheren Wert des Index wird oft als das optisch dichtere bezeichnet. Trifft nun ein Lichtstrahl, der sich im dichteren Medium ($n = n_a$) ausbreitet, auf die Grenzfläche zum dünneren Medium ($n = n_b$), so wird je nach Auftreffwinkel ein Teil transmittiert, ein anderer Teil reflektiert. Ab einem gewissen Winkel findet zu 100 % Reflektion statt. Dieser Grenzwinkel ist durch $\alpha_{\mathrm{crit}} = \arcsin(n_b/n_a)$ gegeben.

Verstärker (S. 136) engl. *amplifier*: In der Optik eine Einrichtung, die die Leistung einer hindurchlaufenden Lichtwelle erhöht. Verstärker sind ein zentrales Element jedes → Lasers. In der optischen Nachrichtentechnik werden hauptsächlich Halbleiterverstärker und Faserverstärker eingesetzt.

Vielmodenfasern (S. 7) auch Multimodefasern, engl. *multimode fiber*: Faser, die Licht in mehreren → Moden führt. Aufgrund der → Modendispersion nur für geringe Datenraten und/oder kurze Entfernungen geeignet. Plastikfasern werden durchweg als Vielmodenfasern ausgeführt. Wenn die Verteilung der eingestrahlten Lichtleistung über die → Moden zeitlich schwankt, kommt es zum so genannten *mode partition noise* (Modenaufteilungsrauschen), welches z. B. bei Sensorikanwendungen sehr störend sein kann. Die sicherste Abhilfe ist der Übergang zu einer → Einmodenfaser.

WDM (S. 220) Akronym für engl. *wavelength division multiplex*, „Wellenlängenmultiplex": Übertragungsformat, bei dem mehrere Datenströme im Frequenzraum auf mehrere → Kanäle (Übertragungskanäle) verteilt sind.

Wellenleiterdispersion (S. 58) engl. *wave guide dispersion*: Beitrag zur gesamten → Dispersion einer Lichtleitfaser, die speziell durch die Fasergeometrie bedingt ist.

Zirkulator (S. 132) engl. *circulator*: In der Optik eine Anordnung, die Lichtstrahlen in einer Richtung passieren lässt, aus der Gegenrichtung aber in eine dritte Richtung ablenkt.

Literaturverzeichnis

[1] Fibercore Limited, Fibercore House, Chilworth Science Park, SO16 7QQ (UK). Siehe `www.fibercore.com`.

[2] Glaskatalog der Fa. Schott AG, Mainz. Siehe `www.schott.com/optics_devices/german/download`

[3] Lucent Technologies, Inc., 600 Mountain Avenue, Murray Hill, NJ

[4] N.N., *Abbildung und Beschreibung des Telegraphen oder der neuerfundenen Fernschreibemaschine in Paris und ihres inneren Mechanismus*, Verlag F. G. Baumgärtner, Leipzig (1795). Zitiert nach F. Skupin, *Abhandlungen von der Telegraphie oder Signal- und Zielschreiberei in die Ferne*, Nachdruck historischer Publikationen, R. v. Decker's Verlag, G. Schenck GmbH (1986)

[5] `www.atlantic-cable.com`

[6] `www.iscpc.org/cabledb/atlan_page.htm`

[7] `www.ofsoptics.com/simages/pdfs/fiber/brochure/AllWave1170305web.pdf`

[8] `www.physik.uni-rostock.de/optik/de/dm_referenzen.html`. Diese website nennt auch alle Quellen zu den Datenpunkten in Abbildung 11.23.

[9] G. P. Agrawal, *Nonlinear Fiber Optics*, Academic Press (1989)

[10] G. P. Agrawal, *Fiber-Optic Communication Systems*, John Wiley & Sons (1992)

[11] Aischylos, *Die Orestie: Agamemnon* (458 v.Chr.), siehe z.B. in E. Steiger, W. Kraus (Übers.), „Aischylos: Die Tragödien", Philip Reclam jun. (2002)

[12] L. Allen, J. H. Eberly, *Optical Resonance and Two-Level Atoms*, John Wiley & Sons (1975), Nachdruck Dover Publications (1987)

[13] W. T. Anderson *et al.*, *Thermally Induced refractive-Index Changes in a Single-Mode optical-Fiber Preform*, in *Proc. Optical Fiber Conference*, Optical Society of America, Washington, DC (1984)

[14] E. E. Basch (Hrsg.), *Optical-Fiber Transmission*, Howard W. Sams & Co. (1987)

[15] P. C. Becker, N. A. Olsson, J. R. Simpson, *Erbium-Doped Fiber Amplifiers: Fundamentals and Technology*, Academic Press (1999)

[16] P.-A. Bélanger, *Optical Fiber Theory*, World Scientific, Singapur (1993)

[17] G. E. Berkey, *Single-Mode Fibers by the OVD Process*, in *Proceedings of the Optical Fiber Conference*, Optical Society of America, Washington, DC (1982)

[18] R. D. Birch, D. N. Payne, M. P. Varnham, *Fabrication of polarization-maintaining fibers using gas-phase etching*, Electronics Letters **18**, 1036–1038 (1982)

[19] H. P. A. van den Boom, W. Li, P. K. van Bennekom, I. Tafur Monroy, Giok-Djan Khoe, *High-Capacity Transmission Over Polymer Optical Fiber*, IEEE J. Selected Topics in Quant. Electron. **7**, 461–470 (2001)

[20] J. A. Bucaro, T. R. Hickman, *Measurement of sensitivity of optical fibers for acoustic detection*, Applied Optics **18**, 938–940 (1979)

[21] G. J. Cannell *et al.*, *Measurement repeatability and Comparison of Real and Equivalent Step-Index (ESI) Fibre Profiles*, in *Proceedings of the European Conference on Optical Communication* A IV 5 (1982)

[22] T. S. Chu, D. C. Hogg, *Effects of precipitation on propagation at 0.63, 3.5 and 1.6 microns*, Bell System Technical Journal **47**, 723 (1968)

[23] L. G. Cohen, Ch. Lin, *A Universal Fiber-Optic (UFO) Measurement System Based on a Near-IR Fiber Raman Laser*, IEEE Journal Quantum Electronics **QE-14**, 855–859 (1978)

[24] N. J. Cronin, *Microwave and Optical Waveguides*, Institute of Physics Publishing, Bristol, UK (1995)

[25] J.-M. Courty, S. Spälter, F. König, A. Sizmann, G. Leuchs, *Noise-free quantum-nondemolition measurement using optical solitons*, Physical Review A **58**, 1501–1508 (1998)

[26] M. Dämmig, G. Zinner, F. Mitschke, H. Welling, *Stimulated Brillouin Scattering in fibers with and without external feedback*, Physical Review A **48**, 3301 (1993)

[27] E. Desurvire, *Erbium-Doped Fiber Amplifiers*, John Wiley & Sons (1994)

[28] E. M. Dianov, I. A. Bufetov, M. M. Bubnov, M. V. Grekov, S. A. Vasiliev, O. I. Medvedkov, *Three-cascaded 1407-nm Raman laser based on phosphorous-doped silica fiber*, Optics Letters **25**, 402–404 (2000)

[29] D. A. Fishman, B. S. Jackson, Kap. 3 in [63]

[30] F. Forghieri, R. W. Tkach, A. R. Chraplyvy, Kap. 8 in [62]

[31] P. A. Franken, A. E. Hill, C. W. Peters, G. Weinreich, *Generation of Optical Harmonics*, Physical Review Letters **7**, 118 (1961)

[32] P. L. Fuhr, D. R. Huston, *Multiplexed fiber optic pressure and vibration sensors for hydroelectric dam monitoring*, Smart Materials and Structures **2**, 260 (1993)

[33] M. Fujise, M. Kuwazuru, M. Nunokawa, Y. Iwamoto, *Chromatic Dispersion Measurement Over a 100 km Dispersion-Shifted Single-Mode Fibre by a New Phase-Shift Technique*, Electronics Letters **22**, 570–5782 (1986)

[34] K. Furuya, Y. Suematsu, *Random-Bend Loss in Single-Mode and Parabolic-Index Multimode Optical-Fiber Cables*, Applied Optics **19**, 1493–1500 (1980)

[35] P. Franco, F. Fontana, I. Christiani, M. Midrio, M. Romagnoli, *Self-induced modulational-instability laser*, Optics Letters **20**, 2009–2011 (1995)

[36] D. Gloge, *Weakly Guiding Fibers*, Applied Optics **10**, 2252–2258 (1971)

[37] D. Gloge, E. A. J. Marcatili, D. Marcuse und S. D. Personick, Kap. 4 in [80]

[38] J. P. Gordon, *Interaction forces among solitons in optical fiber*, Optics Letters **8**, 596–598 (1983)

[39] J. P. Gordon, *Theory of the soliton self-frequency shift*, Optics Letters **11**, 662–664 (1986)

[40] J. P. Gordon, H. A. Haus, *Random walk of coherently amplified solitons in optical fiber transmission*, Optics Letters **11**, 665–667 (1986)

[41] G. Grau, W. Freude, *Optische Nachrichtentechnik*, 3. Auflage, Springer (1991)

[42] W. Greiner, *Klassische Elektrodynamik*, Harry Deutsch (2002)

[43] D. L. Griscom, *Optical Properties and Structure of Defects in Silica Glass*, Journal of the Ceramic Society of Japan, International Edition, **99**, 899–916 (1991)

[44] A. A. Griffith, *The Phenomena of Rupture and Flow in Solids*, Philosophical Transactions of the Royal Society **221**, 163–198 (1921)

[45] S. G. Grubb, T. Erdogan, V. Mizrahi, T. Strasser, W. Y. Cheung, W. A. Reed, P. J. Lemaire, A. E. Miller, S. G. Kosinski, G. Nykolak, P. C. Becker, D. W. Peckham, *High-power 1.48 μm cascaded Raman laser in germanosilicate fiber*, in *Proc. Topical Meeting on Optical Amplifiers and their Applications 197*, Optical Society of America, Washington DC (1995)

[46] A. Hasegawa, Y. Kodama, *Solitons in Optical Communications*, Clarendon Press (1995)

[47] A. Hasegawa, F. Tappert, *Transmission of stationary nonlinear optical pulses in dispersive dielectric fibers. I. Anomalous dispersion*, Applied Physics Letters **23**, 142 (1973)

[48] J. Hecht, *City of Light: The Story of Fiber Optics*, Oxford University Press (1999)

[49] E. Hecht, *Optik*, 3. Auflage der Deutschen Übersetzung, Oldenbourg (2001)

[50] H. Heffner, *The Fundamental Noise Limit of Linear Amplifiers*, Proceedings of the IRE, 1604–1608 (Juli 1962)

[51] W. Heitmann, *Attenuation Analysis of Silica-Based Single-Mode Fibers*, Journal of Optical Communications **11**, 122–129 (1990)

[52] H. Henschel, M. Körfer, K. Wittenburg, F. Wulf, *Fiber Optic Radiation Sensing Systems*, TESLA Report No. 2000-26 September 2000

[53] Ch. Hentschel, *Fiber Optics Handbook*, Hewlett-Packard GmbH, zweite Auflage (1988)

[54] K.-P. Ho, J. M. Kahn, *Channel Capacity of WDM Systems Using Constant-Intensity Modulation Formats*, in *Proceedings of the Optical Fiber Communications Conference* (2002)

[55] H. Holbach, *Faseroptische Temperaturmessung*, Firmenschrift Polytec GmbH, Polytec-Platz 1–7, 76337 Waldbronn, Deutschland. Die Abbildungen 12.4 und 12.5 entstammen ursprünglich den Applikationsschriften *Application Note AN86-MF02* bzw. *Advances in Fluoroptic™ Thermometry: New Applications in Temperature Measurement (presented at Digitech '85)* der Fa. Luxtron Corporation, 3033 Scott Boulevard, Santa Clara, CA 95054-3316 (USA), die durch die Polytec GmbH vertreten wird.

[56] G. J. Holzmann, B. Pehrson, *Optische Telegraphen und die ersten Informationsnetze*, Spektrum der Wissenschaft März 1994, S. 78–84

[57] International Tsunami Information Center: *Massive Tsunami hits Indian Ocean Coasts*, Animation von Kenji Satake. Siehe http://ioc.unesco.org/itsu

[58] J. D. Jackson, *Klassische Elektrodynamik*, Walter de Gruyter (2002)

[59] A. M. Johnson, R. H. Stolen, W. M. Simpson, *80x single-stage compression of frequency doubled Nd:yttrium aluminum garnet laser pulses*, Applied Physics Letters **44**, 729–731 (1984)

[60] A. M. Johnson, W. M. Simpson, *Tunable femtosecond dye laser synchronously pumped by the compressed second harmonic of Nd:YAG*, Journal of the Optical Society of America B **2**, 619–625 (1985)

[61] A. F. Judy, H. E. S. Neysmith, *Reflections from Polished Single Mode Fiber Ends*, Fiber and Integrated Optics **7**, 17–26 (1987)

[62] I. P. Kaminow, T. L. Koch (Hrsg.), *Optical Fiber Telecommunications IIIA*, Academic Press (1997)

[63] I. P. Kaminow, T. L. Koch (Hrsg.), *Optical Fiber Telecommunications IIIB*, Academic Press (1997)

[64] K. C. Kao, G. A. Hockham, *Dielectric-fibre surface waveguides for optical frequencies*, Proceedings IEE **113**, 1151–1158 (1966)

[65] W. H. Knox, R. L. Fork, M. C. Downer, R. H. Stolen, C. V. Shank, *Optical pulse compression to 8 fs at a 5-kHz repetition rate*, Applied Physics Letters **46**, 1120–1121 (1985)

[66] Y. Kodama, K. Nozaki, *Soliton interaction in optical fibers*, Optics Letters **12**, 1038–1040 (1987)

[67] H. Kogelnik, T. Li, *Laser Beams and Resonators*, Proceedings IEEE **54**, 1312–1329 (1966)

[68] R. Kompfner, *Optical Communications*, Science **150**, 149 (1965)

[69] N. Lagakos, J. A. Bucaro, J. Jatzynski, *Temperature-induced optical phase shifts in fibers*, Applied Optics **20**, 2305–2308 (1981)

[70] H. C. Lefevre, *Single-Mode Fibre Fractional Wave Devices and Polarization Controllers*, Electronics Letters **16**, 778–780 (1980)

[71] Ch. Lin, R. H. Stolen, L. G. Cohen, *A tunable 1.1 µm fiber Raman oscillator*. Applied Physics Letters **31**, 97–99 (1977)

[72] S. G. Lipson, H. S. Lipson, D. S. Tannhauser, *Optik*, Springer 1997

[73] E. A. J. Marcatili, Kap. 2 in [80]

[74] D. Marcuse, *Loss Analysis of Single-Mode Fiber Splices*, The Bell System Technical Journal **56**, 703–718 (1977)

[75] D. Marcuse, J. Stone, *Fiber-Coupled Short Fabry-Perot Resonators*, Journal of Lightwave Technology **7**, 869–876 (1989)

[76] B. P. McCann, T. G deHart, D. A. Krohn, *Medical Diagnosis and Therapy Tap the Talents of Optical Fiber*, Photonics Spectra March 1991 S. 85–91.

[77] S. C. Mettler, C. M. Miller, *Optical Fiber Splicing*, in [81] S. 263–300.

[78] H. H. Meinke, F. W. Gundlach, *Taschenbuch der Hochfrequenztechnik*, K. Lange und K.-H. Löcherer (Hrsg.), Springer (1992)

[79] T. A. Michalske, B. C. Bunker, *Wie Glas bricht*, Spektrum der Wissenschaft, Feb. 1988, S. 114–121

[80] S. E. Miller, A. G. Chinoweth (Hrsg.), *Optical Fiber Telecommunications*, Academic Press (1979)

[81] S. E. Miller, A. G. Chinoweth (Hrsg.), *Optical Fiber Telecommunications II*, Academic Press (1988)

[82] C. I. Merzbacher, A. D. Kersey, E. J. Friebele, *Fiber optic sensors in concrete structures: a review*, Smart Materials and Structures **5**, 196 (1996)

[83] F. Mitschke, M. Dämmig, *Brillouinstreuung in Glasfasern*, Physikalische Blätter **12**, 1129 (1994)

[84] F. M. Mitschke, L. F. Mollenauer, *Stabilizing the Soliton Laser*, IEEE Journal Quantum Electronics **QE-22**, 2242–2250 (1986)

[85] F. M. Mitschke, L. F. Mollenauer, *Discovery of the soliton self frequency shift*, Optics Letters **11**, 659–661 (1986)

[86] F. M. Mitschke, L. F. Mollenauer, *Experimental Observation of interaction forces between solitons in optical fibers*, Optics Letters **12**, 355–357 (1987)

[87] F. M. Mitschke, L. F. Mollenauer, *Ultrashort Pulses from the Soliton Laser*, Optics Letters **12**, 407–409 (1987)

[88] F. Mitschke, G. Steinmeyer, M. Ostermeyer, C. Fallnich, H. Welling, *Additive Pulse Mode Locked Nd:YAG Laser: An Experimental Account*, Applied Physics B **56**, 335–342 (1993)

[89] F. Mitschke, M. Böhm, *Solitonen in Glasfasern*, Physikalische Blätter **56**, 25–30 (2000)

[90] P. P. Mitra, J. B. Stark, *Nonlinear limits to the information capacity of optical fibre communications*, Nature **411**, 1027–1030 (2001)

[91] L. F. Mollenauer, R. H. Stolen, J. P. Gordon, *Experimental Observation of Picosecond Pulse Narrowing and Solitons in Optical Fibers*, Physical Review Letters **45**, 1095 (1980)

[92] L. F. Mollenauer, M. J. Neubelt, S. G. Evangelides, J. P. Gordon, J. R. Simpson, L. G. Cohen, *Experimental study of soliton transmission over more than 10 000 km in dispersion-shifted fiber*, Optics Letters **15**, 1203–1205 (1990)

[93] L. F. Mollenauer, J. P. Gordon, P. V. Mamyshev in [62]

[94] L. F. Mollenauer, J. P. Gordon, P. V. Mamyshev in [62]

[95] L. F. Mollenauer, J. P. Gordon, S. G. Evangelides, *Multigigabit soliton transmissions traverse ultralong distances*, Laser Focus World Nov. 1991 S. 159–170

[96] M. Monerie, *Propagation in Doubly-Clad Single-Mode Fibers*, IEEE Transactions in Quantum Electronics **QE-18**, 535–542 (1982)

[97] K. Nagayama, M. Kakui, M. Matsui, T. Saitoh, Y. Chigusa, *Ultra Low Loss (0.1484 dB/km) Pure Silica Core Fibre and Extension of Transmission Distance*, Electronics Letters **38**, 1168–1169 (2002)

[98] M. Nakazawa, H. Kubota, *Optical soliton communication in a positively and negatively dispersion-allocated optical fibre transmission*, Electronics Letters **31**, 216–217 (1995)

[99] E.-G. Neumann, *Single Mode Fibers*, Springer Series in Optical Sciences Vol. 57 (1988)

[100] A. C. Newell, J. V. Moloney, *Nonlinear Optics*, Addison-Wesley (1992)

[101] J. H. B. Nijhof, N. J. Doran, W. Forysiak, F. M. Knox, *Stable soliton-like propagation in dispersion managed systems with net anomalous, zero and normal dispersion*, Electronics Letters **33**, 1726–1727 (1997)

[102] A. G. Okhrimchuk, G. Onishchukov, F. Lederer, *Long-Haul Soliton Transmission at 1.3 μm Using Distributed Raman Amplification*, Journal of Lightwave Technology **19**, 837–841 (2001)

[103] F. Pedrotti, L. Pedrotti, W. Bausch, H. Schmidt, *Optik für Ingenieure*, Springer (2002)

[104] M. Perry, *Crossing Petawatt Threshold* (1996)
http://www.llnl.gov/str/Petawatt.html

[105] S. D. Personick, *Fiber Optics: Technology and Applications*, Plenum Press (1985)

[106] V. G. Plotnichenko, V. O. Sokolov, V. V. Koltashev, E. M. Dianov, I. A Grishin, M. F. Churbanov, *Raman band intensities of tellurite glasses*, Optics Letters **30**, 1156-1158 (2005)

[107] Howard Rausch, *Asia Talks and the World Listens*, Photonics Spectra Juli 1994, S. 88–100

[108] J. E. Rothenberg, D. Grischkowsky, *Observation of the Formation of an Optical Intensity Shock and Wave Breaking in the Nonlinear Propagtion of Pulses in Optical Fiber*, Physical Review Letters **62**, 531–534 (1989)

[109] J. S. Russell, *Report on Waves*, 14th Meeting of the British Association for the Advancement of Science 311–390 (1844)

[110] M. A. Saifi et al., *Triangular-Profile Single-Mode Fiber*, Optics Letters **7**, 43 (1982)

[111] B. E. A. Saleh, M. C. Teich, *Fundamentals of Photonics*, John Wiley & Sons (1991)

[112] C. E. Shannon, *A Mathematical Theory of Communication*, The Bell System Technical Journal **27**, 379 und 623 (1948)

[113] R. M. Shelby, M. D. Levenson, P. W. Bayer, *Guided acoustic-wave Brillouin scattering*, Physical Review B **31**, 5244-5252 (1985)

[114] R. M. Shelby, M. D. Levenson, D. F. Walls, A. Aspect, *Generation of squeezed states of light with a fiber-optic ring interferometer*, Physical Review A **33**, 4008–4025 (1986)

[115] S. Shibata, M. Horiguchi, K. Jinguji, S. Mitachi, T. Kanamori, T. Manabe, *Prediction of loss minima in infra-red optical fibres*, Electronics Letters **17**, 775–777 (1981)

[116] H. Shimizu, S, Yamasaki, T. Ono, K. Emura, *Highly Practical Fiber Squeezer Polarization Controller*, Journal of Lightwave Technology **9**, 1217–1224 (1991)

[117] N. J. Smith, F. M. Knox, N. J. Doran, K. J. Blow, I Bennion, *Enhanced power solitons in optical fibres with periodic dispersion management*, Electronics Letters **32**, 54–55 (1996)

[118] A. W. Snyder, J. D. Love, *Goos-Hänchen shift*, Applied Optics **15**, 236–238 (1976)

[119] H. Sotobayashi, W. Chujo, K. Kitayama, *Highly spectral-efficient optical code-division multiplexing transmission system*, IEEE Journal of Selected Topics in Quantum Electronics **10**, 250–258 (2004)

[120] R. H. Stolen, W. N. Leibolt, *Optical fiber modes using stimulated four photon mixing*, Applied Optics **15**, 239–243 (1976)

[121] R. H. Stolen, Ch. Lin, *Self-phase-modulation in silica optical fibers*, Physical Review A **17**, 1448–1453 (1978)

[122] R. H. Stolen, C. Lee, R. K. Jain, *Development of the stimulated Raman spectrum in single-mode silica fibers*, Journal of the Optical Society of America B **1**, 652–657 (1984)

[123] R. H. Stolen, J. P. Gordon, W. J. Tomlinson, H. A. Haus, *Raman response function of silica-core fibers*, Journal of the Optical Society of America B **6**, 1159–1166 (1989)

[124] R. H. Stolen, W. J. Tomlinson, *Effect of the Raman part of the nonlinear refractive index on propagation of ultrashort optical pulses in fibers*, Journal of the Optical Society of America B **9**, 565–573 (1992)

[125] M. Suzuki, I. Morita, N. Edagawa, S. Yamamoto, H. Taga, S. Akiba, *Reduction of Gordon-Haus timing jitter by periodic dispersion compensation in soliton transmission*, Electronics Letters **31**, 2027–2029 (1995)

[126] Siehe z. B. O. Svelto, *Principles of Lasers*, Plenum Press (1998)

[127] K. Tai, A. Hasegawa, A. Tomita, *Observation of Modulational Instability in Optical Fibers*, Physical Review Letters **56**, 135–138 (1986)

[128] C. Z. Tan, J. Arndt, *Wavelength dependence of the Faraday effect in glassy SiO_2*, Journal Physics and Chemistry of Solids **60**, 1689–1692 (1999)

[129] J. Tang, *The Shannon Channel Capacity of Dispersion-Free Nonlinear Optical Fiber Transmision*, Journal of Lightwave Technology **19**, 1104–1109 (2001) und *The Multi-span Effects of Kerr Nonlinearity and Amplifier Noises on Shannon Channel Capacity of a Dispersion-Free Nonlinear Optical Fiber*, ebenda, 1110–1115 (2001)

[130] R. W. Tkach, A. R. Chraplyvy, R. M. Derosier, *Spontaneous Brillouin Scattering for Single-Mode Optical-Fibre Characterization*, Electronics Letters **22**, 1011–1013 (1986)

[131] W. J. Tomlinson, R. H. Stolen, A. M. Johnson, *Optical wave breaking of pulses in nonlinear optical fiber*, Optics Letters **10**, 457–459 (1985)

[132] T. T. Wang, H. M. Zupko, *Long-term mechanical behavior of optical fibers coated with a UV-curable epoxy acrylate*, Journal of Materials Science **13**, 2241 (1978)

[133] R. J. Weiss, *Intelligent structures from Vermont include railway bridge, dam, and five-story building*, www.spie.org/app/Publications/magazines/oerarchive/november/smart_structures.html

[134] F. Wilczewski, F. Krahn, *Elimination of „humps" in methods for measuring the cutoff wavelength of single mode fibers*, Electronics Letters **29**, 2063–2064 (1993)

[135] S. J. Wilson, *Temperature sensitivity of optical fiber path length*, Optics Communications **71**, 345–350 (1989)

[136] N. Zabusky, M. D. Kruskal, *Interaction of Solitons in a Collisionless Plasma and the Recurrence of Initial States*, Physical Review Letters **15**, 240–243 (1965)

[137] V. E. Zakharov, A. B. Shabat, *Exact Theory of Two-Dimensional Self-Focusing and One-Dimensional Self-Modulation of Waves in Nonlinear Media*, Soviet Physics JETP **34**, 62–69 (1972)

[138] J. L. Zyskind, J. A. Nagel, H. D. Kidorf in [63]

[139] Optisches Museum der Ernst-Abbe-Stiftung Jena: *Riskieren Sie einen Blick in die Geschichte der Optik!*, Optisches Museum Jena (Hrsg.).

[140] Tabelle von Sellmeierkonstanten in [14] S. 39. Bei „pure silica, annealed" muss der Eintrag für λ_1 statt 0,068043 korrekt 0,0684043 lauten.

[141] Das Abtasttheorem wurde zunächst von H. Nyquist 1928 formuliert, später von C. Shannon mathematisch bewiesen. Siehe [112] oder [78].

Rechtliche Hinweise:

Nach einem in Deutschland gültigen Gerichtsurteil kann der Verweis auf eine Website Dritter eine Mitverantwortung für Inhalte dieser Website begründen. Die hier angegebenen Verweise auf Websites dienen lediglich der Offenlegung der Quelle im Sinn des Urheberrechts; es ist damit keine Verantwortung für Inhalte verbunden.

Die Nennung von Firmennamen erfolgt ebenfalls lediglich zu Informationszwecken und beinhaltet keinerlei Wertung oder Empfehlung.

Stichwortverzeichnis